煤炭高等教育"十四五"规划教材

土地复垦与生态修复

主编　胡振琪　刘宝勇　赵艳玲

中国矿业大学出版社
·徐州·

内 容 提 要

土地复垦与生态修复是对人类活动和自然灾害损毁的土地和生态环境采取整治措施,因地制宜地恢复到期望状态的行为或过程。本书介绍了土地复垦与生态修复的概念和发展历史、相关的基础理论知识,详细论述了土地复垦与生态修复的损毁调查、规划和监测监管三大共性技术,以及井工开采沉陷地、露天开采、煤矸石山、地质灾害与水土保持、其他损毁土地、污染土壤等的土地复垦与生态修复技术。

本书是一本关于土地复垦与生态修复技术方面的教材,适宜于高等学校、科研与规划设计单位有关土地资源管理、土地整治工程、环境工程、测绘工程、地质工程、采矿工程、水土保持等专业的师生和工程技术人员使用,也可供相关领域的行政与事业单位的工作人员参考。

图书在版编目(C I P)数据

土地复垦与生态修复/胡振琪,刘宝勇,赵艳玲主
编.—徐州:中国矿业大学出版社,2024.3
ISBN 978 - 7 - 5646 - 6003 - 1

Ⅰ.①土… Ⅱ.①胡…②刘…③赵… Ⅲ.①矿山—
复土造田—生态恢复—研究 Ⅳ.①TD88

中国国家版本馆 CIP 数据核字(2023)第 199322 号

书　　名	土地复垦与生态修复	
主　　编	胡振琪　刘宝勇　赵艳玲	
责任编辑	周　红	
出版发行	中国矿业大学出版社有限责任公司	
	(江苏省徐州市解放南路　邮编 221008)	
营销热线	(0516)83885370　83884103	
出版服务	(0516)83995789　83884920	
网　　址	http://www.cumtp.com　**E-mail**:cumtpvip@cumtp.com	
印　　刷	苏州市古得堡数码印刷有限公司	
开　　本	787 mm×1092 mm　1/16　**印张** 18.5　**字数** 473 千字	
版次印次	2024 年 3 月第 1 版　2024 年 3 月第 1 次印刷	
定　　价	39.80 元	

《土地复垦与生态修复》
编写委员会

主　　编　胡振琪　刘宝勇　赵艳玲

编　　者　（以姓氏笔画为序）

　　　　　王　锐(河南理工大学)

　　　　　王世东(河南理工大学)

　　　　　刘宝勇(辽宁工程技术大学)

　　　　　李　晶(中国矿业大学(北京))

　　　　　李宏伟(辽宁工程技术大学)

　　　　　陈秋计(西安科技大学)

　　　　　陈胜华(山西工程技术学院)

　　　　　赵艳玲(中国矿业大学(北京))

　　　　　胡振琪(中国矿业大学)

　　　　　侯湖平(中国矿业大学)

　　　　　徐良骥(安徽理工大学)

前　言

　　土地是人类之母,是人类生存与发展的基础,是宝贵的自然资源。但自从有了人类以来,采矿、修路(铁路、公路)、建设水利工程等活动不断地损毁着土地。我国人多地少,大规模的生产建设活动和频发的自然灾害对土地的损毁,不仅加剧了人地矛盾,也引发了大量的生态环境问题,如水土流失,土地沙漠化、盐渍化,滑坡,泥石流,大气污染,水污染等。20世纪初,为了人类自身的生存发展,人类开始对遭受破坏的土地及其引发的生态环境问题采取补救措施,土地复垦与生态修复便应运而生,并逐渐被各国所重视。

　　土地复垦常常用"restoration""reclamation"和"rehabilitation"三个词进行描述,且越来越多的专家认为这三个词具有相同的含义。国外土地复垦的定义是:将破坏的土(场)地(site)恢复到破坏前的原状、近似状态或与破坏前制订的规划相一致的形式和生产力,其主要目标是重新建立永久稳定的景观地貌,这种地貌在美学上和环境上都能与未被破坏的土地相协调,而且采后土地的用途能最有效地促进其所在的生态系统稳定和生产能力提高。我国1989年1月1日生效的《土地复垦规定》,将土地复垦定义为:对在生产建设过程中,因挖损、塌陷、压占等造成破坏的土地,采取整治措施,使其恢复到可供利用状态的活动。2011年3月5日生效的《土地复垦条例》,将土地复垦定义为:对生产建设活动和自然灾害损毁的土地,采取整治措施,使其达到可供利用状态的活动。

　　生态修复(ecological restoration 或 ecological reconstruction)是将人类所破坏的生态系统恢复成具有生物多样性和动态平衡的本地生态系统,其实质是将人为破坏的区域环境恢复或重建成一个与当地自然界相和谐的生态系统。生态修复更侧重于强调生态系统的恢复。土地复垦在恢复土地的利用价值的同时,也是对土地生态系统的恢复。因此,土地复垦与生态修复的内涵具有一致性。

　　习近平总书记多次强调,"能源饭碗"和"粮食饭碗"都要牢牢端在自己手中。以煤炭开采为例，我国煤炭产量已突破 40 亿 t，是世界第一产煤大国，因采煤塌陷损毁土地已达 180 万 hm²，而且每年还以 7 万 hm² 的速度递增，由此引发的生态环境问题、就业和社会安定的社会问题已成为区域和国家可持续发展的重要制约因素。随着我国绿色发展战略的实施，绿色低碳已经成为各种工矿企业发展的必由之路，土地复垦与生态修复就成为工矿企业实施绿色低碳发展规划的根本保障。

自 2011 年《土地复垦条例》实施以来，我国土地复垦与生态修复在理论和实践上取得了很大的进展，急需要新的教材满足教学的要求，因此，在 2008 年版《土地复垦与生态重建》基础上，我们 7 所矿业类院校的教师共同编写了这本《土地复垦与生态修复》。本书由胡振琪教授（中国矿业大学）、刘宝勇副教授（辽宁工程技术大学）、赵艳玲教授（中国矿业大学（北京））担任主编，王世东教授（河南理工大学）、李晶教授（中国矿业大学（北京））、陈秋计教授（西安科技大学）、陈胜华教授（山西工程技术学院）、侯湖平教授（中国矿业大学）、徐良骥教授（安徽理工大学）、王锐副教授（河南理工大学）、李宏伟讲师（辽宁工程技术大学）参与了编写。全书共 11 章，具体编写分工如下：第 1 章由胡振琪编写；第 2 章由刘宝勇、胡振琪编写；第 3 章由陈秋计编写；第 4 章由侯湖平编写；第 5 章由赵艳玲、徐良骥编写；第 6 章由赵艳玲、刘宝勇编写；第 7 章由陈胜华编写；第 8 章由刘宝勇、李宏伟编写；第 9 章由李晶编写；第 10 章由王世东、王锐编写；第 11 章由赵艳玲编写。

土地复垦与生态修复在我国还是一个新的交叉领域，新理论、新技术不断涌现。作为煤炭高等教育"十四五"规划教材，我们希望奉献给大家的是一本比较系统和全面的土地复垦与生态修复教材。但由于我们的水平有限，书中错误之处在所难免，欢迎广大读者批评指正。

编　者

2023 年 4 月

目　录

第 1 章 绪 论

本章主要介绍了目前矿产资源的开采对土地以及环境的影响;阐述了土地复垦与生态修复的概念及作用;并追溯和展望了国内外土地复垦和生态修复的历史沿革与发展趋势。

1.1 矿产资源开采对土地与环境的影响

1.1.1 我国矿产资源概况

矿产资源是国民经济建设与社会发展的物质基础,可以说,没有矿产资源持续稳定的供应,就没有现代经济与社会的健康发展。我国矿产资源丰富,全国已发现 173 种矿产,其中,能源矿产 13 种,金属矿产 59 种,非金属矿产 95 种,水气矿产 6 种。《中国矿产资源报告(2022)》显示,2021 年一次能源生产总量为 43.3 亿 t 标准煤,铁矿石产量 9.8 亿 t,十种有色金属产量 6 477.1 万 t,磷矿石产量 10 289.9 万 t。2021 年能源生产结构中煤炭仍然是最主要的能源,占 67.0%,石油占 6.6%,天然气占 6.1%,水电、核电、风电、光电等非化石能源占 20.3%。能源消费总量为 52.4 亿 t 标准煤,增长 5.2%,能源自给率为 82.6%。中国能源消费结构不断改善。2021 年煤炭消费占一次能源消费总量的比重为 56.0%,石油占 18.5%,天然气占 8.9%,水电、核电、风电等非化石能源占 16.6%。与十年前相比,煤炭消费占能源消费比重下降了 14.2 个百分点,水电、核电、风电等非化石能源比重提高了 8.2 个百分点。2021 年煤炭产量为 41.3 亿 t,消费量 42.3 亿 t;石油产量 1.99 亿 t,消费量 7.2 亿 t;天然气产量 2 075.8 亿 m^3,消费量 3 690 亿 m^3;铁矿石产量 9.8 亿 t,表观消费量(国内产量+净进口量)15.2 亿 t(60% 品位标矿);粗钢产量 10.4 亿 t;铜精矿产量 185.5 万 t;铅精矿产量 155.4 万 t;锌精矿产量 315.9 万 t;磷矿石产量 10 289.9 万 t(折含 P_2O_5 30%);水泥产量 23.8 亿 t。

煤炭是我国的主体能源。"富煤、贫油、少气"的特点决定了煤炭在我国能源工业中占据重要地位。中华人民共和国成立 70 多年来,我国煤炭产量由成立之初的 0.32 亿 t,增至 2022 年的 45.0 亿 t,净增 141 倍。《中国可持续能源发展战略》研究报告中提出,直到 2050 年,煤炭所占能源比例不会低于 50%。我国能源禀赋决定了我国未来几十年以煤炭为主要能源的消费结构难以转变,煤炭资源在能源资源中的"压舱石"作用不可替代。我国煤炭分布与耕地、生态敏感区高度重合,特别是在过去 10 多年高强度煤炭开采之后,对生态环境的影响十分严峻。据不完全统计,井工采煤导致的地表沉陷已达 180 万公顷,同时每年还以 7 万 hm^2 的速度递增。露天矿每年挖损 5 000 hm^2 以上,每年产生的 7 亿 t 煤矸石还压占大量土地和污染环境。煤炭开采已经造成东部地区大量耕地的损失,还造成大量村庄和基础设施的破坏,导致区域人居环境的变化。根据有关研究,约 10.8% 的保有煤炭资源与耕地资源高度重合,将造成 133 万 hm² 耕地的损毁。西部已经是我国煤炭生产的主战场,占全国煤炭产量的 60% 以上,由于西部生态脆弱,煤炭开采可能加剧生态恶化。近年来,由于环境问题导致的矿山停产或要求关闭的事件逐渐增多,煤矿区生态环境面临巨大的压力。

1.1.2 矿产资源开采对土地的损毁

矿产资源深埋于地下,其开采首先导致土地的损毁,损毁可以分为物理损毁和化学损毁。物理损毁就是矿山开采过程中造成的挖损、塌陷和压占等直接损毁。化学损毁是由于酸性和含有有害元素的矿山废水、扬尘等造成的矿区及周边土地的污染。我国《土地复垦规定》将土地破坏类型分为 3 类,即挖损、塌陷和压占。挖损是指露天矿对上覆土层与岩层的直接挖掘所造成的土地破坏;塌陷是由井工开采造成的地表陷落、裂缝、错动等土地破坏;压占是指露天开采和井工开采时排出固体废渣堆积、占用土地造成的破坏。

1. 井工开采沉陷地(亦称塌陷地)

未经采动的岩体,在地壳内受到各个方向力的约束,处于自然应力平衡状态。当局部矿体采出后,在岩体内部形成一个采空区,导致周围岩体应力状态发生变化,从而引起应力重新分布,使岩体产生移动变形和破坏,直至达到新的平衡。随着采矿工作的进行,这一过程不断重复。它是一个十分复杂的物理、力学变化过程,也是岩层产生移动和破坏的过程,这一过程和现象称为岩层移动。当其内部拉应力超过岩层的抗拉强度极限时,直接顶板首先断裂、破碎、相继垮落。随着工作面向前推进,受采动影响的岩层范围不断扩大,当开采范围足够大时,岩层移动发展到地表,引起地表土地破坏。依据沉陷地破坏的物理特征,可以将井工开采沉陷对地表的破坏形式归纳为以下三种。

(1)地表下沉盆地

在开采影响波及地表以后,受采动影响的地表从原有标高向下沉降,从而在采空区上方地表形成一个比采空区面积大得多的沉陷区域。这种地表沉陷区域称为地表下沉盆地。在地表下沉盆地形成的过程中,改变了地表原有的形态,引起了高低、坡度及水平位置的变化,因此对位于影响范围内的道路、管路河渠、建筑物、生态环境等都带来不同程度的影响。在高潜水位地区,移动盆地内极易积水,使大量耕地损失。依据对土壤生产力的破坏程度,也可将井工开采沉陷地划分为绝产地、季节性绝产地和低产坡地。绝产地系指沉陷后,沉陷盆地内积水或因断裂或沉陷而完全失去原有生产力的土地;季节性绝产地往往是因季节性的沉陷地积水而失去生产力的土地;低产坡地是地表下沉不均匀形成的坡地,位于绝产地和未破坏土地之间,即盆地四周。采煤沉陷破坏土地与矿区地形、地质、覆岩性质、煤层赋存特征以及采煤方法等因素有关。

(2)裂缝及台阶

在地表下沉盆地的外边缘区,地表可能产生裂缝。这主要是由地表下沉的拉伸变形所致。地表裂缝一般平行于采空区边界发展,其深度和宽度与有无第四系松散层以及松散层厚度性质和变形值大小有关。地表裂缝容易造成水土流失和养分损失,影响农业生产。当裂缝大到一定程度时还会出现堑沟或台阶,对地表破坏更大。在山区丘陵矿区,采煤沉陷裂缝还可能导致滑坡、泥石流等次生地质灾害。

（3）塌陷坑

塌陷坑多出现在急倾斜煤层开采的地区。但在浅部缓倾斜或倾斜煤层开采,地表有非连续性破坏时,也可能出现漏斗状塌陷坑。塌陷坑往往造成农田绝产及建筑物或道路的破坏,危害极大。

2. 露天采坑（场）

露天开采由于其作业的需要,必须直接剥离大量的地表岩土以及其上生长的大量植被,对土地的损毁是毁灭性的。如抚顺西露天煤矿,采煤 2 亿 t,已开挖形成一个长 11 km、宽 2.5 km、深 288 m 的露天采空区,破坏土地近 4 万亩。另一个著名的阜新海州露天煤矿,至今采煤 1.3 亿 t,已形成一个深 193 m、面积 11 万亩的露天采空区。据统计,我国露天开采每万吨煤炭约破坏土地 0.22 hm²,其中挖掘破坏 0.12 hm²,外排土场占压 0.1 hm²。露天开采时破坏土地面积为露天矿采场本身面积的 2～11 倍。在西部开发战略实施下,煤炭资源开发向西部转移,露天开采量进一步增大,露天矿的开采对于西部珍贵的土地资源及脆弱的生态环境的影响日趋严重。

3. 废弃物堆积地

煤矿井工开采的固体废弃物主要是煤矸石,是采煤和分选过程中产生的。露天开采的固体废弃物主要是剥离土石方和开采中排弃的煤矸石。煤矸石占地面积主要取决于排矸量和堆放形式,露天矿剥离土石方的占地面积主要与剥离量和地方条件有关。矿山岩石井巷掘进量大,煤层夹石层较多,伪顶或直接顶松软,则矿井排矸量较大,反之则较小。

露天矿土石方剥离量与剥离层厚度和剥离面积有关。剥离量已知时,在一定堆放条件下,剥离土石方的占地面积就可以估算出来。我国大部分露天矿目前均采用外排土场方式开采。露天开采外排土压占的土地是挖掘土地量的 1.5～2.5 倍,平均为 2 倍。采矿过程中产生的废弃物在露天堆放情况下,经受风吹、日晒和雨淋,发生物理风化的剥蚀作用和化学风化,其中有毒元素（如铅、镉、汞、砷、铬等）通过扬尘、雨水的淋溶作用渗入周围土地并沉积在表面,导致严重的土壤污染并影响农业耕作。因此,尽量鼓励露天矿实行内排工艺,减少对于土地的损毁。

1.1.3 矿产资源开采对生态环境的影响

矿产资源的大力开发在满足社会需求和带来经济效益的同时,对环境造成一定的破坏。一些地方和企业法治观念淡薄,缺乏统一的规划和科学管理,致使矿区周围环境进一步恶化。如我国小秦岭金矿,生态环境被严重破坏。环境监测表明,矿区 200 km 内大气环境中汞的瞬时浓度均超标,最大超标 38 倍,氰化物超标 4 倍以上;矿区内 7 条河流全部污染。尾矿对环境的影响和危害十分突出,如某冶金矿山 9 个重点选矿厂附近的 14 条河流被污染,粉尘使周围土壤沙化,许多农田绝产。采矿诱发的地裂缝、地面沉陷、泥石流,导致景观变化、地表水漏失、水位下降、空气质量下降、水质变差等,给周围村民的生产和生活带来诸多不便。

1. 井工开采对环境的影响

（1）对景观的影响

地下开采在地表形成下沉盆地、地裂缝、台阶、塌陷坑后,原有的地表形态发生变化。在山区和丘陵地区,由于开采沉陷引起的地表起伏与原有的地表自然起伏相比很小,一般说来,对地形、地貌的影响不大。但在地势较平坦的地区,开采沉陷通常对地形、地貌产生明显的影响。特别是当采出的矿层厚度较大时,将使原有的平原地貌变为一种特殊的丘陵地貌。

矿区地形、地貌的变化,影响植被的生长发育,破坏自然景观。有的风景区因地形、地貌改变,植被大量破坏,其秀美的风光受到损害,失去了诱人的魅力。

(2) 对植被的影响

矿区地下开采引起土地大面积沉陷,影响植物的生长发育,甚至造成绿色植物的大幅度减少。土地沉陷对植物的影响情况与矿区的地形、地貌、地质、区域气候、地下潜水位高低等自然要素和采矿条件有关,可按地形、地貌和潜水位高低大致划分为四个影响区。

① 高潜水位的平原矿区。在地下潜水位很高的平原矿区,如位于华东地区的淮南、淮北、徐州等矿区,通常地面沉陷后潜水出露地表,下沉盆地内常年大面积积水,造成大量土地不能耕种,使绿色植物大幅度减少;在盆地的季节性积水部分,种植茬数减少或严重减产。盆地的其余部分因产生附加坡度面形成坡耕地,不利于农作物生长。

② 低潜水位的平原矿区。在潜水位较低的平原矿区,由于开采沉陷,地势变低,潜水位抬高,一方面使地面、地下径流不畅,在雨季很容易出现洪涝,使土地沼泽化;另一方面在旱季潜水蒸发变得强烈,地下水易携带盐分上升到地表,使土地盐碱化。土地出现沼泽化和盐碱化,都会使作物生长受到明显抑制,在一些重盐碱土上甚至寸草不生。在草原地带,由于潜水位上升影响牧草的生长发育,积水区会变成沼泽地,使牧草绝产。

③ 丘陵矿区。在丘陵矿区,开采沉陷对植物的影响既有有利的一面,又有不利的一面。当地下开采使地表上凸部分下沉时,将减小地面凸凹不平的程度,使地面变得较平坦,对植物生长有利;当地下开采使地表下凹部分下沉时,将增大地面凸凹不平的程度,同时使地面坡度变陡,对植物生长不利。另外,在干旱的丘陵矿区,如果地下开采引起地表裂缝发育将使地表水易于流失,土壤变得更为干燥,也影响植物生长。但总的看来,丘陵矿区的开采沉陷对植物的影响很小。

④ 山区矿区。在山区,开采沉陷对植物的影响情况主要与区域气候和地质条件有关。一般情况下,山区开采沉陷对植物的影响不大,与丘陵矿区的影响情况类似。但在某些干旱的山区,如山西省的一些矿区,由于开采沉陷引起的地表非连续变形(裂缝、台阶、塌陷坑、滑坡)发育,地表水流失严重,土壤微气候变得更为干燥,土地更容易被风、水等侵蚀,严重影响植物生长,造成农作物减产。

(3) 引发滑坡和泥石流

在山区,当开采地区存在滑坡条件或有古老滑坡时,地下开采使覆岩产生破坏,影响岩石的物理力学性质和滑体的稳定性,很容易诱发滑坡或引起新的滑坡。当地面天然坡度较大,在雨季含水达到饱和时,随着表土层重量增大,在采动影响下还可能发生泥石流滑坡。泥石流是非常严重的地质灾害,常因此淹没农田,摧毁房屋,造成人民生命财产的损失。

(4) 加剧岩石的风化和剥蚀

由前所述,地表受采动影响后容易发生水土流失,因此在表土层不厚的情况下,基岩容易裸露而遭受风化和剥蚀。在基岩直接出露地表的地方,表层岩石长期受风化作用已变得较为松软,受采动影响后其强度将大为降低,因而会加剧其自身的风化和剥蚀。在山体产生滑坡和泥石流时将暴露出较大范围的新鲜岩石,导致其进一步被风化和剥蚀。

（5）疏干地下水,地下水位下降

矿产、水资源共存于一个地质体中,在天然条件下,各自有自身的赋存条件及变化规律。资源开采排水打破了地下水原有的自然平衡,形成以矿井为中心的降落漏斗,改变了原有的补、径、排条件,使地下水向矿坑汇流,在其影响半径之内地下水流加快,水位下降,存储量减少,局部由承压转为无压,导致煤系地层以上裂隙水受到明显的破坏,使原有的含水层变为透水层。浅、中层地下水是工业用水和生活用水的主要水源,由于采煤的影响,裂隙增多增大,煤系地层中的水、松散岩地层中的水均快速地向下渗透,形成了区域性地下水位降落漏斗,浅、中层地下水逐年被疏干,煤矿周围村庄的水井也因无水而报废。随开采深度的加大,深层各含水层水被截留,转化为矿坑水排出,矿井排水量逐年增加,导致深层地下水位逐年下降,所形成的地下水降落漏斗范围和幅度也越来越大。深层地下水位一旦下降,很难在短时期内得到恢复。分布在山丘地带的煤矿,采煤排水变成了人为的排水带,排水带截取了山丘区地下水向河谷盆地的补给,改变了地下水的径流路线,使地下水由水平运动变为垂直运动,减少了平川地区的侧向补给量。

2. 露天开采对环境的影响

（1）对景观的影响

露天开采后,露天采场形成一个大的采空区,尤其是开山采石对当地自然景观和生态环境破坏极大,经过砍树拔草去土皮再炸石后,一座座秀丽的青山变成乱石堆。如广州番禺的黄角镇境内有不同规模的采石场 28 个,到处可见光秃秃的采坑散布在翠绿的山间,破坏了自然山体轮廓线而形成大量裸露的山体缺口,影响自然景观。这些地段植被被破坏,基岩裸露,生态环境恶化,人们称之为"山河破碎,满目疮痍"毫不过分。

废弃的采石场不仅破坏自然景观,而且对城市景观影响很大。交通道路是城市景观的骨架,是一个城市形象的重要组成部分。因此,沿交通道路分布的采石场会直接影响来往人流对城市的直观印象,严重影响城市对旅游者、投资商及居民的吸引力,最终影响了城市的投资环境和总体规划。

（2）对水资源的影响

露天开采对采矿地区水文地质条件的影响程度取决于采矿工程的规模、采矿技术条件,地下水位、底土的水文地质情况,采矿坑道的排水能力和修复工作的完全性及完成时间。在采场及其附近的排土场内,通常地形上凸部分明显地表现为疏干,而在地形下凹部分则水量过多,使地表湿度过大或被水淹没。据国外资料,露天开采可对采场以外相当远范围内的水文地质条件产生影响。例如,波兰面积为 2 100 hm² 的露天采场,使 12 万 hm² 面积上水文情况发生变化;法国有几个褐煤露天矿,开采后使地下水位降到 200 m 以下,造成矿区周围几平方千米的地面沉陷。另外,排放露天矿坑水未进行净化处理,还造成地表水和地下水的酸化。露天开采引起的土地缺水和水质酸化,大大降低了土地的生产效能,同时使生态环境遭受严重破坏。

3. 固体废弃物堆积对环境的影响

（1）对景观的影响

矿山无论是露天开采还是井工开采都会产生大量固体废弃物,即使是开采时考虑煤矸石充填的矿山,在井巷工程建设和开采前期仍有相当数量的煤矸石无法利用,废弃煤矸石一般堆成煤矸石山。在煤矿区,煤矸石的大量堆放是环境景观破坏的主要因素,煤矸石多为灰黑色,在大部分矿区,巨大的、黑色的、光秃秃的煤矸石山成了煤矿区的标志物。煤矸石自燃,黑褐色的煤矸石山有时还冒着白色的烟雾,严重影响矿区的自然风光,直接影响煤炭企业的形象。特别是位于工业广场和居民区附近的煤矸石山,与周围的自然环境和人工环境很不协调,并且煤矸石的堆放破坏了原来的地形、地貌,完全改变了原来的景观,由于其色彩、形式、质感等方面的巨大改变,使景观破坏程度特别突出。另外,煤矸石山溢流水和经雨水淋溶形成的蚀流,进入地表水系中,常常使河流出现颜色杂乱的污染带,严重破坏自然景观。尤其是那些位于风景区和市区附近的矸石山,它们与周围的环境极不协调,既压占着大量宝贵的土地资源使其不能利用,又影响游人的观景情绪和城市的文明风貌。

(2)对生物的影响

固体废弃物的堆积使得压占土地生物灭绝。由于堆场土石混堆,特别是含硫铁矿的煤矸石山易自燃,生物难以生长,整个堆场呈现一片荒凉景象。

(3)对水资源的影响

煤矸石山经雨水、雪水等的浸淋,产生的淋溶水含有酸性物质、有害的重金属离子、溶解的盐类以及悬浮未溶解的颗粒状污染物。由于这些淋溶水酸性大且有毒,盐类高度集中,流入水体后则使水质发生变化,危害水生生物和人类。如当淋溶水引起水体的 pH 值小于 5 时,就能消灭或抑制水中微生物的生长,妨碍水体自净,并使鱼类死亡。此外,野生动物和牲畜摄入被矸石中的有害有毒物质污染的食物后,会影响其正常的生长和繁殖机能,甚至产生疾病而死亡。

(4)对大气的影响

煤矸石在运输中产生的颗粒粉尘含有很多对人体有害的元素(如汞、铬、锡、铜等),漂浮的尘颗粒,小的会被人体吸入脑部导致气管炎、肺气肿、尘肺等疾病,严重的还能导致癌症的发生。大的会进入眼鼻引起感染,危及人体健康。

煤矸石山的自燃对矿区生态环境的污染最为严重。煤矸石中含有残煤、碳质泥岩和废木材等可燃物,其中碳和硫构成煤矸石山自燃的物质基础。一般煤矸石中固定碳含量为 $10\% \sim 30\%$,发热量高的可达 $6\,279 \sim 12\,558$ kJ/kg。野外露天堆放的煤矸石,日积月累,堆积在煤矸石里的黄铁矿(FeS_2)氧化发热,其内部的热量逐渐积蓄,当温度达到可燃物的燃点时,逐级引起混在煤矸石里的原煤自燃,再引起煤矸石自燃。自燃后,煤矸石山中部可达 $800 \sim 1\,000\ ^\circ\mathrm{C}$ 高温,使煤矸石熔解,并放出大量 CO、CO_2、SO_2、H_2S 和氮氧化合物等有害气体。矸石山的燃烧可长达几年、几十年,剧烈燃烧时进入空气中的二氧化碳的总体积可达每天数万立方米。矸石山自燃时还伴生大量的煤尘,污染矿区的大气环境,严重损害人体健康,使矸石山附近居民的呼吸道疾病和癌症发病率上升。

1.2　土地复垦与生态修复的概念及作用

1.2.1　土地复垦与生态修复的定义与内涵

（1）土地复垦的概念

在我国,"土地复垦"一词最早称为"造地覆田""复田""垦复""复耕""复垦""综合治理"等,直到 1988 年 10 月国务院颁布了《土地复垦规定》,"土地复垦"一词才被我国确定下来。该规定将土地复垦正式定义为"对在生产建设过程中,因挖损、塌陷、压占等造成破坏的土地,采取整治措施,使其恢复到可供利用状态的活动"。2011 年 3 月新颁布的《土地复垦条例》将土地复垦定义为"对生产建设活动和自然灾害损毁的土地,采取整治措施,使其达到可供利用状态的活动"。2012 年 12 月国土资源部通过的《土地复垦条例实施办法》指出,土地复垦应当综合考虑复垦后土地利用的社会效益、经济效益和生态效益。生产建设活动造成耕地损毁的,能够复垦为耕地的,应当优先复垦为耕地。

20 世纪末,我国学者就对"土地复垦"的名词概念及目标与内涵问题进行了研究,阐明"土地复垦"的目标和内涵是"既要求恢复土地价值,又要求恢复生态环境",而不仅仅是恢复耕地。因此,结合我国土地复垦实践和学科发展需求,有必要将"土地复垦"区分为"广义的土地复垦"和"狭义的土地复垦"。"狭义的土地复垦"就是人们通常理解的"恢复耕地",属于典型的"土地问题";而"广义的土地复垦"应与国际接轨,其内涵是对损毁的土地与环境进行修复,实现土地使用价值与生态环境的双恢复,属于"大环境问题"的概念。但是,从《土地复垦规定》到《土地复垦条例》,并没有要求把损毁的土地整治恢复成"耕地",而是要求"因地制宜"地"达到可供利用的状态"。由于在执行过程中遵循耕地优先原则,很多人误认为土地复垦就是恢复耕地。因此,现在有种"如果不是恢复耕地就不是土地复垦"的声音,这是将土地复垦概念狭隘化了。这也是出现"土地复垦与生态重建""土地复垦与生态修复"等词语的原因。

我国对土地复垦研究比较晚,其名称主要来源于国外,国外常用:reclamation、rehabilitation 和 restoration 对土地复垦进行描述,其目的是将采矿损毁的土地和环境进行恢复治理,达到等于或优于采矿前的土地利用和生态环境状态。美国科学院 1974 年对这三个术语给出了定义,并广为许多国家采用。

① Restoration:(means that the exact conditions of the site before disturbance will be replicated after disturbance)是指复原破坏前所存在的状态,这里包括重新修复破坏前地形、复原破坏前地表水和地下水以及重新建立原有的植物和动物群落。因此,此英文可译为"复原"。

② Reclamation:(implies that the site will be habitable to organisms originally present in approximately the same composition and density after the reclamation process has been completed)是指将破坏的地区恢复到近似破坏前的状态。主要包括近似地恢复破坏前的地形,植物和动物群落也恢复到近似破坏前的水平。因此,此英文应译为"恢复"比译为"复垦"更贴切。但因人们长期已习惯用"复垦"一词,不便再更改,但人们应深入理解其内涵。

③ Rehabilitation:(means that the disturbed site will be returned to a form and productivity in conformity with a prior use plan)将破坏的场地恢复到与破坏前制定的规划相一致的形式和生产力,即将破坏的地区恢复到稳定的和永久的用途,这种用途可以和破坏前一样,也可以在更高的程度上用于农业,或者改作游乐休闲地或野生动物栖息区。假如改变用途,新的用途必须对社会更有利,而且与周围环境的美学价值一致(must be consistent with surrounding aesthetic values)。因此,此英文可译为"重建"。

"复原"(restoration)目的是恢复原有的生态系统,是在土地复垦工作初期提出的,实践证明是很难实现的,除非有独特的地貌特征需要保存下来,"复原"是不应考虑的。"恢复"(reclamation)是大部分环境工作者支持的概念,也是可以实现的;它针对的是生态系统服务功能,如生物地球化学功能。"重建"(rehabilitation)通过衡量维持环境质量和优化当地土地管理能力的成本和收益,具有更大的灵活性,可以不受原地形条件的限制,按照公共利益及经济条件来确定复垦土地的利用方案。经过多年的研究和实践,这三个英文词语在国外逐渐被视为一样内涵的措施,只是各国的习惯不同而采用不同的词语,如美国习惯用 reclamation,英国习惯用 restoration,加拿大和澳大利亚习惯用 rehabilitation。我国也习惯将"reclamation"翻译为"复垦",其目的就是:重新恢复利用土地,恢复扰动或损毁的环境。

(2)生态修复的概念

"生态修复"是指辅助退化、受损或被破坏的生态系统而进行的恢复过程。这是一种在生态学原理指导下,以生物修复为基础,结合物理修复、化学修复和工程技术措施,通过优化组合,使之达到最佳效果的修复技术。生态修复的施行需要生态学、植物学、微生物学、栽培学和环境工程等多学科的结合。

现代意义上的生态修复理念起源于恢复生态学中生态恢复概念的不断演进和创新。生态修复一词则是日本学者首创。我国最先引入的是生态恢复概念。但随着研究的深入,我国学者逐步意识到,生态系统的原始状态很难确定,特别是极度退化的生态系统,而且很多情况下生态恢复在经济上也不合理、不可行。学者们对生态恢复的提法提出质疑。不少学者甚至认为生态恢复的定义过于严格,不切实际,而生态修复更科学与准确。伴随着我国相关实践的广泛开展及其实效的显现,生态修复理念越来越受到党和国家的重视,逐步成为我国生态文明建设的重要措施。

目前国内有关生态修复方面,已经有学者通过确定不同土地利用类型、地貌风格、植被区域化和地理分区的景观比例,探究大规模生态修复流域的空间侵蚀模式的影响机制;探讨归纳游憩导向下的生态修复模式类型、特征与问题,以期加强修复效果的动态监测评估;通过差异化分析我国不同时期国土空间生态修复目标、手段及区域,提出当前生态修复的应对策略,进一步开展针对性国土空间生态修复工作。此外,不少学者将视角放到大规模景观恢复对生态系统服务的时空动态影响上,深入研究城市群生态用地利用与恢复之间的空间耦合和因果效应,整体结合景观、土地利用和土壤等,实现土地生态修复的宏观与微观层面的多尺度研究。

在新时代背景下,深刻理解生态修复内涵,完善土地生态修复理论,构建符合时代背景的新修复模式和新规划体系依然是我国土地生态修复的难点与焦点。党的十八大报告提出实施"重大生态修复工程",党的十八届三中全会正式提出完善"生态修复制度"的要求。这是党在阐述其相关政策的正式文件中对于生态修复这一语词的明确肯定。生态修复正在逐步取代生态恢复,成为生态文明及其制度体系建设的重要内容。

作为经济发展动力和基础的矿产资源,一定会随着战略的实施而不断增加需求,如何在保护环境的同时开采煤炭资源、如何创新采矿-修复一体化技术、如何控制煤田和煤矸石堆火灾、如何修复损毁的地貌与生境、如何建立有效的矿区生态修复资金和实施运行机制等问题都是极具挑战性的难题。全面贯彻新发展理念,新时代煤炭行业的高质量发展也进入了新阶段。在目前"双碳"背景下,绿色发展已然成为煤炭行业高质量发展的必由之路。在煤炭行业绿色发展的进程中,更好地修复煤矿区生态环境,让传统的煤矿区焕发出更多绿色生机既是目前工作的热点又是目前工作的重点。

1.2.2 土地复垦与生态修复的作用

土地复垦是为了解决人类活动对土地的损毁及其引发的环境问题而产生的。因此,它的主要作用是恢复土地的使用价值和保护生态环境。在我国,人多地少、土地资源十分紧缺,现代化建设又大量占用和损毁土地,使成千上万的居民失去赖以生存的土地,而且就业安置又十分困难,使无业游民增多,工农矛盾加剧,也为社会安定留下了隐患。所以,土地复垦与生态修复在我国还具有缓解工农矛盾、维护社会安定的作用。

(1) 土地复垦与生态修复是恢复土地资源、解决人地矛盾的一种有效措施

人类消费的大部分热量和95%以上的蛋白质取自土地,其中80%以上的热量和75%以上的蛋白质来自耕地提供的物质,其数量和质量是一个国家或民族生存、发展的最基本的物质基础。我国是一个人口众多的农业大国,8亿以上农民仍以土地为生,因此,土地问题对我国更是至关重要。

我国有960万 km^2 的国土面积,人口众多,拥有14.43亿人口(2020年第七次全国人口普查数据),平均人口密度约为每平方千米150人。但是,我国的耕地数量只有12 786.19万 hm^2(191 792.79万亩)(2018年9月第三次全国国土调查数据),仅占全部土地面积的13.3%,人均只有1.33亩,不足世界人均耕地(4.8亩)水平的1/3。此外,我国的土地资源山地多、平原少;难以利用的土地资源面积大,后备土地资源潜力不足,特别是耕地后备资源不足;且土地资源分布不平衡,耕地资源总体水平差。因此,我国土地资源的形势十分严峻,人口多、耕地少,已成为制约我国经济发展的重要因素。

1949年(耕地面积为14.88亿亩)至1957年(耕地面积16.77亿亩),由于不断开荒造田,我国耕地面积逐年增加。1957年至1986年期间,耕地面积逐年减少,累计减少耕地6.11亿亩,仅"六五"期间,全国共减少耕地8 752万亩。1987年,国家对建设用地实行了计划指标控制。国家"十一五"规划纲要中首次提出18亿亩耕地是一个具有法律效力的约束性指标,是不可逾越的一道红线。2020年,通过采取土地整治、农业结构调整等一系列措施,实现了国务院确定的耕地保有量18.65亿亩的目标,守住了耕地红线,耕地减少势头得到初步遏制。

土地复垦和生态修复是整治土地、恢复土地资源的重要手段。与石油、天然气等能源相比,我国煤炭资源相对丰富。2005年我国煤炭占能源消费总量比重的72.4%。近年来,我国不断调整能源消费结构,至2021年,煤炭占能源消费总量的比重仍为56.0%。煤炭工业的迅猛发展,在为国民经济提供大量能源的同时,也必然会导致地表的大量剥离、地表的大面积塌陷和固体废弃物的大量堆积,从而导致土地资源的大量破坏,使良田荒芜、耕地减少。例如,江苏省徐州市贾汪区潘安湖因煤矿开采造成塌陷面积3万余亩,积水面积达

3 600余亩,平均塌陷深度为4 m,最深处大于20 m。采煤所致塌陷一度给贾汪留下了"满目疮痍":地表下沉、耕地损毁、房屋开裂,群众生产、生活乃至生命财产安全等均受到不同程度的影响。2010年徐州市开始推动潘安湖塌陷区生态修复和空间综合整治工作,首创了"基本农田再造,采煤塌陷地复垦,生态环境修复,湿地景观建设"四位一体综合整治新模式,不仅将潘安湖区域内3万亩荒凉破败的塌陷土地变成了可利用的土地,还改善了区域生态环境和人居环境。通过"耕作层剥离,交错回填"等技术复垦采煤塌陷地0.94万亩(含永久基本农田1 044亩);通过扩湖筑岛、生态环境修复湖面0.72万亩;通过水土污染控制、地灾防治、生物多样性保护、乡村休闲旅游建设等一系列措施,实现湿地景观再造1.13万亩。山东省因采煤形成采煤塌陷地面积101.09万亩,其中,济宁、泰安、枣庄、菏泽4市的塌陷地总面积占全省采煤塌陷地总面积的86.77%,其中,绝产面积占全省绝产面积总量的95.79%。近年来,济宁市探索实施"垫、用、平、流"分类治理办法,在塌陷地深部取土填在浅部,浅部复垦成耕地,深部建成养殖水面或水田,截至2022年,全市累计治理稳沉塌陷地50.33万亩,其中历史遗留塌陷地12.19万亩,恢复耕地18万余亩,形成养殖水面1万余亩。太平镇是山东省邹城市最大的采煤塌陷区,耕地损毁,道路迸裂,房屋垮塌,11个村庄沉陷,涉及人口3.6万,人民群众的生命财产安全和正常生产生活受到严重影响。2014年起邹城市统筹实施山水林田湖草综合治理、生态修复和开发利用。通过坚持不懈的治理,塌陷区生态环境实现持续好转,综合治理后形成湿地面积6 500亩、恢复耕地3 600亩,区域内湿地面积占比达到42.75%。此外,通过基本农田整理、采煤塌陷区治理、生态环境修复和湿地景观开发,区域的生态产品的供给能力得到了大幅提升,为邹城及附近地区提供了源源不断的高质量生态产品。

实践告诉我们,土地复垦与生态修复是土地再生的一项有效方法。被损毁的土地资源,若能采取工程或生物等措施,可以重新恢复利用。土地的废墟,可以变成良田沃土,可以营造郁郁葱葱的果林,可以开挖鱼虾满池的水塘,可以生长青青的禾苗。昨天被废弃的土地,今天又回到人类的怀抱,这正是土地复垦与生态修复的巨大作用。

(2)土地复垦与生态修复是保护生态环境、提高人民生活质量的有效措施

矿产资源都是深埋于地下,经过长期地质作用形成的宝藏,其开发利用不可避免地要破坏原有的地质岩层和改变原有的应力状况,造成上覆岩土层的直接挖损或移动变形,进而影响地表的生态环境,如地表塌陷、耕地损失、建(构)筑物破坏、植被破坏等,还会引发水土流失、山体滑坡、泥石流等次生地质环境灾害。在被损毁的土地上,原有的景观环境改变了,并引发严重的生态环境问题,例如:平原变成高低不平的塌陷地;肥沃的农田变成沼泽地;粉尘飞扬,废气、废水渗溢,土壤污染,土地沙漠化;等等。因此,土地损毁引发的环境问题是严重的,只有通过土地复垦与生态修复工程,才能得以缓和、改善,尽管充填开采、条带开采、离层注浆减沉等一些减轻地表损伤的绿色开采技术逐步研制出来,但许多绿色开采技术大都是特殊的开采技术,在开采效率、开采成本等方面与目前主力开采技术相比缺乏优势。因此,地下资源的开采将不可避免地带来生态环境的影响。

矿业对土地、大气和水资源等自然环境的有毒、有害影响早就是人们关心的课题。但是直到20世纪初人们才认识到,环境保护问题已成为矿业发达国家急需解决的问题之一。国外许多国家土地复垦的主要目的就是保护环境,例如美国于1977年颁布的《露天开采与复垦法》中就明确指出:确保采矿作业以有利于环境保护的方式进行。在美国常常把这部

法规当作一部珍贵的环境法规。可见,在西方发达国家,土地复垦与生态修复的主要作用是保护人类的生态环境,提高人们的生存环境质量。中国 2015 年 1 月 1 日施行的《中华人民共和国环境保护法》加大了违法处罚力度,还新增了环境税,如每吨矿山固体废弃物征收 5 元等。环境督查和巡查日益频繁和规范化,绿色矿山建设标准颁布实施。特别是 2017 年祁连山事件以来,国家和各个省(市)都出台文件,要求与自然保护区重叠的采矿权限期退出。国家正在进行国土空间规划,划定生态红线,直接关系许多矿山的命运。在去产能、资源枯竭、生态红线内采矿权退出等多重压力下,许多矿山面临关闭,关闭后矿山生态环境修复的任务也十分艰巨。国家如此高规格、高压力地进行环境保护,目的就是倒逼企业进一步重视矿区环境问题,主动履行修复环境的义务,加大矿山技术革新和环境保护投入,真正实现造福国家和人民。进行矿区土地复垦与生态修复可以稳定偏坡,避免生态环境的进一步恶化;改良土壤,加快矿山环境的生态修复;修复水资源,为生态环境建设保驾护航;开发尾矿,减少对生态环境的再次伤害;选取植物,修复矿山重金属污染,促进生态环境的有效好转;修复微生物群落,维持生态系统的自然运转。要把矿山生态修复当成是平衡采矿与环境的桥梁和保障,通过科学的矿山生态修复实现煤炭开采与环境保护的双赢、区域经济发展与生态环境保护的双赢。

(3) 土地复垦与生态修复是缓解工农矛盾、解决就业问题和维护安定团结的有效途径

由于土地破坏,良田荒芜,耕地减少,严重影响工农业生产,加剧了工农用地矛盾和由此引发的工农纠纷不断。据不完全统计,许多城市工农矛盾的 80% 是由土地纠纷引起的,企业大门被堵、道路被断的现象时有发生。大面积的土地破坏,还导致了许多农民丧失生活的来源,对社会形成就业压力。在政府目前无力安置就业的情况下,无业游民的增多也给社会带来了不安全的隐患。农民一旦失去土地,失去谋生的手段,随时都有可能诱发工农矛盾的恶性事件和产生一些经济、危及社会稳定的各种问题,并直接影响区域的经济发展。因此,只有通过土地复垦与生态修复,还田于民,才能缓解工农矛盾,减轻政府就业压力,并提供给农民就业机会,使农民安居乐业,促进区域的健康、稳定发展。

(4) 土地复垦与生态修复是区域和矿业可持续发展的有力保障

随着社会的发展,环境问题日益成为社会争论的焦点,可持续发展成为众多国家社会发展的基本战略。贫困与环境恶化相互作用,全球性的环境问题对世界上最贫困人群的影响最为严重。为了使环保政策的经济激励机制更加公平、公正、有效,必须科学理解生态系统服务是如何从一个地区流向另一个地区、哪些人群从生态系统服务中获益,以及哪些人群因保护这些服务应该得到补偿。由于生态修复项目的目标并不是建立一个高效的市场,而是鼓励人们去追求既有利于自然环境又有利于人类生存的可持续发展方式,因此短期性和经费不足的生态系统补偿机制很容易失败。地方政府开展诸如建立自然保护区的生态保护时,中央政府必须提供足够的经费来弥补这些项目对区域经济和当地居民生计的负面影响。生态系统是满足人类基本需要的基础,我们必须认识并且推行更好的生态环境保护方式,通过资源的可持续利用、保护生物多样性和生态系统平衡、适应气候变化等方式来实现环境修复目标。因此,成功的环境修复需要来自土地管理者、政府决策者、科学家、教育家的多方参与。1992 年联合国举办世界环境与发展大会,颁布《21 世纪议程》以后,世界各国都在制定本国走可持续发展道路的纲领和行动计划,并制定各种更加严格的环保法规。作为对环境影响最严重的行业之一的采矿业,必然将受到多方面的限制。有的国家已颁布

法令停止高硫煤的开采,有的国家颁布更为严格的土地复垦法规。我国明确将"绿色矿山"作为矿山建设发展目标。因此,为了能够使采矿业得以存在和发展,为了在开发矿藏资源的同时又保护土地和环境,只有通过土地复垦与生态修复才能实现。可见,土地复垦与生态修复是采矿业不可缺少的一项工作。

1.2.3 土地复垦与生态修复的关系

我国的土地复垦、生态修复等名词主要起源于国外,由于专业的角度不同以及政府管理职责不同,因而产生了多个翻译的中文专业名词,如"土地复垦""生态修复""生态重建""生态恢复"等。其中"土地复垦"是我国最早在矿区生态修复领域确定的专用术语,在土地复垦过程中要遵循土地的用途、功能以及土地实际破坏程度、范围进行综合考虑,将破坏的土地开发利用为耕地、旅游景区(矿区公园等)、林地等形式,同时要遵循耕地优先原则,致使很多人误认为土地复垦就是恢复耕地,这是将土地复垦概念狭隘化了。还有种观点认为土地复垦不注重植被恢复、不注重生态,因此,为了防止这种误解,我们建议用"土地复垦与生态修复"取代"土地复垦"或"生态修复"。

与土地复垦相比,生态修复的内涵更为全面和完善。基于生态修复的概念,可以将其理解为是在已经破坏的生态系统上重新构建一个完整的生态系统。例如煤矿开采导致原有的矿山生态遭到损坏后,需要加大矿山区域生态圈构建,不仅仅是自然生态系统,同时要与当地的经济、社会系统相协调。因此生态修复是一个循序渐进的过程,首先要实现生物多样性后,再进一步达到生态功能恢复。目前,生态修复存在 3 种修复理念:第 1 种是先损毁、后治理的末端治理理念,就是先开采损伤生态环境,然后再修复治理,特别是对于开采扰动时间长、多次扰动损毁的(如多煤层开采),人们往往倾向于这种理念;第 2 种是源头控制理念,即从开采方法上进行源头控制损伤,认为只有通过开采方法的革新,才能从根本上减轻或避免生态环境的损伤,最理想的状态是采用绿色开采技术,实现地表生态环境"零损伤";第 3 种是边开采边修复理念,即将生态修复与矿山开采紧密结合,在煤炭开采的全过程(全生命周期)进行生态修复。"边开采边修复"概念中的"复"既包含狭隘的"复垦(复耕)",也包含 ecological restoration 中的"修复"的概念,其核心目的是及时恢复治理损伤的生态环境。

此外,仅从中文的字面理解不难看出,"复垦"往往是对土地的恢复利用(耕种),侧重于土地的保护利用,而"生态修复"不仅包括土地因子的修复,还包括其他诸如水、植物、生物等生态因子的修复,侧重于生态系统的修复,所以,"复垦"理应是"生态修复"的重要任务之一。

近年来,我国与国际在 reclamation 方面交流与合作增多,国内外在 reclamation 方面认知的差异(国内认为是"土地问题",国外认为是"环境问题")使得不少学者建议将"复垦"研究的内涵扩大,从所谓的"工程复垦"向"生态复垦"发展,并认为是新的发展趋势,实际上生态原则正是 reclamation 本身固有的研究内容,如果正名为"(环境)恢复"就不存在名不符实、要求扩大内涵的问题。

因此,从广义的角度去看待"土地复垦"的内容,"复垦"绝不等同于"复耕","土地复垦"的目标和内涵是"既要求恢复土地价值,又要求恢复生态环境",其内涵是对损毁的土地与环境进行修复,实现土地使用价值与生态环境的双恢复,属于"大环境问题"的概念。基于这种认识,广义的矿区土地复垦与矿区生态环境修复内涵并无差异,这对促进矿山土地复垦与国际接轨具有重要意义。此外,土地是承载一切社会活动的基础,也是生态环境的重要组成部分。在对损毁土地恢复利用的同时,也是对土地之上的生态环境进行恢复,即使"土地复垦"常被理解为"土地问题",也丝毫降低不了它对生态环境改善的重要作用。基于上述认识,可认为土地复垦与生态修复是一门涉及多学科的交叉性应用学科,相关学科的理论可作为最主要的支撑理论,如开采沉陷学、恢复生态学、景观生态学、地理学、土壤学、植物学、土力学等。

综合以上分析,不难看出,根据国外有关 reclamation 的法规、研究内容和研究历史,reclamation 十分重视植被的恢复和生态原则,也一直将生态恢复作为研究的焦点。因此可以归纳成以下两种观点:

① 从"土地复垦"和"生态修复"的本质和内涵上讲,二者具有相同的或相似的目标。这种理解,可以看作"土地复垦"的广义内涵。

② 从我国现阶段的理解和中文的含义来理解,"土地复垦"侧重于土地的保护和恢复利用,而生态修复则侧重于生态系统的修复——这种理解可作为土地复垦的狭义内涵。由于土地生态系统是区域生态系统中一个子系统,因此,土地复垦就自然而然地成为生态修复的核心内容。

1.3 土地复垦与生态修复的历史沿革与发展趋势

1.3.1 国外土地复垦与生态修复的产生与发展

土地复垦与生态修复首先产生在工业发达的国家,主要由于工业化的发展使土地的破坏达到了非常严重的程度。美国和德国是最早开始土地复垦与生态修复的国家,开始于20世纪初。20世纪50年代和60年代,许多工业发达国家加速复垦法规的制定和复垦工程的实践活动,比较自觉地进入了科学复垦的时代。进入20世纪70年代以来,矿区土地复垦与生态环境修复集采矿、地质、农学、林学等多学科为一体,已发展成为一门牵动着多行业、多部门的系统工程。20世纪80年代以后,许多工业发达国家的矿区生态环境修复已步入蓬勃、正常的发展轨道。

美国主要研究露天矿的复垦(特别是煤矿),对复垦土壤的重构与改良、再生植被、侵蚀控制和农业、林业生产技术等方面的研究较深入,对矿山固体废弃物的复垦、复垦中的有毒有害元素的污染和采煤塌陷地复垦等方面的研究也予以极大的关注。近年来对生物复垦和复垦区的生态问题也给予了高度的重视,生物复垦和复垦区的生态问题成为新的热点。为推动土地复垦的研究和技术革新,美国于20世纪80年代专门成立了"国家矿山土地复垦研究中心"(NMLRC),并由国会每年拨140万美元作为土地复垦研究的专项经费,组织多学科专家攻关。此外,美国露天采矿与土地复垦学会还每季度出版一期会讯,每年组织一次全国学术会议。因此,美国的土地复垦研究是世界上最活跃的,且技术水平也比较高。

加拿大与美国一样也是广泛而活跃地开展土地复垦研究的国家之一,除与美国一样在多个领域开展研究之外,最近对油页岩复垦以及由于石油和各种有毒有害物质造成污染的土地问题给予高度重视。加拿大政府也每年出资支持土地复垦研究以保护环境,加拿大土地复垦协会每年召开一次学术年会并负责编辑出版国际土地复垦家联合会讯和《国际露天采矿、复垦与环境》期刊。

德国最早土地复垦的记录出现在 1766 年,当时的土地租赁合同明确写明采矿者有义务对采矿迹地进行治理并植树造林。德国系统地对土地进行复垦始于 20 世纪 20 年代。德国的土地复垦可分为四个阶段:第一阶段(20 世纪 20 年代到 1945 年)的土地复垦主要是试验性地植树、造林。那时人们有意识地进行多树种混种,使重建的林地像原始森林一样,各种树种混杂,能完成多种生态功能。但这充满希望的活动由于第二次世界大战而中断了。第二阶段始于 1946 年。战后的德国,百业待兴,对煤炭的需求量急剧加大,对土地的占有量也随之加大。这使得政府和企业不得不考虑对环境的重建。1950 年 4 月北莱茵州颁布了针对褐煤矿区的总体规划法。同时对基本矿业法进行了修订,将“在矿山企业开采过程中和完成后,应保护和整理地表,重建生态环境”第一次写进了法律。受当时经济状况的影响,北莱茵州的露天矿场回填后,主要是栽种杨树。第三阶段(20 世纪 60 年代初到 1989 年),20 世纪 60 年代西德对林业复垦的状况进行了改进。一是把早期种植的杨树砍掉,取而代之的是橡树、山毛榉、枫树等。二是随煤炭开采力度的加大和矿场的迁移,土地复垦不再只是植树造林,而是兼顾多种用途。东德褐煤区的土地复垦与西德的做法不同。20 世纪 60 年代主要是林业复垦,70 年代农业复垦受到重视,土地的经济用途得到强调,土地的生产力和林木的经济价值成为衡量土地复垦成败的主要指标。生态环境的重建并未受到重视。20 世纪 80 年代由于对煤炭开采力度的不断加大,矿区作为能源基地不断被扩建,采矿所造成的土地和环境损害也随之加重,但由于资金短缺,土地复垦被推到“未来”。随着东西德的合并,土地复垦进入到第四阶段。在北莱茵地区,由于生态意识的增强,重构生态系统的要求受到重视。目标已从以林、农业复垦为主,转向建立休闲用地、重构生物循环体和保护物种上来。即所谓的混合型土地复垦模式:农林用地、水域及许多微生态循环体协调、统一地设立在一起,从而为人和动、植物提供较大的生存空间。成功的例子是汉巴赫矿区外排土场的复垦。莱茵州褐煤公司从 1984 年开始详细规划,对汉巴赫矿区外排土场进行复垦,如今该外排土场已被重建成为一个别具特色的风景区。

英国也是开展土地复垦较早的国家之一。目前,该国主要以污染地的复垦和矿山固体废弃物为研究重点。此外,澳大利亚、波兰、南非等国家对土地复垦的研究也十分深入,复垦技术也较先进。

国外土地复垦与生态修复工作开展较好的国家都有以下特点:① 有健全的法规;② 有专门的管理机构;③ 有明确的资金渠道;④ 将生态修复纳入开采许可证制度之中;⑤ 建立严格的生态修复标准;⑥ 重视科学研究和多学科专家的参与及合作;⑦ 有专门的学术团体和研究机构,且学术活动十分活跃。

近年来国外有关土地复垦与生态修复的研究主要集中在以下几个方面:

(1) 干旱、半干旱地区土地复垦的方法与技术

由于干旱、半干旱地区水资源缺乏,复垦工作难度相对较大,因此对这类地区的复垦技术和方法的研究较活跃,主要侧重于研究迅速恢复和保持植被技术、适宜的植物品种选择、保持水分防止侵蚀的地表覆盖技术及地表覆盖材料的优选、以蓄积水分为目的的特殊地貌构造技术以及新型保水剂的应用。

(2) 矿山固体废弃物的处理与复垦

研究的重点主要是矿山固体废弃物的处理与利用方式,减少废弃物中有害、有毒元素的迁移技术,迅速在废弃物上种植植被以减少侵蚀和吸收有毒、有害元素技术以及施用石灰中和废石酸性的技术等。

新近矿山固体废弃物复垦技术主要有两个:① 微生物技术。在矿山固体废弃物中引入微生物,促进植物根瘤菌和菌根的生成,从而促进植物迅速生长、固定废弃物和加速废弃物风化成土,其中真菌 *Glomus mosseae*,*G. fasciculatum* 和 *Vesicular-arbuscular mycorrhizae*(泡状丛枝吸胞菌根)被认为可以达到取代覆盖表土的作用。② 矿山尾矿的多层覆盖技术。如在矿山废弃物上加三层覆盖材料,并在覆盖材料中间加薄薄的地质滤网以阻止材料的上下混合。

(3)提高复垦土壤生产力的土壤培肥措施

基于复垦土壤特点并运用农业研究的成果探讨提高复垦土壤生产力的各种土壤培肥措施,特别是施以弥补材料如垃圾、农家肥和秸秆等。

(4)矿山复垦土地的再造植被与牧草和农作物生产技术

主要是再造植被的品种选择和迅速恢复重建技术,对复垦作为牧草和农业用地的,其研究重点是在复垦土地上获得高产的各种生产技术。

(5)矿山废弃地的复垦

矿山废弃地是在国家相关法律出台前破坏的土地,矿山开采者无复垦义务,加上矿山资料往往缺乏,这类复垦工作有很大的特殊性。这类复垦的研究主要侧重于矿山破坏土地的估计与评价、提出存在的问题及综合治理技术途径以及资金筹措等。

(6)矿山酸性水的排放(AMD,acid mine drainage)

主要研究矿山酸性水排放的预计、取样设计和方法、减少矿山酸性水排放的矿山设计以及矿山酸性水的被动治理技术(passivetreatment)。对被动治理技术往往研究其技术措施选择,被动治理系统的设计、建设、维护和系统中去除污染物的操作系统。

(7)复垦规划与复垦效果评价及相关的法规研究

研究复垦规划的内容与深度要求、评价复垦效果的指标体系以及相关的法律条款的修订。以土壤生产力和各种生态指标评价复垦效果是目前研究的两大热点。

(8)污染土地的复垦

矿产资源的开采在破坏土地资源的同时也污染了土壤,对这些污染土地的复垦主要是研究适宜的覆土厚度、有毒有害元素的存在形式和分布与迁移规律及治理技术、污染土地的再造植被技术、植物吸附技术等。目前由于石油和油页岩开采导致的污染问题和矿山土壤中重金属污染问题得到广泛重视。

(9)生态复垦与生物复垦

主要研究复垦区域的生态修复和复垦地的植物生态等问题。采用生物技术(特别是微生物技术)恢复植被、培肥新垦土壤、制造生物土、去除土壤污染等。

(10)开采沉陷及其复垦

侧重研究开采沉陷对土地的破坏预计、破坏程度分类方法、采煤塌陷对土地的破坏规律及采煤塌陷与开采过程的动态关系、开采沉陷地的复垦方法。

(11)计算机在土地复垦中的应用及软件开发

主要研制复垦的各种应用软件如 STRATIFACT、STATGRAPHICS 和 SurvCADD 在

废弃矿土地复垦设计和开采许可申请中的应用、开采沉陷的预计软件、开采与复垦一体化工艺的模拟软件等。三维模拟、虚拟现实(VR)、GIS(地理信息系统)等新技术正成为该领域的应用热点。

(12) 矿山复垦土地的景观再造和侵蚀控制

研究矿山复垦土地的景观设计和再造技术,复垦土地侵蚀机理及水土保持措施。

(13) 土地复垦设备及产品的研制

研究改良复垦土壤压实的深耕(松)机、表土改良剂或替代表土的生物土、各种侵蚀控制产品等。

总之,重构适宜的土壤介质与稳定和谐的景观以及恢复植被和地力是土地复垦成败的关键,也一直是复垦研究的重点。国际土地复垦研究的发展正日益采取各种高新技术,努力提高复垦土地的社会、经济和生态效益。

1.3.2　中国土地复垦与生态修复的产生与发展

中国古代最典型的土地复垦案例就是浙江绍兴东湖风景区改造,该地从汉代起就是一处采石场,隋代扩建绍兴城时又有大规模开采,到了清代人们开始在东湖筑堤分界、蓄水,又经过长期改造,修建成现今山水交融、洞窍盘错的风景旅游胜地。尽管在 20 世纪 50—60 年代,中国就开始了现代意义上土地复垦的零星和自发探索,但真正重视土地复垦则始于 20 世纪 80 年代,历经 40 多年的发展,可分为 4 个发展阶段。

(1) 萌芽阶段(1980—1989 年)

学科发展的起步得益于学术引进和交流。国际上,美国和德国在 20 世纪初就开始了土地复垦的研究和立法,这一阶段,中国学者更多从介绍国外土地复垦做法和经验开始。1982 年马恩霖等编译了《露天开采复田》、林家聪等翻译了苏联的《矿区造地复田中的矿山测量工作》、刘贺方翻译了苏联的《露天矿土地复垦》。1985 年 12 月在安徽省淮北市召开了第一次全国土地复垦学术会议,1987 年 9 月在山西省大同市召开了第二次全国土地复垦会议并成立中国土地学会土地复垦研究会,1989 年严志才将这两次学术会议成果汇编成《土地复垦》专著。1983—1986 年原煤炭工业部组织实施了"六五科技攻关项目"——"塌陷区造地复田综合治理的研究"(煤炭科学研究院唐山分院和淮北矿务局承担),在安徽淮北成功复垦了大量采煤塌陷地,形成了疏排法、挖深垫浅、充填复垦等采煤塌陷地复垦技术,标志着中国有组织土地复垦的开始。1988 年 11 月 8 日颁布、1989 年 1 月 1 日生效的《土地复垦规定》,标志着中国土地复垦与生态修复走上了法治化的轨道,土地复垦学科幼苗诞生了。同年,中国矿业大学培养了第一个土地复垦学硕士。该阶段以介绍国外土地复垦经验、开始有组织地采煤沉陷地治理为特征,以 1989 年国务院颁布生效的《土地复垦规定》为标志。

(2) 初创阶段(1990—2000 年)

《土地复垦规定》颁布实施之后,原国家土地管理局和国家环境保护局积极推动全国的土地复垦工作,分别在安徽淮北、江苏铜山、河北唐山和河南平顶山建立了国家土地复垦示范基地,不断表彰土地复垦先进单位,促进了土地复垦与生态修复大规模的实践,掀起了第一个矿区土地复垦的高潮。这一阶段,不仅在采煤沉陷地治理技术方面进一步深入,尤其是疏排法、泥浆泵复垦等技术不断革新,而且在露天排土场、煤矸石山复垦与生态修复方面也取得了一定突破。1997 年"采煤沉陷地非充填复垦与利用技术体系研究"科技成果获得国家科技进步三等奖。1998 年"矿山尾矿库区复垦与污染防治技术研究"获国家科技进步二等奖。

在此期间，许多学者开始关注学科的基本问题。如林家聪论述了矿山开采与土地复垦的关系。祝国军论述了土地复垦的生态功能和生态学原理在采煤沉陷地复垦中的重要作用，并强调生态工程复垦的重要性。卞正富、张国良对矿区土地复垦工程的概念进行了定义。胡振琪第一次从学科建设的角度提出了土地复垦学的概念和学科体系，进一步明确了其独特的研究对象，并从土地复垦学的基本理论、方法论和应用技术三方面全面论述了土地复垦学的内容。徐嵩龄从采矿地的生态破坏特征分析入手，认为采矿地的治理不能用"复垦"，而应该用"生态修复"。胡振琪提出了"分层剥离、交错回填"的煤矿山复垦土壤剖面重构的基本原理与方法，构建其数学模型和应用于露天煤矿和采煤沉陷地复垦的技术工艺革新。白中科从生态修复的角度探讨了矿区生态修复研究的认识（论）、方法（论）。张绍良对土地复垦的概念、对象、性质、学科归属、研究空间及理论构架等土地复垦基础理论问题也进行了研究。张国良主编了中国第一本土地复垦教材《矿区环境与土地复垦》。在此期间，中国矿业大学和浙江大学培养了 4 名土地复垦学博士。

中国土地学会土地复垦分会经中国科学技术协会批准，以"中国土地复垦学会"的名义于 1998 年加入国际土地复垦家联合会。2000 年在北京召开了首届土地复垦国际学术研讨会，出版了论文集 *Mine Land Reclamation and Ecological Restoration for the 21 Century*，标志着中国土地复垦研究与国际接轨，促进了该学科在中国的建立与发展。

该阶段以学科基本概念和基本问题的探讨为核心，以大范围土地复垦与生态修复的实践为特征，以土地复垦学、生态修复概念的提出和复垦教材的出版以及首届土地复垦国际学术研讨会的召开为标志。

（3）发展阶段（2001—2007 年）

首届土地复垦国际学术研讨会之后，土地复垦学科得到了进一步关注，步入稳定发展期。这一阶段，土地复垦的理论与技术研究更加全面和深入。对"土地复垦""生态修复"等学术名词和内涵等基本问题的研究进一步深入，对国外有关概念的理解也更透彻。胡振琪对中国土地复垦的概念内涵与学科发展给出了新的认知，提出土地复垦的研究对象扩展为各种人为活动和自然灾害损毁的土地，土地复垦的目标应该包含恢复生态环境，土地复垦的内涵应该扩展到景观生态、生物多样性和土地综合效益的恢复。这一阶段对复垦土壤的研究较多，一个完整的土壤重构概念被提出，并认为土壤重构是土地复垦的共性技术原理和基础，土壤剖面重构是核心。除了露天矿复垦、煤矸石山治理等复垦技术之外，采煤沉陷地治理依然是研究热点，各种治理模式和实践的研究不断涌现，对非充填复垦除继续研究泥浆泵复垦外，该阶段提出了一种新的、有利于分层土壤重构的采煤沉陷地拖式铲运机复垦技术。由中国矿业大学（北京）牵头的"煤矿区土地生态环境损害的综合治理技术"项目获 2004 年度国家科技进步二等奖。

2006 年国土资源部等七部委下发的《关于加强生产建设项目土地复垦管理工作的通知》提出加强土地复垦前期管理，做好生产建设项目土地复垦方案的编制、评审和报送审查工作。2007 年国土资源部《关于组织土地复垦方案编报和审查有关问题的通知》正式将土地复垦方案纳入开采和用地许可，标志着土地复垦有了可靠的抓手，促进土地复垦进入一个新的高速发展阶段。

该阶段以学科概念的进一步完善和土壤重构概念与方法的提出为核心,以技术的全面深入研究并取得中东部煤矿区土地复垦技术突破为特征,以2007年土地复垦被正式纳入采矿许可和用地审批为标志。

(4)高速发展阶段(2008年至今)

这一阶段是土地复垦学科领域新理念新技术不断涌现和突破的时期。2011年国务院颁布实施《土地复垦条例》,并相继颁布多个行业技术标准,促进了土地复垦快速和有序发展。在理念创新方面,针对传统采煤沉陷地稳沉后复垦恢复土地率低、复垦周期长等弊端,提出了井工煤矿边开采边复垦的新理念,从而促进了"末端治理"向"源头和过程控制与治理"的转变。仿自然地貌重塑的理念从国外借鉴入中国,对其关注逐渐增多,研究和应用也不断深入。在土地复垦技术方面,承担了大量"863"计划、自然科学基金和"十一五""十二五"国家科技支撑计划项目。在东部采煤沉陷地复垦技术方面,先后完成了采煤沉陷地农业复垦技术和黄河泥沙充填采煤沉陷地复垦技术;在煤矸石山生态修复方面,丛枝菌根在煤矸石山土地复垦中的应用和自燃煤矸石山污染治理与生态修复技术取得突破;在露天矿土地复垦技术方面,排土场植被恢复、复垦土壤与微地形研究取得诸多成果;在西部生态脆弱矿区的生态损毁监测与修复方面取得了历史性突破,先后荣获5项国家科技进步二等奖,发明了众多的生态环境损毁监测方法,揭示了西部煤炭开采对地下水和地表环境的影响规律,发现了生态环境损毁的自修复现象,开发了大型煤炭基地地下水保护技术,揭示了西部干旱煤矿区土地复垦的微生物修复机理,创建了规模化的菌剂生产技术。

2008年出版了本领域的第二本教材《土地复垦与生态重建》,并荣获全国煤炭高等教育优秀教材一等奖。中国矿业大学、中国矿业大学(北京)、中国地质大学(北京)等高校,长期进行土地复垦学的本科生教学建设,中国矿业大学(北京)胡振琪教授主讲的"土地复垦学"荣获2009年度北京市精品课程。白中科教授主编的《土地复垦学》教材也在2017年12月正式出版,标志着土地复垦学的学科建设取得了重要进展。

该阶段以土地复垦新理念新技术的提出为核心,以西部生态脆弱区土地复垦与生态修复技术的突破性成果为特征,以《土地复垦条例》的颁布及相关标准和监管方法的涌现为标志,以诸多土地复垦的教学成果为学科发展的名片,使土地复垦学在土地科学与技术学科中享有独特的位置。

思 考 题

1. 查阅资料,阐述科学理论在土地复垦与生态修复中起到了怎样的作用。

2. 我国与其他国家进行土地复垦与生态修复的起因、理念以及发展历程有哪些异同?

3. 土地复垦与生态修复与哪些学科交叉?选择一门学科描述其在本学科上的应用。

4. 试想未来土地复垦与生态修复的政策与制度将会怎样发展?

第 2 章　土地复垦与生态修复相关理论

本章主要介绍土地复垦与生态修复相关的基础理论,包括生态系统的恢复与重建理论、景观生态学理论、土壤学理论、水土保持学理论、开采沉陷学理论、边采边复理论、土壤重构理论、地貌重塑理论等,其中边采边复理论、土壤重构理论、地貌重塑理论是矿区土地复垦与生态修复的特色理论。

2.1　生态系统的恢复与重建理论

20 世纪 50 年代以来,随着人口增加、资源开发、环境变迁和经济增长等问题的出现,环境危机日益突出。环境污染、森林破坏、水土流失和荒漠化等一系列世界问题对人类的生存和经济的持续发展构成了严重威胁。由于人类活动范围与能力的日趋扩大,自然形成的物质循环和能量交换受到不同程度的干扰和破坏,这不仅影响到生物圈和生态系统的正常物质循环代谢,而且危害着生态系统的正常功能。这种影响涉及大气、水域、陆地生态系统乃至整个生物圈,日益受到国际社会及各国的关注。联合国教科文组织"人与生物圈计划"(MAB)的中心议题,就是运用生态学方法,研究人与环境的相互关系,特别是人类活动对生态系统的影响,以及在人类影响下资源的管理、利用和恢复。

生态系统最重要的特点之一,就是物种的组成、各种速率过程、复杂程度和随时间推移而变化的组分不断地发展和变化。正常的生态系统是生物群落与自然环境取得平衡的自我维持系统,各种组分的发展变化是按照一定的规律并在某一平衡位置作一定范围的波动,从而达到一种动态的平衡。但是,生态系统的结构和功能也可能在自然干扰和人为干扰的作用下发生位移(displacement),位移的结果打破了原有生态系统的平衡状态,使系统的结构和功能发生变化和出现障碍,形成了破坏性波动或恶性循环,这样的生态系统被称为受害生态系统(damaged ecosystem)。受害生态系统的恢复和重建最重要的理论基础是生态演替。过去大量的工作和文献都集中在阐述生态演替的过程方面,包括种类替代顺序、生物量变化、多样和稳定性等方面,很少涉及生态系统受到干扰后环境异质性的变化。

受人类活动破坏的生态系统,在自然恢复过程中可以重新获得一些生态学性状;对于自然干扰所破坏的生态系统,若这些干扰能被人类所控制,生态系统将发生明显的变化。受害生态系统因管理对策的不同,可能有以下 4 种结果:① 恢复到它原来的状态;② 重新获得一个既包括原有特性,又包括对人类有益的新特性状态;③ 由于管理技术的使用,形成一种改进的和原来不同的状态;④ 因适宜条件不断损失的结果,保持受害状态。美国在恢复和改建五大湖生态系统时,将管理后生态系统的变化结果用图 2-1 表示。实际上这个图也适用于各种生态系统。该图有助于我们理解和区别这些术语:恢复(restoration)、改建(rehabilitation)、重建(enhancement)和恶化(deterioration)。恢复是将受害生态系统从远离初始状态的方向推移回到初始状态;恶化与恢复的方向相反,使生态系统受到更大破坏;重建是将生态系统的现有状态进行改善,改善的结果是增加人类所期望的"人造"特点,压低人类不希望的自然特点,使生态系统进一步远离它的初始状态;改建是将恢复和重建措施有机地结合起来,使恶化状态得到改造。

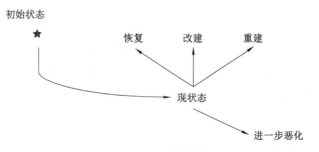

图 2-1　自然生态系统管理的几种策略选择(引自 Magnuson 等,1980)

受害生态系统的恢复可以遵循两个模式途径(图 2-2):一种是当生态系统受害不超过负荷并是不可逆的情况时,压力和干扰被移去后,恢复可在自然过程发生。如对退化草场进行围栏保护,几年之后草场即可得到恢复。另一种是生态系统的受害是超负荷的,并发生不可逆变化,只依靠自然过程并不能使生态系统恢复到初始状态,必须依靠人的帮助,必要时,还需用非常特殊的方法,至少要使受害状态得到控制。

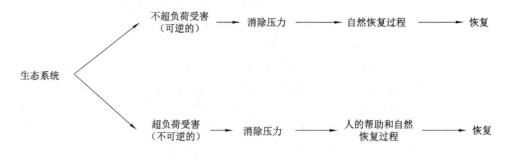

图 2-2　受害生态系统恢复的两种模式

人类对受害生态系统所采用的恢复措施,必须符合生态学规律,必须从生态系统的观点出发,否则,一个措施的使用不当,往往会引起另一种严重后果。美国中西部地区,森林砍伐、大面积开荒,造成严重水土流失。为了治理水土流失,从亚洲引进大量葛藤,经过几年的种植,水土流失得到一定程度的治理,但因葛藤在美国没有相应的草食性动物以及竞争生物体,成了美国一种到处蔓延的杂草。

对恢复概念的认识至少有 3 种观点:

① 被公众社会感觉到的并被确认恢复到可用程度;

② 恢复到初始的结构和功能条件,尽管组成这个结构的元素(种类)可能与初始状态明

显不同;

③ 恢复到具有初始元素(种类)存在的结构和功能的初始状态。事实上,一个良好的生态系统恢复和重建计划应该综合这些广泛的观点,根据受害程度、生态系统的类型、干扰的种类的不同而有所侧重。

研究受害生态系统的恢复和重建应力求做到定量化,有 5 个重要原因:

① 如果对造成生态系统受害的各种干扰追究法律责任的话,提供一些恢复程度有关的定量数据是极为重要的;

② 在确定受害生态系统的恢复速度时,特别是当污染压力减轻时,定量化在改进不必要的处理对策与恢复过程之间的关系方面是重要的;

③ 定量化可以比较不同类型的受害生态系统和恢复状态;

④ 对选择管理技术、评价恢复效果是十分重要的;

⑤ 当生物学家试图与其他科学家合作时(特别是工程学家、化学家等),具体数值和数据的交流最为方便。

世界上许多国家,特别是发展中国家,由于不合理利用可更新资源以及环境污染,环境问题更加尖锐。事实证明,资源的可更新性并不是绝对的,而是有条件的,它的更新和再生能力必须得到保护。或者说对生态系统的干扰不能超过它所能忍受的阈限。实现可持续发展有赖于人与人之间、人与自然之间的和谐,这种和谐是持续发展的目的,也是实现持续发展的手段。对受害生态系统恢复和重建的研究,不仅可以为国民经济建设服务,而且也可以为生态学理论,特别是生态演替理论和环境、资源管理,提供新的理论信息。

自然过程的作用是缓慢的,而良好的设计和管理规划能加速受害生态系统的恢复。如果自然循环,包括一些自然灾害性事件没有被充分认识,人类贸然采取干预措施是不适合的,因此,应重视以下 3 个方面的研究:

① 在受害之后,恢复和重建生态系统的综合措施;

② 在对恢复过程的研究中,应包括功能性状和结构性状的评测;

③ 应有一系列妥善计划,并对有代表性的生态系统进行综合研究。

在恢复和重建受害生态系统的过程中,若想获得成功,必须依靠政策、社会舆论、法律以及生态学各机构的合作与协调行动。那种不顾生态环境,单纯发展经济的做法是盲目的、缺乏远见的,最终将导致经济的衰退,甚至文明的崩溃。

综上所述,在恢复和重建受害生态系统的过程中,必须重视各种干扰对生态系统的作用及生态演替规律的研究,在此基础上对科学研究结果、技术对策及社会经济学等问题进行综合评判,从而对受害生态系统采取合乎自然规律,并有益于人类生活的治理措施,使受害生态系统在自然及人类的共同作用下真正得到恢复、改建和重建(图 2-3)。

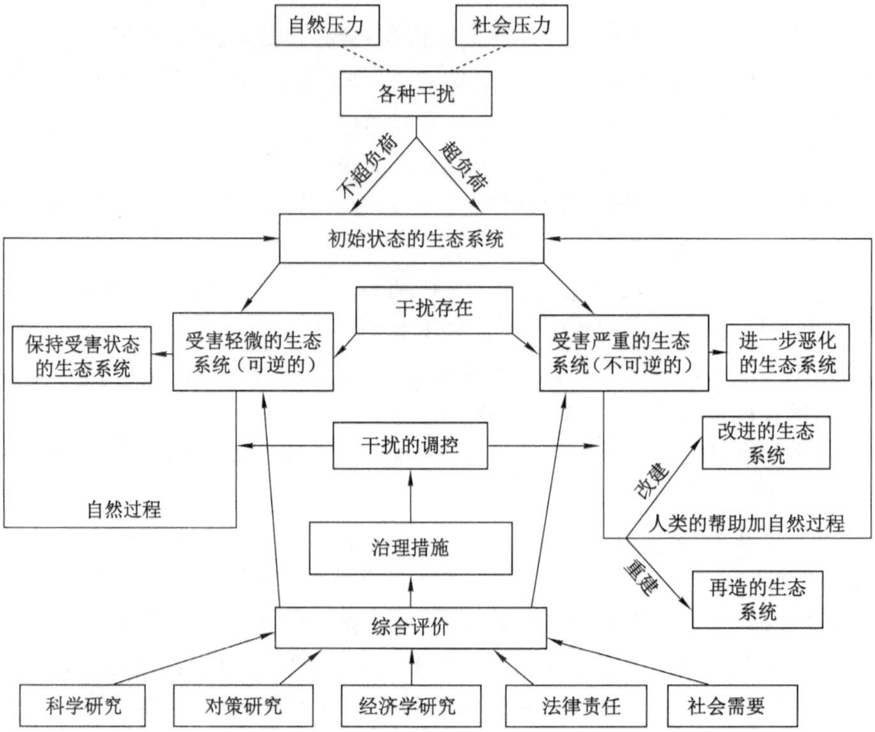

图 2-3 受害生态系统恢复、改建和重建对策、途径示意图(引自康乐,1990)

2.2 景观生态学理论

景观生态学是近年来刚刚兴起的一个生态学分支,至今尚未有一个统一的定义。景观生态学是由生态学和地理学相互渗透、交叉而形成的,由此,景观生态学是用生态学的概念、理论和方法去研究景观,景观是景观生态学的研究对象。景观是在一个相当大的区域内,由许多不同生态系统所组成的整体。景观生态学将在比生态系统更高的层次上进行概括,包括景观的空间结构、不同生态系统间的关系和作用、系统间功能的协调以及它们的动态变化。景观生态学是一门应用性很强的学科。它不仅包括自然景观,还包括人文景观,它牵涉大区域内生物种的保护与管理、环境资源的经营和管理,以及人类对景观及其组分的影响,涉及城市景观、农业景观、森林景观等。有人说,它是生物生态学与人类生态学的桥梁,是全球生态学重要的一环。

2.2.1 景观生态的属性

研究景观像研究生态系统一样,要研究它的结构、功能以及它的动态等。但既然景观是一个整体,一定具有特有的属性,有比生态系统更高层次上的概括。

2.2.1.1 景观异质性

(1)景观异质性的来源

尽管在生物系统的各个层次上都存在异质性,但是人们在研究中往往忽略这一点,而异质性则是景观的重要属性,它指的是构成景观的不同的生态系统。

景观异质性的来源,除了本身地球化学背景外,主要有自然的干扰、人类的活动、植被的内源演替以及这 3 个来源在特定景观里的发展历史,也表现在时间上的动态变化,即已经被广泛研究的演替。

（2）景观异质性的内容

① 空间组成。即该区域内生态系统的类型、种类、数量及面积的比例。

② 空间的构型。即各生态系统的空间分布、斑块的形状、斑块的大小以及景观对比度和连接度。

③ 空间相关。即各生态系统的空间关联程度、整体或参数的关联程度、空间梯度和趋势度以及空间尺度。

2.2.1.2　景观格局

（1）景观格局的含义

景观格局是指大小或形状不同的斑块（patch）在景观空间上的排列。它是景观异质性的具体表现,同时又是包括干扰在内的各种生态过程在不同尺度上作用的结果。研究景观格局的目的是在似乎无序的景观斑块镶嵌中,发现其潜在的规律性,确定产生和控制空间格局的因子和机制,比较不同景观的空间格局及其效应。

（2）景观空间格局的分类

① 点格局。点格局指的是在研究对象相对它们之间距离要小得多的情况下,可以把这些研究对象看成点。例如:交通图中的城市,相对于城市之间的距离要小得多,这种分布格局叫点格局。

② 线格局。这是指研究线路的变化和移动。例如:河道的历史变迁对景观的影响。

③ 网格局。它是点格局和线格局的复合。研究点和线的联结,点与点之间的连线也代表了点与点之间的空间关联程度。

④ 平面格局。主要研究景观斑块大小、形状、边界以及分布的规律性。

⑤ 立体格局。研究生态系统在景观三维空间的分布。

2.2.1.3　干扰

干扰在景观生态学中具有特殊的重要性。许多学者试图给干扰以严格定义,Turner 将它定义为"破坏生态系统、群落或种群结构,并改变资源、基质的可利用性,或物理环境的任何在时间上相对不连续的事件。"

① 一般认为干扰是造成景观异质性和改变景观格局的重要原因。虽然景观随时间而改变,但并非整个景观过程都是同步的,由于景观中的各个生态系统在不同时间内遭受不同强度或不同类型的干扰,而且不同的生态系统对同样干扰的反应也不相同,这些因素都是构成异质性的原因。

② 干扰在异质的景观上如何扩散? 许多学者认为,在较为同质的景观上干扰容易扩散。但是,近来不少研究表明,异质性景观能阻滞干扰的扩散程度和速率,也能加速扩散的速度或增加扩散的程度。

③ 景观同生态系统一样对干扰具有一定抗性。

2.2.1.4　尺度

景观生态学中另一重要概念是尺度。尺度包括空间和时间尺度。在景观生态学研究

中,必须充分考虑这两种尺度的影响。景观的结构、功能和变化都受尺度所制约,空间格局和异质性的测量取决于测量的尺度,一个景观在某一尺度上可能是异质性的,但在另一尺度上又可能是十分均质的;一个动态的景观可能在一种空间尺度上显示为稳定的镶嵌,而在另一尺度上则是不稳定的;在一种尺度上是重要的过程和参数,在另一种尺度上也可能不是如此重要和可预测的。因此,绝不可未经研究而把在一种尺度上得到的概括性结论推广到另一种尺度上去。脱离尺度去讨论景观的异质性、格局、干扰都是没有意义的。

2.2.2 景观生态学的一般原理

关于景观生态学的原理,许多学者有不同的归纳,这里着重介绍 R. Forman 和 M. Godron 合著的《景观生态学》所提出的一般原理。

(1) 景观结构与功能原理

在景观尺度上,每一独立的生态系统(或景观单元)可看作一个宽广的镶嵌体、狭窄的走廊或背景基质。生态学对象如动物、植物、生物量、热能、水和矿质营养等在景观单元间是异质分布的。景观单元在大小、形状、数目、类型和结构方面又是反复变化的,决定这些空间分布的是景观结构。在镶嵌体、走廊和基质中的物质、能量和物种的分布方面,景观是异质的,并具有不同的结构。生态对象在景观单元间是连续运动或流动的,决定这些流动或景观单元间相互作用的是景观功能。在景观结构单元中,景观功能在物质流、能流和物种流方面的表现是不同的。

(2) 生物多样性原理

景观异质性程度高,一方面会引起大镶嵌体及其内部环境物种减少,另一方面引起镶嵌体边缘生境、边缘物种数目增加,有利于那些需要更多生态系统的生境,以便在附近繁殖、觅食和休息的动物的生存。由于每一种生态系统都有自己的生物种或物种库,因而景观的总物种多样性就高。总之,景观异质性减少了稀有内部物种的丰度,增加了边缘物种及要求两个以上景观单元的动物的丰富度,同时提高了潜在的总物种的共存性。

(3) 物种流原理

不同生境之间的异质性,是引起物种移动和其他流动的基本原因。景观单元中物种的扩张和收缩,既对景观异质性有重要影响,又受景观异质性的控制。

(4) 养分再分配原理

矿质养分可以在一个景观中流入和流出,或者被风、水及动物从景观的一个生态系统带到另一个生态系统重新分配。

(5) 能量流动原理

随着空间异质性的增加,会有更多能量流过一个景观中各景观单元的边界。越过景观的镶嵌体、走廊和基质的边界之间的热能和生物量流动速率是随景观异质性的增加而增加的。

(6) 景观变化原理

景观水平结构把物种、能量同镶嵌体、走廊和基质的范围、形状、数目、类型和结构联系起来。干扰后,植物的移植、生长,土壤变化及动物的迁移等过程带来了均质化的效应。但是,由于新的干扰的介入及每一个景观单元变化速率的不同,一个同质性景观永远也达不到。在景观中,适度的干扰常常可以建立起更多的镶嵌体或走廊。

（7）景观稳定性原理

景观的稳定性起因于景观对干扰的抗性和干扰后的景观复原能力。每个景观单元（生态系统）有它自己的稳定度，因而景观总的稳定性反映了景观单元中每一种类型的比例。

2.3 土壤学理论

土壤是人类生产和生活中最为珍贵的自然资源之一，具有重要的生产和生态环境调节功能，是人类赖以生存的基础。随着社会和科技的发展，人们对土壤及其功能的认识不断加深，合理利用和保护土壤的意识不断增强。

2.3.1 土壤和土壤圈

土壤随处可见，对人类而言并不陌生，但由于认识角度的不同，人们对土壤的定义也千差万别。土壤是地球表层系统的重要组成部分，作为一个独立且开放的圈层，与大气圈、水圈、生物圈和岩石圈之间具有紧密且复杂的联系。从地质学角度来看，土壤是破碎了的岩石；从环境科学角度来看，土壤是环境污染物的缓冲带和过滤器；从工程学角度来看，土壤是承受高强度压力的基地和工程材料的来源；从农业科学角度来看，土壤是植物生长的介质。从土壤学专业角度，土壤可定义为："土壤是在气候、母质、生物、地形和时间等因素综合作用下形成的独立历史自然体"。该定义主要交代了土壤的来龙去脉。而应用广泛的经典定义为："土壤是地球陆地表面能生长绿色植物的疏松表层"。该定义在 1998 年颁布的《土壤学名词》中进一步规范为："土壤是陆地表面由矿物质、有机物质、水、空气和生物组成，具有肥力，能生长植物的未固结层"。这一概念表明，土壤的位置处于地球陆地表面，土壤的本质特征是具有肥力，土壤的主要功能是生长植物，组成土壤的物质包括矿物质、有机物质、水、空气和生物。如同土壤的概念，迄今对土壤肥力也没有统一的定义。美国土壤学家认为"土壤肥力是土壤供应植物生长所必需的养分的能力"；苏联土壤学家认为"土壤肥力是土壤在植物生活的全过程中，同时不断地供给植物以最大数量的有效养料和水分的能力"；我国土壤学家认为"土壤肥力是土壤能供应与协调植物正常生长发育所需的养分和水、气、热的能力"。从上述定义来看，各国科学家对土壤肥力关注的侧重点明显不同。美国学者认为养分是肥力的核心，苏联学者认为养分与水分同等重要，而我国学者则认为水、肥、气、热四大肥力因子同等重要，且要相互协调。其实，在多数情况下养分和水分相对更重要，尤其是养分，往往是植物生长的限制因子。所以，从这个角度来讲，以上三种定义并无本质的区别，只是突出了相应的核心要素而已。关于土壤肥力，我们需要注意的是：其一，土壤肥力不等同于生产力，并不是土壤肥力越高其生产力就越高，生产力还取决于气候条件及人为管理水平；其二，土壤肥力其实是水、肥、气、热各肥力因子的综合反映，很难用单一的指标定量表达，更多时候只能是定性地描述，目前尚缺乏划分肥力等级的共同标准。土壤生产力是指在一定的经济和技术条件下，土壤产出农产品的能力，包括农产品的经济产量、生物量及产品质量。土壤生产力包括两方面的含义：一是土壤基础生产力，即在自然状态下，土壤靠自身的基础肥力，能够获得的农产品产量和生物量；二是在一定的耕作制度和管理措施下，能够获得的农产品产量和生物量。例如，就水稻来说，土壤的生产力通常是指在特定的经营管理制度下，包括土壤肥力属性、水稻品种、种植期、复种指数、施肥管理、灌溉管理、耕作方式及病虫害防治等,稻米的产量及质量。可见,土壤生产力的高低由土壤本身的肥力属性和发挥肥力作用的外界条件共同决定,土壤肥力因素的各种性质和土壤的自然、人为环境条件构成了土壤生产力。随着科学技术的进步,土壤生产力很大程度上取决于人类生产技术水平。不同种类和性质的土壤,对农、林、牧具有不同的适宜性,人类生产技术是合理利用和调控土壤适宜性的有效手段,即挖掘和提高土壤生产潜力的能力。

现在的土壤学研究正在从传统的只关注土壤肥力和生产因素向以土壤质量和土壤健康为核心的方向转变,土壤质量和土壤健康是当前人们关注的热点之一。土壤质量不仅涉及土壤的主要功能、类型和所处的地域,而且与土地利用、土壤管理、生态环境、社会经济、政治状况及人的认识等外界因素有关。随着时代的发展和科学技术水平的提高,土壤质量的概念在不断地发展变化。国际上比较通用的概念是"土壤质量是指土壤在生态系统中保持生物的生产力、维持环境质量、支撑动植物与人类健康的能力"。美国土壤学会把土壤质量定义为"在自然或管理的生态系统边界内,土壤具有动植物生产持续性,保持和提高水、气质量及支撑人类健康与生活的能力"。土壤作为一个动态生命系统具有的维持其功能的持续能力称为土壤健康,其包含了土壤质量的三个主要方面,即维持生产、保持和提高水气质量、支撑人类健康。

自1938年瑞典学者马特森(S. Matson)提出土壤圈的概念以后,B. A. 柯夫达(1973年)和迪克·阿诺德(D. Arnold)等(1990年)又对土壤圈的定义、结构功能及其在地球系统和全球变化中的作用进行了较为全面的论述。土壤圈是覆盖于地球表面和浅水域底部的土壤所构成的一种连续体或覆盖层,犹如地球的地膜,它与其他圈层之间进行着物质和能量交换。土壤圈概念的发展旨在从地球系统的角度研究土壤圈的结构、成因和演化规律,以达到了解土壤圈内在功能、在地球系统中的地位及其对人类与环境影响的目的。土壤圈是地球表层系统的重要组成部分,它处于人类智慧圈、大气圈、水圈、生物圈和岩石圈的界面与相互作用的交叉带,是联系有机界和无机界的中心环节,也是联系地理环境各组成要素的纽带。土壤圈与大气圈在近地表层进行着频繁的水分、热量、气态物质的迁移转化,土壤不仅因其疏松多孔的结构而能接收大气降水及其沉降物质以供应生命之需,而且能向大气释放 CO_2、CH_4、N_2O 等多种气体,参与碳、氮、磷、硫等生命元素的生物地球化学循环,并对全球环境产生影响。土壤圈与水圈的关系密切,如大气降水通过土壤过滤、吸持与渗透进入水圈,成为全球水分循环的重要组成部分,从而对水体的物质组成产生影响,在改善生态环境的同时满足生命体对水分的需求;水分也是土壤圈物质能量迁移转化的重要载体和影响土壤性质的介质。土壤圈与岩石圈联系更为密切,岩石圈表层的风化物是土壤形成的物质基础,植物生长发育所需的矿质养分元素多来自岩石的风化,土壤侵蚀及其堆积也是岩石圈中沉积岩形成的重要方式。土壤圈与生物圈的关系也十分密切,土壤是陆地生物圈的载体,支撑绿色植物,并为其供应水分和养分;同时生物活动又对土壤圈的形成发育具有深刻的影响。物质能量从其他自然地理要素不断向土壤输入,必然引起土壤物质组成及其性状的变化,土壤组成及其性状的改变又通过反馈机制引起地理环境的变化。土壤圈作为人类生存与发展的基本自然资源和人类劳动的对象,其变化比大气圈、水圈和岩石圈的变化更为复杂多样,在社会经济发展和生态环境改善中起着特殊的作用。

2.3.2　土壤的功能

人类对土壤功能的认识从其支撑农业生产开始,随着科技的不断进步,对土壤功能和重要性的认识不断深入。作为多功能的历史自然体,土壤的功能主要包括以下几个方面。

(1) 土壤是人类社会发展最珍贵的自然资源

土壤资源是维持人类生存与发展的必要条件。如果没有足够多的富饶土壤,一个国家或民族将很难有立足之地。土壤资源具有以下几个主要特性:① 数量的有限性。由于地球陆地面积的相对固定性和土壤形成的缓慢性(形成 1 cm 厚的土壤约需 300 年),土壤资源数量是有限的,并非取之不尽,用之不竭。② 质量的可变性。土壤的本质特征是肥力,是在各种成土因素的作用下,经过漫长的历史时期发育而来的,永远处于动态变化中。人们可以通过合理利用,用养结合,不断提高土壤肥力;但是如果滥用土壤,违背自然规律,高强度、无休止地向土壤索取,将会导致土壤肥力下降、荒漠化、水土流失、酸化、污染等问题。③ 空间分布上的变异性与固定性。土壤是自然因素与人为因素综合作用的结果,所以不同生物气候条件下或人为管理下覆盖着不同类型的土壤。

(2) 土壤是农业生产最基本的基地

土壤的主要功能在过去、现在及未来永远是用于发展农业生产,而农业生产最根本的任务就是从事绿色植物的生产。植物的生长发育离不开它所处的外界自然条件,取决于光、温、气、水、养分等基本要素,其中养分与水分主要通过根系从土壤中吸收。同时,植物能历经风雨不倒伏,也离不开土壤的机械支撑作用。土壤在植物生长繁育中具有以下不可替代的作用:① 营养库的作用;② 养分转化和循环作用;③ 雨水涵养作用;④ 生物的支撑作用;⑤ 稳定和缓冲环境变化的作用。

(3) 土壤是生态环境的重要调节器

随着生态环境问题的日渐凸显,出于对自身安全和健康的关注,人们对土壤的生态环境功能越来越重视,甚至在一定程度上超出了对土壤生产功能的关注。首先,土壤是地球的皮肤,是连接大气圈、生物圈、水圈、岩石圈的中心纽带,不断地与其他圈层进行物质和能量的交换,是陆地生态系统中最为活跃的组成部分,在生态环境安全和全球变化方面扮演着重要角色。

2.4　水土保持学理论

《中国水利百科全书·水土保持分册》中明确指出:水土保持(soil and water conservation)是防治水土流失,保护、改良与合理利用水土资源,维护和提高土地生产力,以利于充分发挥水土资源的生态效益、经济效益和社会效益,建立良好生态环境的事业。水土保持的对象不只是土地资源,还包括水资源;保持(conservation)的内涵不只是保护(protection),而且包括改良(improvement)与合理利用(rational use),不能把水土保持理解为土壤保持、土壤保护,更不能将其等同于土壤侵蚀控制(soil erosion control);水土保持是自然资源保育的主体。

《中华人民共和国水土保持法》中所称的水土保持是指"对自然因素和人为活动造成水土流失所采取的预防和治理措施"。从中可以看出,水土保持至少包括 4 层含义:自然水土流失的预防、自然水土流失的治理、人为水土流失的预防、人为水土流失的治理。水土流失是指在水力、风力、重力及冻融等自然营力和人类活动作用下,水土资源和土地生产能力的破坏和损失,包括土地表层侵蚀及水的损失。自然因素是指水力、风力、重力及冻融等侵蚀营力。这些营力造成的水土流失分别为水力侵蚀、风力侵蚀、重力侵蚀、冻融侵蚀和混合侵蚀。人为活动造成的水土流失即人为水土流失,也指人为侵蚀,是由人类活动,如开矿、修路、工程建设以及滥伐、滥垦、滥牧、不合理耕作等所造成的水土流失。

水土保持是我国的一项基本国策。防治水土流失,保护和改善生态环境,进而保障国家生态安全、粮食安全和防洪安全是我国的一项长期战略任务。新时期我国水土保持发展战略必须以习近平新时代中国特色社会主义思想为指导,以系统的理论全面、辩证地统筹水土流失防治的方略和措施布局,提出水土保持工作的战略性思路或规划,促进水土保持工作不断创新与发展,适应我国经济社会可持续发展的需要。为完成这个目标,水土保持工作必须实施保护优先、分区防治、项目带动、生态修复和科技支撑五大战略。

2.4.1 指导思想

我国水土保持工作的指导思想是:以科学发展观为指导,牢固树立人与自然和谐的理念,紧紧围绕全面建成小康社会、服务社会主义新农村建设、建设资源节约型与环境友好型和谐社会的目标,以满足经济社会发展需求和提高人民生活质量为出发点,以体制、机制创新为动力,以法律为保障,以科技为先导,遵循自然规律与经济规律,落实预防监督、综合治理、生态修复、监测预报、控制面源污染和改善人居环境等综合任务,达到"减蚀减沙"、控制面源污染、改善生态环境和生产生活条件、提高防灾减灾能力的目的,与时俱进,求真务实,努力实现水土资源的可持续利用与生态环境的可持续维护,支撑社会经济可持续发展。

2.4.2 防治目标

紧紧围绕水土资源的可持续利用和生态环境的可持续维护的根本目标,经过45年左右的努力,即到21世纪中叶,使我国现有 195.54×10^4 km² 宜治理的水土流失地区基本得到治理,实施一批水土保持生态建设重点工程项目;控制各种新的人为水土流失的产生;在水土流失区及潜在水土流失区建立起完善的水土保持预防监督体系和水土流失动态监测网络;水土流失防治步入法治化轨道,农业生产条件和生态环境明显改善,为经济和社会可持续发展创造良好支撑条件。

2.4.3 主要任务

(1)预防监督

综合运用法律、行政、经济和舆论等手段,加强对现有植被和治理成果的保护,突出抓好生产建设项目水土保持设施必须与主体工程同时设计、同时施工、同时投产使用的"三同时"制度的落实,切实控制新增人为水土流失,遏制生态环境恶化的趋势,实现生产建设与水土资源和生态环境保护同步开展。

(2)综合治理

大力开展以小流域为单元的综合治理,按照"突出重点,逐步推进,分步实施"的原则,进一步扩大重点治理的范围,提高重点工程建设的标准和质量。优先选择水土流失特别严重、人口密集、对群众生产生活和经济社会发展影响较大的区域进行综合治理。

(3)生态修复

推进生态自然修复,关键在于转变农牧业生产方式,实行风雨保护、舍饲禁牧等。在人口密度小、降雨条件适宜、水土流失比较轻微地区,特别是广大的西北草原区、南方雨热条件适宜的山丘区及其他人口压力较小的地区,应优先考虑生态修复的办法,通过采取封育保护、封山禁牧、轮牧轮封,推广沼气池、省柴灶、节能灶、以电代柴、以煤代柴、以气代柴等人工辅助措施,减轻生态压力,促进大范围生态恢复和改善。在人口密度相对较大、水土流失较为严重的地区,也要把人工治理与自然修复有机结合起来,实行"小治理、大封禁","小开发、大保护、以小保大"。在水土流失特别严重、生态极端恶化的地区,应大力推进生态移民,减小生态压力,使生态得以休养生息。

（4）监测评价

水土保持监测评价工作是一项十分重要的基础性工作,也是法律赋予水土行政主管部门的一项重要职能。长期以来,由于种种原因,监测评价始终是水土保持工作的一个薄弱环节。当前,主要任务是加快推进全国水土保持监测网络和信息系统建设,合理布设监测站点,建立健全全国水土保持监测网络,完善各级监测机构和制度建设。

（5）控制面源污染

要尽快建立相关的政策框架和配套制度,研究制定控制面源污染的防治措施体系。做好水土流失面源污染防治的基础工作,摸清水土流失导致面源污染的基本情况;加强水土保持对防治面源污染、减少泥沙、改善水质的研究,掌握其防治规律,建立面源污染监测体系;在全国开展生态清洁型小流域建设试点,探索不同区域水土保持防治面源污染的技术路线和经验。加强对广大农牧民防治面源污染知识和技术的宣传和培训,为开展水土保持防治面源污染工作营造良好的社会环境。

（6）改善人居环境

水土保持工作要把为人们创造更加秀美的生态环境作为主要任务之一,加大对水土流失区城市水系和生活区周边的综合治理,增加城市绿地,提高绿化植树和雨洪调蓄能力,恢复和提高城市生态系统功能。要将水土流失防治与城市美化、城郊旅游观光、生态休闲、科技生态园区等建设结合起来,为人们提供促进身心健康的生态环境和良好的居住、休闲、观光、旅游场所,提高人们的生活质量。

2.4.4　保护优先战略

保护优先战略是引领新时期水土保持工作创新发展的首要战略,对于其他战略的有效实施具有重要的基础性作用。实施保护优先战略,符合我国的基本国情,符合水土流失防治规律,是我国长期水土保持工作的基本总结,体现了科学发展观和人与自然和谐相处的理念,对于从源头上遏制水土流失,推动新时期水土保持事业的快速、持续、健康发展,具有十分重大的意义。

实现保护优先战略是一项十分复杂的系统工程,既包括意识形态领域的革命,又包括管理手段方式的变革,其战略重点是采取政府组织、舆论导向、教育介入的形式,广泛、深入、持久地开展宣传,开展经常性的监督检查,唤起全社会水土保持意识,大力营造防治水土流失人人有责、自觉维护、合理利用水土资源的氛围。在实际工作中,应注重强化保护优先战略的普遍认识、建立保护优先战略依法实施的制度体系,同时注重保护优先战略在优先开发、重点开发、限制开发和禁止开发 4 类主体功能区的实施重点。

2.4.5　分区防治战略

我国幅员辽阔,各地区间自然环境条件和社会经济状况差异很大,"因地制宜,因害设

防,分区施治"是我国多年水土保持工作总结出的基本经验。新时期实施分区防治战略,对于提升水土保持决策科学化水平,构建适应我国经济社会可持续发展的水土保持工作新格局,以及实现水土流失综合防治的重点突破,都具有重大的现实意义。

(1)重点预防保护区

国家级水土流失重点预防保护区主要是大江大河源头、重要的供水水源区、森林和草原区、自然绿洲区,是我国重要的生态屏障。为了确保这一屏障的可持续维持,国家将坚持"预防为主、保护优先"的方针,通过建立健全护管机构,强化监督管理。对重要林区、江河源头地区实施严格的森林保护制度,封山育林,加强天然林保护和生态修复;对草原区禁止毁草开垦、超载放牧,鼓励舍饲圈养和轮封轮牧;对绿洲区要严格控制用水;对重要水源区加强林草植被保护,严格控制大规模开发建设,加强农业和生活废弃物等面源污染的控制和治理,确保重要水源的清洁和安全。

(2)重点监督区

重点监督区都是我国矿山、石油和天然气开采最为集中的区域以及特大型水利工程库区和交通能源等基础设施建设区,极易造成严重的水土流失,引发重大的水土流失灾害。对于这些区域,国家将依据《中华人民共和国水土保持法》的要求,加大人为水土流失控制,加快生态补偿政策的制定和实施。重点加强执法检查和社会监督,严格贯彻落实水土保持"三同时"制度,采取切实有效的水土保持措施,实现经济、资源与环境的协调发展。

(3)重点治理区

水土流失重点治理区基本上都处于中西部地区,现有的水土流失十分严重。对于本区,国家将进一步加大政策、资金和科技投入力度,加强规划,以国家水土保持重点工程为龙头,加快开展水土流失综合治理。大力开展坡耕地治理,配套建设小型水利设施,解决群众吃粮困难;加快发展林果基地和经济作物的种植,提高群众的经济效益;加强小水电、沼气、风能、太阳能等替代能源建设;加快植树种草,实施生态修复;同时注重充分调动广大人民群众的积极性,整合全社会的力量,共同开展水土流失治理工作。

2.4.6　项目带动战略

依托重点项目,重点突破,带动全局工作,是一种行之有效的工作方法,也是一项重大战略举措。项目带动战略符合我国的基本国情,适应现阶段生产力发展水平,把握住了水土流失防治规律,可以加快我国水土流失治理的步伐,在水土保持实践中发挥了重要作用。在今后相当长的时期内,它仍然是我们应该坚持的一项重要的战略措施。目前,我国正在实施的水土保持项目包括坡耕地水土流失综合治理工程、多沙粗沙区淤地坝建设工程、红壤区崩岗综合治理工程、高效水土保持植物资源建设与开发利用工程、湖库型水源地泥沙和面源污染控制工程。

2.4.7　生态修复战略

生态修复是指自然生态系统在遭受破坏的情况下,在破坏因素被截除以后,依靠大自然自身的作用,逐步发展或修复原有的生态群落,或生成新的生态群落,从而重建生态功能的过程。实践证明,在开展水土流失重点治理的同时,实施大面积的封育保护和生态修复,可以取得事半功倍的功效。实施生态修复可以使遭受掠夺式开发的自然生态得到休养生息,有效降低水土流失的强度和危害;可以依靠生态系统强大的自我修复功能,有效加快生态恢复和水土流失治理步伐;还可以用更小的经济成本,换取更大的生态效益。我国生态修复的目标是:2006—2020 年,用 15 年时间,以西部地区为重点,在不同类型区分期分批开展水土保持生态修复试点工程的基础上,全面推动水土保持生态修复工程,使全国水土保持生态修复面积达到 1.23×10^6 km^2,大部分地区水土流失强度减轻。东部地区率先实现生态良好的目标,中部地区生态环境明显改观,西部地区生态修复取得突破性进展,促进经济社会发展和人居环境的全面改善。

2.4.8　科技支撑战略

科学技术是第一生产力。在水土保持工作中,只有重视科技,依靠科技,才能准确把握水土流失的规律,提高工作的针对性、科学性;才能加快科技成果转化,提高防治措施的科技含量。实施科技支撑战略是增强水土保持工作创新能力的需要,是解决制约水土保持发展重大技术理论问题的需要,也是加强水土保持科技成果推广的需要。

（1）目标

建立一个完备的集国家、地方与企业为一体的水土保持科学研究体系;建设一批集土壤侵蚀监测、科学研究、试验示范、人才培养、科学普及为一体,国际一流的水土保持科学园区;在土壤侵蚀预报模型、数字水土保持、退化生态系统的修复机理与技术等方面有所突破,形成具有中国特色的水土保持理论与技术体系;水土保持与生态建设队伍自主创新能力显著增强,培养和凝聚一批优秀科技人才。

（2）近期主要任务

强化基础理论研究,建立国家土壤侵蚀预报体系;开展数字水土保持工程,构建数字化决策支撑平台;强化科技合作,建设水土保持科技协作平台;建设水土保持科技园区与示范技术推广体系;加强技术标准化、规范化体系建设,关键实用技术研究取得突破;加强水土保持科技成果转化,提高科技贡献率。

2.5　矿山开采沉陷学

地下矿产采出后,开采区周围岩土体的原始应力平衡状态受到破坏,岩土体出现位移和变形,应力重新分布,达到新的平衡。在此过程中,岩土体上出现的位移和变形称为开采沉陷(mining subsidence)。开采沉陷不仅可能对矿山工程本身造成影响和危害,还可能对其他岩土工程及含水层和地面的工程和耕地造成影响及危害。掌握地下开采对地表土地与生态的损伤程度与规律,科学预计未来开采对土地与生态的损伤情况,是科学开展井工开采矿区土地复垦与生态修复工作的前提。

2.5.1　地表移动变形及破坏规律

2.5.1.1　地表移动的基本概念

（1）地表移动盆地

当地下工作面开采达到一定距离后,地下开采便波及地表,使受采动影响的地表从原有标高向下沉降,从而在采空区上方地表形成一个比采空区大得多的沉陷区域,这种地表沉陷区域称为地表移动盆地,或称下沉盆地。在地表移动盆地的形成过程中,逐渐改变了地表的原有形态,引起地表标高、水平位置发生变化,从而导致位于影响范围的建(构)筑物、铁路、公路等的破坏。从地表移动的力学过程及工程技术问题的需要出发,地表移动的状态可用垂直移动和水平移动进行描述。常用的定量指标有:下沉、水平移动、倾斜、曲率、水平变形、扭曲和剪应变。目前,对前5种指标研究得比较充分,而后两种指标使用得较少,一般工程问题中不使用。

① 下沉

地表点的沉降叫下沉,用 w 表示,是地表移动向量的垂直分量。用本次与首次观测点的标高差表示,即

$$w_n = H_{n0} - H_{nm} \tag{2-1}$$

式中　w_n——地表点的下沉,mm;

　　　H_{n0}, H_{nm}——分别表示地表 n 点首次和 m 次观测时的高程,mm。

上式计算出的下沉,正值表示测点下沉,负值表示测点上升,它反映一个点不同时间在垂直方向上的变化量。

② 水平移动

地表下沉盆地中某点沿某一水平方向的位移叫水平移动,用 u 表示。用本次与首次测得的从该点至控制点水平距离差表示,即

$$u_n = L_{nm} - L_{n0} \tag{2-2}$$

式中　u_n——地表 n 点的水平移动,mm;

　　　L_{n0}, L_{nm}——分别表示首次和 m 次观测时地表 n 点到观测线控制点 R 间的水平距离,mm。

水平移动正负号的规定如下:在矿层倾斜断面上,指向矿层上山方向的移动为正值,指向矿层下山方向的移动为负值;在走向断面上,指向走向方向的移动为正,逆向走向方向的移动为负。

③ 倾斜

地表倾斜是指相邻两点在竖直方向的下沉差与其水平距离的比值,用以反映地表移动盆地沿某一方向的坡度,通常用 i 表示,即

$$i_{m \cdot n} = \frac{w_n - w_m}{l_{m \cdot n}} = \frac{\Delta w_{m \cdot n}}{l_{m \cdot n}} \tag{2-3}$$

式中　$i_{m \cdot n}$——m, n 两点的平均倾斜变形,mm/m;

　　　$l_{m \cdot n}$——地表 m, n 点间的水平距离,m;

　　　w_m, w_n——分别为地表点 m, n 的下沉值,mm。

倾斜实际是两点间的平均斜率。倾斜的正负号规定如下:在矿层倾斜断面上,指向上山方向的倾斜为正,指向下山方向的倾斜为负。在走向断面上,指向走向方向的倾斜为正,逆向走向方向的为负。

④ 曲率

地表曲率是两相邻线段的倾斜差与两线段中点间的水平距离的比值,用以反映观测线断面上的弯曲程度。由下式进行计算:

$$k_{m \cdot n \cdot p} = \frac{i_{n \cdot p} - i_{m \cdot n}}{\frac{1}{2}(l_{m \cdot n} + l_{n \cdot p})} \tag{2-4}$$

式中　$i_{m\text{-}n}$，$i_{n\text{-}p}$——分别表示地表 m-n 和 n-p 点间的平均斜率，mm/m；

　　　　$l_{m\text{-}n}$，$l_{n\text{-}p}$——分别表示地表 m-n 和 n-p 点间的水平距离，m；

　　　　$k_{m\text{-}n\text{-}p}$——m-n、n-p 段段的平均曲率，mm/m²。

曲率有正负之分，地表下沉曲线上凸为正，下凹为负。为了使用方便，曲率变形有时以曲率半径 R 表示，即

$$R = \frac{1}{k} \tag{2-5}$$

⑤ 水平变形

地表水平变形是指相邻两点的水平移动差与两点间水平距离的比值，通常用 ε 表示。由下式进行计算：

$$\varepsilon_{m\text{-}n} = \frac{u_n - u_m}{l_{m\text{-}n}} = \frac{\Delta u_{n m}}{l_{m\text{-}n}} \tag{2-6}$$

式中　u_n，u_m——分别为 n，m 点的水平移动，mm；

　　　　$l_{m\text{-}n}$——为 m，n 点的水平距离，m；

　　　　$\varepsilon_{m\text{-}n}$——分别为 m，n 点的水平变形，mm/m。

水平变形反映线段的拉伸和压缩，正值表示拉伸变形，负值表示压缩变形。

对于扭曲和剪切变形，由于用得比较少，本书不予介绍，有兴趣的读者可参阅参考文献。

（2）充分采动和非充分采动

① 充分采动

地下矿层采出后地表下沉值达到该地质采矿条件下应有的最大值，此时的采动状态称为充分采动。此后，开采工作面的尺寸继续扩大，地表的影响范围也相应扩大，但地表最大下沉值却不再增加，地表移动盆地将出现平底。为加以区别，通常把地表移动盆地内只有一个点的下沉达到最大下沉值的采动状态称为刚好达到充分采动，此时的开采称为临界开采（critical mining），地表移动盆地呈碗形。地表有多个点的下沉值达到最大下沉值的采动情况，称为超充分采动，此时的开采称为超临界开采（supercritical mining），地表移动盆地呈盆形。

现场实测表明，当采空区的长度和宽度均达到或超过 $1.2H_0 \sim 1.4H_0$（H_0 为平均开采深度）时，地表达到充分采动。

② 非充分采动

采空区尺寸（长度和宽度）小于该地质采矿条件下的临界开采尺寸时，地表最大下沉值未达到该地质采矿条件下应有的最大下沉值，称这种采动为非充分采动。此时，地表移动盆地呈碗形。

工作面在一个方向（走向或倾向）达到临界开采尺寸而另一个方向未达到临界开采尺寸时，也属非充分采动。此时的地表移动盆地呈槽形。

（3）地表移动盆地的主断面

地表移动盆地内各点的移动和变形不完全相同，在正常情况下，移动和变形分布具有以下规律：① 下沉等值线以采空区中心为原点呈椭圆形分布，椭圆的长轴位于工作面开采尺寸较大的方向；② 盆地中心下沉值最大，向四周逐渐减小；③ 水平移动指向采空区中心，采空区中心上方地表几乎不产生水平移动，开采边界上方地表水平移动值最大，向外逐渐

减小为零。水平移动等值线也是一组平行于开采边界的线簇。

由于下沉等值线和水平移动等值线均平行于开采边界，移动盆地内下沉值最大的点和水平移动值为零的点都在采空区中心，因此通过采空区中心与矿层走向平行或垂直的断面上的地表移动值最大。通常就将地表移动盆地内通过地表最大下沉点所作的沿矿层走向和倾向的垂直断面称为地表移动盆地主断面。沿走向的主断面称为走向主断面，沿倾向的主断面称为倾向主断面。

从以上定义可以看出，地表非充分采动和刚达到充分采动时，沿走向和倾向分别只有一个主断面；而当地表超充分采动时，地表则有若干个最大下沉值，通过任意一个最大下沉值沿矿层走向或倾向的垂直断面都可成为主断面，此时主断面有无数个。当走向达到充分采动、倾向未达到充分采动时，可作无数个倾向主断面但只有一个走向主断面，反之也成立。

从主断面的定义可知，水平和缓倾斜煤层开采时，地表移动盆地主断面有如下特征：
① 在主断面上地表移动盆地的范围最大；
② 在主断面上地表移动量最大；
③ 在主断面上不存在垂直于主断面方向的水平移动。

由于主断面的上述特征，在研究开采引起的地表移动变形分布规律时，为简单明了起见常首先研究主断面上的地表移动变形。在水平矿层条件下，主断面一般位于采空区中心。在倾斜矿层开采条件下，倾向主断面位于采空区中心，走向主断面偏向矿层下山方向，用最大下沉角确定。所谓最大下沉角，就是倾向主断面上由采空区的中点和地表移动盆地的最大下沉点（在基岩面的投影点）的连线与水平线之间在矿层下山方向一侧的夹角，用 θ 表示。

2.5.1.2 地表移动盆地边界的确定

（1）地表移动盆地边界

按照地表移动变形值的大小以及其对建（构）筑物及地表的影响程度，可将地表移动盆地划分出三个边界：最外边界、危险移动边界和裂缝边界。

① 移动盆地的最外边界

移动盆地的最外边界，是指以地表移动变形为零的盆地边界点所圈定的边界。在现场实测中，考虑到观测的误差，一般取下沉 10 mm 的点为边界点，最外边界实际上是下沉 10 mm 的点圈定的边界。多年来的观测表明，有时水平移动为 10 mm 的边界较下沉为 10 mm 的边界大，有的学者建议取两者的最外边界作为移动盆地的最外边界。

② 移动盆地的危险移动边界

移动盆地的危险移动边界，是指以临界变形值确定的边界，表示处于该边界范围内的建（构）筑物将会产生损害，而位于该边界外的建（构）筑物不会产生明显的损害。我国一般采用 $i=3$ mm/m、$k=0.2$ mm/m^2 和 $\varepsilon=2$ mm/m 三个临界变形值中最外一个值确定的边界为危险移动边界。

值得注意的是，不同结构的建（构）筑物能承受最大变形的能力不同，各种类型的建（构）筑物都对应有相应的临界变形值。如华东地区部分村庄多采用泥浆砌筑，当拉伸变形达到 $1\sim1.5$ mm/m 时，房屋即遭破坏。在确定移动盆地的危险移动边界时，用相应建（构）筑物的临界变形值圈定会更接近于实际情况。

③ 移动盆地的裂缝边界

移动盆地的裂缝边界，是指根据移动盆地的最外侧的裂缝圈定的边界。

（2）角量参数

描述地表移动盆地形态和范围的角量参数主要有以下几种：边界角、移动角、裂缝角、松散层移动角、充分采动角。

① 边界角

在充分采动或接近充分采动条件下，地表移动盆地主断面上盆地边界点（下沉为 10 mm）至采空区边界的连线与水平线在矿柱一侧的夹角称为边界角。当有松散层存在时，应先从盆地边界点用松散层移动角画线和基岩与松散层的交接面相交，此交点至采空区边界的连线与水平线在矿柱一侧的夹角称为边界角。按不同的断面，边界角可区分为走向边界角、下山边界角、上山边界角、急倾斜矿层底板边界角，分别用 δ_0、β_0、γ_0、λ_0 表示。

② 移动角

在充分采动或接近充分采动条件下，地表移动盆地主断面上三个临界变形中最外边的一个临界变形值点至采空区边界的连线与水平线在矿柱一侧的夹角称为移动角。当有松散层存在时，应从最外边的临界变形值点用松散层移动角画线和基岩与松散层交接面相交，此交点至采空区边界的连线与水平线在矿柱一侧的夹角称为移动角。按不同断面，移动角可区分为走向移动角、下山移动角、上山移动角、急倾斜矿层底板移动角，分别用 δ、β、γ、λ 表示。

③ 裂缝角

在充分采动或接近充分采动条件下，地表移动盆地主断面上，移动盆地最外侧的地表裂缝至采空区边界的连线与水平线在矿柱一侧的夹角称为裂缝角。按不同断面，裂缝角可区分为走向裂缝、下山裂缝角、上山裂缝角、急倾斜矿层底板裂缝角，分别用 δ''、β''、γ''、λ'' 表示。

④ 松散层移动角

松散层移动角用 φ 表示。它不受矿层和基岩倾角的影响，主要与松散层的特性有关。

⑤ 充分采动角

在充分采动条件下的地表移动盆地主断面上，移动盆地平底的边缘（在地表水平线上的投影点）和同侧采空区边界的连线与矿层在采空区一侧的夹角称为充分采动角。按不同断面，充分采动角可区分为走向充分采动角、下山充分采动角、上山充分采动角，分别用 φ_3、φ_1、φ_2 表示。

2.5.1.3　地表移动变形规律

地表移动变形规律，是指地下开采引起的地表移动和变形的大小、空间分布形态及其与地质采矿条件的关系，包括地表移动盆地主断面内的移动变形分布规律、地表移动稳定后全面积移动分布规律等。

由于地表移动变形规律受地质采矿条件的影响，不同地质采矿条件下的地表移动变形规律存在一定差异。下面叙述的规律是典型化和理想化的结果，需满足以下几个条件：

① 深厚比 H_0/m（开采深度与开采厚度之比值）大于 30。这种条件下的地表移动变形在空间和时间上都具有明显的连续性和一定的分布规律。

② 地质采矿条件正常，无大的地质构造（如大断层和地下溶洞等），并采用正规循环的采矿作业。

③ 采空区为规则的矩形。

④ 不受邻近工作面开采的影响。

(1) 水平矿层非充分采动时地表移动盆地主断面内地表移动和变形分布规律

下沉曲线的分布规律是:在采空区中央上方地表下沉值最大,从盆地中心向采空区边缘下沉逐渐减小,在盆地边界点处下沉为零,下沉曲线以采空区中央对称。

倾斜曲线的分布规律是:盆地边界至拐点间倾斜渐增,拐点至最大下沉点间倾斜逐渐减小,在最大下沉点处倾斜为零。在拐点处倾斜最大,有两个相反的最大倾斜值,倾斜曲线以采空区中央反对称。

曲率曲线的分布规律是:曲率曲线有三个极值,两个相等的最大正曲率和一个最大的负曲率,两个最大正曲率位于边界点和拐点之间,最大负曲率位于最大下沉点处;边界点和拐点处曲率为零;盆地边缘处为正曲率区,盆地中部为负曲率区。

水平移动分布规律与倾斜曲线相似,即盆地边界至拐点间水平移动渐增,拐点至最大下沉点间水平移动逐渐减小,在最大下沉点处水平移动为零。在拐点处水平移动最大,有两个相反的最大水平移动值,水平移动曲线以采空区中央反对称。

水平变形曲线与曲率曲线的分布规律相似:水平变形曲线有三个极值,两个相等的最大拉伸变形和一个最大压缩变形,两个最大拉伸变形位于边界点和拐点之间,最大压缩变形位于最大下沉点处;边界点和拐点处水平变形为零;盆地边缘区为拉伸区,盆地中部为压缩区。

(2) 水平矿层充分采动时地表移动盆地主断面内地表移动和变形分布规律

与水平矿层非充分采动时主断面内地表移动和变形分布规律相比,它具有以下特点:地表移动盆地的最大下沉值已达到该地质采矿条件下的最大值,即充分采动条件下的地表最大下沉值;在最大下沉点处,水平变形和曲率变形值均为零,在盆地中心区出现两个最大负曲率和两个最大压缩变形值,位于拐点和最大下沉点之间;拐点处下沉为最大下沉值的一半;水平变形曲线、曲率曲线以拐点反对称。

(3) 水平矿层超充分采动时地表移动盆地主断面内地表移动和变形分布规律

与水平矿层充分采动时主断面内的地表移动和变形分布规律相比,下沉盆地出现平底,在该区域内各点下沉值相等并达到该地质采矿条件下的最大值;在平底区内,水平变形、倾斜、曲率均为零或接近于零,各种变形主要分布在采空区边界上方附近;最大倾斜和最大水平移动位于拐点处,最大正曲率、最大拉伸变形位于拐点和边界点之间,最大负曲率、最大压缩变形位于拐点和最大下沉点之间;盆地平底区内水平移动理论上为零,实际存在残余水平移动。

(4) 倾斜矿层($15°<α<55°$)非充分采动时地表移动盆地主断面内地表移动和变形分布规律

与水平矿层非充分采动时地表移动分布规律相比,它具有以下特征:地表移动变形曲线失去对称性和相似性,即下沉曲线、倾斜曲线、曲率曲线、水平变形曲线、水平移动曲线均不关于采空区对称或反对称,移动变形曲线偏向下山方向,水平移动曲线和倾斜曲线、水平变形曲线和曲率曲线已不相似;最大下沉点偏向下山方向,上山下沉曲线比下山陡,影响范围小;拐点不与采空区中央对称,偏向下山方向;指向上山方向的水平移动增加,指向下山方向的水平移动减小,最大拉伸变形在下山方向,最大压缩变形在上山方向。

(5) 急倾斜矿层($α>55°$)非充分采动时地表移动盆地主断面内地表移动和变形分布规律

与倾斜矿层非充分采动时地表移动分布规律相比,它具有以下特征:下沉盆地形态的非对称性十分明显,下山方向的影响范围远大于上山方向的影响范围。随着矿层倾角增大,地表下沉曲线由对称的碗形逐渐变为非对称的瓢形。当矿层倾角接近 90°时,下沉盆地剖面又转变为对称的碗形或兜形;随着矿层倾角增加,最大下沉点位置逐渐移向矿层上山方向,当矿层倾角接近 90°时在矿层露头上方;在松散层较薄情况下,可能只出现指向上山方向的水平移动;在开采厚度大、采深较小时,地表煤层露头处可能出现塌陷坑。

2.5.1.4　地表动态移动变形规律

地下矿层采出后引起的地表沉陷是一个非常复杂的时间和空间发展过程。随着采矿进行,不同时间回采工作面与地表点的相对位置不同,开采对地表点的影响也不同。地表点的移动经历了从开始移动→剧烈移动→移动停止的全过程。研究采动过程中的地表移动规律,对于边采边复技术十分重要。

（1）地表点的移动轨迹

当地表点与工作面相对位置不同时,地表点的移动方向和大小不同。根据地表最大下沉值点从开始移动到移动结束的全过程,可将地表移动分为以下四个阶段:

当工作面由远处向某点（假定为 A）推进时,移动波及 A 点,A 点开始下沉。随着工作面推进,A 点下沉速度由小逐渐变大,A 点的移动方向与工作面推进方向相反,此时为移动的第一阶段。

当工作面通过 A 点正上方继续推进时,A 点的下沉速度增大并逐渐达到最大下沉速度,A 点的移动方向近于铅垂方向,此时为移动的第二阶段。

当工作面继续推进并离开 A 点后,A 点的移动方向与工作面推进方向相同,此时为移动的第三阶段。

当工作面远离 A 点一定距离后,回采工作面对 A 点的影响逐渐减小,A 点下沉速度逐渐趋于零,A 点移动停止,此时为移动的第四阶段。移动稳定后,A 点的位置并不在其起始位置的正下方,一般略偏向回采工作面停采线一侧。

上面描述的位于采空区中心的最大下沉点的移动过程,反映了地表点移动的全过程。由于地表点所处位置不同,地表其他的点的移动轨迹亦不一定均完成上述全过程,而只是上述过程的一部分。位于开切眼一侧的地表点只有指向工作面推进方向的移动,而位于停采线一侧的地表点只有逆向工作面推进方向的移动。总体而言,地表点的移动有以下特点:① 移动方向开始都指向工作面,移动稳定后的移动向量均指向工作面中心;② 点移动轨迹的弯曲程度与工作面推进速度有关,工作面推进速度越大点移动轨迹曲线的弯曲程度越小,反之亦然。

（2）采动过程中地表下沉的变化规律

在走向主断面上,工作面由开切眼推进到一定距离时,岩层移动开始波及地表。通常把地表开始移动（下沉为 10 mm）时的工作面推进距离称为起动距（约为 $1/4H_0 \sim 1/2H_0$,H_0 为平均开采深度）。随着工作面再推进,地表移动盆地的范围和移动量均增加。当工作面推进到一定位置时,地表达到充分采动,地表移动最大值达到该地质采矿条件下的最大值。工作面再推进,地表移动范围增大,但地表下沉量不再增加,当工作面停止推进后,地表移动范围和移动量较推进过程中有所增大,说明地表动态移动量和移动范围小于稳定后的移动量和移动范围。

在工作面推进过程中,工作面前方的地表受采动影响而下沉,这种现象称为超前影响。

将工作面前方地表开始移动(下沉 10 mm)的点与当时工作面的连线和水平线在煤柱一侧的夹角称为超前影响角,用 ω 表示。开始移动的点到工作面的水平距离 l 称为超前影响距,超前影响角 ω 和超前影响距 l 有如下关系:

$$\omega = \arctan \frac{l}{H_0} \tag{2-7}$$

式中 H_0——平均开采深度。

(3)工作面推进过程中的下沉速度

下沉速度的计算公式为

$$v_n = \frac{w_{m+1} - w_m}{t} = \frac{H_{m+1} - H_m}{t} \tag{2-8}$$

式中 w_{m+1}——第 $m+1$ 次测得的 n 号点的下沉量,mm;

w_m——第 m 次测得的 n 号点的下沉量,mm;

t——两次观测的时间间隔天数;

H_{m+1},H_m——分别为第 $m+1$ 次和第 m 次测得的 n 号点的高程,mm。

地表最大下沉速度达到该地质采矿条件下的最大值,最大下沉速度点的位置滞后工作面一固定距离,此固定距离称为最大下沉速度滞后距,用 L 表示。这种现象称为最大下沉速度滞后现象。把地表最大下沉速度点与相应的回采工作面连线和煤层(水平线)在采空区一侧的夹角,称为最大下沉速度滞后角,用 ϕ 表示,其计算式为:

$$\phi = \text{arccot} \frac{L}{H_0} \tag{2-9}$$

式中 L——滞后距,m;

H_0——平均开采深度,m。

影响最大下沉速度角滞后的主要因素是岩石的物理力学性质、采深与采厚之比(H_0/m)、工作面推进速度。一般规律是:H_0/m 越大、岩石越坚硬,工作面推进速度越快,最大下沉速度滞后角越小。

(4)地表移动的持续时间

地表移动的持续时间(或移动总时间),是指在充分采动或接近充分采动情况下,地表下沉值最大的点从移动开始到移动稳定持续的时间。移动的持续时间应根据地表最大下沉点求得,因为在地表移动盆地内各地表点中,地表最大下沉点的下沉量最大、下沉的时间最长。苏联专家阿威尔辛按下沉速度大小及对建(构)筑物的影响程度不同将地表点的移动过程分为以下三个阶段:

开始阶段——下沉量达到 10 mm 的时刻为移动开始时刻。从移动开始至下沉速度达到 1.67 mm/d(或 50 mm/月)时刻为移动开始阶段。

活跃阶段——下沉速度大于 1.67 mm/d(或 50 mm/月)的阶段。由于在该阶段内地表点的下沉占总下沉的 85%~95%,地表移动剧烈,是地面建(构)筑物损坏的主要时期,因此也称该阶段为危险变形阶段。

衰退阶段——从下沉速度小于 1.67 mm/d(或 50 mm/月)起至 6 个月内地表各点下沉累计不超过 30 mm 时为移动衰退阶段。

开始阶段、活跃阶段、衰退阶段这三个阶段的时间总和,称为移动过程总时间或移动持续时间。

影响地表移动持续时间的因素主要是岩石的物理力学性质、开采深度和工作面推进速度。一般规律如下:开采深度越大、覆岩越坚硬,地表移动持续时间越长,反之亦然。采深在 100～200 m 时,地表移动持续时间一般为 1～2 a,有的可达十几年,但大多数不会超过 5 a。

2.5.1.5　地表损毁规律

地下开采之后,地表移动除出现连续移动盆地外,在大多数情况下地表还会产生非连续破坏现象。这种现象一般有两种形式:地表裂缝和台阶、塌陷坑和塌陷槽。

（1）地表裂缝和台阶

在一定条件下,地表移动盆地外边缘拉伸变形区可能产生裂缝。裂缝的深度、宽度与有无第四系松散层及其厚度、性质和变形值大小有关。国内外观测表明,塑性大的黏土,一般在地表拉伸变形值超过 6～10 mm/m 时地表才发生裂缝。塑性小的黏土、砂质黏土、黏土质砂或岩石,当地表拉伸变形达到 2～3 mm/m 时即发生裂缝。地表裂缝一般平行于工作面边界发展,但在推进工作面前方地表可能出现平行于工作面的裂缝。这种裂缝深度和宽度较小,随工作面推进先张开而后逐渐闭合。

裂缝的形状一般呈楔形,上口大,越往深处越小,到一定深度尖灭。当地表存在较厚表土时,地表裂缝深度一般小于 5 m,对于采厚较大的综采放顶煤开采情况,地表裂缝深度可达十几米。当地表不存在表土或表土较薄时,地表裂缝深度可达数十米。当采深小且基岩为坚硬岩层时,这种裂缝可使地表与采空区连通。

在采深和采厚比值较小时,地表裂缝的宽度可达几十毫米,裂缝两侧可出现落差而形成台阶。台阶落差的大小取决于地表移动值的大小。

（2）塌陷坑和塌陷槽

开采缓倾斜矿层和倾斜矿层时,地表破坏的主要形式是地表出现裂缝,但在某些特殊地质开采条件下地表也可能出现漏斗状塌陷坑和塌陷槽。其类型主要有:浅部不均匀开采引起的塌陷坑;松散沙层进入井下引起的漏斗状塌陷坑;急倾斜矿层开采引起的漏斗状塌陷坑;开口大裂缝引起的漏斗状塌陷坑;导水断层引起的漏斗状塌陷坑;岩溶塌陷引起的漏斗状塌陷坑等。

2.5.2　矿山开采沉陷的预计理论

地表沉陷的预计方法大致可分为剖面函数法、影响函数法、连续介质力学方法、数值模拟和物理模拟法等。预计所需要的参数和资料有:开采几何要素,如采深、采厚、开采面积等;开采沉陷参数,如下沉系数、水平移动系数、拐点偏移距、主要影响角正切、边界角、充分采动角等;地层结构和岩体的物理力学性质参数,如煤层的倾角、断层、褶曲、弹性模量及强度参数等。这里仅主要介绍我国常用的影响函数法。

2.5.2.1　最大下沉和最大水平移动

开采沉陷稳定后,地表移动盆地的最大下沉和最大水平移动值反映了地表移动变形的剧烈程度,同时也是各种开采沉陷预计理论的两个重要参数。

（1）最大下沉值

① 充分采动条件下的最大下沉值

充分采动条件下的最大下沉值为:

$$W_0 = qm\cos\alpha \tag{2-10}$$

式中 m——煤层的开采厚度,mm;

　　　α——煤层的倾角;

　　　q——充分采动条件下的下沉系数。

下沉系数的值取决于地质、采矿因素的综合影响。

表 2-1 给出了各种采矿方法和顶板管理方法的下沉系数,当存在巨厚含水冲积层时,地表的下沉系数可能大于 1.0。通常情况下重复采动时的值大于其初次采动的相应值,但总下沉系数仍小于 1.0。

表 2-1　各种采矿方法及顶板管理方法地表的下沉系数

采矿方法及顶板管理方法		下沉系数	备注
全部垮落法	长臂开采	0.6～0.8	
	综采放顶煤		
	厚含水冲积层	0.8～1.2	
条带开采	垮落法开采	0.06～0.16	
	水沙充填	0.01～0.05	
充填开采	一般水沙充填	0.06～0.20	矿层的倾角大于 35°
	加压水沙充填	0.05～0.08	
	风力充填	0.4～0.5	
	矸石自溜充填	0.45～0.55	
	带状充填	0.55～0.70	
	混凝土充填	0.02	

② 非充分采动条件下的最大下沉值

当其他条件相同时,非充分采动条件下的最大下沉值为:

$$W_m = qm\cos\alpha\sqrt[k]{n_1 n_2} \qquad (2\text{-}11)$$

式中 k——系数,一般取为 2～3;

　　　n_1,n_2——沿倾向和走向的充分采动程度系数。

其值可按下式进行计算:

$$n_1 = \frac{D_1}{D_{01}}, n_2 = \frac{D_2}{D_{02}}$$

式中,D_1、D_2 分别为采空区沿倾向和沿走向的长度,D_{01}、D_{02} 分别为地表达到充分采动时采空区相应的临界长度。

(2) 最大水平移动值

在地表未达到充分采动的条件下,其最大水平移动值随最大下沉值的增大而增大。倾斜煤层开采时,地表走向方向与倾斜方向的最大水平移动值不同,应分别进行计算。

沿煤层走向方向,充分采动时地表的最大水平移动值可按下式进行计算:

$$U_0 = bW_0 \qquad (2\text{-}12)$$

式中,b 为水平移动系数,其值大约在 0.2～0.4 之间,一般为 0.3。实测资料表明,覆岩的岩性对水平移动系数的影响较小,主要随煤层倾角 α 的变化而变化。当煤层倾角 $\alpha < 55°$

时,有:

$$b_c = (1 + 0.008\,6\alpha)b_0 \tag{2-13}$$

式中　b_c——倾斜煤层开采时其走向方向地表的水平移动系数;

　　　b_0——在相同的地质采矿条件下,水平煤层开采时地表的水平移动系数。

倾斜煤层开采时,地表的最大水平移动总是出现在下山半盆地内。倾斜方向的水平移动系数明显与煤层的倾角有关,随煤层倾角的增大而增大(表 2-2)。当表土层较薄时,两者之间的关系明显;若表土层较厚,它与倾角之间的关系减弱。

表 2-2　水平移动系数与煤层倾角之间的关系

倾角 α	0°	10°	20°	30°	40°	50°	60°	65°	70°
系数 b_a	0.2~0.3	0.35	0.50	0.60	0.80	1.00	1.2~1.4	1.6~1.8	2.0~2.4

当表土层较薄时,地表倾斜方向的水平移动系数 b_a 可按下式进行计算:

$$b_a = b_0 + 0.7\cot\theta \tag{2-14}$$

当表土层较厚时,有

$$b_a = b_0 + 0.7\left(\tan\alpha - \frac{h}{H_0 - h}\right)$$

式中　θ——最大下沉角;

　　　h——表土层的厚度,m,当 $\left(\tan\alpha - \dfrac{h}{H_0 - h}\right) \leqslant 0$ 时,取其值为 0。

2.5.2.2　影响函数法

影响函数法是介于经验方法和理论方法之间的一种方法。它首先于 1925 年由德国的凯因霍尔斯特提出,后经巴尔斯(1932)、别耶尔(1944)、扎恩(1944)、克诺特(1950)逐步完善和系统化。之后,波兰学者李特威尼申(Litwiniszyn,1954)院士创立了岩层移动的随机介质理论。在此基础上,我国学者刘宝琛、廖国华提出了较为实用的概率积分法。

影响函数法的理论基础就是叠加原理。如图 2-4 所示,设 ab 段内煤层的开采在地表点 A 处产生的下沉为 W_A。我们可将 ab 段煤层分为 n 个小段开采,每个小段的开采长度为

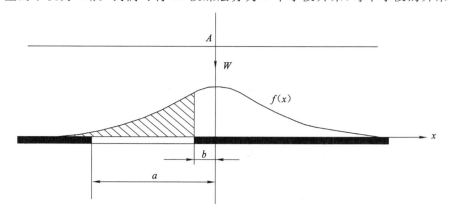

图 2-4　影响函数法的叠加原理

Δx_i，其开采对地表点 A 产生的下沉影响为 ΔW_A^i。则总的开采对地表 A 的下沉影响为各个小段 Δx_i 开采影响 ΔW_A^i 的总和，即

$$W_A = \sum_{i=1}^{n} \Delta W_A^i$$

很显然，小段 Δx_i 开采的影响 ΔW_A^i 既与开采小段的长度 Δx_i 有关，也与开采小段的位置 x_i 有关。因此，可取 ΔW_A^i 为：

$$\Delta W_A^i = f(x_i) \Delta x_i$$

则 W_A 可表示为：

$$W_A = \sum_{i=1}^{n} f(x_i) \Delta x_i$$

取 $\Delta x_i \rightarrow 0, n \rightarrow \infty$ 时，则 ab 段煤层的开采在地表点 A 产生的下沉为：

$$W_A = \int_a^b f(x) \mathrm{d}x \tag{2-15}$$

式中，$f(x)$ 为影响函数。由积分的性质可知，ab 段煤层的开采在地表点 A 产生的下沉为 W_A，即为影响函数 $f(x)$ 在区域 (a, b) 内与 $f(x)=0$ 之间所围的面积。

为了导出半无限开采（充分采动）地表下沉的剖面方程，设工作面自很远处开采并停止于 A 点，取地面横坐标与煤层面横坐标重合（图 2-5），则 $W(x)$ 为：

$$W(x) = \int_{-\infty}^{x} f(x) \mathrm{d}x = \int_{x}^{+\infty} f(x) \mathrm{d}x \tag{2-16}$$

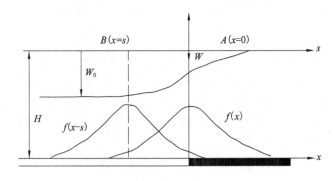

图 2-5　充分采动地表下沉剖面方程推导示意图

而倾斜和曲率为：

$$\left. \begin{array}{l} i(x) = \dfrac{\mathrm{d}W(x)}{\mathrm{d}x} \\[3mm] k(x) = \dfrac{\mathrm{d}^2 W(x)}{\mathrm{d}x^2} \end{array} \right\} \tag{2-17}$$

关于水平移动与水平变形，阿维尔辛提出了水平煤层开采水平移动与倾斜成正比的著名论断。因此有：

$$\left. \begin{array}{l} U(x) = Bi(x) \\[2mm] \varepsilon(x) = Bk(x) \end{array} \right\} \tag{2-18}$$

常用的影响函数列于表 2-3。

表 2-3　常用的影响函数

影响函数	公式编号	提出者
$f(x)=W_0\dfrac{r^3\tan^3\delta_0}{\pi}x(\sin\delta_0\cos\delta_0+\dfrac{\pi}{2})-\delta_0(x^2+r^2\tan^2\delta_0)^2$	(2-19)	巴尔斯(R. Bals)
$f(x)=W_0\dfrac{3r^2}{\pi}(1-\dfrac{x^2}{r^2})$	(2-20)	别耶尔(F. Beyer)
$f(x)=W_0\dfrac{2}{\sqrt{\pi^3}rx}e^{-4\frac{x^2}{r^2}}$　取 $n=1$	(2-21)	勃劳纳(G. Brauner)
$f(x)=W_0\dfrac{0.216x}{r}e^{-4\frac{x^6}{r^6}}$　取 $n=3$	(2-22)	勃劳纳(G. Brauner)
$f(x)=W_0\dfrac{1}{r^2}e^{-\pi\frac{x^2}{r^2}}$　取 $n=1$	(2-23)	李特威尼申 (J. Litwiniszyn)
$f(x)=W_0\dfrac{4.6r^2}{\pi}e^{-4.6\frac{x^2}{r^2}}$	(2-24)	埃尔哈尔特-佐埃尔 (W. Ehrhardt 和 A. Sauer)
$f(x)=W_0\dfrac{2}{r^2}e^{-2\pi\frac{x^2}{r^2}}$　取 $n=2$	(2-25)	勃劳纳(G. Brauner)
$f(x)=W_0\dfrac{7}{r^2}e^{-6.65\frac{x^2}{r^2}}$　取 $r=6.65r_0,n=1$	(2-26)	勃劳纳(G. Brauner)

除式(2-19)外,表中所有的影响函数可描述为:

$$f(x)=k_1W_0g(r,k_2,x) \tag{2-27}$$

式中　W_0——充分采动条件下的最大下沉值,mm;

　　　　r——临界开采半径(主要影响半径),近似为充分采动时盆地平底最外点或最大下沉点至开采边界的距离,m;

　　　　x——计算点至开采单元的距离,m;

　　　　k_1,k_2——影响函数的待定常数。

临界开采半径 r 是影响函数的一个重要参数,它控制下沉曲线的横向发育,从而影响影响函数法的预计精度。图 2-6 给出了当积分半径 r_1 与临界半径 r 取不同值时,计算的最大值与 W_0 之间的比例关系,图中曲线编号即表 2-3 中公式的编号。我们希望当 $r_1=r$ 时,计算的最大值接近 100% 的 W_0,但不同的影响函数其接近程度不同,总的计算误差在 6% 以内。

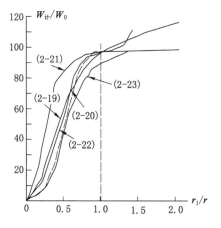
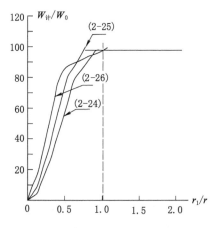

图 2-6　计算的最大下沉值 $W_{计}$ 与 W_0 的比值与 r_1/r 之间的关系

2.5.2.3　概率积分法

（1）单元下沉盆地和水平移动盆地

如图 2-7 所示，取直角坐标 (x,y,z) 和 (s,t,m)。在采深为 H 处，采出肯定会形成地表沉陷体积为 $2s_0 \times 2t_0 \times 2m_0$ 的矿体。则组成此开采的一个单元体积 $1 \times 1 \times 1$ 的开采在地表形成的下沉曲面和水平移动曲面称为单元下沉盆地和水平移动盆地。

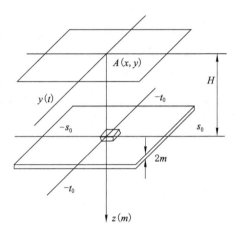

图 2-7　空间开采示意图

对水平煤层来说，可以近似认为：

① 微面开采影响的各向同性。只要地表点与开采微面的相对位置不变，面积相同的微面开采引起该地表点下沉的概率相等，而与坐标轴的选择无关。

② 微面开采影响的衰减性。面积相同的微面对某地表点下沉的影响随其二者之间距离的增大而逐渐减小。

③ 单元开采下沉盆地的体积不变性。柯赫曼斯基认为地下开采后地表下沉盆地的最终体积将近似等于采出空间的体积，因此，单元开采下沉盆地的体积最终等于 1。

④ 单元下沉盆地体积的增加速率与残存未压实的体积成正比。在单元采出后，顶板在不长的时间内逐步垮落，上覆岩体逐渐压密垮落岩石，并逐渐形成单元下沉盆地。单元下沉盆地的体积 V_e 从 0 增加到 1 的过程，可以看成垮落岩石逐渐压实的过程，单元下沉盆地体积的增加速率与残存未压实的体积成正比，即

$$\frac{\mathrm{d}V_e}{\mathrm{d}t} = C \cdot (1 - V_e) \tag{2-28}$$

式中，C 为下沉速度系数。

⑤ 岩体的不可压缩性。若取 x 和 y 方向的水平移动分别为 U、V，z 方向的下沉为 W，则有：

$$\frac{\partial U}{\partial x} + \frac{\partial V}{\partial y} + \frac{\partial W}{\partial z} = 0 \tag{2-29}$$

根据上述假设，可以导出水平成层介质或水平各向同性介质中单元下沉盆地和水平移动盆地的表达式为：

$$\left.\begin{aligned} W_e(x,y,z) &= \frac{1}{r^2(z)}(1 - e^{-ct}) \cdot e^{-\pi \frac{(x^2+y^2)}{r^2(x)}} \\ U_e(x,y,z,t) &= B(z)\frac{\partial W_e(x,y,z,t)}{\partial x} = -\frac{2\pi}{r(z)} \cdot \frac{\mathrm{d}r(z)}{\mathrm{d}z} \\ &\quad (1 - e^{-ct}) \cdot e^{-\pi \frac{(x^2+y^2)}{r^2(x)}} \end{aligned}\right\} \tag{2-30}$$

当矿体和岩层倾斜时，盆地中心向下山方向移动。倾斜成层介质中三维单元下沉盆地和水平移动盆地为：

$$W_e(x,y,z,t) = \frac{1}{r^2(z)}(1-e^{-a}) \cdot e^{-\pi\frac{[x-\rho(z)]^2+y^2}{r^2(z)}} \left.\begin{array}{c} \\ \\ \\ \end{array}\right\} \tag{2-31}$$

$$U_e(x,y,z,t) = B(z)\frac{\partial W_e(x,y,z,t)}{\partial x} + \frac{\partial \rho(z)}{\partial z}W_e(x,y,z,t)$$

当 $t\to\infty$ 时，有：

$$W_e(x,y,z) = \frac{1}{r^2(z)} \cdot e^{-\pi\frac{[x-\rho(z)]^2+y^2}{r^2(z)}} \left.\begin{array}{c} \\ \\ \\ \end{array}\right\} \tag{2-32}$$

$$U_e(x,y,z) = B(z)\frac{\partial W_e(x,y,z)}{\partial x} + \frac{\partial \rho(z)}{\partial z}W_e(x,y,z)$$

由此可见，当矿体和岩层倾斜时，单元水平移动由两部分组成：第一部分与倾斜成正比，第二部分与下沉成正比，它是因介质倾斜引起的。而 $\rho(z)$ 应为：

$$\rho(z) = \frac{z}{\tan\theta} = \frac{z}{\tan(90° - k\alpha)} \tag{2-33}$$

这里，θ 为开采影响传播角，k 为开采影响传播系数，α 为矿体的倾斜角。若 $\alpha=0°$ 时，$\rho\equiv0$，$\frac{\partial\rho(z)}{\partial z}=0$，第二项为零，即为水平煤层开采时的单元水平移动盆地。

当取 $\alpha=0°$，且仅考虑 (x,z) 面上的移动变形时，单元下沉和单元水平移动为：

$$W_e(x,z) = \frac{1}{r(z)} \cdot e^{-\pi\frac{x^2}{r^2(z)}} \left.\begin{array}{c} \\ \\ \\ \end{array}\right\} \tag{2-34}$$

$$U_e(x,y,z) = B(z)\frac{\partial W_e(x,z)}{\partial x} = \frac{rr'}{2\pi}\frac{\partial W_e(x,z)}{\partial x}$$

（2）地表移动的平面问题

平面问题本是固体力学上的一个名词术语，其特点是：① 物体在某个坐标方向的尺寸远大于或远小于其他两个坐标方向的尺寸，几何上是柱形体或薄板；② 外力的分布和支承条件不随该坐标轴而变化，或者外力均匀作用在周边上，且沿厚度不变，并平行于薄板的两面，在薄板的两面上没有外力。前者为平面应变问题，后者为平面应力问题。

所谓地表移动的平面问题，是指平面应变问题，即开采沿某个方向（如 y 轴方向）是无限的，因而与该方向正交的方向上（一般取 x 轴方向），其岩层与地表的移动仅与 x 坐标有关，而与 y 坐标无关。在 x 方向的开采，又可分为半无限开采与有限开采。半无限开采是指 x 方向上的开采宽度相当大，使计算水平 z 上的岩层或地表的移动达到充分采动，开采宽度继续增大时，工作面上方地表移动和变形不再变化。反之开采宽度相对比较小，z 水平上岩层或地表移动还不充分，其数值还将随开采宽度增大而改变。这种情况称为有限开采，即非充分采动。

① 半无限开采

如图 2-8 所示，采深为 H，开采厚度为 m，取坐标原点通过开采边界。由于垮落顶板岩石的碎胀，顶板的最大下沉量不会等于开采厚度，而只是采出厚度的一部分。实际观测表明，顶板下沉曲线为一条连续曲线。但为了工程应用，可用阶梯形曲线来描述，即：

$$W(s) = \begin{cases} 0 & (s<0) \\ mq & (s\geqslant0) \end{cases} \tag{2-35}$$

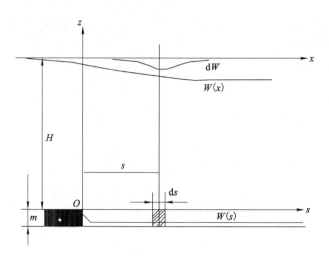

图 2-8　下沉盆地剖面图

式中　q——下沉系数,决定于顶板管理办法;

　　　m——煤层开采厚度,mm。

当煤层自 $s=0$ 开采到 $s=\infty$ 时,地表稳定后的移动变形为:

$$\left.\begin{aligned}
W(x) &= \frac{W_0}{2}\left[\operatorname{erf}(\frac{\sqrt{\pi}}{r}x)+1\right] \\
i(x) &= \frac{\mathrm{d}W(x)}{\mathrm{d}x} = \frac{W_0}{r}e^{-\pi\frac{x^2}{r^2}} \\
k(x) &= \frac{\mathrm{d}^2W(x)}{\mathrm{d}^2 x} = 2\pi\frac{W_0}{r^2}(-\frac{x}{r})e^{-\pi\frac{x^2}{r^2}} \\
U(x) &= \mathrm{bri}(x) = bW_0 e^{\frac{-\pi(x-a)^2}{r^2}} \\
\varepsilon(x) &= \mathrm{brk}(x) = 2\pi b\frac{W_0}{r}(-\frac{x}{r})e^{-\pi\frac{x^2}{r^2}}
\end{aligned}\right\} \tag{2-36}$$

式中

$$\operatorname{erf}(x) = \frac{2}{\sqrt{\pi}}\int_0^x e^{-\lambda^2}\,\mathrm{d}\lambda$$

$$b = \frac{r'}{2\pi}$$

$$W_0 = mq$$

为了应用的方便,可给出无因次移动变形量与无因次坐标 x/r 之间的计算用表。

② 有限开采

在有限开采时,考虑到工作面开采边界附近有一个未压密带 s_0(拐点偏移距),因此在进行地表移动变形计算时,应采用计算宽度 $l=l_0-2s_0$。这里,l_0 为实际开采宽度。由图 2-9可知,顶板下沉曲线近似为:

$$W(s) = \begin{cases} 0 & (s<0) \\ mq & (0\leqslant s\leqslant 1) \\ 0 & (s>1) \end{cases} \tag{2-37}$$

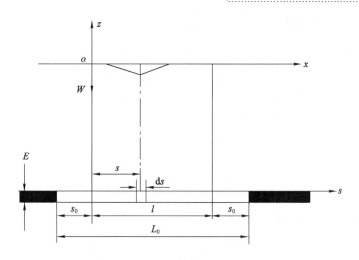

图 2-9　有限开采计算示意图

有限开采地表的下沉、倾斜、曲率、水平移动和水平变形为：

$$
\left.\begin{aligned}
W^0(x) &= \frac{W_0}{2}\left\{\left[1 + \mathrm{erf}(\sqrt{\pi}\,\frac{x}{r})\right] - \left[1 + \mathrm{erf}(\sqrt{\pi}\,\frac{x-l}{r})\right]\right\} = W(x) - W(x-l) \\
i^0(x) &= \frac{\mathrm{d}W^0(x)}{\mathrm{d}x} = \frac{W_0}{r}\left[e^{-\pi\frac{x^2}{r^2}} - e^{-\pi\frac{(x-l)^2}{r^2}}\right] = i(x) - i(x-l) \\
k^0(x) &= \frac{\mathrm{d}^2 W^0(x)}{\mathrm{d}x^2} = \frac{2\pi W_0}{r^2}\left[\frac{x}{r}e^{-\pi\frac{x^2}{r^2}} - \frac{x-l}{l} - e^{-\pi\frac{(x-l)^2}{r^2}}\right] = k(x) - k(x-l) \\
U^0(x) &= bW_0\left[e^{-\pi\frac{x^2}{r^2}} - e^{-\pi\frac{(x-l)^2}{r^2}}\right] = U(x) - U(x-l) \\
\varepsilon^0(x) &= \frac{\mathrm{d}U^0(x)}{\mathrm{d}x} = \frac{2\pi bW_0}{r}\left[\frac{x}{r}e^{-\pi\frac{x^2}{r^2}} - \frac{x-l}{r}e^{-\pi\frac{(x-l)^2}{r^2}}\right] = \varepsilon(x) - \varepsilon(x-l)
\end{aligned}\right\}
$$

$$(2-38)$$

因此，有限开采的地表移动变形为两个半无限开采的地表移动变形通过几何叠加而得出。

（3）地表移动变形的空间问题

① 地表任意点的下沉

如图 2-7 所示，根据叠加原理，在体积为 $2s_0 \times 2q_0 \times 2t_0$ 开采影响下的下沉盆地，等于组成这一体积的各开采影响微小体积的总和，即

$$
\begin{aligned}
W(x,y) &= \int_{-m_0}^{m_0}\int_{-s_0}^{s_0}\int_{-t_0}^{t_0} \frac{1}{r^2}e^{-\frac{\pi}{r^2}\left[(x-s)^2+(y-q)^2\right]}\,\mathrm{d}s\,\mathrm{d}q\,\mathrm{d}m \\
&= \frac{1}{W_0}W^0(x)W^0(y)W_0 \cdot C(x) \cdot C(y)
\end{aligned}
$$

$$(2-39)$$

这里，$C(x)$ 与 $C(y)$ 称为主断面内的下沉分布系数。

② 地表任意点的倾斜

在任意点 (x,y) 且与 x 坐标轴相交成 φ 角的任意方向上，地表的倾斜 $i(x,y)_\varphi$ 为：

$$
\begin{aligned}
i(x,y)_\varphi &= \frac{\partial W(x,y)}{\partial x}\cos\varphi + \frac{\partial W(x,y)}{\partial y}\sin\varphi \\
&= C(y)i(x)\cos\varphi + C(x)i(y)\sin\varphi
\end{aligned}
$$

$$(2-40)$$

主倾斜方向和主倾斜角为：

$$\varphi_k = \arctan \frac{C(x)i(y)}{C(y)i(x)}$$

$$i(x,y)_{\varphi_k} = C(y)i(x)\cos\varphi_k + C(x)i(y)\sin\varphi_k \tag{2-41}$$

③ 地表任意点的曲率

过任意点沿任意方向的曲率 $k(x,y)_\varphi$ 为：

$$k(x,y)_\varphi = C(y)k(x)\cos^2\varphi + C(x)k(y)\sin^2\varphi + C_{[x,y]}\sin 2\varphi \tag{2-42}$$

其中

$$C_{[x,y]} = \frac{1}{W_0 i(x)}i(x)i(y) \tag{2-43}$$

主曲率方向和主曲率值为：

$$\varphi_k = \frac{1}{2}\arctan\frac{2C_{[x,y]}}{C(y)k(x) - C(x)k(y)}$$

$$k(x,y)_{\varphi_k} = C(y)k(x)\cos^2\varphi_k + C(x)k(y)\sin^2\varphi_k + C_{[x,y]}\sin 2\varphi_k \tag{2-44}$$

④ 地表任意点的水平移动

过任意点沿任意方向的倾斜 $U(x,y)_\varphi$ 为：

$$U(x,y)_\varphi = C(y)U(x)\cos\varphi + C(x)U(y)\sin\varphi_0 \tag{2-45}$$

主水平移动方向和主水平移动值为：

$$\varphi_k = \arctan\frac{C(x)U(y)}{C(y)U(x)}$$

$$U(x,y)\varphi_k = C(y)U(x)\cos\varphi_k + C(x)U(y)\sin\varphi_k \tag{2-46}$$

⑤ 地表任意点的水平变形

过任意点沿任意方向的水平变形 $\varepsilon(x,y)\varphi$ 为：

$$\varepsilon(x,y)\varphi = C(y)\varepsilon(x)\cos^2\varphi + C(x)\varepsilon(y)\sin^2\varphi + \frac{1}{2}r_{[x,y]}\sin 2\varphi_k \tag{2-47}$$

其中

$$r_{[x,y]} = \frac{1}{W_0}[C(y)i(y)U(x) + C(x)i(x)U(y)] \tag{2-48}$$

主水平变形方向和主水平变形值为：

$$\varphi_k = \frac{1}{2}\arctan\frac{2r_{[x,y]}}{C(y)\varepsilon(x) - C(x)\varepsilon(y)}$$

$$\varepsilon(x,y)\varphi_k = C(y)\varepsilon(x)\cos^2\varphi_k + C(x)\varepsilon(y)\sin^2\varphi_k + \frac{1}{2}r_{[x,y]}\sin 2\varphi_k \tag{2-49}$$

2.6 矿山土地复垦与生态修复的独特理论

土地复垦与生态修复是一门涉及多学科的交叉性应用学科，在多年的科学研究与实践过程中，逐步形成了较为独特的原理与方法，如土壤重构、地貌重塑和边采边复等。

2.6.1 土壤重构

2.6.1.1 土壤重构的概念

土壤重构是土地复垦与生态修复的关键和基础。土壤重构又称重构土壤，是综合运用工程措施及物理、化学、生物、生态措施,使受损的土壤系统功能得以恢复的过程或活动,重点是构造一个适宜土壤剖面,恢复土壤肥力因素,为植物生长构造一个最优的物理、化学和生物条件,在较短时间内达到最优的生产力,并使其具有长期稳定性。

土壤重构就是"造土"加"土壤剖面构造"。土壤系统由单元土体、土层和土层群(土壤剖面)组成。单元土体是土壤的基础,其特性与成土条件和过程密切相关;土源缺乏时就必须先进行人工成土,即"造土"。例如许多矿山生态修复实践中不合理的矿山土壤重构导致土层混乱、表层土壤缺失或不足、重构失败的结果,科学的人工地质成土得到了研究人员的高度重视。胡振琪等提出了矿山生态修复的地质成土(简称矿山地质成土,geological soil formation)这一仿自然地质成土过程的新概念,指出矿山地质成土是通过矿区可利用的成土母质或土壤材料,采用物理、化学和生物措施促进土壤快速发育和熟化,并在短期内形成期望土壤功能、达到自我可持续发育状态的过程。显然,"矿山地质成土"就是"矿山人工成土"或"人工造土"或"造土"。此外,在有土壤的基础上则应进行合理的单一土层和土层群的构造,形成科学合理的土壤剖面系统。

土壤重构是单元土体的四维重构。在考虑土地用途和仿照自然土壤的情况下,单元土体在垂向上叠加构建合理的土壤剖面构型;在平面上科学重塑地形地貌;在时间维上通过人工和自然的改良提升重构土壤肥力,使重构的土壤达到最优的生产力。因此,广义的土壤重构包括土壤剖面重构、地貌重塑和土壤改良。由于土壤剖面是决定土壤生产力的关键,狭义的土壤重构就是土壤剖面重构。

2.6.1.2　土壤重构的原理

（1）地质成土的内涵

土壤的漫长地质成土过程是在各种地质作用和地球化学与生物作用下,不仅形成熟化的土壤,也形成丰富多彩的、不同类型的土壤剖面结构的过程。从矿山土地复垦与生态修复视角,自然地质成土与土壤重构二者目的和内涵是一致的,都是重构土壤。土壤重构不仅需要各种不同功能、不同生态空间位的土壤,还需要科学合理的土壤剖面构型。因此,土壤重构的实质首先就是土壤材料的筛选与重构(或称"造土",即矿山地质成土),矿山地质成土则是矿山生态修复土壤重构的一部分,是其基础和首要任务。

（2）土壤剖面重构的原理

土壤剖面不同土层之间的位置和功能关系有明显的差异,土壤剖面重构关键就是要根据各土层之间的差异构造合理的剖面。为此,提出了"土层生态位"和"土壤关键层"2个新概念,旨在从理念上认识不同土层功能的差异和土壤剖面构型的重要性,有助于从基础理论上支撑科学的土壤剖面重构(图2-10)。

各个土层在空间上所占据的位置及其与相关土层之间的功能关系与作用称为"土层生态位"。"土层生态位"的内涵是每一土层有其独特的生态功能和空间位置,它与其他土层有密切的相互作用关系,需要科学合理地处理每一土层才能构造出理想的土壤剖面,实现高质量的土壤系统功能。

在土壤剖面的系列土层中,也有一些土层发挥着重要作用,直接影响土壤系统的整体功能和生产力,如表土层、毛管阻滞或渗漏阻滞层等,因此,把影响土壤生产力的关键土层,称为"土壤关键层"。土壤关键层以其显著的形态分异特征为重要标志,其功能明显区别于相邻或其他的土层。土壤关键层的质地、位置、厚度直接影响关键层的作用效果。常见的

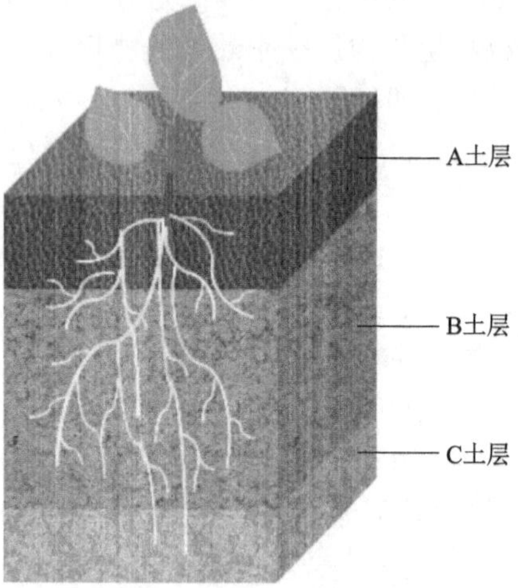

图 2-10 "土层生态位"和"土壤关键层"示意图

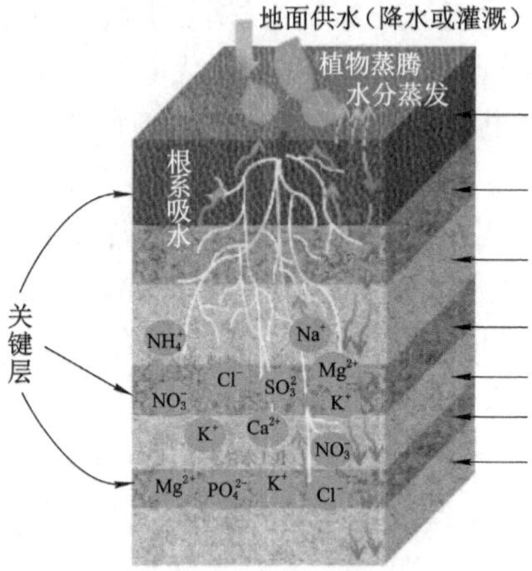

土壤关键层主要有表土层、含水层和隔水层 3 种。也有一些严重影响土壤剖面功能或生产力的障碍层,也称为"关键层",这就需要在复垦重构时消除原有的障碍,改善土壤生产力。

基于前面对土壤重构的分析和提出的新理念,重新构造土壤剖面需要遵循以下基本认知:① 土壤剖面是一个多土层的垂向叠加结构;② 每一土层一般由相似和相同质地的单元土体集合而成;③ 每一土层有其独特的生态功能和空间位置,即"土层生态位";④ 每一土层的生态位由其理化和生物特性及其与其他土层的关系所决定;⑤ 土层中存在对整个土壤系统功能起决定作用的"关键层",即"土壤关键层"。

基于对土壤剖面的正确认识,土壤剖面重构过程就是以土层生态位为理论基础、土壤关键层为构造核心,设计和优化土壤剖面构型并付诸实施的过程,重点是优化设计各个土层生态位、确定和优化关键层。

2.6.1.3 土壤重构的优化设计方法

(1)地质成土的方法与步骤

① 需求分析。地质成土前,需要充分调查了解矿山土壤损毁现状和采矿前原始土壤状况,分析矿山土壤损毁特征并评价其损毁程度,基于客观条件和区域发展需求,找出矿山土壤存在的问题和差距,提出矿山生态修复对土壤的要求,并确定矿山地质成土的目标。

② 材料筛选。基于自然地质成土母质的重要性和土壤发育的长期性,需要充分利用矿山已经拥有的熟化土壤和各种可能的成土材料(也可称之为备选土壤材料)。备选土壤材料筛选应遵循以下原则:需求原则、成土材料质量原则、绿色生态原则和成本效应原则。对所有备选土壤材料要进行物理、化学、生物特性的分析,并与期望成土目标对比进行成土材料筛选。有条件的情况下,还可以结合盆栽试验进行筛选。

③ 材料组配。根据修复方向的不同,仿照自然的土壤类型选用合理材料进行试验确定组配关系。材料组配过程主要是仿自然地质作用,进行成土土壤材料的多源组合。将占比

大且起骨架作用的材料称为基质材料,将各种调节质地、营养等改良材料称为辅助材料。因此,地质成土材料的组配就是基质材料加辅助材料。

④ 生物熟化。不同的成土材料,需要接种不同的菌类、种植不同的植物等,应具体问题具体分析。如接种真菌、根瘤菌促进土壤团聚体的增加和植物生长,接种蚯蚓改善土壤结构和生物特性等。任何生物熟化材料的筛选都需要通过室内室外试验来确定最优的种群和适宜的密度。通过 2~3 年的生物熟化,矿山地质成土基本达到矿区周边土壤条件,并达到自我可持续发育状态。

(2) 土壤重构剖面的优化设计方法

① 重构土壤剖面目标的确定

依据采矿未扰动周边土壤剖面、地质条件及优势植被(作物)的分析,确定参考土壤剖面构型,刻画出土层数和各层的生态位特征。依据采矿损毁土地的特征和当地的实际情况及需求,确定复垦土地的利用目标,再考虑有无外来土源材料及质量情况,确定拟构造的土壤剖面层数、作用等目标。

② 土层生态位适宜度评价和各土层生态位的基本属性特征确定

在各种备选土层材料分析的基础上,笔者采用"土层生态位适宜度"定量分析的方法确定各待重构土层生态位的基本属性特征,其主要步骤是:基于上述确定的重构土壤剖面目标,阐明目标的各个土层功能特征,并建立土层集 $N(n_1, n_2, \cdots, n_m)$ 以及各土层空间位置从上到下的顺序,其中 m 为土层总数;构建土层生态位适宜度评价指标体系及相应指标的标准;对待重构土层材料,利用单层或多层指标标准体系的评价模型和方法,计算各个指标的生态位适宜度。

③ 土层生态位优化的理论分析及可能的土壤剖面构型和土壤关键层确定

土层生态位具有空间位、宽度、重叠、差距和竞争等特性(图 2-11)。土层生态位的空间位(niche space of soil layer,NS)是指某一土层在土壤垂直剖面空间的位置,如上、中、下等位置。土层生态位的宽度(niche breadth of soil layer,NB)又称生态位广度、生态位大小,是

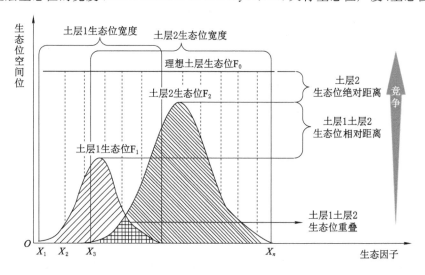

图 2-11　"土层生态位"概念模型

指某一土层在空间占据的范围。土层生态位重叠(niche overlap of soil layer,NO)是指2个或2个以上土层具有相似的功能和作用,可以进行混合并可处于同一空间位,它表明土层功能关系的类似、作用相同。土层生态位竞争(niche competition of soil layer,NC)是指土层不能在同一空间位存在,存在相对的竞争排斥现象,反映土层功能关系的强弱。土层生态位差距(niche difference of soil layer,ND)是指土层间的生态功能差距或某一土层与理想土层功能的相差距离,前者为相对差距,后者为绝对差距。

一般情况下,基于土层生态位适宜度评价结果,首先进行空间位的确定;再根据土层生态位重叠特性的分析,决定需要重叠的土层;然后从竞争和差距的分析判断功能强大层和障碍层,从而初步确定可能的关键层;然后进行土层生态位宽度的分析,确定各个土层的生态位宽度及增加关键层宽度的可能性。基于以上土层生态位5个特性的分析、优化,可设计出初步的土壤剖面构型及附加的重构改良措施。

④ 基于科学试验证和优化土层生态位与关键层,确定最优的土壤剖面构型。

通过室内外种植试验、柱试验和数值模拟等方法,对设计的各个土层生态位的空间位、宽度、重叠、差距和竞争等特性进行深入论证与对比分析,尤其对关键层的生态位进行优化试验与模拟,从而确定出每个土层的精准生态位及其功能以及提升改良措施,精准设计出最优功能的土壤剖面构型,包括土壤关键层的位置和数量,使土壤系统达到一个可自我持续发展、具有较高生产力的状态。

综上所述,土壤重构剖面优化设计方法如图 2-12 所示。

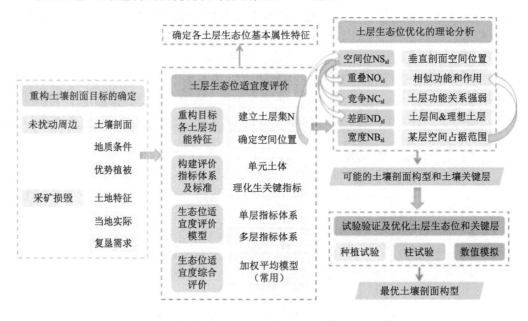

图 2-12　土壤重构剖面优化设计方法流程

2.6.1.4　土壤重构的实施工艺

土壤剖面重构实施的技术工艺亦称工法。由于矿山土壤重构实践在先、理论在后,许多工法都在前期开发出来并得以实践,这里仅介绍露天矿采复一体化和采煤塌陷地挖深垫浅两种重构工艺。

早在 20 世纪 90 年代,针对露天矿研制出"分层剥离、交错回填"露天矿采复一体化工艺(图 2-13),并建立数学模型,后续持续改进。重构开采前土层顺序的土壤重构工艺可用下列通用数学模型表示。

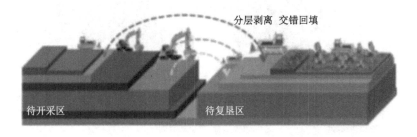

图 2-13　露天矿采复一体化土壤重构工艺示意图

设上覆岩(土)层分为 m 层,自上而下的岩(土)层为 $L_1,L_2,\cdots,L_m$,开采条带为 n,新构造的土壤的结构是:

第 i 条带新土壤 $= \sum_{j=1}^{m}[i+m-j+1]$ 条带的 L_j 岩土层 $(i=1,2,\cdots,n-m)$

第 $n-(m-k)$ 条带新土壤 $= \sum_{j=1}^{k}L'_j + \sum_{j=k+1}^{m}\cdot[n-(m-j)]$ 条带的 $L_{[m-(j-(k+1))]}$ $(k=1,2,\cdots,m-1)$

第 n 条带新土壤 $= \sum_{j=1}^{m}L_j$

对井工煤矿采煤塌陷地,常常采用挖深垫浅复垦技术,这种情况表土往往是关键层,应该尽可能挖掘待挖深区的表土利用,以增加垫浅区表土的生态位宽度。为此,通过挖深垫浅的"分层剥离、交错回填"工艺,运用土层生态位、土壤关键层理论,科学利用待挖深区的表土,与垫浅区表土形成双表土,构造双表土的土壤剖面构型(图 2-14),提高土壤生产力,其技术工艺为(图 2-15):

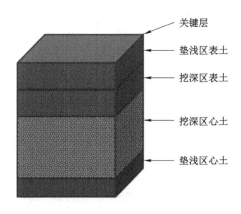

图 2-14　采煤塌陷地挖深垫浅复垦土壤剖面构型

① 将复垦区域划分为"挖深区"和"垫浅区",并分别将"挖深区"和"垫浅区"划分成若干块段(依地形和土方量划分),以 $1,2,\cdots,N$ 和 $1',2',\cdots,N'$ 编号。

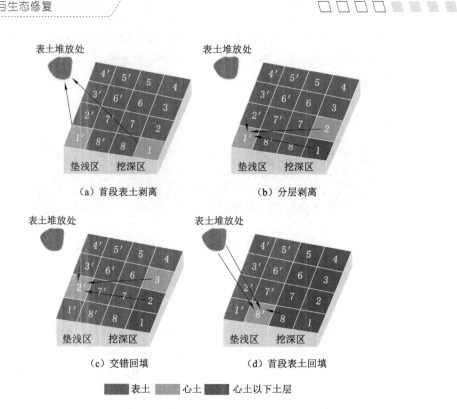

（a）首段表土剥离　　　　（b）分层剥离

（c）交错回填　　　　（d）首段表土回填

■ 表土　　■ 心土　　■ 心土以下土层

图 2-15　挖深垫浅复垦土壤重构工艺示意图

② 将土层划分为若干层（假定为两个层次，一是上部 20～40 cm 的表土层 S，二是下部土层 X）。

③ 按照"分层剥离、交错回填"的土壤重构技术原理，先将"挖深区"和"垫浅区"相对应的首块段（1 和 1′）上部表土层 S 剥离堆放，然后将"挖深区"的第 1 块段的下部土层 X 剥离填在"垫浅区"的第 1′块段的下部土层 X，再将第 2 块段和第 2′块段的上部表土层 S 剥离填在"垫浅区"的第 1′块段上，以此类推直到完成所有块段，使复垦后的土壤剖面实现双表土层，增大关键层表土层厚度，使复垦土地明显优于原土地，其土壤重构的数学模型是：

$I′$块段土壤结构＝"$(I+1)$块段上层土"＋"I块段下层土"＋"$(I+1)′$块段剥离的上层土"
其中，$I=1,2,\cdots,N-1$。

$N′$块段的结构＝"1 块段上层土"＋"N块段下层土"＋"1′块段预剥离的上层土"

2.6.2　边采边复

2.6.2.1　边采边复的概念

针对煤矿开采过程中导致的生态环境损伤问题，与采矿过程紧密结合，同步采取多种措施，使生态环境损伤减轻和同步治理，即边开采边修复，使其达到可供利用并与当地生态系统协调的状态。

"边采边复"是基于"源头和过程控制"的理念，而不是"末端治理"理念，其特点是在采矿过程中，同步（时）治理。"边采边复"概念中的"复"既包含狭隘的"复垦（复耕）"，也包含 Ecological Restoration 中的"修复"的概念，其核心目的是及时恢复治理损伤的生态环境，缓解煤炭资源开发利用与环境保护之间的矛盾,确保矿业活动朝着可持续、循环与绿色的方向发展。因此,"边开采边复垦(广义的复垦)""边开采边修复""边开采边治理"都是一个意思,都可简称"边采边复"或"边采边治"。

2.6.2.2 边采边复的类型

从不同的角度,边采边复可分为不同的类型。根据修复对象可分为露天矿边采边复(采复一体化)、采煤沉陷地边采边复、固体废弃物边堆边治;根据开采煤层数可分为单一煤层边采边复、两煤层边采边复和多煤层边采边复;根据开采煤层厚度可分为薄煤层、厚煤层和特厚煤层的边采边复。根据修复次数可分为一次性修复与多阶段修复;根据修复目标可分为耕地边采边复、草地边采边复、林地边采边复等,修复方式也可考虑以生态为主与以耕地保护为主,修复的关键技术在于修复的时机、布局、标高与施工工艺。无论是何种修复类型,也无论是井工开采还是露天开采,都需要具体考虑地下煤层赋存特征、覆岩情况、地面土地利用与自然地理、修复目标、修复成本、政策约束等条件,合理选择修复方式。

(1)露天矿边采边复技术

边采边复理念最早于 20 世纪 70 年代由美国学者提出,并应用于露天矿的开采过程中。露天开采工艺的特点决定了露天煤矿采矿-复垦一体化理念和技术的易理解和易早实现,"分层剥离、交错回填"也是露天矿边采边复(采复一体化)工艺(图 2-16)。

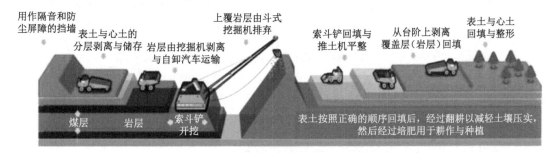

图 2-16 露天矿边采边复工艺流程

早期英国露天矿实行边开采边回填修复技术,而后覆土造田,巴特威尔露天矿采用内排土方式,边采边复,覆土厚度 1.3 m,其中 0.3 m 表层为耕作层;阿克顿海尔煤矿将井下煤矸石直接排至邻近露天矿采坑,然后覆土复垦。

(2)井工矿采煤沉陷地边采边复技术

井工矿边采边复技术最早就是以我国高潜水位矿区为背景,为了最大程度地保护耕地资源、缩短土地抛荒时间而研发的。其核心是运用开采沉陷预测理论、共赢性博弈模型和单元分析方法,构建地面损毁与井下开采单元耦合的时空响应机制模型,关键技术为修复时机、修复布局、修复标高与工艺。

以引黄河泥沙充填的边采边复技术为例,其核心主要包括:根据开采计划和采煤沉陷地的地质条件划分开采单元,采用开采沉陷理论预计开采单元各开采时段的动态下沉等值线,确定充填范围;根据充填范围划分各充填单元;依次确定地表整个充填范围的充填时机和各充填单元的充填设计标高;选择沉陷区的充填方式为多层多次引黄充填,根据各土壤结构特征,分别确定各充填单元的多层多次引黄充填的次数和两充填单元的充填时间间隔;确定各类土壤结构层的厚度;按照上述确定的充填参数对各充填单元进行多层多次引黄充填。

（3）煤矸石边推边治技术

煤矸石是煤炭开采和洗选过程的必然产物,含硫煤矸石自燃将释放 SO_2、H_2S、CO 和粉尘等污染物,堆放占用大量的土地、破坏区域生态平衡,是亟须破解的环境保护难题。早期的"末端治理"方法不仅使得矸石山自燃率高,也加大了后期治理难度,使得复燃率高。因此"源头控制"与"过程治理"是自燃煤矸石山治理的有效手段,其技术核心是通过分层堆积与分层覆盖黄土、碱性物质等阻隔层,阻断煤矸石山内外空气的流动与循环,抑氧隔氧是解决煤矸石山自燃的治本之道(图 2-17)。最终堆积到界后植被恢复,实现自燃煤矸石山的生态修复。

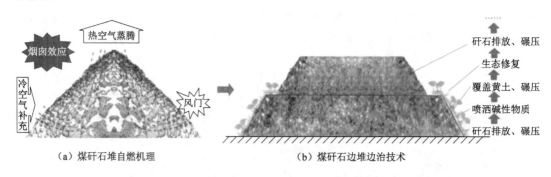

（a）煤矸石堆自燃机理　　　　　　（b）煤矸石边堆边治技术

图 2-17　煤矸石山自燃机理与边堆边治技术

思　考　题

1. 简述景观生态学在分析矿区生态环境变化中的作用。
2. 简述开采沉陷学对井工开采矿区土地复垦与生态修复的作用。
3. 简述掌握土壤知识对土地复垦与生态修复的作用。
4. 简述土壤重构原理的核心与实质是什么,并结合其原理举例论述优化设计方法。
5. 如何理解地质成土与土壤重构的关系?请从不同角度(学科视角或其他理论)论述。
6. 了解国内外边采边复的研究进展,对比分析国内外边采边复的原理与方法。

第3章　矿区土地与生态环境损毁调查

随着我国社会经济的快速发展,矿区生态环境的保护与发展矛盾日益突出。以土地损毁为核心的生态环境问题,已对矿区人类的生存空间及社会经济的可持续发展构成巨大威胁。为科学合理地制定土地复垦与生态修复方案、有效保护矿区土地资源及生态环境,必须基于科学的方法和适宜的技术,全面查清矿区土地资源现状及生态环境问题。本章主要结合矿山生态修复领域相关技术规程,介绍矿区土地与生态环境损毁调查的内容及要求。

3.1　矿区土地调查

3.1.1　土地调查的内容

根据《土地复垦方案编制规程 第1部分:通则》(TD/T 1031.1—2011),矿区土地调查的主要内容如下:

① 调查矿区土地利用类型、数量和质量。

② 调查矿区已损毁土地的损毁类型、范围、面积及损毁程度等。

③ 调查矿区已复垦土地的面积、范围、复垦方向及复垦效果等。

④ 根据土地损毁预测的结果,调查拟损毁土地的利用类型、数量和质量等。

3.1.2　土地调查的原则与步骤

（1）总体原则

① 真实性原则。在调查过程中,应坚持实事求是的原则,应实地调查、如实记录和分析调查到的信息,客观反映矿区土地基本情况。

② 全面性原则。在调查过程中,应全面、广泛地调查矿区土地与生态环境相关信息,完整反映矿区土地利用情况。

③ 代表性原则。在调查过程中,应选择有代表性的地形地貌、植被类型、拟损毁土地等调查单元进行调查,全面反映矿区土地利用情况。

（2）调查步骤

① 准备工作。包括方案制定、资料准备、人员组织以及仪器工具准备等。

② 外业调查。包括实地测量、样品采集、数据记录及实地拍摄能够反映矿区地形地貌、土壤剖面、地表物质组成、植被生长、基础设施及矿区土地损毁、复垦、利用的影像等。

③ 内业整理。采集样品的测试、数据整理等。

④ 成果汇总。调查数据汇总、分析等。

3.1.3 调查技术要求

3.1.3.1 精度要求

服务于矿山土地复垦方案编制的成图比例尺应不低于 1∶10 000;服务于矿山土地复垦方案实施的成图比例尺应不低于 1∶5 000,其中露天采场、场站等重点区域的成图比例尺应不低于 1∶2 000。成果图的平面坐标系统采用 2000 国家坐标系,高程系统采用 1985 国家高程基准。

3.1.3.2 土地利用现状调查

(1)土地利用现状类型、数量、空间分布

以现有的当地土地利用现状图为基础图件,参考批复的矿区拐点坐标,并结合现场考察,划出矿区范围。对矿区范围内的各土地利用类型、面积、空间分布情况进行核实、计算、汇总。土地分类体系采用《土地利用现状分类》(GB/T 21010—2017),明确至二级地类,同时绘制与其信息一致的土地利用现状图。对土地利用变化较大或土地利用现状图更新较落后的区域应结合地面调查、遥感影像调查等方法进行补充说明。

(2)各类型土地的土地质量状况

结合土壤调查数据和典型的土壤剖面图,对不同利用类型土地的质量情况,如有机质含量、pH 值、表土层厚度等进行描述。

3.1.3.3 已损毁土地调查

(1)挖损土地

以单个挖损场地为调查单元,调查损毁土地位置、权属、损毁时间、面积、平台宽度、边坡高度、边坡坡度、积水面积、积水最大深度、植被生长情况、土壤特征、是否继续损毁等。

(2)塌陷土地

根据塌陷土地范围,结合村级行政界线、自然界线、土地利用类型、积水情况等划分调查单元,调查损毁土地位置、权属、损毁时间、面积、塌陷最大深度、坡度、积水面积、积水最大深度、水质、塌陷坑直径、塌陷坑深度、土地利用状况、裂缝宽度、裂缝长度、裂缝水平分布、土壤特征、是否继续损毁等。

(3)压占土地

以单个压占场地或单条压占线路为调查单元,调查损毁土地位置、权属、损毁时间、面积、压占物类型、压占物高度、平台宽度、边坡高度、边坡坡度、植被生长情况、是否继续损毁等。

(4)其他损毁土地

参照以上指标并结合自身特点选择相应的调查指标进行调查,其中污染土地调查应参考环境影响评价报告、环保验收结论等。

3.1.3.4 已复垦土地调查

(1)调查范围

根据已复垦土地的复垦方案、阶段实施方案、年度实施方案及验收材料等确定调查范围。

(2)调查单元划分

根据已复垦土地调查范围,结合复垦后的土地利用类型、复垦时间、复垦位置、复垦措施等划分调查单元。

（3）调查内容

① 复垦为耕地、园地、林地、草地的土地调查

基本情况调查。包括位置、权属、复垦面积、损毁时间、复垦时间、复垦措施、复垦成本、验收时间、验收文件编号、是否继续损毁及损毁类型、是否有外来土源等。

地形调查。包括地面坡度、平整度等。

土壤质量调查。包括有效土层厚度、土壤容重、土壤质地、砾石含量、土壤 pH、土壤有机质含量等。

生产力水平调查。包括种植植物的种类及单位面积产量、覆盖度、郁闭度、定植密度等。

配套设施调查。包括灌溉、排水、道路、林网等。

② 复垦为渔业或人工水域和公园的土地调查

包括位置、权属、复垦面积、损毁时间、复垦时间、复垦措施、复垦成本、验收时间、验收单位、验收文件编号、是否继续损毁及损毁类型、是否有外来土源、鱼塘的规格、单位面积产量、水体质量、防洪、排水等。

③ 复垦为建设用地的土地调查

包括位置、权属、复垦面积、损毁时间、复垦时间、复垦措施、复垦成本、验收时间、验收单位、验收文件编号、是否继续损毁及损毁类型、是否有外来土源、平整度、防洪等。

3.1.3.5　拟损毁土地调查

（1）损毁范围预测

结合生产（建设）工艺及流程，分析生产建设过程中对土地损毁的形式、环节及时序，预测损毁土地。

（2）调查单元划分

根据土地损毁预测的结果，确定损毁土地调查范围，结合土地利用类型、土壤类型、村级行政界线等划分调查单元。典型调查单元应涵盖不同的土壤类型和土地利用类型。

（3）土地利用状况调查

包括拟损毁土地位置、权属、面积、拟损毁时间、现状利用类型、主要植被类型、生产力水平和土壤特征等。其中生产力水平是指种植植物的实际产量或生物量，包括实际产量、复种指数、覆盖度、郁闭度、定植密度等；土壤特征包括有效土层厚度、土壤质地、有机质含量以及 pH 等。

（4）拟损毁基础设施调查

拟损毁道路设施调查。包括拟损毁时间、位置、宽度、路面材料等。

拟损毁水利设施调查。包括拟损毁时间及拟损毁水利设施类型、位置、规格及材料、长度（线状）、数量（非线状）等。

拟损毁林网调查。包括拟损毁时间及拟损毁林网的位置、数量、类型、规格等。

其他拟损毁基础设施调查。包括拟损毁时间及拟损毁电力、通信等设施的位置、等级、数量等。

3.1.4　调查方法

（1）资料收集

主要是收集矿山所在地的最新土地利用现状调查与规划资料,包括现状图、规划图。矿山周边存在湿地、公园、城市建成区、公益林、基本农田、重要水源地时,要收集相关规划资料以及生态红线划定结果等。

（2）实地调查

由于收集到的土地利用图精度所限,具体到一个地类的认定、损毁面积与程度等,还需开展实地调查、平面测绘及剖面测量、采样等工作。

（3）遥感解译

遥感解译能获取全域范围的损毁土地利用现状、权属、面积等信息,在通行不便的高原及荒漠地区尤其适用。遥感解译还可用于获取积水面积、挖损面积等。对东部塌陷积水区域的识别也较为有效。当矿山面积较大、开采历史较长、原始地类不清时,也可将遥感解译作为土地调查的一种辅助手段。

（4）问询调查

询问当地居民及相关部门,获取土地权属、土地生产力、土源、灌溉情况以及开采历史等情况。

3.1.5　调查成果

（1）文字成果

调查报告:包括调查工作简介、调查内容及方法、调查成果等内容。

（2）图件成果

包括矿区已损毁土地现状图、已复垦土地现状图、拟损毁土地现状图等。图件应包含土地利用现状及地形信息,应有图名、图例、比例尺、指北针、制图单位、制图人、制图时间,并注明图内的乡镇名、水系以及图件所用坐标系和高程基准。

（3）其他成果

经整理归类的调查对象的影像信息、图表等。

3.2　矿山地质环境调查

3.2.1　概述

矿山地质环境调查是通过资料收集、遥感解译、野外调查、样品采集与测试、物探、槽探及浅井等方法手段,查明矿山地质环境问题的类型、分布及危害状况。

（1）目的

在掌握调查区地质环境条件的基础上,查明矿山地质环境问题的类型、分布及危害状况,为保护矿山地质环境提供依据。

（2）任务

开展地质环境背景补充调查,基本掌握调查区地质环境条件。开展矿山基本概况调查,掌握矿山开发历史、矿体分布、开采方式、生产能力、矿业活动范围等。开展矿山地质环境问题及危害调查,查明矿山地质环境问题的类型、分布及规模等。

3.2.2　矿山地质环境调查的内容

根据《矿山地质环境保护与恢复治理方案编制规范》(DZ/T 0223—2011),矿山地质环境调查主要包括以下内容：

① 采矿活动引发的地面塌陷、地裂缝、崩塌、滑坡等地质灾害及其隐患，包括地质灾害的种类、分布、规模、发生时间、发育特征、成因、危险性大小、危害程度等。

② 采矿活动对地形地貌景观、地质遗迹、人文景观等的影响和破坏情况。

③ 采矿活动对含水层的破坏，包括采矿活动引起的含水层破坏范围、规模、程度，及对生产生活用水的影响等。

④ 采矿活动对土地资源的影响和破坏，包括压占、毁损的土地类型及面积。

⑤ 采矿活动对主要交通干线、水利工程、村庄、工矿企业及其他各类建（构）筑物等的影响与破坏。

⑥ 已采取的防治措施和治理效果。

3.2.3　调查技术要求

（1）精度要求

调查范围应包括矿山采矿登记范围和矿业活动明显影响到的区域。矿山地质环境调查比例尺不小于 1∶50 000。矿山地质环境问题集中发育区、危害程度较严重以上的区域，调查比例尺应不小于 1∶10 000。

（2）工作流程

矿山地质环境调查的工作流程包括设计书编审、资料收集、遥感解译、地面调查、数据入库、分析评价、报告编写与图件编制、成果提交等。

（3）地质灾害调查

① 崩塌

调查矿业活动直接产生或加剧的崩塌发生的时间、地点、规模、致灾程度，形成原因，处置情况等；高陡的矿山工业场地边坡、山区道路边坡、露天采矿场边坡、采空区山体边部等可能产生崩塌的危岩体特征、致灾范围、威胁对象、潜在危害及防治措施等。

② 滑坡

调查矿业活动已造成的滑坡发生的时间、地点、规模、致灾程度、形成原因、处置情况等；高陡的矿山工业场地边坡、山区道路边坡、露天采矿场边坡、采空区山体边部、高陡废渣石堆及排土场等；可能产生滑坡的斜坡体特征、致灾范围、威胁对象、潜在危害程度及防治措施等。

③ 泥石流

调查矿业活动导致的泥石流的发生时间、地点、规模、致灾程度、触发因素、处置情况等；潜在泥石流物源的类型、规模、形态特征及占据行洪通道程度等；泥石流沟的沟谷形态特征，可能致灾范围、威胁对象、潜在危害程度及防治措施等。

④ 地面塌陷（地裂缝）

调查矿山地面塌陷（地裂缝）的发生时间、地点、规模、形态特征、影响范围、危害对象、致灾程度、处置情况等；采空区的形成时间、地点、形态、范围、可能的影响范围、威胁对象、防治措施等。

（4）含水层破坏调查

调查矿床水文地质类型、特征、空间分布等；矿山开采对主要含水层影响的范围、方式、

程度等;含水层破坏范围内地下水位、泉水流量、水源地供水变化情况等;矿坑排水量、疏排水去向及综合利用量等;含水层破坏的防治措施及成效。

(5) 地形地貌景观破坏调查

调查矿山地形地貌景观类型及特征,重要的地质遗迹类型及其分布,县级以上的风景旅游区及其范围;露天开采、矿山固体废弃物堆场、地面塌陷等造成矿区地形地貌改变与破坏的位置、方式、范围及程度;地形地貌景观破坏对城市、自然保护区、重要地质遗迹、人文景观及主要交通干线的影响;地形地貌景观恢复治理的措施及成效。

(6) 土地资源破坏调查

调查区域土地类型、分布及利用状况;固体废弃物堆场占用、露天采场、地面塌陷(地裂缝)、崩塌滑坡泥石流堆积物破坏的土地类型、位置、面积、时间等;调查废弃土地复垦的面积、范围、措施及成效。

(7) 水土环境污染调查

调查地下水中矿业活动特征污染物的种类、污染程度、污染范围及污染途径等。调查矿业活动特征污染物(重金属、酸性水)造成土壤污染的范围、主要污染物及污染途径等。调查矿山土壤污染的面积、范围、措施及成效。

3.2.4 调查方法

(1) 资料收集与分析

资料收集工作应在野外调查、遥感解译等工作开展之前先期展开,并应贯穿于项目周期内。全面系统地收集调查区内前人矿产地质、水工环调查研究资料,重点收集矿产资源规划、矿山勘查报告、矿产资源开发利用方案、地质灾害防治区划、矿山地质环境保护与恢复治理方案、环境影响评价报告等。通过分析前人资料,初步掌握调查区区域地质环境条件、矿产资源开发利用状况,为部署调查工作奠定基础。

(2) 遥感调查

遥感解译工作的范围一般应大于调查区范围。解译内容包括矿山地质环境背景、矿山生产布局、矿山地质环境问题等。重点解译露天采场、选矿厂、冶炼厂、废石渣堆、排土场、煤矸石堆、尾矿库、水体污染区、地貌景观及植被破坏区、矿山崩塌、滑坡、泥石流、地面塌陷(地裂缝)等矿山地质环境问题。

(3) 地面调查

地面调查应采用路线穿越与追踪法相结合的方法。对于重要的调查对象,宜采用路线追踪法调查,圈定其范围。调查路线间距及控制点密度应依据调查区地质环境条件复杂程度、矿山地质环境问题类型确定。对于同一地点存在多种类型的矿山地质环境问题,应围绕主要矿山地质环境问题调查填表,同时做好其他类型矿山地质环境问题的记录。野外调查表应按规定格式填写,不得遗漏主要调查要素,并附必要的示意性平面图、剖面图或素描图,标记现场照片和录像编号。

(4) 山地工程

对于重要的调查对象和需要深化研究的内容,如泥石流堆积扇特征、滑坡滑动面、地下水位变化情况等,宜辅以槽探和浅井为主的山地工程。槽探、浅井揭露的地质现象,应及时进行详细编录、拍照或录像,并绘制比例尺 1:20~1:200 的平面图或剖面图。完工后应及时回填复原地貌。

（5）物探

依据调查内容的需要，合理选择物探方法及其组合。如需探测 200 m 内的采空区，可采用电测深法、瞬变电磁法及其组合。物探成果应包括工作方法、调查对象的地球物理特征、资料解释推断、结论与建议，并附相关图件。

（6）样品采集与测试

采集的样品包括岩（土）体样品、污染源样品、土壤样品及水体样品等。样品采集应点面结合，具有代表性，样品数量应以控制水土环境污染变化特征为要求。在样品采集过程中，应观察记录采样点及周边环境状况，填写样品采集记录表。

3.2.5　调查成果

（1）图件编制

矿山地质环境调查图件主要由基础性图件和成果图件组成。

基础图件和成果图件一般比例尺为 1∶50 000。矿山地质环境问题集中发育区、危害较严重及以上程度等区域，现有比例尺无法表达相关内容时，宜采用 1∶10 000 比例尺图。为便于读图和使用，根据主要图层信息量大小适当调整图件比例尺。为了突出表达图面内容或增加图面信息量，可在主图上镶嵌大比例尺图。

宜采用最新的数字化地形图或简化后的数字化水系图，作为编制图件的地理底图。以突出专业图层内容为原则，简要标注主要水系、重要居民地、交通干线、矿业布局、重要工程设施、行政境界、山脉等。依据图面主要表达内容需要，可适当减少背景图层要素。

图件表达内容应客观真实地反映调查及评价的成果，图面应清晰美观、层次分明、重点突出、实用性强。

图名、图幅接图表、比例尺、公里格网、经纬度、图廓、图例、责任栏等，应规范标记齐全。

（2）数据库建设

矿山地质环境调查数据库包括原始资料数据库、综合成果数据库。原始资料数据库内容包括收集的资料、调查的资料、样品测试数据和其他相关资料。综合成果数据库包括调查数据统计分析图、矿山地质环境问题评价图等综合性成果。矿山地质环境调查数据按规定格式入库。

（3）成果报告编写

矿山地质环境调查报告的编写，应建立在资料整理、分析测试、综合研究的基础上，对产生和加剧矿山地质环境问题的人为原因和客观因素进行分析，总结矿产资源开发所造成的矿山地质环境问题现状、分布、危害及变化趋势。成果报告的编写应客观真实地反映调查评价结果，内容真实，重点突出，层次分明，图文并茂。

3.3　矿区土壤调查

3.3.1　概述

土地复垦可行性分析、复垦目标及复垦标准的确定都与当地的土壤条件密切相关。矿区土壤调查的主要目的是制定合理的土地复垦方案，进而为采用合理的地形重塑、土壤重构、植被重建技术等提供科学理论依据。其主要任务是通过调查矿区土地损毁前不同土地利用类型原土壤的理化性状，为土地复垦目标与标准的制定提供依据和参考，通过对矿区已损毁土地土壤的调查，分析土地损毁的发生、发展过程、发展趋势及其原因，为进一步的复垦方式及利用方向提供依据。

3.3.2　土壤调查的内容

（1）《土地复垦方案编制规程　第1部分：通则》（TD/T 1031.1—2011）中关于土壤调查的主要内容有：

① 调查矿区的主要土壤类型及其地带性分布特征。

② 结合典型土壤剖面图说明耕地、林地、草地等不同土地利用类型的表土层厚度以及有机质含量、pH值等主要理化性质。

（2）《矿山地质环境保护与恢复治理方案编制规范》（DZ/T 0223—2011）关于土壤调查的主要内容有：

调查矿业活动特征污染物（重金属、酸性水）造成土壤污染的范围、主要污染物及污染途径等。

3.3.3　常规土壤调查

3.3.3.1　采样工具

（1）表层土壤样品采集

表层土壤样品采集的主要工具有：不锈钢质刀、锹（注意：避免使用铁质、铝质、铜质等材质的工具直接接触样品，造成污染）、塑料簸箕、环刀、环刀托、橡皮锤、地质锤、尼龙筛、弹簧秤或便携电子秤等。

（2）剖面样品采集

剖面挖掘和样品采集主要工具有：不锈钢质锹和镐、土钻（冲击钻）、塑料簸箕、尼龙筛、塑料水桶、喷水壶、弹簧秤或便携电子秤等。

剖面样品采集工具集成于工具箱中，主要的工具包括：帆布质标尺、剖面刀（不锈钢质）、地质锤、橡皮锤、环刀与环刀托、放大镜、剪刀、去离子水、滴管、试剂等。

（3）整段剖面采集

挖土坑工具：锹、锹、镐、铲等工具；

修土柱工具：剖面刀、油漆刀、平头铲、木条尺、手锯、修枝剪、绳子、宽布条、泡沫塑料布；

装标本的木盒或铁皮盒：内径高100 cm×宽22 cm×厚5cm，其框架和后盖板用2 cm厚木板制成，前盖板稍薄。前后盖板用螺钉固定在框架上，可随时卸离。

（4）影像采集

数码相机：主要用于拍摄调查样点的剖面照、土壤形态特征照、景观照等。

无人机：主要用于航拍样点所在景观或地块单元的俯拍视角景观图，相对数码相机拍摄，无人机拍摄更能宏观反映景观或地块单元的整体地貌、植被、土地利用等立地条件信息。

3.3.3.2　表层土壤调查与采样

（1）采样深度

耕地、林地、草地样点采样深度为 0～20 cm,园地样点采样深度为 0～40 cm。若有效土层厚度不足 20 cm,采样深度为实际土层厚度。

（2）耕层厚度观测

观察并记录耕地样点的耕作层厚度。挖掘到犁底层,测量记录耕作层厚度。没有明显犁底层的,调查询问农户样点田块的实际耕作深度。野外通过紧实度、颜色、根系等差异综合判断是否有犁底层及其上界深度。

（3）表层土壤混合样品采集

确定采样点后,采用梅花法、棋盘法或蛇形法等多点混合的方法采样。根据田块形状、土壤变化的实际情况,选择上述采样方法中的一种进行采样。

（4）表层土壤样品标签

统一印制或现场打印样品标签,一式两份,附带样品编码、二维码、采样日期等基本信息。样品包装内外各附一份样品标签。

（5）表层土壤样品交接

采样后样品交接前,应妥善暂存土壤样品。及时将采集的表层土壤样品交接至样品流转中心或样品制备实验室,填写土壤样品交接表。

3.3.3.3　剖面土壤调查与采样

（1）剖面设置和挖掘

剖面挖掘地点应在景观部位、土壤类型、土地利用等方面具有代表性的位置,剖面的观察面应向着阳光照射的方向,避免阴影遮挡,剖面的观察面上部严禁人员走动或堆置物品,以防止土壤压实或土壤物质发生位移而干扰观察和采样。挖出的表土和心底土应分开堆放于土坑的左右两侧,观察完成后按土层原次序回填,以保持表层土壤的肥力水平。

① 平原与盆地区

在平原与盆地等平缓地区,剖面尺寸为 1.2 m(观察面宽)×(1.2～2) m(观察面深,如遇岩石,则挖到岩石面)×(2～4) m(一般 2 m),如图 3-1 所示。

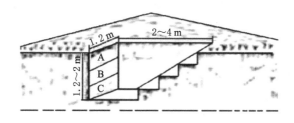

图 3-1　标准土壤剖面示意图

② 山地与丘陵区

受地形和林灌植被等的影响,在无法选取相对平缓、植被少遮挡的景观部位挖掘剖面时,可选择裸露的断面或坡面作为剖面挖掘的点位,但是为了保证剖面的完整性和样品免受污染,修葺剖面时,应向自然断面或坡面内部延伸 20～40 cm,直至裸露出新鲜、原状土壤。

（2）剖面照片拍摄

标准剖面照作为土壤单个土体的"身份证件照",能够直观地反映土壤的发生层及其形态学特征,是认识和理解土壤发生过程和土壤类型的直接证据。因此,标准剖面照应当清晰、真实、完整地呈现土壤形态学描述特征。标准剖面照的具体要求如下:

剖面挖掘完成后,在观察面左边 1/3 宽度内,用剖面刀自上而下修成自然结构面,要避免留下刀痕,右边的部分保留为光滑面。自然结构面可直观反映土壤结构、质地、斑纹特征,以及根系丰度、砾石含量、孔隙状况、土壤动物痕迹等;光滑面则可更加清晰地反映土壤边界过渡特征、颜色差异、结核等特征。剖面照片须用专业相机拍摄,避免出现颜色失真(图 3-2)。

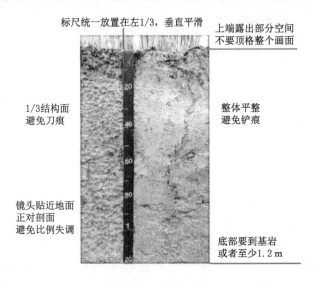

图 3-2 剖面照片示例

（3）土壤发生层划分与命名

剖面挖掘与拍照完毕后,即可对土壤发生层进行划分与命名。

① 发生层划分

土壤发生层是土壤形成过程中,在某种或某几种土壤过程驱动影响下,物质经淋溶、淀积、散失等形成的具有一定形态学特征的土层。

根据剖面形态特征差异,结合对土壤发生过程的理解,划分出各个土壤发生层。剖面形态特征观察主要从目视特征和触觉特征两个角度进行。

目视特征:观察肉眼可见的土壤形态学差异,包括颜色、根系、砾石、斑纹-胶膜-结核等新生体、土壤结构体类型和大小、砖瓦陶瓷等人造物侵入体、石灰反应强弱、亚铁反应强弱等的差异。

触觉特征:通过手触可感受到的土壤质地、土体和土壤结构体坚硬度或松紧度、土壤干湿情况等的差异。

② 发生层命名

根据样点的土壤发生层特点,依据基本发生层类型及其附加特性,命名并记录土壤发生层名称与符号。大写字母作为剖面的基本层次,首先被确定;然后,确定不同发生层的附加特性。

基本发生层类型:大写字母对应的是土壤基本层次,代表了土壤主要的物质淋溶、淀积和散失过程。各层含义如下:

O 有机层(包括枯枝落叶层、草根密集盘结层和泥炭层)

A 腐殖质表层或受耕作影响的表层

E 漂白层

B 物质淀积层或聚积层,或风化 B 层

C 母质层

R 基岩

发生层附加特性:指土壤发生层所具有的发生学上的特性。用英文小写字母并列置于基本发生层大写字母之后(不是下标)表示发生层的特性。

例如:Ah 代表自然土壤腐殖质层,Ap 代表耕作层,Bt 代表黏化层。

(4) 土壤剖面形态观察与记载

野外调查应记录每个土壤发生层的形态学特征,包括发生层厚度、边界、颜色、根系、质地、结构、砾石、结持性、新生体、侵入体、土壤动物、石灰反应、亚铁反应等指标。

(5) 剖面土壤样品采集

① 土壤发生层样品采集

按照剖面发生层顺序,自下而上取样。

每个发生层内部,在水平方向上均匀采样,在垂直方向上全层采样。可直接用不锈钢工具取样,并剥离掉与不锈钢工具接触面的土壤。剔除明显可见的根系、砾石。砾石多的土壤应在野外过 2 mm 以上孔径尼龙筛,并记录砾石体积与重量以及采土区间的土壤体积,具体步骤参照表层土壤样品采集的相关要求。

② 土壤发生层容重样品采集

用不锈钢环刀采集剖面土壤容重样品。每个发生层均采集三个容重平行样品,每个发生层的三个容重平行样的采样位置在该发生层内垂直方向上均匀分布,垂直于观察面横向打入环刀进行样品采集。

3.3.3.4　土壤分布调查

土壤分布调查主要是调查矿山土壤类型随地理位置、地形高度变化的规律,即土壤的水平分布和垂直分布规律。既要进行成土因素的调查与研究,包括气候、地形、土壤母质、植物、水文地质、生产活动情况等,也要对土壤剖面形态进行观察记载,采取代表性土样,送有资质的实验室进行分析化验。

(1) 调查路线确定

在进行矿区土壤资料收集、现场踏勘、人员访谈、信息整理及分析后,就可以根据调查区面积大小和地形、地质、植被的复杂程度,确定一至数条调查路线。每条路线应通过不同的地形、植被和母岩分布区。

(2) 土壤剖面的设置与挖掘

对土壤剖面形态和性状特征进行详细的观察和描述,是研究土壤形成、演化与环境因素的关系,以及了解土壤的生态特性的重要手段,为此就要设置有代表性的土壤剖面进行观察。

① 土壤剖面类型

土壤剖面一般分为主要剖面、检查剖面(对照剖面)和定界剖面。主要剖面,或称为基本剖面,是为全面研究土壤而设置的,一般要求选择在具有典型性、代表性的地方。剖面的

深度是自然地表向下直达母质或基岩为止。检查剖面,是为检查、修正基本剖面所确定的土壤主要特征的变化程度和稳定性而设置的。它比基本剖面要浅,但数量要多。定界剖面,是为检查和修正土壤的边界而设置的,其深度一般低于 1 m 或者更浅。

② 土壤剖面的选择

土壤剖面的选择,主要是主要剖面的选择问题。它一方面要满足一定比例尺的工作量的要求,依土壤、自然条件的复杂程度而定;另一方面要求每一种土壤类型均有其代表性的主要土壤剖面。在野外工作之前,可根据地形图的比例尺和成土条件的复杂程度进行初步设计,在实地调查时再根据具体条件和土壤图的比例尺而定。土壤剖面的挖掘参考前文要求。

③ 土壤剖面描述

当剖面挖好以后,记载土壤剖面所在位置、地形部位、母质、植被或作物栽培情况、土地利用情况、地下水深度等剖面基本信息,并根据其形态特征,划分层次。

④ 土壤分布界线确定

综合区域的土壤分类系统,判断土壤类型分布的可能范围,以主要剖面为中心进行放射调查,沿途根据地形、母岩、植被等的变化挖对照剖面和定界剖面,将相同的定界剖面点连接起来,就是土壤分布界线。

(3)样品采集

在描述和记载了土壤剖面以后,为了对土壤肥力性状及理化特点有全面深入的了解,还应分层采取土样进行定量分析。采集分析样品时,应自下而上逐层进行,将采好的土样放入样品袋内,并做好标签(注明采集地点、层次、剖面号、采样深度、土层深度、采集日期和采集人等信息)。如果采来的土壤样品量太多,可用四分法筛选分析土样。

(4)样品加工与送样

为防止样品之间相互污染,土壤样品的采集、运输、保管、晾晒、加工不能同时或同一场地进行,用于土壤样品的布袋、加工工具等不再用于其他样品。

(5)组织土样化验

为确定土壤类型而进行的分析,一般有土壤全量矿物分析,黏土矿物类型及组成、土壤腐殖质类型的鉴定,主要诊断层和诊断特性项目的分析等;为确定土壤肥力状况进行的分析,有土壤物理性质、养分及交换性能和酸碱性分析。

3.3.4 土壤污染调查

3.3.4.1 概述

矿山开采产生的"三废",如果处置不当,就会造成环境污染。污染物通过多种途径进入土壤,造成土壤的强酸污染、有机毒物污染与重金属污染。开展矿山土壤污染调查,查明污染范围和污染程度,进行人体健康风险评估,制定和实施污染修复措施,是矿山生态修复的一项重要工作。矿山土壤污染类型主要有如下几种。

(1)水体污染型

污染源主要有矿坑水和尾矿水,既可通过灌溉的形式直接进入土壤,也可通过矿山水仓、尾矿池、废水管渠的泄漏,经地下、地表水系进入土壤。水体污染特点是沿河流或干渠呈树枝状或片状分布。水体污染是土壤污染最主要发生类型。

（2）大气污染型

土壤污染物来自污染的矿山大气干湿沉降。大气污染特点是以大气污染源为中心呈椭圆状或条带状分布。长轴沿主风向伸延，污染面积和扩散距离取决于污染物质的性质、排放量及形式。

（3）固体废物污染型

在土壤表面堆放或处理矿岩和尾矿时，通过大气扩散或降水淋滤，使周围地区的土壤受到污染。此类污染称为固体废物污染。

（4）自然扩散型

自然扩散是指在矿床或元素和化合物富集中心的周围，形成自然扩散晕，使附近土壤中某些元素的含量超出一般土壤的含量的现象。

3.3.4.2 农用地土壤污染状况调查

（1）基本概念

农用地土壤污染是指农用地土壤中污染物含量达到危害农产品质量安全以及对周边生态环境产生不利影响超过可接受风险水平的现象。

农用地土壤污染状况调查是采用系统的调查方法，确定一定区域内农用地土壤是否被污染以及污染程度和范围的过程。

农用地土壤污染风险筛选值是指农用地土壤中污染物含量等于或者低于该值的，对农产品质量安全、农作物生长或土壤生态环境的风险低，一般情况下可以忽略；超过该值的，对农产品质量安全、农作物生长或土壤生态环境可能存在风险，应当加强土壤环境监测和农产品协同监测，原则上应当采取安全利用措施。

农用地土壤污染风险管制值是指农用地土壤中污染物含量超过该值的，食用农产品不符合质量安全标准，农用地土壤污染风险高，原则上应当采取严格管控措施。

土壤环境本底值是对应于某种土地利用起始时间或污染事故发生前，土壤中的化学组成和元素含量水平。在无污染输入的情况下本底含量就是背景含量，如果之前有过污染输入，土壤本底含量可能高于背景含量，土壤环境本底值是一系列变幅范围的土壤本底含量的统计数，通常以某一分位值表示。

（2）基本原则

① 针对性原则。对农用地土壤和农产品点位超标区域和污染事故区域开展取样检测，重点关注已有调查发现的超标因子，根据不同区域土壤污染程度和污染特征，有针对性地确定调查精度，进行差异化布点监测，以确定土壤污染程度、污染范围及对农产品质量安全的影响等，为农用地土壤分类管理措施精准实施提供基础数据和信息。

② 代表性原则。综合考虑农用地的类型、地形地貌、污染源类型、农用地受污染规律和特点等，进行差异化布点监测。

③ 规范性原则。采用程序化和系统化的方式规范农用地土壤污染状况调查过程，保证调查过程的科学性和客观性。

（3）工作程序

农用地土壤污染状况调查可分为三个阶段，调查的工作程序如图 3-3 所示。

① 第一阶段调查

第一阶段调查工作是以资料收集、现场踏勘和人员访谈为主，原则上不进行现场采样

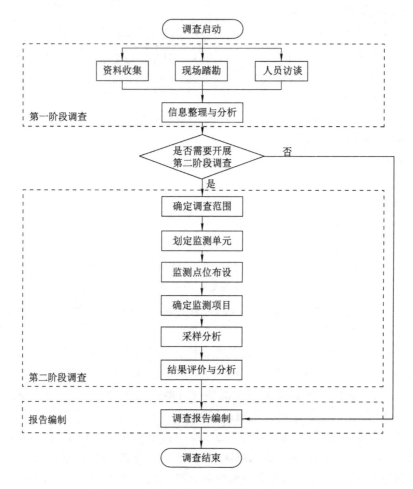

图 3-3 农用地土壤污染状况调查工作程序图

分析。通过第一阶段调查,在对收集资料进行汇总的基础上,结合现场踏勘及人员访谈情况,分析调查区域污染的成因和来源。判断已有资料能否满足分类管理措施实施。如现有资料满足调查报告编制要求,可直接进行报告编制。

② 第二阶段调查

第二阶段调查包括确定调查范围、监测单元划定、监测点位布设、监测项目确定、采样分析、结果评价与分析等步骤。通过第二阶段检测及结果分析,明确土壤污染特征、污染程度、污染范围及对农产品质量安全的影响等。调查结果不能满足分析要求的,则应当补充调查,直至满足要求。

③ 报告编制

汇总调查结果,编制农用地土壤污染状况调查报告。

(4) 调查范围

土壤或农产品超标点位区域土壤污染状况调查范围应根据污染的可能成因和来源,综合考虑污染源影响范围、污染途径、污染物特点、农用地分布等情况确定调查范围。

污染事故农用地土壤污染状况调查,应考虑事故类型、影响范围、污染物种类、污染途径、地势、风向等因素,结合现场检测结果,综合确定调查范围。

农用地安全利用、严格管控等任务区域的土壤污染状况调查范围为任务范围,并可根据调查需要进行适当调整。

(5) 监测单元

农用地污染状况调查应在确定的调查范围内按受污染的途径划分不同的监测单元,监测单元是监测布点的独立考察单元。污染事故农用地土壤污染状况调查,可直接开展点位布设,不再设置监测单元。监测单元按土壤接纳污染物的途径划分为基本单元,综合考虑农用地土壤类型、农作物种类、耕作制度、行政区划、污染类型和特征、地形地貌等因素进行划定,同一单元的差别应尽可能缩小。

(6) 监测点位

① 点位布设方法

任务区域和超标点位区域农用地土壤污染状况调查,原则上应开展土壤环境和农产品协同监测。针对不同的监测单元,确定不同的点位布设方法。

大气污染型监测单元土壤监测点,以大气污染源为中心,采用放射状布点法,布点密度由中心起由密渐稀,在同一密度圈内均匀布点。此外,在大气污染源主导风下风向应适当延长监测距离和增加布点数量。

灌溉水污染型监测单元土壤监测点在纳污灌溉水体两侧按水流方向采用带状布点法,布点密度自灌溉水体纳污口起由密渐稀,各引灌段相对均匀。

固体废物堆污染型监测单元可结合地表产流和当地常年主导风向,采用放射布点法和带状布点法。

农用固体废弃物污染型和农用化学物质污染型监测单元监测点一般情况下采用均匀布点法。

其他污染型监测单元以主要污染物排放途径为主,综合采用放射布点法、带状布点法及均匀布点法等多种形式的布点法。

② 点位布设密度

一般要求每个监测单元最少设 3 个监测点位。土壤中污染物含量超过农用地土壤污染风险管制值或食用农产品超过质量安全标准要求的点位区域,原则上按 1 hm² 布设 1 个点位,根据实际情况可酌情调整。土壤中污染物含量超过农用地土壤污染风险筛选值但未超过管制值,且食用农产品满足质量安全标准限值要求的点位区,原则上按 10 hm² 布设 1 个点位,根据实际情况可酌情调整。在风险较高、污染物含量空间变异较大、地势起伏较大区域适度增加布设密度。

(7) 监测项目

土壤环境监测以 pH、镉、汞、砷、铅、铬、铜、镍、锌、六六六、滴滴涕、苯并[a]芘等为基础,根据农用地历史监测数据、污染源情况、污染物特点和环境管理需求选择监测项目,但不限于以上项目。任务区域和超标点位区域农用地土壤污染状况调查根据已有监测结果,监测项目应包含土壤中污染物含量超过农用地土壤污染风险筛选值的因子及食用农产品超过质量安全标准的因子。污染事故农用地土壤污染状况调查,土壤监测项目应包含污染事故的特征污染物,并根据事故类型和污染物特征,结合现场快速测定等检测结果综合选定监测项目。农产品监测项目应根据土壤环境监测项目,结合质量安全标准进行确定。必

要时可监测土壤有机质、机械组成、阳离子交换量等土壤理化性质及重金属可提取态指标。

(8) 报告编制

调查工作完成后,应以电子和书面方式提交相关工作成果,包括调查报告、图件、附件材料等。农用地土壤污染状况调查报告应包括总论、区域概况、调查布点方案、质量控制、结果与分析、农用地污染特征和成因分析、结论与建议等内容。

图件应包括调查区域地理位置图、调查区域卫星平面图或航拍图、土地利用现状图、周边环境示意图、农用地地理位置分布图、农作物种植分布图、土壤类型分布图、土壤污染源分布图、监测布点图、污染物含量分布图等。

附件材料应包括相关历史记录、现场状况及周边环境照片、工作过程照片、手持设备日常校准记录、原始采样记录、现场工作记录、检测报告、实验室质量控制报告、专家咨询意见等。

相关成果涉及国家秘密的,应按我国有关法律法规要求规范使用和管理,确保涉密内容的安全保密。

3.3.4.3 建设用地土壤污染状况调查

(1) 基本原则

① 针对性原则。针对地块的特征和潜在污染物特性,进行污染物浓度和空间分布调查,为地块的环境管理提供依据。

② 规范性原则。采用程序化和系统化的方式规范土壤污染状况调查过程,保证调查过程的科学性和客观性。

③ 可操作性原则。综合考虑调查方法、时间和经费等因素,结合当前科技发展和专业技术水平,使调查过程切实可行。

(2) 工作程序

建设用地土壤污染状况调查可分为三个阶段,调查的工作程序如图 3-4 所示。

① 第一阶段土壤污染状况调查

第一阶段土壤污染状况调查是以资料收集、现场踏勘和人员访谈为主的污染识别阶段,原则上不进行现场采样分析。若第一阶段调查确认地块内及周围区域当前和历史上均无可能的污染源,则认为地块的环境状况可以接受,调查活动可以结束。

② 第二阶段土壤污染状况调查

第二阶段土壤污染状况调查是以采样与分析为主的污染证实阶段。若第一阶段土壤污染状况调查表明地块内或周围区域存在可能的污染源,以及由于资料缺失等原因无法排除地块内外存在污染源时,进行第二阶段土壤污染状况调查,确定污染物种类、浓度(程度)和空间分布。

第二阶段土壤污染状况调查通常可以分为初步采样分析和详细采样分析,每步均包括制订工作计划、现场采样、数据评估和结果分析等步骤。初步采样分析和详细采样分析均可根据实际情况分批次实施,逐步减少调查的不确定性。

根据初步采样分析结果,如果污染物浓度均未超过国家和地方相关标准以及清洁对照点浓度,并且经过不确定性分析确认不需要进一步调查后,第二阶段土壤污染状况调查工作可以结束,否则认为可能存在环境风险,须进行详细调查。标准中没有涉及的污染物,可根据专业知识和经验综合判断。详细采样分析是在初步采样分析的基础上,进一步采样和

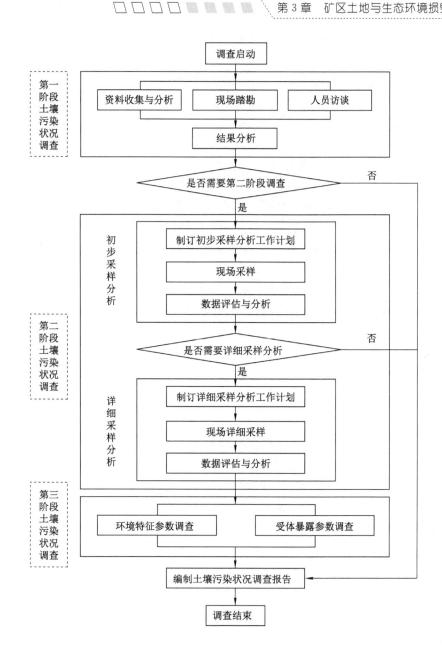

图 3-4　建设用地土壤污染状况调查的工作内容与程序

分析,确定土壤污染程度和范围。

③ 第三阶段土壤污染状况调查

第三阶段土壤污染状况调查以补充采样和测试为主,获得满足风险评估及土壤和地下水修复所需的参数。本阶段的调查工作可单独进行,也可在第二阶段调查过程中同时开展。

(3) 报告编制

① 第一阶段土壤污染状况调查报告编制要求

对第一阶段调查过程和结果进行分析、总结和评价。内容主要包括土壤污染状况调查的概述、地块的描述、资料分析、现场踏勘、人员访谈、结果和分析、调查结论与建议、附件等。

调查结论应尽量明确地块内及周围区域有无可能的污染源,若有可能的污染源,应说明可能的污染类型、污染状况和来源。应提出是否需要第二阶段土壤污染状况调查的建议。

报告应列出调查过程中遇到的限制条件和欠缺的信息,及对调查工作和结果的影响。

② 第二阶段土壤污染状况调查报告编制要求

对第二阶段调查过程和结果进行分析、总结和评价。内容主要包括工作计划、现场采样和实验室分析、数据评估和结果分析、结论和建议、附件。

结论和建议中应提出地块关注污染物清单和污染物分布特征等内容。

报告应说明第二阶段土壤污染状况调查与计划的工作内容的偏差以及限制条件对结论的影响。

③ 第三阶段土壤污染状况调查报告编制要求

按照《建设用地土壤污染风险评估技术导则》和《建设用地土壤修复技术导则》的要求,提供相关内容和测试数据。

3.4 矿区植被调查

3.4.1 概述

植被调查的目的是通过调查了解矿区的植被群落状况,为土地复垦方案中生物复垦措施的制定、植物品种的筛选与配置等提供科学的理论依据。主要任务有通过植被调查了解矿区天然植被的植物群落类型、组成、结构、分布、覆盖度(郁闭度)和高度等,通过植被调查了解矿区当地人工栽植的乔木林、灌木林、人工草地及农作物类型等,从而为复垦利用方向、生物复垦措施提供依据和参考。

3.4.2 植被调查的主要内容

《土地复垦方案编制规程 第1部分:通则》(TD/T 1031.1—2011)中关于植被调查的主要内容有:

调查矿山所在地的天然植被和人工植被。天然植被包括地带性植物群落类型、组成、结构、分布、覆盖度(郁闭度)和高度等。人工植被包括当地栽植的乔木林、灌木林、人工草地及农作物类型等。

3.4.3 植被调查的主要特征指标

(1)植被盖度

植被盖度指植物群落总体或各个体的地上部分的垂直投影面积与样方面积之比的百分数,又称为投影盖度。它反映植被的茂密程度和植物进行光合作用面积的大小。地表实测方法有目估法、采样法、仪器法、模型法。

(2)郁闭度

郁闭度指单位面积上林冠覆盖林地面积与林地总面积之比,指森林中乔木树冠遮蔽地面的程度。它是反映林分密度的指标,以十分数表示,其值范围从0.1~1.0。

（3）胸径与基径的测量

胸径指树木的胸高直径,大约为距地面 1.3 m 处的树干直径。基径是指树干基部的直径,一般树干基径的测定位置是距地面 30 cm 处。测量时,用轮尺或钢尺测两个数值后取其平均值。

（4）冠幅、冠径和丛径的测定

冠幅指树冠的幅度,专用于乔木调查时树木的测量。用皮尺通过树干在树下量树冠投影的长度,然后再量树下与长度垂直投影的宽度。冠径和丛径均用于灌木层和草本层的调查。冠径指植冠的直径,用于不成丛单株散生的植物种类,测量时以植物种为单位,测量一般植冠和最大植冠的直径。丛径指植物成丛生长的植冠直径,在矮小灌木和草本植物中各种丛生的情况较常见,故可以丛为单位,测量共同种各丛的一般丛径和最大丛径。

3.4.4　典型植被群落调查方法

3.4.4.1　森林植物群落

（1）样方地点选择

选择样方时应注意:① 群落内部的物种组成、群落结构和生境相对均匀;② 群落面积足够大,使样方四周能够有 10～20 m 以上的缓冲区;③ 除依赖于特定生境的群落外,一般选择平(台)地或缓坡上相对均一的坡面,避免坡顶、沟谷或复杂地形。

（2）样方设置

样方面积一般 600 m²,可根据实际情况设置大小。样方形状为 20 m×30 m 的长方形,如实际情况不允许,也可设置为其他形状,但必须由 6 个 10 m×10 m 的小样方组成。

（3）环境因子调查

除调查表外,还应拍摄群落照片,包括群落外貌、群落垂直结构、乔木层、灌木层、草本层和土壤剖面等。并测量空气(1～2 m)和土壤表层(10 cm)温湿度。

（4）调查层次

调查层次包括乔木层、灌木层、草本层、土壤层。

① 乔木层调查

包括林分状况、物种记录、胸径测定、树高测定等。

② 灌木层调查

选取样方对角的两个 10 m×10 m 小样方,对灌木层进行详细调查。逐株(丛)记录种名、高度、株数、基径等。在其中一个小样方内收获灌木层地上生物量、称取鲜重,并取样带回实验室烘干称重。在剩余的小样方中搜寻在两个灌木小样方中未出现的灌木种,记录种名。

③ 草本层调查

在样方四角和中心设置 5 个 1 m×1 m 的小样方,记录所有草本维管植物的种名、平均高度、盖度和多度等级。在其中 2 个小样方内收获草本层地上生物量和地表枯落物、称取鲜重,并取样带回实验室烘干称重。在其他区域仔细搜寻草本小样方中未出现的草本物种,记录种名。

④ 土壤层调查

在样地附近挖土壤剖面 1 个,记录土壤剖面特征,并以 100 cm³ 的土壤环刀,按 0～10 cm、

$10\sim20$ cm、$20\sim30$ cm、$30\sim50$ cm、$50\sim70$ cm、$70\sim100$ cm 的土壤深度分层取样,称取鲜重并编号,用于实验室理化性质分析,包括粒径、有机质、pH 值、全氮、全磷、全钾等。

3.4.4.2 灌丛和草地群落

（1）样方地点选择

样方地点的选择原则参考森林群落调查。

（2）样方设置

样方面积 100 m²,周围应留有 10 m 缓冲区,在样方四角和中心各设置 1 m×1 m 的小样方 1 个。

（3）环境因子调查

调查包括经纬度、海拔、坡度、坡向等。群落概况记录包括群落类型、群落垂直结构、各层次高度、盖度和优势种以及干扰等。

拍摄群落照片,包括群落外貌、群落垂直结构等。并测量空气（$1\sim2$ m）和土壤表层（10 cm）温湿度。

（4）样方调查

参考森林群落调查,记录所有维管植物的种名、平均高度和盖度等指标。对灌丛,调查范围为整个 10 m×10 m 样方。对草地,调查每个 1 m×1 m 的小样方。选择其中 3 个 1 m×1 m 小样方收获地上生物量,称取鲜重,并取样带回实验室烘干称重。在整个 10 m×10 m 样方内,仔细搜寻在 5 个 1 m×1 m 小样方中未出现的物种,记录种名。

3.4.4.3 荒漠群落调查

参照灌丛和草地群落调查。由于荒漠植被稀疏且异质性大,调查面积应大于灌丛和草地。

3.5 矿区水土保持监测

3.5.1 概述

矿产类开发建设项目,为我国经济发展注入了活力,但矿产资源的开发建设及生产,破坏了原地貌,大量的弃土弃渣堆积形成的矿渣堆积场和裸露、松散的废弃尾矿堆积体,极易被雨水冲刷,这就加剧了地面的水土流失。因此,为切实遏制人为造成新的水土流失,保护水土资源,加强矿产资源开发生产过程中的水土保持动态监测与管理至关重要。

水土保持监测是运用多种手段和方法,对水土流失的成因、数量、强度、影响范围、危害及其防治成效进行动态监测和评估,是水土保持预防监督、综合治理、生态修复和科学研究的基础,为国家生态建设决策提供科学依据。

3.5.2 水土保持监测内容

水土保持监测内容应包括水土流失影响因素、水土流失状况、水土流失危害和水土保持措施等,突出强调了项目建设的各种情形（如扰动、占压、损毁）对水土流失的影响及其造成的危害,水土保持工程措施、植物措施和临时措施对主体工程安全建设与运行,以及对周边生态环境所发挥的作用。

（1）水土流失影响因素监测

影响水土流失的因素分为自然因素和人为因素。自然因素（主要有气候、地形、土壤、植被)是水土流失发生、发展的潜在条件。人类不合理的活动是加剧水土流失的主要原因。因此,生产建设项目水土流失影响因素监测应包括下列项目:

① 气象水文、地形地貌、地表组成物质、植被等自然影响因素。

② 项目建设对原地表、水土保持设施、植被的占压和损毁情况。

③ 项目征占地和水土流失防治责任范围变化情况。

④ 项目弃土(石、渣)场的占地面积、弃土(石、渣)量及堆放方式。

(2)水土流失状况监测

水土流失状况监测主要包括土壤流失面积、土壤流失量、取土(石、料)弃土(石、渣)潜在土壤流失量等内容。

土壤流失量是指输出项目建设区的土、石、沙数量。

取土(石、料)弃土(石、渣)潜在土壤流失量是指项目建设区内未实施防护措施,或者未按水土保持方案实施且未履行变更手续的取土(石、料)弃土(石、渣)数量。

(3)水土流失危害监测

水土流失危害是指项目建设引起的基础设施和民用设施的损毁,水库淤积、河道阻塞、滑坡、泥石流等危害。水土流失危害监测应包括下列内容:

① 水土流失对主体工程造成危害的方式、数量和程度。

② 水土流失掩埋冲毁农田、道路、居民点等的数量和程度。

③ 对高等级公路、铁路、输变电、输油(气)管线等重大工程造成的危害。

④ 生产建设项目造成的沙化、崩塌、滑坡、泥石流等灾害。

⑤ 对水源地、生态保护区、江河湖泊、水库、塘坝、航道的危害,有可能直接进入江河湖泊或产生泄洪安全影响的弃土(石、渣)情况。

(4)水土保持措施监测

水土保持措施为防治水土流失,保护、改良与合理利用水土资源,改善生态环境所采取的工程、植物和耕作等技术措施与管理措施的总称。水土保持措施监测应包括下列内容:

① 植物措施的种类、面积、分布、生长状况、成活率、保存率和林草覆盖率。

② 工程措施的类型、数量、分布和完好程度。

③ 临时措施的类型、数量和分布。

④ 主体工程和各项水土保持措施的实施进展情况。

⑤ 水土保持措施对主体工程安全建设和运行发挥的作用。

⑥ 水土保持措施对周边生态环境发挥的作用。

3.5.3　监测方法

水土保持监测的方法主要有地面观测、遥感监测和调查监测等。其中地面观测为主要监测方式;遥感监测用于整体土地覆盖、土壤侵蚀状况与分布分析;调查监测主要用于突发侵蚀事件和水土保持措施的监测。

(1)地面观测

根据项目水土流失特点,对于矿区内分散的临时土料堆积物等的地面观测采用简易的水土流失观测场进行观测。根据不同类型土状堆积物,设置简单的水土流失观测场,并与坡度相同的原地貌进行对照。经实地调查,选择在坡度较大的堆土边坡等采用地面观测。

观测场要布置典型观测断面、观测点和观测基准。同时对堆土场的坡度、堆高、体积进行监测,利用地形测量法。借用沉沙池等设施采用沉降法测量泥砂堆积量,推算水土流失量。主要地面观测方法如下。

雨量监测:直接收集工程区内或临近区域气象站的气象观测资料数据。

沉沙池法:借用排水系统的沉沙池,测量泥砂堆积量,推算出水土流失量。

桩钉法:主要适用于项目区内分散的土状堆积物边坡。于汛期前将钢钎,按一定的间距分上中下、左中右纵横各三排垂直打入地下,使钢钎钉帽与坡面齐平,并在钉帽上涂上油漆,编号登记入册。以后,在每次暴雨后和汛期结束,观测钉帽距地面的高度,以此计算土壤侵蚀厚度和总的水土流失数量。

(2)遥感监测

水土流失遥感监测是指借用现代航天、航空遥感技术,按照统一的方法和规范,在国家或区域水平上对影响水土流失的主要因子、水土流失状况和水土流失防治情况及效益进行的连续或定期监测。

(3)调查监测

调查监测的方法主要有普查、典型调查和抽样调查等。

对项目区的降雨情况、土地利用变化、扰动土地面积、地表植被及水土保持设施损坏情况等一般采用普查法。

对植物措施、工程措施防治情况及工程质量、河道淤积、水土流失危害及生态环境变化等,一般采用抽样调查法,抽样调查时应注意选点要有足够的数量和代表性。

对水土流失典型事例及灾害性事故、小流域水土流失综合治理、重点水土保持工程等采用典型调查法。

3.5.4 监测点布设

3.5.4.1 监测点布局

(1)监测点布局

监测点的分布应反映项目所在区域的水土流失特征,与项目构成和工程施工特性相适应。应统筹考虑监测内容,按监测分区,根据监测重点进行布设,同时兼顾项目所涉及的行政区。监测点应相对稳定,满足持续监测要求。

(2)监测点数量

监测点数量应满足水土流失及其防治效果监测与评价的要求,并应符合下列规定:

① 植物措施监测点数量可根据抽样设计确定,每个有植物措施的监测分区和县级行政区应至少布设1个监测点。

② 工程措施监测点数量应综合分析工程特点合理确定,对点型项目,弃土(石、渣)场、取土(石、料)场、大型开挖(填筑)区、贮灰场等重点对象应至少各布设1个工程措施监测点;对线型项目,应选取不低于30%的弃土(石、渣)场、取土(石、料)场、穿(跨)越大中河流两岸、隧道进出口布设工程措施监测点,施工道路应选取不低于30%的工程措施布设监测点。

③ 土壤流失量监测点数量应按项目类型确定,对点型项目,每个监测分区应至少布设1个监测点;对线型项目,每个监测分区应至少布设1个监测点。

3.5.4.2 植物措施监测点布设

综合分析植物措施的立地条件、分布与特点,选择有代表性的地块作为监测点,在每个监测点内选择 3 个不同生长状况的样地进行监测。植物措施监测样地的规格应根据植被类型按照下列规定确定：

乔木林应为 10 m×10 m～30 m×30 m，依据乔木规格选择合适的样方大小；灌木林应为 2 m×2 m～5 m×5 m；草地应为 1 m×1 m～2 m×2 m；绿篱、行道树防护林带等植物措施样地长度不应小于 20 m。

3.5.4.3　工程措施监测点布设

工程措施监测点应根据工程措施设计的数量、类型和分布情况，结合现场调查进行布设。应以单位工程或分部工程作为工程措施监测点。每个重要单位工程都应布设监测点。当某种类型的工程措施在多处分布时，应选择 2 处以上作为监测点。

3.5.4.4　土壤流失量监测点布设

（1）径流小区

径流小区是与周围土体无水量交换的，用于观测土壤侵蚀及其影响因素对产水、产沙过程的闭合场地。

布设径流小区的坡面应具有代表性，且交通方便、观测便利。径流小区的规格可根据具体情况确定。全坡面径流小区长度应为整个坡面长度，宽度不应小于 5 m。简易小区面积不应小于 10 m²，形状宜采用矩形。

（2）控制站

控制站是用于观测流域产生的径流量、泥沙量以及产水、产沙过程的，布设在河道（沟道）上的观测设施。一般分为小流域控制站和河流控制站。

控制站的选址与布设应按现行行业标准规定执行。与未扰动原地貌的流失状况对比时，可选择全国水土保持监测网络中邻近的小流域控制站作参照。建设时，应根据沟道基流情况确定监测基准面。

（3）测钎法监测点

选择有代表性的坡面布设测钎，选址应避免周边来水的影响。应将直径小于 0.5 cm、长 50～100 cm 类似钉子形状的测钎，根据坡面面积，按网格状等间距设置。测钎间距宜为 1～3 m，数量不应少于 9 根。测钎应铅垂方向打入坡面，编号登记入册。

（4）侵蚀沟监测点

侵蚀沟监测点布设在具有代表性、能够保存一定时间的开挖面或填筑面。侵蚀沟监测点长度应为整个坡面长度，宽度不应小于 5 m。监测断面宜均匀布设在侵蚀沟的上、中、下部。当侵蚀沟变化较大时，应加密监测断面。

（5）集沙池

集沙池宜修建在坡面下方、堆渣体坡脚的周边、排水沟出口等部位。集沙池规格应根据控制的集水面积、降水强度、泥沙颗粒和集沙时间确定。

（6）风力侵蚀监测点

应选择具有代表性、无较大干扰的地面作为监测点，一般为长方形或正方形，面积不应小于 10 m×10 m，短边与主风向垂直。与未扰动原地貌的风力侵蚀状况对比时，可选择全国水土保持监测网络中邻近的风力侵蚀观测场作参照。风力侵蚀观测场内可布设测钎集沙仪、风蚀桥等设备中的一种或几种设备。也可采用标桩代替测钎。标桩不应少于 9 根，间距不宜小于 2 m，标桩长度宜为 1.0～1.5 m，宜埋入地面下 0.6～0.8 m，宜出露地面 0.4～

0.9 m。集沙仪不宜少于 3 组,进沙口应正对主风向。根据监测区风向特征,可选择单路集沙仪或多路集沙仪。风蚀桥宜多排布设,桥身应与主风向垂直,排距宜为 10～50 m。

3.5.5 重点对象监测

(1) 弃土(石、渣)场

弃渣期间,应重点监测扰动面积、弃渣量、土壤流失量以及拦挡、排水和边坡防护措施等情况。弃渣结束后,应重点监测土地整治、植被恢复或复耕等水土保持措施情况。

大型弃土(石、渣)场弃渣量监测可通过实测或调查获得。实测时,应在弃渣前后进行大比例尺地形图测绘,并应进行比较计算弃渣量。

弃土(石、渣)场水土保持措施监测应以调查为主,掌握措施实施以及弃渣先拦后弃、堆放工艺等情况。

土壤流失量监测可采用全坡面径流小区、集沙池、控制站等方法,或利用工程建设的沉沙池、排水沟等设施进行监测。对位于风力侵蚀区的弃渣场,应进行风力侵蚀量监测。土壤流失量监测应按下列规定执行:

对未设置拦挡措施的弃渣堆积体,宜布设全坡面径流小区监测泥沙。

对已设置拦挡措施的弃渣堆积体,应监测流出拦渣墙(或拦渣坝)的渣量。

对设置在沟道的弃土(石、渣)场,可在下游设置控制站或集沙池监测径流泥沙。

(2) 取土(石、料)场

取料期间,应重点监测扰动面积、废弃料处置和土壤流失量。取料结束后,应重点监测边坡防护、土地整治、植被恢复或复耕等水土保持措施实施情况。废弃料处置应定期进行现场调查,掌握废弃料的数量、堆放位置和防护措施。土壤流失量监测可采用下列方法:

对开挖后形成的边坡,可采用全坡面径流小区和集沙池等方法,或利用工程建设的沉沙池、排水沟等设施进行监测或量测坡脚的堆积物体积;

对取土(石、料)场,可采用集沙池、控制站等方法,或利用工程建设的沉沙池、排水沟等设施进行监测;

对位于风力侵蚀区的取土(石、料)场,应进行风力侵蚀量监测。

(3) 大型开挖(填筑)区

施工过程中,应通过定期现场调查,记录开挖(填筑)面的面积、坡度,并应监测土壤流失量和水土保持措施实施情况。土壤流失量监测可采用全坡面径流小区、集沙池、测钎、侵蚀沟等方法,或利用工程建设的排水沟、沉沙池进行监测。施工结束后,应重点监测水土保持措施情况。

(4) 施工道路

施工期间,应通过定期现场调查,掌握扰动地表面积、弃土(石、渣)量、水土流失及其危害、拦挡和排水等水土保持措施的情况。土壤流失量监测可采用侵蚀沟、集沙池、测钎等方法,或利用工程建设的排水沟、沉沙池进行监测。施工结束后,应重点监测扰动区域恢复情况及水土保持措施情况。

(5) 临时堆土(石、渣)场

临时堆土(石、渣)场应重点监测临时堆土(石、渣)场数量、面积及采取的临时防护措施。在堆土过程中,应通过定期调查,结合监理及施工记录,确定堆放位置和面积,并拍摄照片或录像等影像资料,监测水土保持措施的类型、数量及运行情况。堆土使用完毕后,应调查土料去向以及场地恢复情况。

3.6　矿区土地与生态环境遥感监测

3.6.1　矿山环境遥感监测

矿山环境遥感监测是利用一期或多期遥感数据,结合矿产资源规划、采矿权、探矿权数据,针对采矿损毁土地、矿山地质灾害、矿山环境污染以及矿山生态修复(或矿山环境恢复治理)状况等矿山环境开展的遥感调查工作。其主要目的是根据采矿权分布情况,通过对采矿损毁土地和矿山生态修复土地等的遥感监测、实地核查,获取矿山环境现状及变化客观基础数据,为实施国土空间生态保护修复等提供基础信息和技术支撑。

3.6.1.1　工作内容

(1) 采矿损毁土地遥感监测

基本查明采矿损毁土地、工业广场及其他永久建设占用土地的分布情况。利用最新时相的监测底图,查明矿山开采方式(露天、地下、联合)、矿山开采状态(开采、停产、关闭/废弃)和挖损土地、压占土地、塌陷土地、工业广场等的位置、规模等。

基本查明采矿损毁土地、工业广场及其他永久建设占用土地的变化情况。利用两期(最新时相、基准期)监测底图,查清矿山开采方式、矿山开采状态的变化情况和挖损土地、压占土地、塌陷土地、工业广场等的变化情况,结合实地核查,圈定新增采矿损毁土地图斑。

(2) 矿山生态修复遥感监测

基本查明矿山生态修复情况。利用最新时相监测底图,查明已经完成的矿山生态修复土地类型、面积等。

基本查明新增的矿山生态修复土地分布情况。利用两期(最新时相、基准期)监测底图,查明新增矿山生态修复土地类型及面积、修复前的矿山地物类型或土地类型及面积等,圈定新增的矿山生态修复土地图斑。

基本查明矿山生态修复工程/项目进展情况。利用两期(最新时相、基准期)监测底图,查明已经完成/正在开展的矿山生态修复土地类型及面积、修复前的矿山地物类型或土地类型及面积;初步评估矿山生态修复工程的进展情况和治理效果。

3.6.1.2　工作比例尺

(1) 采矿损毁土地遥感监测

露天开采矿区的遥感监测工作宜采用空间分辨率优于 2.5 m 的遥感数据,进行基于原始影像最优分辨率的解译,工作比例尺应优于 1∶25 000。

井工开采矿区的遥感监测工作宜采用空间分辨率优于 1 m 的遥感数据,进行基于原始影像最优分辨率的解译,工作比例尺应优于 1∶10 000。

(2) 矿山生态修复遥感监测

针对矿山生态修复土地的遥感监测工作,宜采用空间分辨率优于 2.5 m 的遥感数据,工作比例尺应优于 1∶25 000。

针对矿山生态修复工程的遥感监测工作,宜采用空间分辨率优于 1 m 的遥感数据,工作比例尺应优于 1∶10 000。

3.6.1.3　工作流程

矿山环境遥感监测的工作流程为：工作准备、信息提取、图斑核查、图件编制、综合研究、成果编制等。

3.6.1.4　工作准备

（1）资料收集、选取与处理

针对不同的工作目的和工作内容，选用时相合适的航天、航空遥感图像、数据。航天、航空遥感图像一般应无云覆盖、无云影，影像清晰、反差适中，像片内部和相邻像片间无明显偏光、偏色现象。1∶50 000 工作区应选择空间分辨率优于 2.5 m 的遥感数据；1∶10 000 工作区应选择空间分辨率优于 1 m 的遥感数据。应使用雷达数据开展井工开采矿区的地面塌陷监测。光学遥感数据难以获取的地区可以采用雷达数据等。

应收集工作区矿产资源开采申请登记表（数据库）、矿产资源勘探申请登记表（数据库）、工作区 1∶50 000 比例尺地形图及 DEM 数据。工作中应尽可能收集工作区自然地理、人文、气候、地质环境、社会经济、交通等资料，1∶10 000 或更大比例尺地形图及 DEM 数据以及与区域矿产资源规划、矿产资源分布、矿山地质环境问题、矿山生态修复等内容有关的研究报告、图件、文字资料、数据表格等。

（2）监测底图生产

监测底图生产工作按照《遥感影像地图制作规范（1∶50 000/1∶250 000）》执行。坐标系统采用 2000 国家大地坐标系，高程基准采用 1985 国家高程基准，监测底图的投影采用高斯－克吕格投影，应保持原始影像数据的最优分辨率。

（3）野外踏勘

根据矿山开采方式，分析工作区不同矿种的踏勘目的、遥感监测方法及需要解决的问题。参考有关资料，初步建立工作区挖损土地、压占土地、塌陷土地、矿山生态修复等的解译标志，拟定野外踏勘路线和踏勘内容，重点选择不同类型矿种分布集中区，以穿越路线进行踏勘，完善工作区遥感图像解译标志。每个区必须有 1～2 条贯穿全区的踏勘路线。

3.6.1.5　信息提取

（1）提取内容

① 采矿损毁土地

以监测期内最新时相的全分辨率监测底图为基础，通过区域地质矿产图及断头路、排土场等采矿形迹的判释，提取挖损土地（露天采场、取土场、井口、硐口等）、压占土地（排土场、废石场、矸石场、表土场等）和相关的工业广场及其他永久建设占用土地（矿山建筑、选矿厂、洗煤场等）等信息，查明矿山开采方式（露天、地下、联合），判断其开采状态（开采、停产、关闭/废弃）、开采矿种、活动采区的范围。

以监测期内 InSAR 监测图为基础，圈定正在沉降的采空塌陷区；套合同期全分辨率监测底图，提取塌陷土地（连续分布的塌陷区、塌陷坑、塌陷槽及伴生地裂缝影响区）信息，结合挖损土地、压占土地、采矿权等信息，判定其归属。

结合采矿权数据和矿山开采状况信息，按生产矿山、采矿权过期未注销矿山、历史遗留矿山、有责任主体的废弃矿山，对挖损土地、压占土地、塌陷土地、工业广场及其他永久建设占用土地等信息进行判释、归类。

利用两期(最新时相、基准期)监测底图、InSAR 监测图,在基准期解译成果基础上,提取挖损土地、压占土地、塌陷土地、工业广场等的变化情况信息,圈定新增的采矿损毁土地图斑。

② 矿山生态修复土地

利用监测期内最新时相的全分辨率监测底图,提取矿山生态修复土地信息,包括已开展或已完成的修复治理区域面积、修复后的土地类型及面积等信息。

通过两期(最新时相、基准期)监测底图的对比,提取矿山生态修复土地的变化信息,包括新增的矿山生态修复土地面积、修复前的矿山地物类型或土地类型及面积、修复后的土地类型及面积和修复治理效果等;圈定新增的矿山生态修复土地图斑。

利用两期(最新时相、基准期)监测底图,提取矿山生态修复工程/项目进展情况信息,包括新增的矿山生态修复土地面积、修复前的矿山地物类型或土地类型及面积、修复后的土地类型及面积。

(2) 提取方法和要求

采用计算机自动提取和人机交互解译相结合的方式,在原始分辨率监测底图上进行解译。在 InSAR 监测成果基础上,提取地表形变区分布信息;叠合同期监测底图,提取以塌陷坑、地裂缝集中区为主的塌陷土地信息。

李思发等基于 GF2 高分辨率遥感影像的数据特征和固体废弃物、矿山建筑、中转场、地下开采硐口、塌陷坑、矿山环境恢复治理等矿山遥感监测的主要地物目标特征,系统地建立了研究区主要矿山地物的遥感解译标志。解译标志有直接解译标志和间接解译标志两类。直接解译标志主要包含中转场、固体废弃物、矿山建筑、塌陷坑和工程恢复治理,在影像上能直接区分;而间接解译标志,如开采硐口位置一般很难直接利用地表色调、形态特征进行直接识别,在遥感影像上主要根据硐口周边的矿石堆、废石堆及运输轨道进行判定。下面以尾矿库和塌陷坑为例,说明解释标志的建立方法。

① 尾矿库。尾矿库通常由筑坝拦截谷口或围地构成,在影像上可见多呈阶梯逐级排列的尾矿坝,纹理光滑,呈镜面反射效果,颜色鲜亮有过渡色,多位于选矿场附近或通过管道(道路)与选矿场连接,一般只有大规模开采的金属类矿山有尾矿库。在遥感影像上尾矿坝呈阶梯状,颜色多为白色,库内无植被或植被稀少。

② 塌陷坑。塌陷坑通常由矿层采空后顶部覆盖岩体塌陷坠落而形成。在遥感影像上,塌陷坑一般呈深色或者深色间夹浅色的色调,较大的塌陷坑在影像上多呈负地形,外形类似圆形或者椭圆形,与周边的植被存在明显差异,出现位置可在山顶、山坡和山脚,在塌陷集中分布区,受地下采空巷道的控制表现为串珠状。

杨显华等分别利用 Stacking InSAR 雷达影像和高分辨率光学影像开展了煤矿区采空塌陷遥感识别,获取了采空形变区和损毁土地集中区信息。研究表明:Stacking InSAR 技术对于浅部、中部、深部采煤引发的采空塌陷均能有效识别,特别适用于深部煤层开采引发的地表微变化形变信息识别和采空塌陷区形变趋势监测分析研究。基于高分辨率的光学影像遥感人机交互解译识别方法,对于浅部、中部煤层的采空塌陷区能较好识别,能更为精准识别出塌陷损毁土地情况,对于采空塌陷形变已停止或历史上形成的采空塌陷区及损毁土地情况有很好的识别能力。

3.6.1.6 图斑核查

以提取的新增图斑(包括新增采矿损毁土地图斑、新增矿山生态修复图斑)为基础,开展核查工作。图斑核查可通过室内核查、实地核查等方式完成。

(1)室内核查

利用已有的高分辨率遥感调查成果、国土调查成果及已开展矿山生态修复工程的设计、施工、监理、验收等资料,逐个核查新增图斑的准确性。核查内容包括:确定新增图斑是否由采矿造成,是否采矿损毁土地图斑或矿山生态修复土地图斑;确定采矿损毁土地图斑的开发利用现状,是生产矿山还是废弃矿山;核实采矿损毁土地图斑和矿山生态修复土地图斑的空间位置和面积、涉及的矿种类型、土地利用状况和权属等信息;确定废弃矿山内存在的主要生态环境问题,初步拟定图斑的修复方式(如自然恢复、辅助再生、生态重建等)。发现新增图斑信息与已有的最新信息不符的,应利用最新信息(含矢量及相关的影像数据、废弃矿山遥感监测图等),替换新增图斑信息;发现遗漏的,应补充新增图斑之外的采矿损毁土地图斑和矿山生态修复土地图斑。

(2)实地核查

对室内核查时确定的不认可的图斑和补充的遗漏图斑,应开展实地核查工作。室内核查对图斑无异议,能够完整准确获取图斑中心点及拐点坐标、面积、损毁地类、权属、主要生态问题等核查信息的,可不开展实地核查。

编制实地核查工作部署图。内容包括实地核查路线、不同类型实地核查点分布等。采取点、线、面相结合的方法进行实地核查。对于遥感解译效果较好的地段以点验证为主;对于解译效果中等的地段应布置一定代表性路线追踪验证;对于遥感解译效果较差的地段,则布置一定代表性路线形成网格进行验证。

实地核查应对照室内解译信息,验证信息提取的可靠性,完善解译标志,补充遗漏的信息,修改错提信息,完善室内解译信息。重点核实图斑是否由采矿造成。对采矿损毁土地图斑或矿山生态修复土地图斑的范围进行核实,对需增加的范围进行现场调绘后增补,对不属于采矿损毁土地图斑或矿山生态修复土地图斑的范围合理扣除。核查图斑的地类、权属、主要生态问题等信息。

实地核查图斑量不小于解译图斑总量的10%。除监测底图上矿山开采或修复治理形迹清楚的图斑外,新增的采矿损毁土地图斑、矿山生态修复图斑100%进行实地核查。有疑问的图斑应100%进行实地核查。实地核查图斑必须涵盖所有地物类型。拍摄反映实地核查图斑全景、特征位置的照片4~6张,须详细记录拍摄位置、镜头指向、地物类型等信息。照片分辨率不低于300 dpi,可采集现场短视频。

3.6.1.7 图件编制

以矿山环境遥感监测图(1∶10 000)为例进行说明。

(1)空间基准

坐标系统采用2000国家大地坐标系,高程基准采用1985国家高程基准,3度分带,高斯-克吕格投影,自由分幅。

(2)编制方法和要求

以编制好的、最新的1∶10 000影像图为底图,依次叠覆基准期的采矿损毁土地信息和矿山生态修复土地信息、最新时相与基准期之间采矿损毁土地变化信息和矿山生态修复土地变化信息,形成 1∶10 000 矿山环境遥感监测图。

(3) 图件内容及表现方式

底图:用最新的、通过色彩淡化处理的 1∶10 000 高分辨率融合图像做底图。

采矿损毁土地变化信息内容:包括基准期的采矿损毁土地信息、最新时相与基准期之间采矿损毁土地变化信息。

矿山生态修复变化信息内容:包括基准期的矿山生态修复治理信息,最新时相与基准期之间矿山生态修复治理变化信息。

采矿权(矢量)信息:标明区域范围内的采矿权界线。

数据统计表:图廓外可放置"新增采矿损毁土地、新增矿山生态修复土地统计表"。

其他内容参考相关规范。

3.6.1.8　综合分析

(1) 采矿损毁土地

以行政区域为单位,分别统计能源矿产、金属矿产、非金属矿产的占地情况及历年变化情况,指出开采占地比例较多的矿种及其开采方式改变的可能性;根据地表景观保护工作的需要,提出区域生态保护修复建议。

针对不同矿种,分别统计生产矿山、采矿权过期未注销矿山、历史遗留矿山、有责任主体的废弃矿山的矿山地物占地比例与变化情况,提出节约集约用地和盘活利用废弃土地的建议。

分析违规开采可能出现的区域。涉嫌违规开采造成的新增采矿损毁可以参照《矿产卫片执法图斑填报指南(试行)》进行认定。

结合区域矿产赋存规律研究和区域矿产资源开发现状,进行矿山开发强度研究,为矿山生态修复监督管理和规划的制定提供建议。

(2) 矿山生态修复土地

针对不同矿种,分别统计生产矿山、采矿权过期未注销矿山、历史遗留矿山、有责任主体的废弃矿山的矿山生态修复情况,对矿山生态修复的典型区域进行研究,推荐进行区域矿山生态修复的合理方式。

以行政区域为单位,分别统计能源矿产、金属矿产、非金属矿产的矿山生态修复情况,分析不同矿种矿山生态修复效果差异的原因,提出区域矿山生态修复建议。

3.6.1.9　成果编制

(1) 成果报告编写

矿山环境遥感监测成果报告的编写,应以工作区的具体任务要求和内容丰富翔实的实际材料为基础,实事求是地反映问题,总结规律。

报告编写必须在各种资料高度综合整理的基础上进行,内容要求全面、重点突出,既不繁琐,又要避免简单化;既客观地反映工作区采矿损毁土地、矿山生态修复等方面的成绩和问题,又要研究分析产生问题的主要原因。

报告编写要有综合性、逻辑性。应做到内容真实、文字通顺、主体突出、层次清晰、图文并茂、插图美观、图例齐全、各章节观点统一协调。

(2) 成果验收提交的资料

① 实地核查工作部署图、实际材料图、矿山环境遥感解译记录表、实地核查记录表等相

关数据。

② 成果图及相关成果数据。

③ 调查成果统计表。

④ 成果报告。

3.6.2 水土保持遥感监测

3.6.2.1 工作程序

区域水土流失动态监测应主要采用遥感技术开展不同土壤侵蚀类型的面积、强度和分布的监测,并根据需要进行不同阶段的动态监测成果对比分析,评价水土流失变化情况。

水土保持遥感监测工作应按照资料准备、遥感影像选择与预处理、解译标志建立、信息提取、野外验证、分析评价和成果管理等程序进行。

3.6.2.2 资料准备

资料准备时,应搜集已有成果资料,至少包括监测区域的地形图、土地利用、地貌、土壤、植被、水文、气象、水土流失防治等资料。

基础地理信息数据应根据监测成果精度要求,选择对应的比例尺进行收集。

3.6.2.3 遥感影像选择与预处理

(1)遥感影像选择

① 应根据调查成果精度的要求,选择适宜的遥感影像空间分辨率。开展 1∶250 000、1∶100 000、1∶50 000、1∶10 000 比例尺精度的水土保持遥感监测,宜选择空间分辨率不低于 30 m、10 m、5 m、2.5 m 的遥感影像。

② 应根据任务要求,选择时相满足调查时段,易于区分土地利用、植被覆盖度、水土保持措施、土壤侵蚀等类型、变化特征的遥感影像。

③ 遥感影像采用的谱段范围一般为可见光、近红外、热红外和微波等。其中,可见光遥感影像中绿波段适用于植被类型,红波段适用于城市用地、道路、土壤、地貌与植被的区分;近红外遥感影像适用于植被类型、覆盖度与水体的识别;热红外遥感影像适用于土壤湿度与地表温度信息的提取;微波遥感影像适用于土壤湿度等信息的提取。工作中可根据实际情况选择谱段范围。

④ 卫星影像的选择质量应符合下列要求:

选择倾角较小、覆盖工作区域的全色或多光谱影像,影像时相尽可能一致或接近,要求层次丰富、影像清晰、色调均匀、反差适中,无明显噪声和条带缺失。以景为单位,影像中云雪覆盖量应不超过 5%,且不能覆盖重点调查区域。分散的云雪覆盖量,其面积总和不应超过作业区面积的 10%。

⑤ 航空像片的选择质量应符合下列要求:

影像清晰,对比度适中,覆盖工作区域且区域内云雪覆盖量应不超过 5%,且不能覆盖重点调查区域。分散的云雪覆盖量,其面积总和不应超过作业区面积的 10%。

有立体观测要求时,像片的航向重叠应不少于 60%,旁向重叠应不少于 30%,相邻像片的航高差应小于 30 m,航线的弯曲率应小于 3%。

(2)遥感影像预处理

水土保持遥感监测的影像应经过辐射校正、几何纠正和必要的增强、合成、融合、镶嵌

等预处理。对于地形起伏较大山区,遥感影像还应进行正射纠正。应符合下列要求:

① 根据搜集到的遥感信息,选择最佳波段组合,应利用数字图像处理方法进行信息增强。对特定目标的解译,宜选择与其相适应的信息增强处理方法。

② 利用地形图选取控制点进行几何校正时,校正后图面误差应不大于 0.5 mm,最大应不大于 1 mm。对于丘陵、山区侧视角较大的图像,可利用数字高程模型进行地形位移校正。

③ 采用影像对影像校正时,两者配准后的误差不应大于 0.5 个像元。

④ 涉及多源、多时相或多景遥感影像预处理时,应实现无缝镶嵌。

3.6.2.4 解译标志建立

遥感影像解译前,应根据监测内容、遥感影像分辨率、时相、色调、几何特征、影像处理方法、外业调查等建立遥感解译标志。其内容应包括具有指导意义的土地利用、植被类型及植被覆盖度、土壤侵蚀状况、水土流失防治措施的典型影像特征。建立的解译标志应具有代表性、实用性和稳定性。

解译标志应通过野外验证,并根据实地情况进行修改和补充。对典型的解译标志和重要的要素分类界线、同质要素由于空间变异间接引起的解译标志差异等,应实地拍摄照片、绘制野外素描图,并做好野外记录。

对各种解译标志应有详细的文字描述,并整理成册。

3.6.2.5 信息提取

(1) 主要内容

水土保持遥感监测信息提取应包括土壤侵蚀因子、土壤侵蚀类型和水土保持措施等。采用遥感手段不能或不易获取的部分土壤侵蚀或水土保持措施信息,可结合地面调查、野外解译标志开展。

土壤侵蚀因子应反映土地利用、植被覆盖度、坡度坡长、降雨侵蚀力、地表组成物质、水土保持措施等土壤侵蚀因素。

(2) 土地利用

土地利用获取应以目视解译方法为主,计算机自动识别解译方法为辅。目视解译方法可根据实际情况采用直接判读、逻辑推理或综合景观分析等多种方法,相互配合使用。计算机自动识别解译方法可根据实际情况采用基于地物光谱分析自动识别、模型自动识别和专家系统自动识别等解译方法。

(3) 植被覆盖度

遥感影像提取植被覆盖度分为单时相植被覆盖度和多时相植被覆盖度。

单时相植被覆盖度是采用单次遥感影像所对应的植被覆盖度值,因子的提取可采用目视解译、归一化植被指数等方法。目视解译方法应根据影像辐射定标情况,可采用直接判读法、对比法、邻比延伸法、证据汇聚法、影纹分类法等多种方法相互配合使用。

归一化植被指数方法应根据影像辐射定标情况,利用近红外波段和可见光红波段计算得到归一化植被指数,通过植被指数计算得到植被覆盖度。

多时相植被覆盖度是采用多期单时相遥感影像获取的植被覆盖度值,分为半月、月和年植被覆盖度。多时相植被覆盖度可采用下列方法获取:

① 半月植被覆盖度由半月内多期单时相植被覆盖度最大值合成获取,月平均植被覆盖度由本月 2 个半月植被覆盖度计算获取,年平均植被覆盖度由本年 12 个月平均植被覆盖度

计算获取。

② 根据实测数据获取的植被覆盖度季节变化曲线,计算半月、月、年植被覆盖度。

(4) 坡度坡长

坡度和坡长可通过适宜比例尺遥感立体像对,利用数字摄影测量等技术获取 DEM,或直接选取适宜比例尺 DEM 计算坡度坡长因子。

各项土壤侵蚀因子的栅格数据经重采样后的栅格大小,应与坡度坡长栅格数据的栅格大小保持一致。

(5) 降雨侵蚀力

可通过遥感影像并结合地面观测,获取降雨强度指标,计算次降雨侵蚀力。可由次降雨侵蚀力分别计算日降雨侵蚀力、月降雨侵蚀力和年降雨侵蚀力。可利用各点的降雨侵蚀力,采用插值法形成降雨侵蚀力分布图。

(6) 其他土壤侵蚀因子

土壤水分、地表温度可通过微波、热红外等遥感影像,结合地面观测数据等资料,获取土壤水分、地表温度等指标。

可通过遥感影像,获取地表组成物质,并结合地面调查和土壤样品化验分析结果等计算土壤可蚀性因子。

(7) 水土保持措施

对于遥感方法不能或不易获取的水土保持措施类型,应结合资料收集、地面调查等方法进行补充。

(8) 质量要求

各类信息提取的最小成图图斑面积应为 4 mm²,条状图斑短边长度应不小于 1 mm。

解译结果应抽取不少于总图斑数的 5% 进行核查,对核查对象不少于 10% 的样本进行实地验证,解译结果判对率应不小于 90%。

3.6.2.6 野外验证

(1) 验证内容与方法

野外验证的主要内容应包括:解译标志检验、信息提取成果验证、解译中的疑难点以及需要补充的解译标志验证、与现有资料对比有较大差异的解译成果验证。

验证可采用抽样调查的方法进行。对不小于解译结果总图斑数 5% 的核查对象,抽取 10% 作为验证样本进行实地验证;解译中疑难点,应补充解译标志,并抽取不小于 20% 的样本进行验证;对解译结果与现有资料对比有较大差异的,应进行 100% 验证。

(2) 验证成果要求

野外验证应根据实际情况,修改补充解译标志,并根据新建立的解译标志进行校核,修改解译结果。对野外验证结果应及时补充、填写验证记录表。

验证点的实地平面位置误差应小于所使用的遥感影像 1 个像元大小,图斑属性判对率应大于 90%。经野外验证不能达到质量控制要求的,应重新解译。

3.6.2.7 分析评价与成果管理

(1) 分析评价

水力侵蚀、风力侵蚀和冻融侵蚀的分析方法主要包括综合评判法和模型法。应结合水文泥沙观测、坡面径流小区观测、土壤侵蚀调查、水土流失防治等资料,对水土保持遥感监测结果进行合理性分析。

（2）面积汇总

监测成果面积量算与汇总应以图幅理论面积作为控制面积，并进行面积量算。

理论面积与实际面积误差范围不得大于理论面积的 1/400。面积差应平差到每个图斑，平差后的残差值应赋予图中面积最大的图斑。

（3）成果管理

在遥感解译、野外验证工作完成后，应进行资料的整理和综合分析，并按对应的工作阶段形成文字报告。中间资料和成果资料应分类整理，并及时归档。原始数据、中间成果和最终成果均应有元数据。最终成果应为数字化产品，并按有关规定进行编码。遥感影像与解译的成果或专题图宜采用地理信息系统技术进行分层管理，满足水土保持信息化管理的需要。

3.6.3　无人机遥感调查监测

3.6.3.1　无人机概述

卫星遥感技术在大尺度生态环境调查中展现出显著的优势，特别是近些年来越来越高的时空分辨率影像数据的涌现，在很大程度上满足了科学研究与实践，但对于矿区这样的特定对象，其范围相对较小且具有更高时间分辨率需求，监测仍难以满足。随着微小型飞行器平台与轻便型传感器的发展与进步，无人机遥感（unmanned aerial vehicle remote sensing，UAVRS）得到快速发展，UAVRS 集成了无人驾驶飞行器技术、遥感传感器技术、遥测遥控技术、通信传输技术、GPS 定位技术和遥感应用技术，为遥感技术提供了全新的观测平台。随着无人机遥感技术的成熟化、成本低廉化，其在矿区监测与土地复垦方面体现了巨大的应用前景。但是总体而言，无人机遥感技术在矿区的应用处于起步阶段，还有大量实践检验和拓展应用有待进一步研究。

3.6.3.2　矿山生态环境无人机倾斜摄影测量

无人机倾斜摄影测量技术作为国际测绘行业近年来一项新兴的测绘技术，打破了正射影像只能从垂直角度拍摄而导致测量精度不高的局限性。无人机飞行平台搭载 5 个相机镜头的数码相机，其中 1 个垂直镜头，获取底部区域的正射影像，其余 4 个镜头分别获取前、后、左、右方向的倾斜影像，可以快速高效获取多角度影像，获取更丰富的地物纹理影像信息，真实地反映地物的实际情况，克服了垂直摄影测量的局限性，弥补了正射影像的不足，如图 3-5 所示。通过 POS（Positon，POS）定位定向技术和 GNSS（global navigation satellite system，GNSS）差分技术，获取空间信息，采用数据快速处理系统生成实景三维模型及 DEM、DOM、DSM 等多种成果，以达到更高精度的测绘成果及更准确的矿山土地复垦与生态修复调查效果。

图 3-5　无人机倾斜摄影

（1）无人机倾斜摄影测量关键技术

无人机倾斜摄影测量技术通常包括像控

点布设和测量、多视影像联合平差、多视影像密集匹配、三维建模、信息采集等。

① 像控点布设和测量

像控点布设和测量对成果的精度影响很大。像控点选择应满足以下要求：

a. 像控点的目标影像应清晰，易于判读刺点和立体量测，同时应是高程起伏较小、常年相对固定且易于准确定位和量测的地点。弧形地物、阴影、高大建筑物以及高大树木附近，与周边不易区分的地点等不应选作点位目标。

b. 像控点应选在像片旁向重叠中线附近，尽量远离像片边缘。

无人机倾斜摄影测量像控点布设通常采用区域网布网方案，根据不同成图比例尺对平面点和高程点的精度要求，得出像控点航向和旁向的基线数间隔进行布点。传统像控点测量采用分级控制的方式。通过像控点与已有控制点组成控制网，平差解算完成。随着GNSS定位技术的不断发展和成熟，利用 GNSS 定位方法进行像控点测量，完全满足需求。

② 多视影像联合平差

多视影像包括垂直摄影影像和倾斜摄影影像。传统的平差方法主要处理垂直摄影影像，对倾斜摄影影像之间的遮挡和几何变形不能实现较好处理。因此，需要多视影像联合平差处理方法处理。多视影像联合平差中，特征提取是一项基础工作，提取的精度与特征点的分布决定了平差精度。通过特征提取算法进行特征点提取后，结合 POS 初始外方位元素，采用金字塔匹配策略，在每级像片上进行同名点匹配，得到匹配信息。通过联合平差解算由连接点、控制点坐标等数据，与多视影像自检校区域网平差的误差方程，获得每张像片内外方位元素和所有加密点的地面坐标。

③ 多视影像密集匹配。多视影像密集匹配是数字摄影测量的基本问题之一，相对于单一立体影像匹配，多视影像匹配可以充分利用影像中的冗余信息进行匹配纠正，补充盲区的地物特征。同一区域，倾斜摄影获取的影像数量多，会产生大量的多余观测，而且具有重叠度高、覆盖范围大、分辨率高的特点。因此，多视影像密集匹配的关键是如何更好地使用冗余信息，采用多视匹配算法准确获取同名点坐标，从而得到三维空间信息。密集影像匹配后得到密集点云，对密集点云进行物体表面三维网格重建、纹理映射，最终生成倾斜影像模型。

（2）工作流程

具体流程主要包括以下几步：数据获取、数据成果生产、数据成果应用等（图 3-6）。

（3）数据获取

① 航线设计

在倾斜摄影开展前，做好航线设计工作，包括：航摄分区、敷设航线、设计航高、确定航摄重叠度等。

航摄分区宜完整覆盖整个作业区。当作业区内地形高差大于 1/6 相对摄影航高时，应进行航摄分区。航摄分区摄影基准面高度应依据分区内地形起伏与飞行安全条件确定，应以分区内具代表性的高点平均高程与低点平均高程之和的 1/2 作为航摄分区摄影基准面高度。

航线一般依据监测对象的特点采用之字形或井字形布设。

无人机倾斜摄影的航向重叠率应不低于 80%，旁向重叠率应不低于 70%，立面补充影像重叠率应不低于 60%，相对航高可参考下面公式计算：

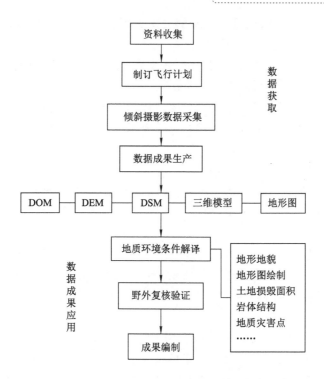

图 3-6   无人机倾斜摄影测量工作流程图

$$H = \frac{f}{a} \times \text{GSD}$$

式中 H——相对航高,m;

   f——摄影镜头的焦距,mm;

   GSD——影像的地面分辨率,cm/pixel;

   a——像元尺寸的大小,μm。

② 像控点布设与测量

采用航摄前的主动布设方式,按照一定的网格间距,选择合适的位置,利用制作好的标志实施布控。利用 GNSS RTK 技术开展像控点测量,观测两个测回,测回间时间间隔超过 60 s,每测回观测值在得到 RTK 固定解且收敛稳定后开始记录。测回间的平面坐标分量较差不大于 2 cm,垂直坐标分量较差不大于 3 cm。两个测回结果取平均值作为像控点测量最终成果。

(4)数据成果生产

外业航空摄影作业完成后,需要及时将数据导出转入内业处理,包括以下内容:

数据检查:主要检查航空摄影的飞行质量以及航拍影像质量,如实际影像重叠度、像片倾角和旋角、航线弯曲度、摄区覆盖范围、影像的清晰度、像点位移等。如果检查内容不满足内业规范和作业任务要求,则应根据实际情况重新拟定飞行计划对局部区域补飞或重飞。

空三加密:目前在无人机倾斜摄影测量内业数据处理过程中,通常采用光束法区域网联合平差的方法,也称联合平差。联合平差的基本原理是对运用两种不同观测手段得到的数据进行平差,将控制点坐标数据和像片的姿态数据作为外方位元素的初始值进行联合平差。

实景三维模型建立:基于原始影像及空三成果,即可使用内业处理软件生成三维模型及派生数据,包括 DOM、DSM、密集点云等数据。

精度检验:实景三维模型生产完成后,应使用像控点和检查点对模型精度进行检查。模型精度符合相关规范要求后,采用相关数据采集平台,进行地形数据采集,作业模式采用先内后外的模式生产。

(5)数据成果应用

① 单期监测。针对正在进行的矿山环境修复,利用无人机数据构建作业区的数字线划图、数字高程模型、数字正射影像图、地形三维模型等,为矿山环境修复在勘查、设计、施工中提供精确的地形数据。

② 多期监测。针对正在进行的矿山环境修复,利用多期无人机数据分别构建作业区的数字线划图、数字高程模型、数字正射影像图、地形三维模型等。按照任务要求的频率、时间、监测次数进行多期数据获取,获得矿山环境修复进展情况,并对矿山环境修复的进度和质量进行评价。

③ 应急监测。利用无人机对突发情况区域进行实时监测,结合历史多期数据与现有环境风险防控措施,对可能持续的突发环境事件进行情景分析,并提出相应的对策建议。

④ 专项信息提取。根据监测的目标任务,提取对应目标环境特征的数字线划图、数字高程模型、数字正射影像图、地形三维模型等数据并进行分析,编制无人机矿山环境修复监测专题图和报告。信息提取的方法主要有人工目视解译、监督与非监督分类等。

3.6.3.3 矿山生态环境无人机激光雷达监测

激光雷达(light detection and ranging,LiDAR)是一种新兴的主动遥感测量技术,可以直接高效地获取高精度的地面高程信息,且不受天气影响,被广泛应用于测绘、林业应用等领域,其对植被具有很强的穿透能力,可以迅速、精准地探测到各类区域的地理数据信息,能够快速、直接、大范围地获取高精度的地表模型,有效识别、提取地质灾害的相关信息,在矿区地质环境监测中具有广阔的应用前景。图 3-7 为无人机激光雷达测量系统。

图 3-7   无人机激光雷达测量系统

(1)数据采集基本要求

无人机飞行平台:一般选择旋翼电动无人机,续航时间大于 30 min,任务载荷 0.5～5 kg,抗风能力 4 级以上。

精度要求:点云密度≥1 点/m²,DEM 制作比例尺不小于 1∶2 000;扫描角度≥30°,探测距离≥100 m。

坐标系统应采用 2000 国家坐标系或依法批准的独立坐标系。

高程系统应采用 1985 国家高程基准。

投影宜采用高斯-克吕格投影。

(2) 工作流程

无人机激光雷达矿山生态环境监测的工作流程如图 3-8 所示,包括资料收集、野外踏勘、选点埋石、航线布设、外业数据获取、数据处理、叠加对比分析、成果编制等工作环节。

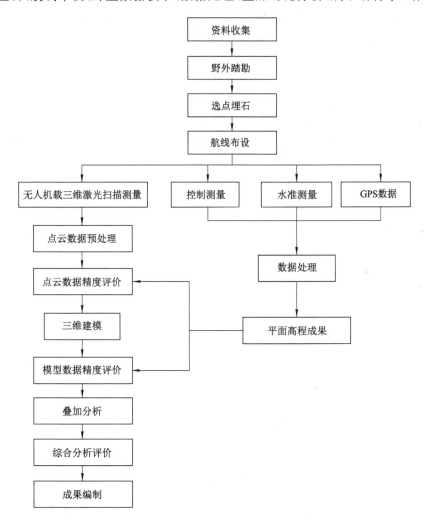

图 3-8　无人机激光雷达矿山生态环境监测工作流程

(3) 监测方法

① 资料收集与分析

作业前应收集监测区域地层、水文地质、环境地质、气象、矿区开发现状、矿山开发利用方案、采掘工程平面图等资料;监测区域及邻近地区内满足要求的已有控制点成果资料;监测区域1∶2 000～1∶5 000比例尺地形图、遥感影像等资料;监测区域基础地理等其他相关资料。

② 现场踏勘

现场调查了解监测区域的地形地貌、气候条件、地面覆盖类型、植被覆盖度以及机场、重要设施等情况;核对控制点的准确性;根据踏勘情况设置控制网、航线的方式及选择无人机起降场地。

③ 场地选择

起降场地应选择地势相对平坦、通视良好,避开军用、民用机场的管制区域;远离人口密集区,半径200 m范围内不能有高压线、高大建筑物、重要设施;附近应无正在使用的雷达站、微波中继、无限通信等干扰源,在不能确定的情况下,应测试信号的频率和强度,如对系统设备有干扰,须改变起降场地。

④ 航线设计

航线应依据监测对象的特点采用"之"字形或"井"字形进行设计,航高一般为50～200 m,具体航高按照监测精度、激光雷达有效距离、点云密度、飞行安全的要求设置。航线旁向重叠度应不小于30%,在丘陵山地地区,航线旁向重叠度为50%～80%。航线布设应超出监测区域范围200～500 m。在一条航线内,旋翼机飞行速率不大于15 m/s;航线俯仰角、侧翻角一般不大于2°,最大不超过4°;飞机转弯时,坡度不大于15°,最大不超过22°。在同一个监测区、多期监测所布设的航线、航高、飞行速率及飞行姿态应保持一致。行高、精度及点云密度设置见表3-1。

表3-1 不同比例尺对应飞行高度及点云密度

飞行高度/m	比例尺	点云密度/(点/m²)
$H \leqslant 75$	1∶500	≥16
$75 < H \leqslant 150$	1∶1 000	≥4
$H > 150$	1∶2 000	≥1

注:H代表无人机飞行高度。

⑤ 空域协调

监测作业前需根据国家及地方政府相关规定申请空域,批复后方可进场作业。

⑥ 飞行实施

到达现场后,测定风速,并观察空气能见度。组装无人机及激光雷达,组装时需检查各部件是否连接紧密,供电接线是否正确连接,电量是否充足。架设电台,用于地面站和无人机之间的通信。启动激光雷达和GPS接收机进行数据采集,并监测航高、航速、飞行轨迹及激光雷达工作状态。数据采集完毕后,对采集数据及飞机整体进行检查评估,判断是否复飞。

⑦ 控制网布设与测量

建立旋翼无人机机载雷达控制基准站。基站点宜选在监测区域周围地面基础稳定且视野开阔的地方。基站点应经过测量,满足控制测量等相关规范要求。同一个监测区,多期监测周期内应使用相同 GPS 接收机架设在同一个控制点上。航摄时应将基站点与监测对象同步进行观测,保证其数据准确性。

⑧ 点云数据预处理

a. 原始数据解压。采用相关软件对航摄获取的原始数据进行解压,分离出激光雷达 GPS 数据、惯导数据(IMU)和点云数据。

b. 坐标系统转换

基站点数据转换——利用架设在基站点的 GPS 静态数据,通过基站点已知坐标,进行差分处理,将同一架次的激光雷达 GPS 数据、惯导数据(IMU)和点云数据等进行联合解算,将点云数据转换至成果坐标系统。

控制网数据转换——通过监测区域布设的控制网,获取不同坐标系统中控制点的坐标值,转换出不同坐标系统之间的参数,再对同一架次的激光雷达 GPS 数据、惯导数据(IMU)和点云数据等进行联合解算,将点云数据转换至成果坐标系统。

高程系统转换——利用架设在基站点的 GPS 静态数据与基站点已知高程,对点云数据进行高程拟合转换。利用大地水准面精化成果将点云高程系统转换至成果高程系统。

⑨ 点云数据处理

噪点滤除——将悬于空中或地表以下明显有别于监测区域地表目标的离散点云或密集点群(即噪点),在处理前期进行分离剔除。

数据的拼接——对整个监测区域内,不同架次获取的点云数据进行拼接处理,检查是否存在空洞。

⑩ 质量检查

对点云数据处理的各个环节进行检查。通过对点云数据进行目视检查、分类显示、高程显示等,对有疑问处用断面图进行查询、分析。

监测地表点检查一般采用建立地面模型的方法进行检查。对模型上不连续、不光滑处,绘制断面图进行查看。也可对地物的特征点进行 RTK 测量,对比点云数据的精度。若有同一时相、分辨率优于 1 m 的遥感影像也可用来辅助检查。

检查的主要内容包括:

a. 点云数据、激光雷达 GPS 数据、IMU 数据及地面 GPS 数据记录是否缺失;

b. 点云数据坐标是否正确;

c. 点云数据处理是否满足要求。

(4) 矿山地质灾害变形提取

① 单期监测。针对突发的崩塌、滑坡及地面塌陷等地质灾害利用不小于 1∶5 000 比例尺地形图等资料,获取格网间距为 2.5 m 的数字高程模型或收集格网间距优于 2.5 m 的数字高程模型,与监测模型数据进行叠加分析,获取监测对象变化情况。

② 多期监测。针对矿产资源开发引发的正在发生变化的崩塌、滑坡与地面塌陷等地表变形问题,利用多期点云数据分别构建数字高程模型,对多期数字高程模型进行叠加运算,获取监测对象变化量、变化速率、体积等信息。

(5) 矿山植被信息提取

① 单木树高。目前单木树高的提取方法主要有两种:一种是基于冠层高度模型提取的

方法,另一种是基于原始点云提取的方法。

② 森林郁闭度。首先通过人工实测等方式获取被调查森林的一块样方的郁闭度,然后通过机载 LiDAR 获取要调查森林的点云数据并确定模型参数,最后对样方郁闭度和模型参数进行回归分析,建立郁闭度反演模型。

③ 单木冠幅。单木冠幅的提取目前主要有两种方法:一种是基于冠层高度模型的提取方法,另一种是针对原始点云进行聚类分割的提取方法。

④ 叶面积指数。叶面积指数的估算方法主要有两种:孔隙度模型法和统计模型法。孔隙度模型法需要利用机载 LiDAR 数据计算森林的激光穿透指数,通过比尔-朗伯(Beer-Lambert)定律可以转化为有效叶面积指数。统计模型法需要在森林划分样方实测叶面积指数,根据实测叶面积指数与机载 LiDAR 数据提取特征变量进行回归分析建模,建模之后反演叶面积指数。

(6) 矿山土地损毁信息提取

利用 LiDAR 获取的目标物三维点云数据,制作高精度 DEM,以及在任意高程处对目标物进行截取,得到截面积,从而获取尾矿库、矸石山、排土场、塌陷地、露天采场等地相关指标的现状与分布情况。此外,基于 2 期或多期 DEM,可以实现矿山土地损毁类指标参数的动态监测,从而获取矿山土地损毁类型和面积的变化情况。

(7) 矿山土壤侵蚀调查

① 水力侵蚀。利用 LiDAR 技术可以生成高精度的矿区 DEM 及等高线,能够精准地实时提取露天开采和地下开采造成的水土流失情况,包括坡长、坡度、高程、河网密度等信息。基于 2 期或多期高精度 DEM,可以动态测算水力侵蚀的深度、面蚀和沟蚀的发育情况,查明矿山土壤侵蚀速率、程度和面积等,而传统遥感技术很难实现这些小尺度侵蚀信息的提取。

② 风力侵蚀。针对干旱半干旱矿区的土地沙化情况,利用 LiDAR 技术可生成高精度沙化土地 DEM 及等高线,能够精准提取沙丘高度、长宽、沙波纹深度等沙丘形态参数。基于 2 期或多期高精度 DEM,可以动态测算风力侵蚀造成的沙丘位移、体积、沙波纹等参数的变化信息。在进行多期三维点云数据处理时,要以基准点为基础进行拼接和叠加分析,从而基于同一个参考面计算出沙化土地的各种变化信息。

思 考 题

1. 简述矿区土地调查的内容与方法。
2. 简述矿山地质环境调查的内容与方法。
3. 简述矿区土壤调查的内容与方法。
4. 简述矿区植被调查的内容与方法。
5. 论述无人机遥感在矿区生态环境调查中的应用。

第 4 章　土地复垦与生态修复规划技术

　　规划方案是实施土地复垦与生态修复工作的重要依据之一。本章针对土地复垦与生态修复规划过程中的核心环节进行叙述,首先介绍了土地复垦与生态修复的评价方法,重点是土地利用现状评价和土地复垦方向适宜性评价,然后介绍了土地复垦与生态修复的分区与规划技术,包括土地利用分区、土地利用结构规划、分项工程规划、塌陷积水区土地复垦规划与利用技术。

4.1　概述

4.1.1　土地复垦与生态修复规划的意义

　　土地复垦与生态修复规划是对复垦区域的土地利用与生态修复现状进行充分研判,因地制宜,统筹安排一定时期内的复垦区域的用地布局。它需要根据矿山企业发展规划与矿产资源开采计划,地方的自然、经济与社会条件等对土地复垦与生态修复项目的修复进度、修复的工程措施及修复后土地的用途甚至生态类型等作出决策。

　　土地复垦与生态修复规划的意义主要表现在以下方面:

　　① 有利于生态修复后的低碳利用,实现人类生命共同体,提高人类福祉的要求。

　　土地复垦与生态修复工程实施及其再利用中,土地修复的工程项目及其修复后土地利用的方向,都必须以低碳为目标,保证修复后土地的可持续发展,提高人民生活质量。

　　② 保证自然资源管理部门对生态修复规划工作的宏观调控。

　　煤矿区作为亟需修复的人地资源,受地域影响各地情况大不相同,因此需要因地制宜地对不同类型煤矿的生态修复进行评价和规划,这也是落实国土空间规划的一个专项规划,落实“山水林田湖草沙”生命共同体发展理念的可持续发展蓝图。

　　③ 有利于土地复垦与生态修复区域环境的一致性和可持续性。

　　针对不同地理区域,不同生态环境的煤炭企业,在制定土地复垦与生态功能修复目标上,要坚持因地制宜的原则,实现修复后能够达到理性的区域生态系统结构,包括区域生态垂直结构、水平结构以及生态系统的组成,实现良好的生态功能,需要对煤炭企业所在区域的水源涵养功能、水土保持功能、生物多样性功能进行提升等。

　　④ 保证土地利用结构和矿区生态系统结构更合理。

　　土地复垦与生态修复规划是国土空间生态修复规划的重要内容,是国土空间规划的一个专项规划。国内外土地复垦实践证明:制定合理的土地复垦与生态修复规划完全可以使土地生产力及生态环境得到恢复和重建。

⑤ 保证土地复垦与生态修复项目时空分布的合理性。

土地复垦与生态修复规划实质是对土地复垦与生态修复项目实施的时间顺序和空间布局的合理安排,因此,土地复垦与生态修复规划保证了土地复垦与生态修复项目时空分布的合理性。即在时间上,土地复垦与生态修复项目纳入企业生产与发展计划,不同生产阶段完成不同的土地复垦与生态修复任务;在空间上,按照土地破坏特征、不同的土地利用用途进行土地复垦与生态修复。

4.1.2 土地复垦与生态修复规划编制的原则

① 应符合国土空间规划和相关法律政策。各行业、各管理部门在制定土地复垦与生态修复规划时,应符合国土空间总体规划的要求。在城市规划区内,土地复垦与生态修复后的土地利用应当符合城市总体规划。

② 必须保证生态环境的保护和改善,在修复后土地再利用方向上,要因地制宜,不要仅考虑耕地,只要对生态环境有利,可以考虑林地、草地等方向。

③ 力争做到生态、经济和社会效益统一。土地复垦与生态修复规划是一项复杂的社会工程,不仅涉及土地利用类型的变化和农业设施的建设给农民带来增收的问题,还涉及地貌重构和植被重建导致的生态环境影响的问题,可能会对多方利益和权力进行调整与再分配,可能会带来许多社会问题,所以,在进行土地复垦与生态修复规划时,要从三效益统一的角度全盘考虑。

④ 必须切实保护权力人的合法权益,正确处理国家、集体和个人之间,集体和集体之间,集体和个人之间,个人和个人之间的关系。

⑤ 必须在多个方案的基础上确定规划方案。根据土地适宜性评价和利用潜力评价,确定土地多种利用方向,制定出多个规划方案,然后考虑三个效益选择最佳方案。

⑥ 必须使政府决策与公众参与相结合。因为土地复垦和生态修复过程中涉及多方利益,在规划时要参考各方意见,以免规划实施后引起冲突。

4.1.3 土地复垦与生态修复规划编制的基本程序

土地复垦与生态修复规划编制程序包括前期工作、拟定初步方案、方案协调论证和编制规划方案、规划评审等过程,具体编制程序如图4-1所示。

(1) 方案编制前期工作

勘测、调查与分析是土地复垦与生态修复规划编制的前提,明确土地复垦和生态状态问题的性质,获取制定规划的基础数据、图纸等资料。

(2) 土地复垦与生态修复总体规划

土地复垦与生态修复总体规划首先确定规划范围、规划时间,制定生态修复的目标和任务;然后将土地复垦与生态修复对象分类、分区,并制定土地复垦与生态修复的实施计划,对总体规划方案进行投资效益预算;最终通过部门间协调与论证,形成一个可行的规划方案。其成果包括规划图纸和规划报告。

(3) 土地复垦与生态修复的工程设计

土地复垦与生态修复的工程设计是在总体规划基础上,对近期要实施的工程项目进行详细设计。土地复垦与生态修复的工程设计最基本的要求是具有可操作性,即施工部门能

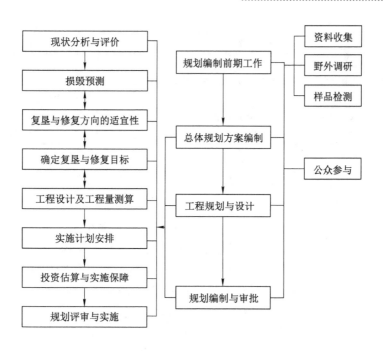

图 4-1 土地复垦与生态修复规划编制程序

按设计图纸和设计说明书进行施工。

（4）规划方案的审批实施

无论是总体规划还是工程设计都需要得到自然资源管理部门的审批后，方可付诸实施，且土地复垦与生态修复工程实施后，自然资源管理部门需对工程进行验收，土地使用者需对复垦与修复后土地进行动态监测管理。

土地复垦与生态修复规划各阶段内容和目标如表 4-1 所示。

表 4-1 土地复垦与生态修复规划不同阶段的内容和目标

阶段	内 容	目 标
勘测调查与分析	① 地质采矿条件调查与评价； ② 社会经济现状调查与评价； ③ 社会经济发展计划； ④ 自然资源调查与评价，包括土地破坏与土地利用现状、土壤类型与分布、水资源、气候条件、生态景观等； ⑤ 环境污染现状调查与环境质量评价； ⑥ 地形勘测	① 明确土地复垦与生态修复问题的性质； ② 为总体规划提供基础资料
总体规划	① 结合矿山开采范围与地质条件确定规划区域范围； ② 确定规划时间； ③ 选择土地利用方向与工程措施； ④ 制定分类、分区、分期土地复垦与规划方案； ⑤ 土地复垦与生态修复规划方案的优化论证； ⑥ 投资效益预测； ⑦ 关于影响工程实施的相关问题与解决方法的说明	① 为国土空间规划实施提供保证 ② 为土地利用的合理性提供保证，为土地复垦工程设计提供依据

表 4-1(续)

阶段	内　　容	目　　标
工程设计	① 明确工程设计的对象(位置、范围面积、特征等); ② 设计达到总体规划目标的工艺流程、工艺措施、机械设备选择、材料消耗、劳动用工等; ③ 实施计划安排(如所需物料来源、资金来源、水源等); ④ 施工起止日期安排,工程投入与年经营费、年收益的详细预算	供施工单位施工

4.1.4　土地复垦与生态修复规划对象的分类

4.1.4.1　土地复垦与生态修复规划的分类

矿山开采分为地下开采和露天开采两种,所以土地复垦与生态修复规划则可分为地下开采土地复垦与生态修复规划和露天开采土地复垦与生态修复规划。在时间尺度上,土地复垦与生态修复规划可分为采前规划和采后规划。采前规划是指新矿区开发或老矿井改扩建时,在采矿设计阶段就做土地复垦与生态修复规划;采后规划是指矿产资源开采后,因以前对土地复垦与生态修复工作没有重视,现需要土地复垦与生态修复而做的规划。在空间范围内,规划可以是一片塌陷地、一个矿井、一个矿区、某县(市)、某省(自治区)或全国的土地复垦与生态修复规划。按矿区的地理位置,可分为"城郊-矿区"型与"农村-矿区"型规划,而我国"农村-矿区"型规划多。根据地貌条件,可分为山区矿区土地复垦与生态修复规划和平原矿区土地复垦与生态修复规划。根据地下潜水位情况,可分为高、中、低潜水位土地复垦与生态修复规划。

制定矿区土地复垦与生态修复规划时,根据分类明确土地复垦与修复方向、土地复垦重点及影响土地复垦与修复工程的因素。如一般情况下,"城郊-矿区"型规划可优先考虑建设用地,建立蔬菜基地或园林化复垦;"农村-矿区"型规划则优先考虑种植业、养殖业用地。采前规划需要预测土地破坏程度,采后规划需实地勘测土地破坏程度。地下开采土地复垦与生态修复规划应重点考虑解决地表沉陷后积水、土地沼泽化、土壤次生盐渍化等问题;露天开采土地复垦与生态修复规划应重点考虑土壤结构重建、植被重建等问题。不同地貌条件的土地复垦与生态修复方向与重点也不同,位于黄淮平原、华北平原等重要粮棉基地的矿区,恢复耕地是复垦的重点;位于丘陵、山的矿区,加强水土保持措施、防止水土流失是考虑的重点。

4.1.4.2　土地复垦与生态修复规划对象的模糊聚类分析

(1) 基本原理

聚类分析是多元统计方法中的一种数学分类方法,是把所有研究对象看作空间的一个点,然后按其性质上亲疏远近的程度研究对象之间的相似性,最后把关系密切的点归为一类。两个数据点在 m 维空间的相似性可以用欧几里得距离来度量,距离越小,两者的相似性越大:

$$d_{ij} = \sqrt{\sum_{k=1}^{m}(x_{ki} - x_{kj})^2}$$

式中, d_{ij} 为数据点 i 与数据点 j 之间的欧几里得距离; k 为变量序号; m 为变量个数; x_{ki} 为数据点 i 的 k 变量数据; x_{kj} 为数据点 j 的 k 变量数据。

对模糊集分类,首先要确定不同的分类水平 $\lambda(0 \leqslant \lambda \leqslant 1)$,取模糊集合的 λ 截集使其成为普通集合,然后再进行分类,这种方法就叫模糊聚类分析。

设 X 为给定的有限论域,$R=(r_{ij})$ 是 X 上的模糊关系,R 满足

$$\begin{cases} r_{ij}=1, & i=j \\ r_{ij}=r_{ji}, & i\neq j \end{cases}$$

时就称 R 为模糊相似关系,它所对应的矩阵 $\boldsymbol{R}=(r_{ij})$ 叫作模糊相似矩阵。若模糊相似关系 R 还满足传递性,即:

$$\rho(i,j)<\rho(i,k)<\rho(k,j)$$

式中,ρ 为两向量的距离。下面先看一个模糊聚类分析的例子。

例 4-1 设 $X=(x_1,x_2,x_3,x_4)$,给出模糊相似关系 R,它所对应的矩阵为:

$$\boldsymbol{R}=\begin{bmatrix} 1 & 0.48 & 0.62 & 0.41 \\ & 1 & 0.48 & 0.41 \\ & & 1 & 0.41 \\ & & & 1 \end{bmatrix}$$

若取 λ,满足 $0\leqslant\lambda\leqslant1$,由于 λ 截集是一个普通集合,其元素可用"1"和"0"表示,当 $\lambda=0.62$ 时,这时 $\boldsymbol{R}$ 中凡大于 0.62 的元素都用"1"表示,小于或等于 0.62 的元素用"0"表示,这样便得到下面矩阵:

$$\boldsymbol{R}_{0.62}=\begin{bmatrix} 1 & 0 & 1 & 0 \\ 0 & 1 & 0 & 0 \\ 1 & 0 & 1 & 0 \\ 0 & 0 & 0 & 1 \end{bmatrix}$$

于是,X 可分为 $\{x_1\}$、$\{x_2\}$、$\{x_3\}$、$\{x_4\}$ 四类。依此取不同的分类水平,还有以下集中分类结果:

① $\lambda_1\in(0.48,0.62)$,分为 $\{x_1,x_2\}$、$\{x_3\}$、$\{x_4\}$ 三类;

② $\lambda_2\in(0.41,0.48)$,分为 $\{x_1,x_2,x_3\}$、$\{x_4\}$ 两类;

③ $\lambda_2\in[0,0.41]$,分为 $\{x_1,x_2,x_3,x_4\}$ 一类。

根据上述分类结果,可作出动态聚类图(图 4-2)。

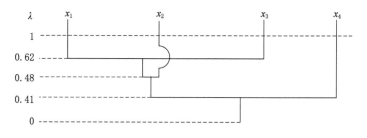

图 4-2 动态聚类图

从上例不难看出:为了进行分类,首先必须构造模糊相似关系矩阵,在此基础上取不同分类水平的 λ 截集,最终可得到一个动态聚类图。

在解决实际问题时,供分类用的数据往往比较复杂,下面介绍如何用这些数据来构造模糊相似关系及分类计算步骤。

（2）模糊聚类法分类的计算步骤

① 原始数据标准化

原始数据标准化是将分类指标数值压缩或放大成[0,1]里的数。

在实际问题中，不同的数据可能有不同的性质和不同的量纲，为了使原始数据能够适合模糊聚类的要求，需要将原始数据矩阵 $\boldsymbol{R}$ 作标准化处理，即通过适当的数据变换，将其转化为模糊矩阵。常用的方法有平移-标准差变换和平移极差变换两种。

设被分类对象一共有 n 个，对这些对象的某一因素 X_k 一共可取得 n 个原始数据，设为 $(x'_{k1}, x'_{k2}, \cdots, x'_{kn})$，且把它们叫作这一因素的各个元素。为了把这些元素标准化，首先计算这些数据的均值和标准差，即

$$\overline{x}_{ki} = \frac{1}{n}\sum_{i=1}^{n} x_{ki} \quad (i=1,2,3,\cdots,n)$$

$$S_{ki} = \left[\frac{1}{n}\sum_{i=1}^{n}(x_{ki}-\overline{x}_{ki})^2\right]^{\frac{1}{2}} \quad (i=1,2,3,\cdots,n)$$

$$x'_{ki} = \frac{x_{ki}-\overline{x}_{ki}}{S_{ki}} \quad (i=1,2,3,\cdots,n)$$

式中，x_{ki} 为元素标准化前数值；x'_{ki} 为元素经过平移-标准差变换后的值。

如果经过平移-标准差变换后还有某些 $x'_{ki} \nsubseteq [0,1]$，则还需要对其进行平移-极差变换，即先找出这一因素诸元素中的最大值和最小值，记为 $x'_{k\max}$ 和 $x'_{k\min}$，于是可用下式将各元素标准化：

$$x''_{ki} = \frac{x'_{ki}-x'_{k\min}}{x'_{k\max}-x'_{ki}} \quad (k=1,2,\cdots,n)$$

式中，x'_{ki} 为元素标准差变换后、极差变换前的数值；x''_{ki} 为元素标准差变换和极差变换后的数值。

② 标定

数据标准化后，为了构造模糊相似关系矩阵，就要根据各分类对象的各不同元素的标准化数据，算出分类对象间的相似程度，这个步骤叫作标定。

计算 r_{ij} 的方法很多，下式为欧几里得距离法计算 r_{ij} 的公式：

$$\begin{cases} r_{ij} = 1 - Ed(x_{ki},x_{kj}) \\ d(x_{ki},x_{kj}) = \sqrt{\sum_{k=1}^{m}(x_{ki}-x_{kj})^2} \quad (i=1,2,3,\cdots,n) \end{cases}$$

式中，$d(x_{ki},x_{kj})$ 为数据点 i 与数据点 j 之间的欧几里得距离；k 为变量序号；m 为变量个数；x_{ki} 为数据点 i 的 k 变量数据；x_{kj} 为数据点 j 的 k 变量数据；E 为使得所有 $r_{ij} \in [0,1]$ 的确定常数。

计算出 r_{ij}，就可得到模糊相似关系矩阵 $\boldsymbol{R}$ 如下：

$$\boldsymbol{R} = \begin{bmatrix} 1 & r_{12} & r_{13} & \cdots & r_{1n} \\ r_{21} & 1 & r_{23} & \cdots & r_{2n} \\ r_{31} & r_{32} & 1 & \cdots & r_{3n} \\ \vdots & \vdots & \vdots & \vdots & \vdots \\ r_{n1} & r_{n2} & r_{n3} & \cdots & 1 \end{bmatrix}$$

计算 r_{ij} 的方法还有夹角余弦、数量积法、指数相似系数法、非参数方法等。

③ 求取模糊相似关系

设 R 为模糊相似关系矩阵,据模糊数学原理有:$R^2 = R \cdot R, R^4 = R^2 \cdot R^2, \cdots$,直至 $R^{2k} = R^k$ 为止,记模糊相似关系 R^* 为:

$$R^* = R^k$$

这里,"*"表示模糊关系矩阵相乘,它不同于普通矩阵相乘。设模糊关系矩阵 $A = (a_{ij})_{n \times n}$,$B = (b_{ij})_{n \times n}$,$C = A \cdot B = (c_{ij})_{n \times n}$,则模糊关系矩阵相乘按下式法则相乘:

$$c_{ij} = \max_k [a_{ik} \cdot b_{kj}] = \bigvee_k [A_{ik} \wedge B_{kj}]$$

④ 聚类

有了模糊相似关系矩阵,就可以按相似标准进行分类。取值 $\lambda \in [0,1]$,规定对于集合中任意两个元素 x_i、x_j,若 $r_{ij} \geqslant \lambda$,则 x_i、x_j 属于同一类,否则 x_i、x_j 不同类。

一般来说,分类结果与 λ 的取值大小有关。λ 取值越大,分类就越细,即类数越多;λ 取值越小,类容量就越大,相应类数就越少。当 λ 值小到一定程度时,所有样本就归为一类了。通常根据实际问题的需要选择适当的 λ 值而获得与实际情况较一致的分类。

（3）塌陷土地的模糊聚类分析示例

例 4-2　某矿八片塌陷区域的分类基础数据如表 4-2 所示,此分类对象个数为 8,即 $n = 8$。分类对象属性即因素个数为 5,即 $m = 5$。

表 4-2　某矿区塌陷地分类基础数据

因素	分类对象							
	1	2	3	4	5	6	7	8
塌陷深度/m	2.47	1.19	1.12	3.40	3.24	6.30	4.46	3.29
塌陷面积/亩	1 591	2 911	819	1 919	3 360	864	430	395
积水深度/m	0.47	0.41	0.1	1.4	1.24	4.30	2.64	1.29
万吨塌陷率/(亩/万 t)	5.3	5.8	5.0	5.0	5.0	4.0	4.0	4.0
土壤等级	IV	IV	III	IV	III	III	IV	III

第一步:计算归一化矩阵:

$$S = \begin{bmatrix} 0.26 & 0.01 & 0 & 0.44 & 0.41 & 1 & 0.64 & 0.42 \\ 0.40 & 0.85 & 0.14 & 0.51 & 1 & 0.16 & 0.01 & 0 \\ 0.09 & 0.07 & 0 & 0.31 & 0.27 & 1 & 0.60 & 0.28 \\ 0.72 & 1 & 0.56 & 0.56 & 0.56 & 0 & 0 & 0 \\ 1 & 1 & 0 & 1 & 0 & 0 & 1 & 0 \end{bmatrix}$$

第二步:计算模糊相似矩阵:

$$R = \begin{bmatrix} 1 & 0.73 & 0.51 & 0.81 & 0.42 & 0 & 0.44 & 0.31 \\ & 1 & 0.51 & 0.69 & 0.52 & 0 & 0.35 & 0.25 \\ & & 1 & 0.28 & 0.48 & 0.12 & 0 & 0.52 \\ & & & 1 & 0.51 & 0 & 0.51 & 0.33 \\ & & & & 1 & 0.13 & 0 & 0.49 \\ & & & & & 1 & 0.59 & 0.68 \\ & & & & & & 1 & 0.50 \\ & & & & & & & 1 \end{bmatrix}$$

4.2 土地复垦与生态修复评价方法

土地复垦与生态修复评价主要是为土地复垦规划提供依据。为了更加合理地确定土地复垦与生态修复后土地利用的方向,进行土地利用现状分析、土地损毁程度分析、土地复垦与生态修复利用的适宜性评价、生态修复评价等。

4.2.1 土地利用现状的分析

4.2.1.1 土地利用系统分析

土地利用系统分析包括目标、替代方案、费用与效益、模型、评价准则等五个方面。土地利用系统分析程序包括信息的获取、转移与传递,思考与决策,实施与修正,从而构成一个以土地利用为目标的智力-决策-执行系统。

(1)确定系统边界与目标

任何一个土地利用系统都有确定的边界,土地利用系统的边界是多层次的,按照认识、研究、利用、改造的对象确定土地利用系统研究的边界。在系统边界内计划解决什么问题,打算取得什么成果,必须有明确的目标,包括目标函数的确定和系统功能指标的设计。

(2)环境因素分析

环境因素分析包括对边界范围内与目标有关的各类资源环境数据资料的收集、分析,以及各类资源的评价,包括适宜性评价、经济评价等。

(3)潜力预测和可行性分析

潜力预测和可行性分析是分析自然资源开发变化趋势、科学技术影响、社会经济条件变化的影响、市场变化趋势、国家有关经济政策变化等对土地利用的潜力影响。可行性分析包括:① 资源环境可行性;② 技术可行性;③ 组织体制的可行性;④ 财务可行性;⑤ 经济可行性;⑥ 社会可行性等。

(4)限制因素分析

限制性因素应该分析对规划区限制的所有因素。限制因素可分为:① 土地生态系统的限制因素,如光热、自然灾害、土壤性质、地形地貌、水文地质;② 经济方面限制因素,如无农业以外的经济来源、交通不便等;③ 技术方面的因素,如管理落后、技术力量缺乏等;④ 社会心理方面的因素,如旧习惯,难以接受新技术、新方法等。

(5)关节点因素分析

关节点因素是指在土地利用系统各组成因素间复杂关系(网络结构)中处于关键地位的因素。其功能的正常发挥决定于整个系统各因素间的协调。关节点因素分为有利节点因素和不利节点因素。

(6)系统综合分析及制定方案

对土地利用系统的人力-物力-财力-智力输入,以及土地利用系统向社会的物质、能量、信息输出进行认真分析,整体运筹,按照实际情况,提出协调不同关系的多种方案,模拟研究各个方案的规划、统计以及实施和管理的情景研究。

(7)决策与反馈修正

以方案选择和最满意方案的确定为最后结果,与此同时,还要进行风险分析并制定相应的风险应急预案。对上述每一步骤完成后,都要回归目标,检查修正,多层次反复回归分析,对方案进行必要的修改。方案确定后,不得随意变动。

4.2.1.2 土地利用结构分析

通过土地利用结构分析找出土地利用结构中的问题,确定调整的方向。土地利用结构分析包括组成结构、数量结构、空间结构、时间结构和权属结构。

（1）组成结构分析

为了保证地类的完整性,依据第三次全国国土调查的土地利用方式的分类标准《土地利用现状分类》(GB/T 21010—2017),一级类 12 个,二级类 73 个,进行本地土地利用系统的组成分析。

（2）数量结构分析

土地利用系统数量结构是指系统内部各种土地利用类型的数量比例状况,反映了不同的土地利用系统的特征、运行方向及土地利用的水平。数量结构分析主要分为以下两种:

一是静态分析。主要是通过各用地类型的数量,分别计算其占土地总面积的比例进行分析。反映各类型用地内部的数量结构。

二是动态分析。根据不同历史时段或历史序列的各类用地数量和比例进行分析,如土地利用类型动态度(K)。

$$K = \frac{V_b - V_a}{V_a} \times \frac{1}{T} \times 100\%$$

式中,K 为土地利用类型动态度;V_a、V_b 为基期和末期某一土地利用类型的数量;T 为研究时段。

利用各类用地数量和比例的变化过程和发展趋势进行分析,诸如土地利用类型相对变化率(R)。

$$R = \frac{|K_b - K_a|}{K_a \times (C_b - C_a)}$$

式中,R 为单一土地利用类型相对变化率;K_a、K_b 为基期和末期某一土地利用类型的数量;C_a、C_b 为全区某一特定土地利用类型基期和末期面积。

（3）空间结构分析

土地利用系统的空间分布结构是指系统内各种因素在空间上的整体分布。空间结构分析重点是分析不同土地利用类型在区域空间的分布及空间上的相互联系,分析和评价产业布局、生态保护和社会发展的空间结构的合理性。

（4）权属结构分析

权属结构分析是具体分析国有土地、集体土地的数量和分布;分析国有土地利用现状,特别是各类矿业用地的土地利用项目的土地权属问题。要注意各种不同所有制企业或土地利用项目的土地所有权、权属界限以及利益分配等问题 。

4.2.1.3 土地利用程度分析

土地利用程度是衡量区域土地利用效果、土地开发强度的指标,又是区域土地利用潜力的衡量指标。通过土地利用程度的分析可以得出系统的土地利用开发方向,了解土地利用存在的问题。土地利用程度通常用土地利用率、垦殖率、耕地复种指数、城镇用地容积率、林地覆盖率等指标反映。

① 土地利用率:反映土地的利用程度。

$$土地利用率 = \frac{土地总面积 - 未利用地面积}{土地总面积} \times 100\%$$

② 垦殖率:即耕地面积与土地面积之比,反映土地开发程度和种植业发展程度。

$$垦殖率 = \frac{耕地面积}{土地总面积} \times 100\%$$

③ 耕地复种指数:指全年农作物总播种面积与耕地面积之比,反映耕地的利用程度。

$$耕地复种指数 = \frac{全年农作物播种面积}{耕地总面积} \times 100\%$$

④ 城镇用地容积率:指城镇建筑总面积与城镇占地总面积之比,反映城镇土地利用程度。

$$城镇用地容积率 = \frac{城镇建筑总面积}{城镇用地总面积} \times 100\%$$

⑤ 林地覆盖率:指林地面积占土地面积的比例,反映土地的林业利用程度。

$$林地覆盖率 = \frac{林地面积(或不包括果园面积)}{土地总面积} \times 100\%$$

4.2.1.4 土地利用效益分析

(1) 土地利用集约度

土地利用集约度是指单位土地的投入量。一般来说,单位土地投入多,产出也多。单位土地产量高,土地生产率高,但是土地利用效率不一定好,所以要合理投入。土地的投入量可以用单位耕地面积拥有的马力数、有效灌溉面积、单位耕地用工数、单位面积施肥量等表示。

(2) 土地利用效益

土地利用效益包括经济效益、社会效益和生态效益。

土地利用经济效益指单位土地的收益多少或以较少的投入取得较大的收益。指标有土地生产率、产投比、单位用地产值、单位产值占地率等。

$$土地生产率 = \frac{农业地产值(产量)}{农用地面积}$$

$$产投比 = \frac{净产值}{投入}$$

$$单位用地产值 = \frac{土地产出价值}{用地面积}$$

$$单位产值占地率 = \frac{用地面积}{土地产出价值}$$

土地利用的社会效益指标有:人均商品量、商品率、人均税金、人均资源量、人均耕地、人均可利用面积、人均林地、人均草地、人均绿地、社会文化教育水平、居民消费程度等。

土地利用的生态效益是指土地利用过程中对生态系统造成某种影响的效应。可以通过对比同一自然环境条件下,人工生态系统与自然生态系统生产能力的大小,人工生态系统结构和自然生态系统结构等。诸如对比分析人工生态系统和自然生态系统的绿色植物覆盖率、土地退化面积比例、草场载畜量比例、土壤环境质量指数等。

$$绿色植物覆盖率 = \frac{森林面积 + 草地面积 + 种植面积}{土地总面积} \times 100\%$$

$$土地退化面积比例 = \frac{退化总面积}{土地总面积} \times 100\%$$

$$草场载畜量比例 = \frac{实际载畜量}{允许实际载畜量} \times 100\%$$

$$土壤环境质量指数(污染指数) = \frac{污染物质实测值}{污染物质评价标准} \times 100\%$$

4.2.1.5 土地利用格局分析

土地利用格局分析将生态学的原则和原理与不同的规划任务相结合,以发现生态景观利用中所存在的生态问题,并寻求解决这些问题的生态学途径。土地利用格局分析的指标有:景观破碎度指数、景观多样性指数、景观优势度指数等。

① 景观破碎度指数(F),反映景观被分割的破碎程度。

$$F = \frac{N}{A} \times 100\%$$

式中,N 为斑块个数,A 为总面积。

② 景观多样性指数(SHDI),反映景观构成的复杂程度。

$$SHDI = -\sum_{i=1}^{m}[P_i \cdot \ln(P_i)]$$

式中,P_i 为某类斑块所占面积百分比。

③ 景观优势度指数(D),反映某类景观所起的支配作用。

$$D = H_{\max} + \sum_{i=1}^{m}[P_i \cdot \ln(P_i)]$$

式中,$H_{\max}$ 表示景观多样性指数最大值;P_i 表示斑块类型 i 在景观中出现的频率;m 表示景观中斑块类型的总数。

4.2.1.6 土地利用综合分析

土地利用综合分析的目标是通过综合评定规划区域或单位的土地利用水平及其所在地区内的地位,指出土地利用上的薄弱环节,明确未来土地利用有待提高完善的方向。

常用的方法有评价系数法。通过选择区域土地利用的影响指标,然后借助评价系数把不同量纲的指标化为无量纲系数,经过系数加权得出总评价系数以比较优劣(表4-3)。

表 4-3 评价系数加权法

评价指标	指标 1	指标 2	指标 3	指标 4
权重	W_1	W_2	W_3	W_4
区域 1	x_{11}	x_{12}	x_{13}	x_{14}
区域 2	x_{21}	x_{22}	x_{23}	x_{24}
加权平均值 $\overline{x_j}$	$\overline{x_1}$	$\overline{x_2}$	$\overline{x_3}$	$\overline{x_4}$
加权评价系数($P_{ij} * W_j$)				

计算公式为:

$$P_{ij} = \frac{x_{ij}}{\overline{x_j}}$$

式中，P_{ij} 为第 i 区域第 j 项指标的评价系数；x_{ij} 为第 i 区域第 j 项指标数值；$(\overline{x_j})$ 为第 j 项指标的平均值。

例 4-3　表 4-4 为某地土地利用规划供选方案的有关评价指标和权重，采用评价系数法对三个方案进行评选，得出Ⅲ方案最佳。

表 4-4　某地土地利用规划供选方案评选

评价指标	Ⅰ方案	Ⅱ方案	Ⅲ方案	权重
年均耕地粮食单产（P_1）	640	620	650	0.26
年均耕地价值产投比（P_2）	2.2	2.5	2.3	0.24
耕地有机肥施用达标率（P_3）	0.75	0.60	0.85	0.20
耕地氮素平衡系数（P_4）	2.14	2.12	2.15	0.13
耕地整治容易程度（P_5）	8	7	7	0.17
计算结果	1.01	0.97	1.03	—

4.2.2　土地损毁程度诊断方法

4.2.2.1　土地损毁的内涵

我国井工开采对土地破坏的面积占各类土地破坏面积的 95%，现以井工开采为例来说明矿山土地损毁程度分级。

井工开采引起地表移动和变形，从而造成地表不同程度的破坏。不同性质的地表其破坏程度不同，破坏表现方式也不同。地表景观受采动破坏的形式比较直观，其破坏程度也容易确定。但对于土地本身而言，由于影响因素较多，土地破坏程度不易确定。土地破坏程度是指采动后土地在自然形态、自然性质、土壤退化等诸多方面的受影响程度，影响程度越大，限制特征因子越多，破坏程度越强。由此可见，决定土地破坏的因素一方面是指采动引起的移动变形值的大小；另一方面是指由于采动引起的破坏导致组成土地本身各因素的变化。矿产开采对土地的破坏形式分为挖损、压占、沉陷和污染 4 种类型。露天矿开采造成露天采场的挖损和排弃物的压占，井下矿开采造成沉陷和排弃物的压占，污染在所有矿山均有发生，但金属矿山尤为突出。

4.2.2.2　土地损毁程度诊断方法

（1）损毁程度的表达方式

对于土地损毁程度的表达方式可以归结为三种：第一种，以轻度、中度、重度、极度或一、二、三、……等级来表示。第二种，使用"可自然恢复"（即解除干扰后可在自然状态下恢复）、人工促进恢复（即在人类导入一定的因子如水、肥料、种子等状态下可以恢复）和重建恢复等几种退化程度。第三种，将土地损毁程度和生态系统的演替阶段相联系来确定。

可以看出，前两种表达方式仅能反映出相对损毁程度的信息，第三种表达方式把生态系统破坏程度诊断的研究与生态系统演替相联系，这样不但能更精确地表示出生态系统破坏的程度，而且还能为生态恢复提供更多有意义的信息。

（2）损毁程度的诊断方法

土地损毁诊断从方法论基础上更强调的是比较法。根据诊断时选用的指标数并结合诊断的途径,可把诊断方法分为单途径单因子诊断法、单途径多因子诊断法、多途径综合诊断法,也可将其分为单因子单途径诊断法、多因子单途径诊断法、多因子多途径诊断法(表4-5)。

表 4-5　土地损毁程度诊断途径与诊断方法

诊断途径	诊断方法		
	单途径		多途径
	单途径 单因子诊断法	单途径 多因子诊断法	多途径综合诊断法
塌陷深度	√	√	√
裂缝深度	√	√	√
生物途径	√	√	√
生境途径	√	√	√
生态系统功能/服务途径	√	√	√
景观途径	√	√	√
生态过程途径	√	√	√
	单因子		多因子
	诊断方法		

注:资料引自李洪远、鞠美庭,2005。

①　单途径单因子诊断法。选用某个诊断途径的某个指标进行诊断的方法即为单途径单因子诊断法。对于生物途径来说,单途径单因子诊断法是通过指示生物(植物、动物、微生物)进行诊断的方法。以往对指示植物关注得比较多,但指示植物和群落的指示性有地方性和局限性。动物的指示作用也逐渐受到人们重视,如一些人注意到无脊椎动物作为修复的指示作用,开展了昆虫和其他节肢动物对生境监测的指示作用的研究。土壤微生物特别是菌根真菌、固氮菌在生态恢复中的作用也越来越受到重视。关于生物途径,指示功能群的研究是以后发展的一个重要方向。

②　单途径多因子诊断法。选用一个诊断途径的多个指标进行诊断的方法即为单途径多因子诊断法。

③　多途径综合诊断法。选用两个或两个以上诊断途径的指标进行诊断的方法即为多途径综合诊断法。

单途径多因子诊断法和多途径综合诊断法都是通过建立指标体系的方法来进行生态系统损毁程度诊断的,二者不同的是前者的指标体系来自一个途径,而后者的指标体系来自多个途径。这两种方法由于涉及多个因子,因而诊断过程中往往需要引入数学的分析方法,有时诊断模型的建立也是必要的。

与多因子诊断法(多途径综合诊断法、单途径多因子诊断法)比较,单因子诊断法(单途径单因子诊断法)相对比较简单。在进行生态系统损毁程度诊断时,多因子诊断法一般比单因子诊断法的诊断结果更接近实际情况或者说能降低犯错误的概率,因此建议在条件允许的情况下优先选择多因子诊断法。

(3) 损毁程度诊断流程

土地损毁程度诊断一般要经过以下环节:诊断对象的选定,诊断参照系统的确定,诊断途径的确定,诊断方法的确定,诊断指标(体系)的确定(图 4-3)。

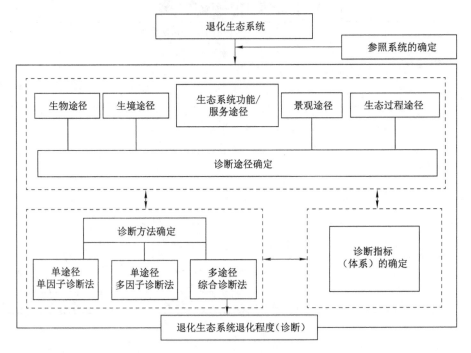

图 4-3   土地损毁程度诊断流程

4.2.2.3 土地损毁的预测方法

井工开采煤矿损毁土地预测可采用经验法、理论模拟法、影响函数法、概率积分法等方法。根据资源开采接续计划预测出土地损毁方式、范围、地类、面积、程度等。

(1) 土地损毁预测方法

① 经验法

基于实测资料的经验法,通过大量的开采沉陷实测资料的数据处理,确定预计各种移动变形值的函数形式(解析公式、曲线或表格)和计算预计参数的经验公式。在预计时,先根据开采的地质采矿条件,运用这些经验公式求取预计参数,再代入用上法确定的预计函数求取移动和变形值。

② 理论模拟法

理论模拟法把岩体抽象为某个数学的、力学的或某个数学-力学的理论模型,按照这个模型计算受开采影响岩体产生的移动、变形和应力的分布情况。如认为岩层和地表是一种连续的介质,则此模型属于连续介质模型,否则就属于非连续介质模型。该法所用的函数一般均由理论研究得出,所用的参数常用实验室试验或理论推导求出,一般与现场资料没有直接的联系。

③ 影响函数法

影响函数法是介于上述经验法和理论模拟法之间的一种方法。其实质是根据理论研究或其他方法确定微小单元开采对岩层或地表的影响(以影响函数表示),把整个开采对岩层和地表的影响看成采区内所有微小单元开采影响的总和,并据此计算整个开采引起的岩层和地表的移动和变形。目前,此法所用的参数常根据实测资料求定。

④ 概率积分法

从预计手段看,现在应用较广的理论模型为随机介质理论,即概率积分法。作为随机介质的颗粒体介质,其移动规律可抽象为介质是由类似于砂粒或相对来说很小的岩块这样的介质颗粒组成的,颗粒完全失去了联系,可以相对运动。颗粒介质的运动用颗粒的随机移动来表征,并把大量的颗粒介质的移动看作随机过程。利用概率积分法计算有限开采时地表任意点的变形值如下沉、倾斜、曲率、水平移动、水平变形、地表移动持续时间等。

(2)预测结果

土地损毁预测结果可按表 4-6 的格式汇总。

表 4-6　地表移动与变形最大值预测结果

时段	下沉 W/mm	倾斜 i/(mm/m)	曲率 k/(10^{-3}/m)	水平移动 U/mm	水平变形 ε/(mm/m)
一					
二					
三					
四					
…					

(3)土地损毁情况分析

土地损毁程度主要取决于塌陷裂缝的宽度和密度、塌陷的深度,而裂缝的宽度和密度与地表水平变形值的大小有密切关系。依据《矿山地质环境保护与土地复垦方案编制指南》(2016 年 12 月,中华人民共和国国土资源部)和《土地复垦方案编制规程 第 3 部分:井工煤矿》(TD/T 1031.3—2011)等进行土地损毁程度分级,基于水平变形、附加倾斜、下沉、沉陷后潜水位埋深、生产力下降等五个指标将水田、水浇地、旱地、林地、草地等划分为轻度、中度、重度等三个等级,然后进行土地损毁情况统计,见表 4-7。

表 4-7　项目区内各类土地损毁情况表

一级地类		二级地类		面积/hm²		
		011	水田	轻度	中度	重度
01	耕地	012	水浇地			
		013	旱地			
		021	果园			
02	园地	022	茶园			
		023	其他园地			

表 4-7(续)

一级地类		二级地类		面积/hm²	
03	林地	031	有林地		
		032	灌木林地		
		033	其他林地		
…	…	…	…		
合计					

4.2.3 土地复垦方向适宜性评价方法

4.2.3.1 土地复垦方向适宜性评价内涵

土地复垦适宜性评价是对破坏土地所采取复垦工程措施的风险性与可行性进行的分析过程。因为破坏土地的复垦存在可垦或不可垦以及复垦工程难易程度不同的问题。

土地复垦适宜性评价是基于待复垦区土地破坏现状、区域地质采矿条件和采取复垦措施的风险性分析进行复垦工程的可行性评价,是土地复垦规划中特有的环节。

土地复垦适宜性评价能够科学地确定复垦区域的先后顺序和复垦后土地的利用方向,为合理制定区域或专项土地复垦规划服务。土地复垦适宜性评价结果是确立复垦项目立项与否的依据,是选择复垦技术工艺的基础。例如,对未稳定的区域可安排在复垦的最后工期内,也可设定特殊的工序和工程措施进行复垦。所以,依据土地复垦适宜性评价可有效地选择适宜的复垦技术。

4.2.3.2 土地复垦方向适宜性评价体系

(1)适宜性评价原则

① 符合土地国土空间规划,并与其他规划相协调

国土空间规划是国家空间发展的指南、可持续发展的空间蓝图,是各类开发保护建设活动的基本依据。国土空间规划对各专项规划的指导约束作用,是党中央、国务院作出的重大部署。土地复垦适宜性评价应符合土地利用总体规划,避免盲目投资、过度超前浪费土地资源。与此同时,也应与其他规划相协调,如农业区划、农业生产远景规划、城乡规划等。

② 因地制宜,农用地优先的原则

土地利用受周围环境条件制约,土地利用方式必须与环境特征相适应。根据被损毁前后土地拥有的基础设施,因地制宜,扬长避短,发挥优势,宜农则农,宜牧则牧,宜渔则渔。我国是一个人多地少的国家,因此《土地复垦条例》第四条规定,复垦的土地应当优先用于农业。

③ 自然因素和社会经济因素相结合原则

在进行复垦责任范围内损毁土地复垦适宜性评价时,既要考虑它的自然属性,也要考虑其社会属性。确定损毁土地复垦方向需考虑项目区自然、社会经济因素以及公众参与意见等。复垦方向的确定也应该类比周边同类项目的复垦经验。

④ 主导限制因素与综合平衡原则

影响损毁土地复垦利用的因素很多,如塌陷、积水、水、土源、土壤肥力、坡度以及排灌

条件等。根据项目区自然环境、土地利用和土地损毁情况,分析影响损毁土地复垦利用的主导性限制因素,同时应兼顾其他限制因素。

⑤ 综合效益最佳原则

在确定土地的复垦方向时,应首先考虑其最佳综合效益,选择最佳的利用方向,根据土地状况是否适宜复垦为某种用途的土地,或以最少的资金使用取得最佳的经济、社会和生态环境效益,同时应注意发挥整体效益,即根据区域土地利用总体规划的要求,合理确定土地复垦方向。

⑥ 动态和土地可持续利用原则

土地损毁是一个动态过程,复垦土地的适宜性也随损毁等级与过程而变化,具有动态性,在进行复垦土地的适宜性评价时,应考虑矿区工农业发展的前景、科技进步及生产和生活水平所带来的社会需求方面的变化,确定复垦土地的开发利用方向。复垦后的土地应既能满足保护生物多样性和生态环境的需要,又能满足人类对土地的需求,应保证生态安全和人类社会可持续发展。

⑦ 经济可行与技术合理性原则

土地复垦所需的费用保证在复垦目标完整、复垦效果达到复垦标准的前提下,兼顾土地复垦成本,尽可能减轻企业负担。复垦技术应能满足复垦工作顺利开展、复垦效果达到复垦标准的要求。

(2) 适宜性评价的步骤

① 选定评价单元。利用破坏现状图斑作为评价单元,其优点在于评价单元的界限在地面上与地块分部完全一致,便于评价成果的运用。

② 选定评价单元可垦性分析的主导因素集 A,并对因素赋权重 P。由于土地复垦区土地破坏程度不均一,采煤作业对土地的影响具有不确定性,而任何一种复垦工程措施都具有特定的应用范围,同时考虑土地复垦工程对环境的影响,选定可垦性分析的主导因素集为: $A=\{$破坏程度,土地稳定性分析,工程手段适宜性评价,环境影响评价$\}$,主导因素的权重采用专家打分法确定。

③ 根据实地调查,对每一评价单元的主导因素进行评价。

④ 对每一评价单元进行可垦性综合分析。

⑤ 基于每一评价单元的可垦性评价结果,确定待复垦区的综合可垦性分析结果 (S)。

(3) 适宜性评价指标体系

土地适宜性评价体系主要包括二级和三级两类体系,一般采用二级体系。

① 二级体系

二级体系分成两个序列:土地适宜类和土地质量等。土地适宜类一般分成适宜类、暂不适宜类和不适宜类,类别下面再续分若干土地质量等。土地质量等一般分成一等地、二等地和三等地,暂不适宜类和不适宜类一般不续分,见表 4-8。适宜类的划分主要根据项目区自然禀赋、经济社会状况、土地利用总体规划和土地损毁分析等划分;等别的划分主要根据适宜程度、生产潜力的大小、限制因素及限制程度等划分。

② 三级体系

该体系分成三个序列:土地适宜类、土地质量等和土地限制型,见表 4-8。类别的划分主要根据项目区自然环境、经济社会状况、土地利用总体规划和土地损毁分析;等别的划分主要根据适宜程度、生产潜力的大小、限制因素情况(有无限制因素和限制性的大小);土地限制型是在土地质量等内,按主导限制因素进行划分。

表 4-8 土地复垦适宜性评价三级体系(以宜耕为例)

土地适宜类	土地质量等	土地限制型	备注
宜耕	一等地	无限制	一等地一般无限制,从二等地到三等地,限制因素及限制程度逐渐增加
	二等地	坡度限制	
		土地损毁程度限制	
		…	
	三等地	坡度限制	
		水分限制	
		土壤质地限制	
		…	
暂不适宜	不续分		
不适宜	不续分		

(4)适宜性评价方法

在确定了损毁土地的初步复垦方向后,宜选用极限条件或类比分析等方法确定复垦土地的最佳利用方向。

① 极限条件法

极限条件法基于系统工程中"木桶原理",即分类单元的最终质量取决于条件最差的因子的质量。公式为:

$$Y_i = \text{Min } Y_{ij}$$

式中,Y_i 为第 i 个评价单元的最终分值;Y_{ij} 为第 i 个评价单元中第 j 参评因子分值。该方法是土地复垦适宜性评价中一种较为常用的方法。

② 类比分析法

类比分析法是一种比较常用的定性和半定量评价方法,包括土地损毁类比、复基标准类比、复垦效果类比等。类比分析法根据已有损毁土地的损毁程度,复垦方向、措施、标准和效果,以及资金投入等情况,来分析确定拟进行的生产建设项目复垦土地的最佳利用方向。选择好类比对象(类比项目)是进行类比分析或预测评价的基础。

类比对象选择的条件:工程性质、工艺和拟建项目基本相当,生态环境条件(地理、地质、气候、生物因素等)基本相似,项目建设已有一定时间,所产生的复垦效果已基本全部显现。

类比对象确定后,则需选择和确定类比因子及指标,并对类比对象开展调查与评价,再分析拟建项目与类比对象的差异。根据类比对象与拟建项目的比较,做出类比分析结论。

③ 指数和法与极限条件法结合

当选取好待评价区域的参评因子和确定权重后,可以采用指数和法与极限条件法相结合的方法评定土地适宜性的等级。首先,在确定各参评因素权重的基础上,将每个单元针对各个不同适宜类型所得到的各参评因子等级指数分别乘以各自的权重值,然后进行累加分别得到每个单元适宜类型（如宜耕、宜林、宜牧）的总分值，最后根据总分值的高低确定每个单元对各土地适宜类的适宜性等级。

计算公式为：

$$R(j) = \sum_{i=1}^{n} F_i W_i$$

式中　$R(j)$——第 j 单元的综合得分；

　　　$F_i W_i$——第 i 个参评因子的等级指数和权重值；

　　　n——参评因子的个数。

当某一因子达到很强烈的限制时，会严重影响这一评价单元对于所定用途的适宜性。因此，还需结合极限条件法进行评定，即只要评价单元的某一参评因子指标值为不适宜时（等级指数为 0），不论综合得分多高，都定为不适宜土地等级。

4.2.3.3　土地复垦方向适宜性评价流程与内容

1. 土地复垦适宜性评价流程

土地复垦适宜性评价以损毁土地为评价对象，在综合分析待评价土地的自然状况、损毁类型及程度等的基础上，对待复垦土地进行评价单元划分和适宜性评价，确定损毁土地的复垦方向。基本流程见图 4-4。

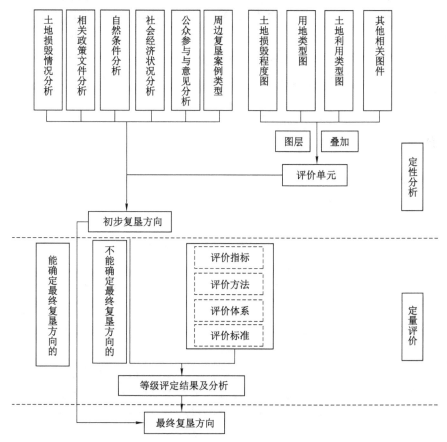

图 4-4　土地复垦适宜性评价基本流程图

从图中可以看出,基本流程包括定性分析和定量评价两个阶段:① 通过对相关政策、自然条件、社会经济状况、损毁类型及程度、公众意愿以及已复垦案例或周边同类项目的类比分析等定性分析,确定评价单元的初步复垦方向;② 合理选择评价指标、评价方法、评价体系和评价标准,进行适宜性等级定量评定,根据评价的结果进行方案的优选,确定其最终复垦方向。

(1) 土地复垦适宜性评价的前期调查与资料收集

项目区自然条件:针对限制项目区土地再利用的自然环境因素进行调查,包括土地条件(高程、坡度等)、气候和水文状况(降雨量、地下水埋深等)、土壤状况(土壤坡面、土壤理化性质等)、植被状况(主要农作物、产量等)等。

对于项目区较为特殊的用地,如尾矿库和矸石山等,需要针对其限制土地再利用的因素进行调查,如尾砂 pH 值、重金属含量以及矸石山的自然状况等。土源状况是土地复垦适宜性评价的一个重要限制因素,若土方来自待复垦区域表土剥离工程的,明确可剥表土的厚度、养分含量、质地等;若为外来土方,应明确其相关理化性质。

项目区经济社会状况:包括项目区社会经济状况(农业人口、人均耕地、种植方式等)和企业的情况(企业在当地社会经济的地位、企业的复垦意识、企业的资金保障等)。

相关政策文件:项目所在区国土空间规划、生态保护修复规划以及矿山开采规划等。

公众参与意见:采用多种形式,包括访谈、填写调查表等了解当地的主管部门、土地主权人等对土地复垦的合理利用方向的看法和建议,并将此应用到适宜性评价中去。

土地利用现状和土地损毁情况:通过土地损毁分析,获取土地损毁相关信息(含损毁类型、程度及面积),分析复垦前损毁土地的利用类型、面积及利用水平等。

邻近类似项目复垦案例:若项目区周边类似矿山已有复垦的案例,应详细地调查其复垦的方向、复垦的效果等。

(2) 土地复垦适宜性评价的评价单元划分

评价单元是土地的自然属性和社会经济属性基本一致的空间客体,是具有专门特征的土地单位,并用于制图的基本区域。划分的基本要求如下:

① 单元内部性质相对均一或相近;

② 单元之间具有差异性,能客观地反映出土地在一定时期和空间上的差异;

③ 具有一定的可比性。

一般的土地适宜性评价主要根据土壤类型、土地利用现状、行政区划来划分评价单元。土地复垦适宜性评价单元的划分不同于一般的土地适宜性评价单元的划分。由于土地复垦适宜性评价对象范围较小,且经过人为的扰动,土地利用类型和土壤类型等比较单一,单元内部性质相对均一或相近。而根据复垦土地损毁的分析知道,复垦土地在复垦区内损毁的类型和程度不同,所以,土地复垦适宜性评价单元可以根据复垦区土地的损毁类型、程度、限制因素等来划分。主要有以下几种划分方法:

① 以损毁类型划分,如将复垦区损毁土地分成挖损、塌陷和压占等单元;

② 以损毁程度划分,分成轻度损毁、中度损毁和重度损毁等三个单元;

③ 以生产建设用地类型划分,如将金属矿项目损毁土地分成采矿场、排土场、尾矿场和其他用地等单元;

④ 综合划分的方法,将评价单元划分相关图(如损毁类型图、损毁程度图,用地类型图、

土地利用现状图以及限制因素等)进行叠加和合并后,形成评价单元。

以单一的图斑作为评价单元,主要针对面积较小、自然属性差异较小的损毁区域,而对于占地面积较大或自然属性差异较大损毁区域的土地复垦来说,如果以单一的图斑作为评价单元,将难以反映土地适宜性的客观规律,可以将损毁类型、程度、限制性因素、复垦工程措施以及土地利用类型等结合起来划分评价单元。另外,由于土地损毁具有时效性,在不同时间段损毁类型和程度都不一样。根据土地利用现状生产进度以及土地损毁预测结果,结合项目区土地利用总体规划,不同时期应采用不同的单元划分标准。

(3) 确定初步复垦方向

土地复垦适宜性评价是以特定复垦方向为前提的。因此,在进行土地复垦适宜性评价时,应对划定的评价单元赋以初步的复垦方向。初步复垦方向主要通过对项目区政策、公众意愿、自然条件、社会经济以及周边类似项目的复垦经验等资料的定性分析来确定。

政策分析:初步复垦方向的确定必须符合项目的总体规划,且与其他规划相协调,对项目区涉及的相关文件和规划进行阐述,为确定复垦初步方向提供指导。

公众意愿分析:充分了解相关职能部门、土地产权人、专家等对复垦方向确定的意见,在复垦方向确定的过程中充分尊重和体现他们的意愿。

项目区自然条件分析:主要涉及生态环境和农业生产密切相关的自然条件,如地质地貌、水土流失、土壤状况等。若项目区地形地貌以山地为主,水土流失严重,生态环境脆弱,则初步复垦方向应该侧重于生态用地;若项目区地势平坦,水、肥、气、热条件较好,则初步复垦方向应侧重于农业用地。

项目区社会经济情况分析:主要涉及项目区的社会经济状况、项目产业在项目区的地位、矿山企业的复垦意识等,旨在说明复垦方案的实施具有经济条件和社会基础。

类比分析:对复垦区周边类似矿山已有复垦的案例进行对比分析,吸收优点,借鉴教训。

通过上述的定性分析,可以确定各评价单元的初步复垦方向。对于某些生产建设类项目(如油气项目)和某些评价单元,定性评价一般就能确定其最终的复垦方向,可不必进行定量评价。根据实际情况需要,在明确损毁土地的具体位置、损毁形式和程度的基础上,参考后续的评价步骤,通过选取评价因子,采用一定的评价方法对其适宜性等级进行评定。

2. 土地复垦适宜性等级评定

(1) 评价指标选择

在特定的土地用途或土地利用方式中,选择影响土地复垦适宜性最主要的几项因素作为评价指标,称之为参评因子。参评因子的选择是土地复垦适宜性评价的核心内容之一,直接关系到土地适宜性评价的科学性及评价精度的高低。影响适宜性的要素众多,且其间的关系错综复杂,需在众多的因素中选择出最灵敏、便于度量且内涵丰富的主导性因素作为土地复垦适宜性评价指标。评价指标的选择需要遵循一定原则:

① 差异性原则。选择的评价因素能够反映出评价对象不同适宜性等级之间的差异性和同一适宜性等级内部的相对一致性,这就需要尽量选择一些变化幅度较大,且其变化对评价对象的适宜性影响显著的因素。

② 综合性原则。综合考虑土壤、气候、地貌、生物等多种自然因素经济条件和种植习惯等社会因素以及土地损毁的类型与程度。

③ 主导性原则。复垦土地在再利用过程中,限制因素很多,如低洼积水、坡度、排灌条

件、裂缝、土壤质地等,其中对土地利用起主导作用的因素称为主导因素。在众多的因素中,部分因素是可以通过少量的投入加以改善的,这些因素不属于主导因素。

④ 定量和定性相结合原则。定量指标具有明确的量级标准,评价因子应尽可能量化,对于难以量化的因子,则给予定性的描述。

⑤ 可操作性原则。建立的评价指标体系应尽可能简明,选取的指标应充分考虑各指标资料获取的可行性与可利用性,既要保证评价成果的质量又要保证可操作性强。

由于土地复垦适宜性评价针对的评价对象为损毁土地,其评价指标不同于一般的适宜性评价指标体系,反映矿山生产建设导致土地损毁程度的因素是影响损毁土地复垦再利用的主要原因。以煤矿项目为例,煤矿项目涉及的损毁类型主要包括塌陷、挖损和压占。常选评价指标见表 4-9。

表 4-9 煤矿项目土地复垦适宜性评价常见指标

损毁类型	评价指标	备注
塌陷	塌陷深度/m	对于复垦方向为耕地的需选择该指标
	地面坡度/(°)	地面坡度影响着复垦工程的难易程度
	土地稳定性	对于井田开采的项目,其土地存在不稳定因素,它将对最终的适宜性起到重要限制作用
	土壤状况	特别是塌陷区复垦为耕地时需加以考虑,包括土壤养分(土壤 N,P,K)、土壤理化性质(土壤 pH 值、有效土层厚度等)等方面,实际运用中根据项目自身特点,合理选择其中一个或者多个
	灌排条件	对于地下水位埋深较浅的地区,若复垦为鱼塘或者耕地,需选择该指标
	…	
挖损	地面坡度/(°)	地面坡度影响着复垦工程的难易程度
	地表物质组成	挖损损毁了地形地貌,地表物质组成变化较大,它是衡量立地条件好坏的一个重要因素
	土源保证率/%	需对土源的供求情况、运距加以分析
	客土质量	包括客土土源质地和养分状况等
	灌溉条件	对于降雨量较少的地区,供水紧张,一般需要考虑灌溉条件
	排水条件	对于地下水位埋深较浅的地区需选择该指标
	…	
压占	地表物质组成	压占损毁重塑了地形地貌,地表物质组成变化较大,它是衡量立地条件好坏的一个重要因素
	自燃状况	对于矸石堆放场必选
	非均匀性沉降	是否存在沉降对于复垦方向的选择起到重要作用
	土源保证率/%	需对土源的供求情况、运距等加以分析
	客土质量	包括客土土源质地和养分状况等
	…	
…	…	

（2）适宜性等级的评定方法和评价体系的选择

根据项目区和评价单元的特点，结合初步利用方向，选择合适的评定方法和评价体系。

① 评价标准的建立

根据我国相关技术行业标准，结合各区域的自然、社会经济状况，建立土地复垦适宜性评价标准。主要依据的标准有《耕地后备资源调查与评价技术规程》《农用地定级规程》及地方相关标准等，在具体的标准确定过程中还应考虑项目区所处的环境状况。评价标准与评价方法相互对应，不同的评价方法，其评价标准表述方法和框架不同。例如，某露天煤矿土地复垦方案适宜性评价，采用极限条件法，其评价标准可以按照表 4-10 进行设计。

再如，某井工煤矿土地复垦适宜性评价对不同的评价单元采取不同的评价方法，对塌陷区林地采用指数和法进行宜林适宜性评价，指标的权重和指数见表 4-11。

表 4-10　复垦土地主要限制因素的评价等级标准（以宜耕为例）

限制因素	分级指标	耕地评价
地面坡度/(°)	<5	1
	5～25	2
	25～45	N
地表组成物质	壤土、沙壤土	1
	岩土混合物	3
	砂土、砂质	N
	砂质	N
土壤有机质含量/(g/kg)	>10	1
	10～6	1
	<6	3
	壤土	1
土壤质地	黏壤土	2
	砂土	3 或 N

注：N 表示不适宜，以上所选指标和分级标准仅对所举案例科学合理，其他项目仅供参考，实际方案编制过程中，应根据各项目的特点和项目区实际情况来科学合理地确定。

表 4-11　塌陷区林地宜林因子指数和权重表

因子及权重		分级标准							
因子	权重	分级 1	指数	分级 2	指数	分级 3	指数	分级 4	指数
岩石裸露度/%	0.25	10～20	3	21～30	2	31～40	1	>41	0
有效土层厚度/cm	0.25	>100	3	60～100	2	30～60	L	<30	0
土壤质地	0.10	壤质	3	黏质	2	沙壤质	1	沙质	0
土壤肥力	0.15	较肥沃	3	一般	2	较贫瘠	1	贫瘠	0
坡度稳定性	0.25	稳定	3	中等稳定	2	较稳定	1	不稳定	0

注：以上所选指标和分级标准仅对所举案例科学合理，其他项目仅供参考，实际方案编制过程中，应根据各项目的特点和项目区实际情况来科学合理地确定。

采用指数和法公式计算塌陷区林地的宜林综合指数,根据表 4-12 的分级标准确定该单元的最终适宜性等级。

表 4-12　塌陷区宜林分级表

适宜类	宜林			
土地适宜性等级	一等地	二等地	⋯	⋯
分值	≥2.60	2.0～2.60	⋯	⋯

② 权重的确定

若采用的评价方法中涉及权重的,可以采用特尔菲法、层次分析法、主成分分析法和回归分析法等。各参评因子对评价目标的影响程度不一样。主要以层次分析法和特尔菲法为例,简要说明两种方法的一般原理和主要步骤。

a. 层次分析法

层次分析法是指将决策问题的有关元素分解成目标、准则、方案等层次,在此基础上进行定性和定量分析的一种决策方法。其主要步骤如下:

构建层次结构模型,建立层次指标体系;

建立判断矩阵;

计算权向量并作一致性检验;

采用指数和法确定权重向量并对其进行归一化处理;

一致性检验;

最终确定参评因子权重。

b. 特尔菲法

特尔菲法又称专家调查法,其主要工作是通过专家对鉴定因素的指标值及其权重作概率估计。首先,邀请有经验的专家采用因素比较法独自对各项因素的权重进行判别,按重要程度由小到大排列,设因子 $U_i(i=1,2,3,\cdots,n)$;其次,确定后一个因子对前一个因子的重要程度(R_i)。用相关系数表示,并令第一个因子的重要程度为 1.0。R_i 代表某一个因子与前一个因子重要程度之比,各因子权重 W_i 根据下式进行计算:

$$W_i = \frac{U_i}{\sum U_i}$$

其中,$R_1=1.0,U_i=R_i\times R_{i-1}\times\cdots\times R_1$。

③ 土地复垦适宜性等级评定及结果分析

详细调查各评价单元所选指标的实际值,采用一定的评价方法,根据制定的评价标准,计算各评价单元的适宜性等级,并建议采用表格的形式汇总各评价单元的适宜性等级、相应的主导限制因素以及整治措施等,表格形式见表 4-13。

同一评价单元往往具有多宜性,宜耕、宜林和宜草等适宜性等级相同,需综合考虑政策、生态环境和公众参与意见等来最终确定各评价单元的复垦方向。

表 4-13 各评价单元土地复垦适宜性等级评定结果汇总表

评价单元	土地复垦适宜性等级					
	宜耕		宜林		...	
	等级	主要限制因素	等级	主要限制因素	等级	主要限制因素
评价单元 1						
评价单元 2						
评价单元 3						
...						

3. 最终复垦方向确定

土地复垦适宜性评价可以科学地确定复垦区域土地的最佳利用方向。以评价结果为依据,综合考虑生态环境、政策因素及公众参与意见等,确定复垦责任范围的最终复垦方向。由于损毁土地要经过复垦整治才可再利用,因此土地复垦适宜性评价中一般存在多宜性,即适宜不同的土地利用方式(但等级可能不一样),这时要经过多方面的对比分析,优选出最终的复垦方向。

例 4-4 华东某高潜水位矿区模糊集合综合适宜性评价示例。

① 评价区域概述

评价区域位于华东高潜水位矿区,采煤沉陷后积水率达 30% 以上。土地塌陷前为高产农田。煤矿开采后环境污染严重。区域内经济基础好,复垦资金来源充足。道路、水利设施框架完整,局部受开采影响。本区土壤类型基本分为淤土和砂壤土两类,地理位置近市靠矿。

② 土地复垦方向选择

根据实际条件和生产需要,选择农作物种植、基塘复垦、林果种植三种复垦方向。农作物种植进一步分为一级宜农地和二级宜农地。

③ 评价因子的选择

不同的土地复垦方向,其影响因子不尽相同,因素间的重要性也存在差异。

a. 农作物种植复垦方向

影响因素有积水状况、土地利用现状、排灌条件、区位条件、土壤条件等。积水状况和土地利用现状反映了土地破坏程度以及土地的肥力、耕作条件等,因此,没有单独考虑下沉深度等因素。排灌条件包括两个方面,即旱能灌、涝能排,它直接影响土地生产力的发挥。区位条件是指塌陷地块距充填料及水源、道路的远近。土壤条件没有细分成有机质含量、土层厚度等因素,主要考虑评价区域内土壤条件变化不大。其他因素,如地形起伏等对农业生产限制性较大,但因本区这些因素的取值或条件变化不大,因此没有考虑。

b. 基塘复垦方向

影响因素有水源条件、积水状况、治理现状及其他外部条件。外部条件是指能否成片开发,政府与农民的积极性,水、电、路通畅条件等。

c. 林果种植复垦方向

影响因素有环境污染程度、治理现状、地表标高及区位条件等。

d. 评价因子权重及等级分值的确定

评价因子的权重反映该因子对指定复垦方向的重要性,采用层次分析法确定。

等级分值用以区分同一复垦方向不同适宜等级间的差异。当参评因子的属性值在某复垦方向一级适宜度的区间内或以上时,其分值为100;当参评因子属性在某复垦方向的末级适宜度以外或以下,即不适宜该复垦方向时,其分值为0;介于两者之间的其他适宜等级分值根据贡献函数方程确定。本例只涉及农作物种植用地的分等,取一级为100,二级为60。

不同复垦方向的参评因子、权重、等级分值、属性值如表4-14、表4-15、表4-16所示。

表4-14　农作物种植复垦方向的参评因子、权重及分值表

等级	评价因子	积水状况	土地利用现状	区位条件	排灌条件	土壤条件
	因子权重	0.12	0.25	0.21	0.24	0.18
1	等级分值	100	100	100	100	100
	属性值	12	25	21	24	18
	属性	无	水浇地、菜地及稻麦两熟地	距排水沟近、距污染源远等	起伏小、有排灌设施	淤土、土层厚
2	等级分值	60	60	60	60	60
	属性值	7.2	15	12.6	14.4	10.8
	属性	季节性积水	旱地、可改造荒地、草地	水源不足、距污染源近等	无排灌设施或排灌设施不健全	淤土土层薄、砂壤土

表4-15　基塘复垦方向的参评因子、权重及分值表

等级	参评因子	水源条件	积水状况	治理现状	外部条件
	因子权重	0.10	0.16	0.34	0.40
1	等级分值	100	100	100	100
	属性值	10	16	34	40
	属性	好	长年积水但面积不大、季节性积水、面积大	精养鱼塘,浅滩区	距污染源远,有成片开发可能

表4-16　林果种植复垦方向的参评因子、权重及分值表

等级	参评因子	地表标高	环境污染现状	治理现状	区位条件
	因子权重	0.14	0.29	0.26	0.31
1	等级分值	100	100	100	100
	属性值	14	29	26	31
	属性	较高	严重	粉煤灰充填区,砂壤土无植被区	沟、渠、路、厂、矿、居民点四周

e. 综合适宜性评价结果

通过计算,得到适宜复垦方向的用地结构如表 4-17 所示,同时可得到各类各级复垦方向的平面分布图(略)。

表 4-17　适宜复垦方向的用地结构

复垦用地结构	一级宜农地	二级宜农地	基塘复垦	林果地	总面积
面积/亩	3 810.75	1 971.75	2 235.0	982.5	9 000.00

4.2.4　生态修复评价方法

4.2.4.1　生态修复的机理

生态修复是对退化的生态系统进行修复,通过排除干扰,加速生物组分的变化和启动演替过程使退化的生态系统修复到某种理想状态。在这一过程中,首先是建立生产者系统(主要指植被),由生产者固定能量,并通过能量驱动水分循环,水分带动营养物质循环。在生产者系统建立的同时或稍后再建立消费者、分解者系统和微生境。

Hobbs 和 Mooney 指出,退化生态系统修复的可能发展方向包括:退化前状态、持续退化、保持原状、修复到一定状态后退化、修复到介于退化与人们可接受状态间的替代状态或恢复到理想状态(图 4-5)。然而,也有人指出退化生态系统并不总是沿着单一方向恢复,也可能是在几个方向间进行转换并达到复合稳定状态。

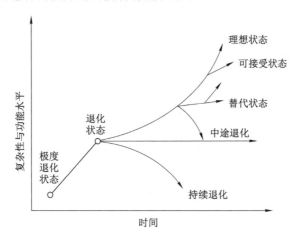

图 4-5　退化生态系统修复可能发展的方向(引自李洪远,鞠美庭,2005)

4.2.4.2　生态修复的程序

生态修复主要是针对退化生态系统进行的修复。修复的基本过程简单表示为:基本组分单元的修复→组分之间相互关系(生态功能)的修复(第一生产力、食物网、土壤肥力、自我调控机能包括稳定性和恢复能力等)→整个生态系统的恢复→景观恢复。

植被修复是重建任何生物生态群落的第一步。植被恢复是以人工手段在短时期内使植被得以修复的方式,其过程通常是:适应性物种的进入→土壤肥力的缓慢积累,结构的缓慢改善(或毒性缓慢下降)→新的适应性物种的进入→新的环境条件的变化→群落建立。在进行植被修复时应参照植被自然恢复的规律,解决物理条件、营养条件、土壤的毒性、合适的物种等问题。在选择物种时既要考虑植物对土壤条件的适应也要强调植物对土壤的改良作用,同时也要充分考虑物种之间的生态关系。

目前生态修复的重要程序包括:确定修复对象的时空范围;评价样点并鉴定导致生态系统退化的原因及过程(尤其是关键因子);找出控制和减缓退化的方法;根据生态、社会、经济和文化条件决定修复的生态系统的结构、功能目标;制定易于测量的成功标准;发展在大尺度情况下完成有关目标的实践技术并推广;修复实践;与相关管理部门交流有关理论和方法;监测修复中的关键变量与过程,并根据出现的新情况做出适当的调整。上述程序如图 4-6 所示。

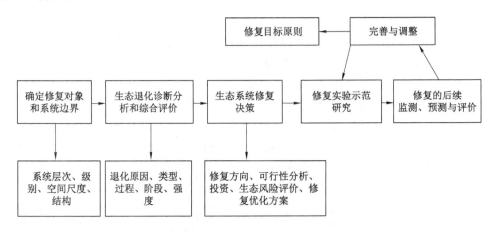

图 4-6　退化生态系统修复的操作流程与内容

4.2.4.3　生态修复的评价标准

恢复生态学家、资源管理者、政策制定者和公众希望知道修复成功的标准何在,但生态系统的复杂性及动态性却使这一问题复杂化了。通常将恢复后的生态系统与未受干扰的生态系统进行比较,其内容包括关键种的多度及表现、重要生态过程的再建立、诸如水文过程等非生物特征的恢复等。

有关生态恢复成功与否的指标和标准虽尚未建立,但以下问题在评价生态恢复时应重点考虑:

① 新系统是否稳定,并具有可持续性;

② 系统是否具有较高的生产力;

③ 土壤水分和养分条件是否得到改善;

④ 组分之间相互关系是否协调;

⑤ 所建造的群落是否能够抵抗新种的侵入(因为侵入是系统中光照、水分和养分条件不完全利用的表现)。

中华人民共和国土地管理行业标准《国土空间生态保护修复工程验收规范》(2022 年)中,对于生态修复工程验收提出以下几点评价标准:

① 综合评定项目布局的整体性、系统性、关联性,以安全为目的的防洪调蓄、灾害防治、污染治理等基础先导工程运行状况安全性、有效性;

② 综合评定生态保护修复模式选取和措施技术的科学性,体现自然恢复为主,人工修

复为辅的原则,符合国土空间规划和用途管制的要求,有效解决区域或流域的生态问题,消除或减缓生态胁迫因子;

③ 分析土地利用结构和布局变化情况,综合评定区域或流域生态格局优化情况,说明生态网络构建与生态廊道连通情况;

④ 综合评定工程实施对区域或流域生态系统结构和功能的改善情况、生物多样性保护情况,条件允许可核算修复后的生态系统碳汇增量;

⑤ 综合分析工程实施对区域或流域生态系统质量的改善情况和生态产品供应能力增强情况;

⑥ 综合评定修复后生态系统的长期稳定性和效果的可持续,以及工程实施可能产生的负面影响,或存在的潜在生态风险。

4.3　土地复垦与生态修复的分区与规划

4.3.1　土地利用分区技术

4.3.1.1　土地利用分区内涵

土地利用分区是国土空间生态修复规划的重要基础,是国土空间优化配置的核心内容,是制定差别化国土资源管理政策的主要依据。土地利用分区一般以地域分异规律为理论基础确定不同的理论和方法准则作为指导思想,并指导选取分区指标、建立分级系统、方法体系。针对土地利用空间分区的多主题集成和多尺度融合,将自上而下的土地利用空间现状要素分析与自下而上土地利用空间功能表达相结合,形成一个有机整体,评价单元原则上不打破行政界线或产权界线的完整性,而分区实施过程中对评价单元界线与数据单元尺度不一致的情况可运用地理信息系统空间分析方法予以解决。

4.3.1.2　土地利用分区基本方法

① 聚类分析法。利用统计手段进行聚类分区,可以从影响自然、经济和社会等指标对区域内各地区进行分析,找出地区间的差异和地区经济发展特征,这是土地利用分区的重要参考基础。常见的聚类方法包括模糊聚类、K 均值聚类、系统聚类、动态聚类等。

② 空间叠置法。又称套图法,适用于规划图和区划图齐全的情况,将有关图件上规划界线重叠在一起,以确定共同的区界。对于不重叠的地方要具体分析其将来土地利用空间主导的国土空间用途并据以取舍。

③ 综合分析法。又称经验法,是一种带有定性分析的分区方法,主要适用于区域差异显著、分区明显易定的情况,要求操作人员非常熟悉当地的实际情况,一般为专家个人或集体。

④ 主因素法。它是在微观的规划单元划分基础上,适当地加以归并,逐步扩大土地利用空间分区,再将地域相连的类型区合并成为区域,以主导的土地利用用途作为空间区域名称。

除了上述分区方法以外,还要结合公众参与、创新理念分析和空间模型应用等综合分区思想,最终实现多主题集成和多尺度融合的土地利用分区。

4.3.1.3　土地利用分区的步骤

土地利用分区一般按准备工作、拟定分区技术指标、分区划线、整理分区成果几个步骤进行。

（1）准备工作

包括拟定分区方案,收集、整理分区所需资料和图件。分区方案中要对分区依据、类型、方法等做出明确的规定。

土地利用分区类型和方式可根据各地的具体情况采用二级分区,一级用地区依据土地的基本用途划分,二级用地区则依据土地利用管理措施划分。从全国范围看,一级用地类型有:农业用地区、园地用地区、林业用地区、牧业用地区、城乡建设用地区、特殊用地区等。二级用地区可以在一级用地区的范围内根据实际情况再细分区。

（2）拟定分区技术指标

分区技术指标应反映各类用地区对土地数量、质量和区位条件等的要求。

土地数量要求是对土地面积、集中程度的要求。地区的类型不同,对土地数量要求也不同。一般来说,农业用地(包括耕地、园地、林地、牧草地)要求的土地面积较大,土地集中连片程度较高,而建设用地要求的土地面积较小,土地集中连片程度较低。一个用地区的最小面积多大,用地区内主导用途的土地比重多高,要根据当地实际和实施管理的可能性来确定。

土地质量要求是对土地适宜性、限制性的要求。农业用地对地形、温度、水分、土壤等有严格的要求。建设用地则对土地地基承载力、地下水埋深、洪水危害、坡度等有一定的要求。划分用地区必须考虑这些要求。

土地区位条件要求是对土地与居民点、交通线距离等的要求。建设用地对土地区位条件有较高的要求,在拟定分区技术指标时要予以考虑。

（3）分区划线

具体划定各用地区的界线,一般采用图纸叠加与分区指标相结合的方法进行。即以土地利用现状图为工作底图,将土地适宜性评价图、地形图、生态保护红线、基本农田保护区、城镇发展边界图或其他专项用地规划图等叠置其上面,根据重叠的情况划定部分用地区的界线,再利用分区技术指标划定其余用地区的界线。

（4）整理分区成果

土地利用区初步划定后,以土地详查资料为基础统计各用地区的面积,其中重叠区应单独统计,各区统计面积要同初步拟定的用地指标结果进行对照检查,如二者不相协调,应分析原因,根据具体情况适当修正用地区界线或用地指标,调整土地利用分区。各类用地区划定后,相应确定各区土地利用原则、限制条件和管理措施等。

4.3.2　土地利用结构规划

合理的用地结构应综合考虑土地的适宜性、经济效果以及生态环境效果,并符合国土空间规划及其他各项政策要求。土地适宜性评价结果得到的用地结构主要考虑了待复垦土地的自然属性因素,不一定是合理的。合理的用地结构往往按下述方法之一确定:

① 按农业生产技术的需要,如间、套、轮作的合理比例或生态工程各生态单元的用地比例确定。

② 考虑土地自身的适宜性及其他各项要求,按最佳经济效果配置用地结构。

4.3.2.1　用地结构优化的线性规划模型

设 $Z(t)$ 为 t 年土地的总收益,$C_j(t)$ 为 t 年各类用地单位面积的经济收益,$x_j(t)$ 为 t 年

各类用地的面积,则有:

目标函数:
$$\mathrm{Max}\ Z(t)=\sum_{j=1}^{n_1}C_j(t)x_j(t)$$

约束条件:
$$\begin{cases}\sum a_{ij}(t)x_j(t)\geqslant m_i(t) & (i=1,\cdots,n_2)\\ x_j(t)\geqslant 0 & (j=1,\cdots,n_1)\end{cases}$$

若 t 年系数一定,上述模型简化为:

目标函数:
$$\mathrm{Max}\ Z=\sum_{j=1}^{n_1}C_j x_j$$

约束条件:
$$\begin{cases}\sum_{j=1}^{n_1} a_{ij}x_j\geqslant m_i(t) & (i=1,\cdots,n_2)\\ x_j(t)\geqslant 0 & (j=1,\cdots,n_1)\end{cases}$$

式中,n_1 为用地类型数;n_2 为除非负约束外的约束条件数。

为列约束方程,通常需作深入的调查研究和统计分析工作,以寻求模型中的参数 C_j、a_{ij}、m_i。

上述模型中,若设 Z 为总产值或总产量,那么方案就难以说明效益的高低,只是在总量控制时是有意义的。若需要其效益最佳,不妨将 Z 设为投入产出比。若还想用其他指标作为规划的目标,需要用多目标规划模型来求解。

4.3.2.2　约束条件的类型

建立土地利用结构优化模型的关键是选取计算参数和列立约束方程。土地复垦规划的约束条件通常分为总量约束、绝对量约束、配置量约束及非负约束四类。

（1）总量约束

常见的总量约束如下:

① 资金约束

与土地复垦有关的工程如挖深垫浅、土壤肥化等都需要耗费大量的资金,而我国目前复垦资金渠道有限,要在有限的投入下获得最佳的经济效果,就受到资金的约束。例如,恢复 1 亩耕地需投资 a_{11},开挖 1 亩鱼塘需 a_{12},依次类推,而总的投资约束在 m_1 内,于是有约束方程:

$$a_{11}x_1+a_{12}x_2+\cdots\leqslant m_1$$

② 资源约束

无论是用粉煤灰还是用矸石或其他废弃物,或从外地运泥土充填塌陷坑,其总量总是有限的,另外在发展水产养殖业或复垦为水浇地时也受到当地水资源的限制。比如根据计算或经验知,某矿区造地 1 亩需填方 a_{21},挖塘 1 亩得土 a_{22},现有各种充填料 m_2,则:

$$a_{21}x_1-a_{22}x_2\leqslant m_2$$

③ 劳动力约束

设每年可投入复垦工程的劳动日为 m_3,而耕地、鱼塘、菜地等每亩需劳动日 a_{31}、a_{32}、a_{33} 个,于是有:

$$a_{31}x_1+a_{32}x_2+a_{33}x_3+\cdots\leqslant m_3$$

若从解决就业问题的角度出发,通过复垦必须安排 m'_3 个劳动日以上,则有:

$$a_{31}x_1 + a_{32}x_2 + a_{33}x_3 + \cdots \geqslant m'_3$$

（2）绝对量约束

① 需求约束

矿区地表沉陷引起农作物产量下降，非农业人口增加，而对粮油等的需求量也日益增加，这就对复垦为耕地的要求更加迫切。若矿区需粮 n，复垦土地单产 p，未受破坏土地 s 亩，单产 q，矿区外调拨粮食 t，则复垦为耕地的面积 x_i 必须满足：

$$x_i \geqslant \frac{n - sq - t}{p}$$

② 政策约束

据国家政策或地方规定又有许多约束，如矿区要求森林覆盖率达 η，则：

$$x_i \geqslant 森林覆盖率 \eta \times 矿区总面积$$

③ 配置量约束

例如，养鱼 1 亩水面需配饲料地 0.5 亩，则有：

$$x_4 - 0.5x_2 \geqslant 0$$

④ 非负约束

非负约束表示为：

$$x_i \geqslant 0 \quad (j = 1, \cdots, n_i)$$

4.3.2.3 用地结构优化步骤

线性规划的优点是方法成熟，使用简便，有通用计算机程序，因此被广泛使用。但约束条件和模型中的参数直接影响优化结果，若约束条件建立不当或系数选取不合理，往往导致优化结果失真。另外，线性规划模型虽可解算众多约束条件的问题，但对复垦用地结构优化来说，应尽可能使模型简洁，层次清楚，考虑主要的约束条件。

用地结构优化问题解算步骤如下：

① 系统分析。

② 确定决策变量和参数。

③ 建立目标函数和约束条件。

④ 解算线性规划模型，获得几个优化方案。

⑤ 方案比较与评价。

⑥ 决策。

4.3.2.4 应用举例

例 4-5 某规划区面积约 860 亩，规划区内人口约 700 人。原地势平坦，均为良田，适于种植小麦、玉米、大豆、水稻、花生等粮食作物与经济作物。该区平均潜水位标高为 34.5 m，最高时达 35.0 m，丰水期积水率在 30% 以上。

该规划区距某市较近，据调查，农产品尤其是蔬菜、水产品需求量大。与规划区相邻接的较大范围的社会经济状况为：因煤炭开采耕地大面积塌陷，部分地方人均耕地仅 0.1 亩。当地农民已自发开挖了一些鱼塘，他们对复垦后的耕作制度和养殖技术缺乏经验。

（1）系统分析与建模

根据土地利用现状和复垦利用的可能性，复垦后土地利用方向包括养猪场、养鸡场、养鱼池、粮食作物、林果园、饲料地及服务用地等七类。根据现有资源和生产条件约束条件分为四类,即总量约束、配置约束、绝对量约束和非负约束。总量约束所需数据见表 4-18。配置约束有养鱼 1 亩配饲料地 0.5 亩,即 $x_6 \geq 0.5x_3$。绝对量约束有:受技术水平、饲料来源所限,猪场、鸡场的规模受到一定限制,即 $x_1 \leq 20, x_2 \leq 40$,该区需粮 20×10^4 kg,以亩产 600 kg 计算,$x_4 \geq 333$。非负约束为 x_1、x_2、x_3、x_4、x_5、x_6、x_7 均大于等于 0。

表 4-18　总量约束数据表

利用方向	决策变量	纯收益 /[元/(年·亩)]	复垦投资 /(元/亩)	劳力投入 /[人/(年·亩)]	服务用地 面积	土方量 /(m³/亩)
猪场	x_1	14 000	34 500	3	0.03	−200
鸡场	x_2	10 000	21 180	4	0.03	−200
养鱼	x_3	800	1 500	0.1	0.01	700
粮食作物	x_4	600	2 000	0.1	0.01	−400
林果园	x_5	800	1 200	0.02	0.02	−200
饲料地	x_6	167	1 200	0.05	0.005	−400
服务用地	x_7	2	700	0	−1	0
合计	= 860	= Max Z	≤ 1 720 000	≤ 300	≤ 0	≥ 0

目标函数为:
$$\text{Max } Z = 14\,000x_1 + 10\,000x_2 + 800x_3 + 600x_4 + 800x_5 + 167x_6 + 2x_7$$

(2)模型计算与结果分析

根据实际需要,对下述两种情况进行了解算:

① 只考虑 $x_3 \sim x_7$ 五种复垦利用方向,考虑上述所有约束条件。

② 考虑 $x_1 \sim x_7$ 七种复垦利用方向,不考虑粮食种植面积约束,将投资总额由 172 万元增至 260 万元。

计算结果如表 4-19 所示。

表 4-19　计算结果表

利用方向	x_1	x_2	x_3	x_4	x_5	x_6	x_7
方案一	0	0	296.1	333	74.3	148.1	8.5
方案二	20	40	211.5	0	468.9	105.8	13.8

结果表明:

① 方案一需投资 138.30 万元,就业人数 72 人,土方工程量 20.7×10^4 m³,挖填均衡,年纯收入最大值为 52.09 万元,以复利 $i = 10\%$ 计算,投资回收期 3.2 年,人均收入 744 元。此方案的优点是将塌陷地充分开发利用为粮食、林果种植和水产养殖,土方工程量均衡,充分利用了区内资金和资源条件。存在的问题是解决就业的人数少,人均收入低。即使这样,同未受塌陷影响的农村相比,效益也是可以的。

② 方案二需投资 256.1 万元,解决 251 人就业,土方量为 14.8×10^4 m³,挖填均衡,年纯收益最大值为 124.20 万元,以复利 $i = 10\%$ 计算,投资回收期为 2.4 年,人均收入

1 744.27元。该方案的优点是将塌陷地充分开发利用为林果种植、水产及禽畜养殖,土方工程量小,解决就业人数多,人均收入高。存在的问题是仅靠区内提供的资金和资源条件是不够的。一方面需筹集资金,初期投资需 256.1 万元,表 4-19 中可供利用的资金只有 172万元,尚缺 84.1 万元;另一方面,在约束条件中只考虑了养鱼的饲料来源,养鸡、养猪亦需大量的饲料,需从外地购进;再一个问题就是当地居民的口粮没有解决。若能解决以上问题,方案二是较优的,若不能解决则选用第一方案。

4.3.2.5 复垦土地利用结构的决策

复垦土地利用结构的决策需要考虑以下因素:

(1) 遵循国土空间规划的要求

国土空间规划往往是粗线条的,它提出本地区土地利用目标和基本方针,包括开发、复垦目标,这些目标、方针正是制定土地复垦规划的依据。如某地区确定 2020 年以前复垦煤矿塌陷地 3 万亩,其中复垦为耕地不少于 1 万亩,以弥补新开采沉陷的耕地数量,于是在制定矿区土地复垦规划时,就应从现有的塌陷地中挑选出 1 万亩最适宜,即自然条件好、投入少、宜于复垦为高产农田的塌陷地块复垦为耕地。

(2) 满足人民生活和生产建设需要

满足人民生活需要就是要综合考虑本地区粮食供应、劳动力就业、当地居民生活与耕作习惯等因素;满足生产建设需要包括满足农业生产和工业生产两方面,如兴修水利、道路建设、村庄搬迁、煤矿工业广场扩大、其他工业企业用地等均应统一考虑。

(3) 合理的用地结构应能提高本地区的生态环境质量

水资源短缺地区可结合矿区土地修建一些蓄水设施;矿区粉尘污染严重,应通过复垦适当增加绿地面积;矿山污水、固体废弃物排放亦影响复垦后土地利用结构的决策。

(4) 社会因素

需要考虑的社会因素包括劳动力就业、规划区内人口构成、生活习惯、规划区内交通、通信设施现状、游乐场所现状等。

4.3.3 规划与工程设计技术

4.3.3.1 土地复垦与生态修复规划技术

(1) 规划基础方法

土地复垦与生态修复规划过程中,涉及的基础方法有:调查勘测、系统评价、预测分析、空间分区、系统制图等。

现状的调查勘测是规划的基础性工作,包括工程勘测、专业调查、观测诊断等。系统评价是规划工作的分析过程,包括适宜性评价、开发潜力评价和承载力评价等。其中,适宜性评价主要有农业功能适宜性评价、城镇建设适宜性评价、生态功能重要性评价等;开发潜力评价主要有矿产资源开发潜力评价、土地资源开发潜力评价、农业气候资源开发潜力评价、交通资源开发潜力评价等;承载力评价主要有资源承载能力评价、环境承载能力评价、生态承载能力评价和设施承载能力评价等。预测分析方法主要有根据不同的预测对象选择相应的预测方法,主要有直观预测法、因果预测法和时间序列预测法。空间分区方法主要有聚类分析法、空间叠置法、综合分析法和主因素分析法等。系统制图主要涉及综合制图和系统制图,采用地理信息系统(GIS)的数据管理和分析功能,实现制图自动化。

（2）规划空间分析技术

规划是一项规模宏大的系统工程，涉及大量的空间数据、属性数据和社会统计数据，同时又要综合多目标下的各种规划因素，以及考虑规划编制后的有效实施和管理。为了提高规划的工作效率和决策的科学性，采用地理信息系统（GIS）、遥感（RS）和全球定位系统（GPS）技术。GIS 的空间分析技术除了运用 GIS 的一般查询、测量、数据编辑和统计功能外，还有空间叠置分析、缓冲区分析、网络分析、空间统计分析、三维空间分析等。RS 技术主要包括辐射校正、几何纠正、图像镶嵌、图像增强、投影变换、特征提取、分类及各种专题处理的一些技术方法。空间分析技术集成主要是将 RS、GIS 和 GPS 技术集成。

（3）规划决策方法

决策支持系统在管理信息系统基础上增加了模型库及其管理系统，借助计算机技术，运用数学方法、信息技术和人工智能为管理者提供了分析问题、构建模型、模拟决策过程及评价最终效果的决策支持环境，由人机界面、数据库及管理系统、模型库及其管理系统三个单元结构组成，集合专家系统、遗传算法、神经网络等技术，使得决策系统更加智能化，诸如空间决策博弈方法、空间模拟与仿真技术。空间模拟与仿真技术主要有系统动力学、多智能体、元胞自动机等。

（4）规划大数据分析方法

规划大数据分析方法主要包括大数据采集技术、大数据处理技术、大数据规划应用。常用的大数据采集技术有 Hadoop、网络爬虫、API 或者 DPI 等技术。大数据处理技术主要有数据抽取、数据清洗、数据存储、数据管理、数据建模、数据挖掘等。大数据规划应用主要是针对过去的发展模式进行描述性分析和对未来的预测性分析及应用管理。

4.3.3.2　土地复垦与生态修复工程设计技术

土地复垦与生态修复工程技术主要包括表土剥离与覆土工程技术、田面高程设计、土地平整工程设计、梯田工程设计、灌溉与排水工程技术、田间道路工程技术、农田防护与生态环境保持工程技术等。

1. 表土剥离与覆土工程技术

（1）表土剥离

表土剥离是指能够进行剥离的表土，有利于快速恢复地力和植物生长的表层土壤或岩石风化物。表土剥离厚度根据原土壤表土层厚度、复垦土地利用方向及土方需要量确定。一般对自然土壤可采集到灰化层，农业土壤可采集到犁底层。采集的表土尽可能直接铺覆在整治好的场地上。

表土剥离通常采用动态充填复垦表土剥离技术。该技术需要根据拖式铲运机宽度，由外到里预算出每一拖式铲运机宽度范围内的土方量，然后将复垦区划分不同的复垦条带和取土区，每一条带大致为拖式铲运机宽度的整数倍数，最后由外向里层剥离。该工艺主要适用于地下水潜水位较高、需要挖深垫浅的采矿区。

（2）充填工程技术

① 裂缝充填

地表受开采沉陷影响后一个明显的损毁特征是地表出现裂缝。地表裂缝发生的地陷主要集中分布在煤柱、采区边界的边缘地带，以及煤层浅部地带。

不同的裂缝采用不同的充填工艺流程。对于裂缝宽度较小（一般小于 10 cm）的区域，裂缝一般未贯穿土层,可以采用人工治理的方法,就地填补裂缝,然后采用平整的措施,即将裂缝挖开,填土夯实即可。对于宽度较大的裂缝(一般大于 10 cm)需按反滤层的原理填堵裂缝孔洞,首先用粗砾石或砾石填堵孔隙,其次用次粗砾,最后用砂、土填堵,用小平车或手推车向裂缝中倾倒,当充填高度距剥离后的地表 1.0 m 左右时,开始用木杠作第一次捣实,然后每充填 0.4 m 左右捣实一次,直到与剥离后的地表基本平齐为止。对于裂缝分布密度较大的区域,可在整个区域内剥离表土并挖深至一定标高,再用煤矸石或废土石统一充填并铺垫,每填 0.3～0.5 m 夯实一次,夯实土体的干容量达到 1.4 g/cm³ 以上。用反滤法填堵以后,可防止水土流失,不影响耕作。

根据不同类型强度的裂缝情况其充填土方的工程量亦不同。设沉陷裂缝宽度为 a m,则地表沉陷裂缝的可见深度 W 可按下列经验公式计算:

$$W = 10\sqrt{a}$$

设塌陷裂缝的间距为 C(单位:mm),每亩的裂缝系数为 n,则每亩面积塌陷裂缝的长度 U 可按下列经验公式计算:

$$U = \frac{666.7}{C}n$$

每亩塌陷地裂缝充填土方量 V 可按下列经验公式计算:

$$V = \frac{1}{2}aUW$$

每一图斑塌陷裂缝充填土方量 M_{ui},可按下列公式计算:

$$M_{ui} = V \cdot F$$

式中,F 为图斑面积。

② 塌陷地充填

塌陷地充填复垦技术一般利用土壤和容易得到的矿区固体废弃物,如煤矸石、坑口和电厂的粉煤灰、露天矿排放的剥离物、尾矿渣、垃圾、沙泥、湖泥、水库库泥和江河污泥等,既处理了废弃物,又治理了塌陷损毁的土地。

(3) 覆土工程技术

表土覆盖是充分利用预先收集的表土覆盖形成种植层的方法。表土覆盖厚度根据当地土质情况、气候条件、种植种类以及土源情况确定。一般的,种植农作物时覆土 50 cm 以上,耕作层不小于 20 cm;用于林业种植时,在覆盖厚度 1 m 以上的岩土混合物后,覆土 30 cm 以上,可以是大面积覆土,土源不够时也可只在植树的坑内覆土;种植草类时覆土厚度 20～50 cm。应对覆土层进行整平,当用机械平整时,尽量采用对地压力小的机械设备,并在整平后对覆土层进行耕翻。

(4) 土壤改良技术

复垦后的土壤,由于有效土层厚度、土壤比例及综合肥力都较低,复垦后土壤改良是土地平整工程中的重点。不同用途的利用方向,对土壤质量要求不同。诸如复垦为农地时,覆盖土壤 pH 值为 5.5～8.5,含盐量总量不大于 0.3%,理化性质和养分指标满足种植要求。覆盖表土的有毒有害物质的含量满足相关要求。如覆盖层中利用的污泥、垃圾和粉煤灰,当这些物料中污染物分别满足《农用污泥中污染物控制标准》后,方可用于农业种植。

2.田面高程设计

无论是充填复垦还是非充填复垦,复垦为耕地的土地高程均有一定要求,田面高程设计应因地制宜,与农田水利工程设计相结合,既能确保农田旱涝保收,又能使填、挖土方量最小。

田面最低高程可按下式计算:

$$H = H_d + \sum_i l_i i_i + h_k$$

式中,H 为田面最低高程,m;H_d 为承泄区常年水位或强排区主排水沟经常水位,m;l_i 为各级排水沟道长度,m;i_i 为各级排水沟道坡降;h_k 为作物保持正常生长的地下水位临界深度,m(表 4-20,表 4-21)。

表 4-20　北方地区采用的地下水临界埋深

矿化度/(g/L)	土壤质地		
	砂壤	壤土	黏土
<2	1.8～2.1	1.5～1.7	1.0～1.2
≥2～5	2.1～2.3	1.7～1.9	1.1～1.3
≥5～10	2.3～2.6	1.8～2.0	1.2～1.4
>10	2.6～2.8	2.0～2.2	1.3～1.5

表 4-21　各种作物要求的地下水埋深

作　　物	小麦	棉花	高粱	甘薯
生长期适宜地下水埋深/mm	100～120	110～150	80～100	90～110
雨后短期允许的地下水埋深/mm	80～100	40～70	30～40	50～60

3. 土地平整工程设计

土地平整工程一般包括耕作田块规划、土地平整工程和地力保持措施等。土地平整类型根据地形地貌特点一般分为条田和梯田,平原地区耕作田块为条田,丘陵地区耕作田块一般为梯田。

(1)耕作田块规划

耕作田块一般指条田、方田或田区,是末级固定田间工程设施所围成的地块,是田间作业、轮作和工程建设的基本单元,是田间灌溉和排水的基本单元。耕作田块规划包括条田和梯田的田块布置、田块形状、田块方向、田块长度、田块宽度、田块规模确定等。

(2)土地平整工程标准

土地平整后要发挥机械效率,提高机耕质量,灌排方便,满足作物高产稳产对水分的需要。土地平整范围一般以农渠和农渠之间的田块为平整单位,若田块面积较大或地形有一定的起伏,可将田块分成几个平整区域。水稻田或以洗盐为目的时,以一个格田的面积为平整单位。在旱作区,一个农渠控制的田块内,在有临时毛渠布设的地方,一个临时毛渠控制的田块内,纵横方向没有反坡,田面横向一般不设计坡度;田面纵坡方向一般设计与自然坡降一致,坡度的大小综合考虑灌水方向和土质情况。水稻田纵坡降一般为 1/3 000～

1/2 000；稻麦两茬地的坡降可为 1/2 000～1/1 000；畦灌田的坡降一般为 1/1 000～1/500；沟灌田的坡降一般为 1/1 000～1/250；横向坡降要小，一般不要超过纵坡的 1/3。种植水稻的格田内绝对高差应在±3 cm 以内。

（3）土地平整高程设计方法

土地平整高程设计方法主要有方格网法、小田块并大田块法等。

① 方格网法

方格网法比较适合地面高低不平的平整单元，设计高程及挖填土方量计算步骤如下：

a. 设计方格网

在要平整的地块内设立方格网，方格的大小依据地形高低程度和施工方法，一般人工平整采用 10 m×10 m 或 20 m×20 m，机械施工采用 40 m×40 m 或 100 m×100 m。为方便计算，各方格网点应对照现场绘于简图上，并按行列编号。

b. 测定方格点高程

采用测量仪器测定各方格点的高程，也可在 1∶2 000 或更大比例尺的图上采用内插法确定方格点高程（高程标法见图 4-7）。

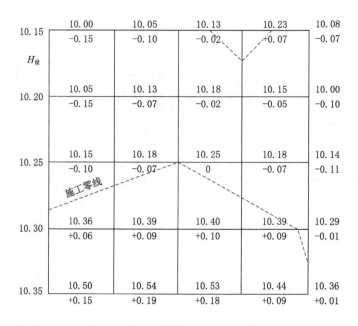

图 4-7 土地平整方格网

c. 计算设计高程

计算每个方格角点的平均高程 $H_1, H_2, \cdots, H_n$（n 为方格数）。如图 4-8 左上角第 1 个方格：

$$H_1 = \frac{1}{4}$$

第 2 个小方格：

$$H_2 = \frac{1}{4}(10.05 + 10.13 + 10.13 + 10.18) = 10.12 \text{ (m)}$$

依此类推,计算出所有小方格的平均高程。

计算平面重心(面积中心)设计高程H_m:

$$H_m = \frac{1}{16}(H_1 + H_2 + \cdots + H_{16}) = 10.25 \ (\text{m})$$

d. 计算斜面各方格点设计高程

计划将地面平整成南高北低、坡度为 1/400 的斜面,东西向无倾斜,则在方格网为 20 m×20 m 的情况下,自北向南相邻两方格点的设计高差应为 20×1/400=0.05(m)。

各方格点分别位于 5 行直线上,中心行各点的设计高程为 $H_m = 10.25$ m。因此,各行主格点的设计高程分别为 10.15,10.20,10.25,10.30,10.35。

e. 田面设计高程修正

若经计算总挖方量与填方量相差较大,则需要修正设计高程:

$$修正后设计高程 = 第一次计算的设计高程 + \frac{(挖方总量 - 填方总量)}{平整田块面积}$$

② 小田块并大田块法

如图 4-8 所示,有四块不等高的平台阶地,面积分别为 S_1、S_2、S_3、S_4,高程(若田面平坦,则为有代表性一点的高程;若田面有均匀坡度,则为平均高程)分别为 H_1、H_2、H_3、H_4。设平整后的田面高程为 H_m,则各田块的填(挖)高度为 $H_1 - H_m$,$H_2 - H_m$,$H_3 - H_m$,$H_4 - H_m$。

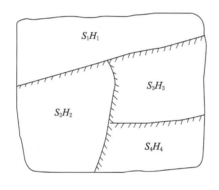

图 4-8　小田块布置

为了满足土方平衡条件,填挖方量总和应等于零,即:

$$S_1(H_1 - H_m) + S_2(H_2 - H_m) + S_3(H_3 - H_m) + S_4(H_4 - H_m) = 0$$

$$H_m = \frac{S_1 H_1 + S_2 H_2 + S_3 H_3 + S_4 H_4}{S_1 + S_2 + S_3 + S_4}$$

(4)挖填土方量计算及其调配

按前述方法设立方格网,在测定各方格点的地面高程、计算确定设计高程基础上,按以下步骤计算挖填土方量。

计算各方格点填挖数:

$$填挖数 = 地面高程 - 设计高程$$

① 绘制施工零线

在方格网的填方点和挖方点之间,必定有一个填挖分界点(施工零点),把施工零点连接起来,即为施工零线。零点和零线是计算土方量和施工量的重要依据。零点位置根据相似三角形比例关系求出(图 3-1),公式为:

$$x_1 = L h_1 / (h_1 + h_2)$$

式中,x_1 为零点距填(挖)数为 h_1 的方格点的距离;h_1、h_2 为方格两端的填(挖)数,均用绝对值;L 为方格边长。

本例中,$L = 20$ m,则有:

$$x_1 = \frac{20 \times 0.06}{0.06 + 0.10} = 7.5 \ (\text{m})$$

② 填(挖)方量计算

由于地面高低起伏变化复杂,所以只能近似地计算土方量。计算公式可视具体情况按表 4-22 所列选用。

表 4-22 方格内填(挖)方量计算公式

底面积图形	说明	土方计算公式
	底面积正方形截棱柱体	$V = \frac{L}{4}(h_1 + h_2 + h_3 + h_4) = \frac{L^2}{4} \sum h$
	底面积三角形截棱柱体	$V = \frac{1}{2} bc \cdot \frac{\sum h}{3} = \frac{1}{6} bc \sum h$
	底面积五边形截棱柱体	$V = \left[L^2 - \frac{(L-b)(L-c)}{2} \right] \frac{\sum h}{5}$
	底面积梯形截棱柱体	$V = \frac{b+c}{2} L \cdot \frac{\sum h}{4} = \frac{(b+c)L \cdot \sum h}{8}$

为了提高计算效率,还可根据表 4-22 中的公式,制出土方体积备用。应该指出的是,由于计算公式是近似的,因此,在逐个计算出每个小方格内的填(挖)方量再汇凸时,往往总填方量与总挖方量不完全相等。如果两者相差较大,经复算又无误时,则需要修正设计高程。用改正后的设计高程,重新定零线,再计算填(挖)方量,直到填挖基本相等为止。

4. 梯田工程设计

水平梯田设计主要是研究确定不同条件下梯田的合理断面。田面宽、田坎高和田块侧坡是梯田断面的三要素。

如图 4-9(a)所示,梯田的田面宽度就是梯田田面内边缘至外边缘的宽度;田坎高度是指每一级水平梯田的高差;田坎侧坡是指梯田田坎的边坡,分内外侧坡,一般指外侧边坡,常以外边坡的倾角表示。

从图 4-9(b)中可推算出各要素间关系式：

$$B_m = H\cot\theta$$
$$B_n = H\cot\alpha$$
$$B = B_m - B_n = H(\cot\theta - \cot\alpha)$$
$$H = B/(\cot\theta - \cot\alpha)$$
$$B_l = H/\sin\theta$$

式中，θ 为原地面坡度，(°)；α 为田坎坡度，(°)；H 为田坎高度，m；B_n 为田面净宽，m；B_l 为原坡面斜宽，m；B_m 为田面毛宽，m；α 为田埂宽度，m；h 为地埂高，m。

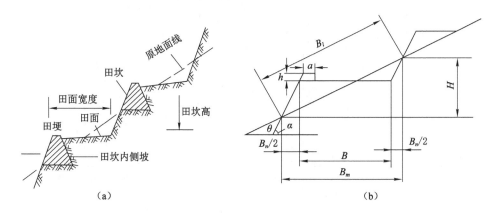

图 4-9　梯田断面要素

（1）田面宽度

梯田的田面宽度应根据地形、坡度、土层厚度、种植作物种类、劳力和机械化程度等因素综合考虑。原地面坡度陡时，田面窄一些，缓坡时宽些；土层薄的田面窄些，土层厚的宽些；人口稀少地区窄些，劳力多或机械化作业的田面宽些。

陡坡区田面宽度一般为 5～15 m，缓冲区一般为 20～40 m。

（2）田坎高度

田坎高度与田面宽度和原地面坡度等因素有关。如原地面坡度一定，田面越宽，则田坎越高；田面越窄，田坎越低。田坎抬高，不但修筑困难，费工、费时，而且容易损坏崩塌。因而要根据土质好坏、坡度大小和方便耕作等条件来确定田坎高度。一般田坎高度在 0.9～1.8 m 为宜。具体高度 H 按上述方法计算。为了保护田坎，可以在田坎上种植灌木、豆类作物等，实现田坎绿化，既保护田坎安全，又可增加副业收入。

（3）田坎坡度

田坎外坡越缓，安全稳定性越高，但占地和用工量增大；反之，田坎外坡较陡，占地和用工量减少，但安全稳定性差。因此田坎边坡的确定，以能使田坎稳定而少占耕地为原则。边坡大小与田坎高度和筑埂材料有关，田坎愈高，田埂外边坡应愈缓，一般在 70° 左右（壤性土壤坡度为 1∶0.3～1∶0.4，沙性土壤坡度多为 1∶0.5）。

（4）蓄水埂

除上述各要素外，梯田边应有蓄水埂，高 0.3～0.5 m，内外坡比约 1∶1；我国南方多雨地区，梯田内侧应有排水沟，其具体尺寸根据各地降雨、土质、地表径流情况而定，一般以发

生暴雨(多采用 5～10 年一遇 24 h 最大暴雨)不漫溢地坎为前提条件,并考虑施工方便等因素,坎高及顶宽多为 0.2～0.3 m。

水平梯田断面主要尺寸参考数值见表 4-23,常见水平梯田规格见表 4-24。

表 4-23　水平梯田断面尺寸参数数值

适应地区	地面坡度 θ/(°)	田面净宽 B/m	田坎高度 H/m	田坎坡度 α/(°)
中国北方	1～5	30～40	1.1～2.3	85～70
	5～10	20～30	1.5～4.3	75～55
	10～15	15～20	2.6～4.4	70～50
	15～20	10～15	2.7～4.5	70～50
	20～25	8～10	2.9～4.7	70～50
中国南方	1～5	10～15	0.5～1.2	90～85
	5～10	8～10	0.7～1.8	90～80
	15～20	7～8	1.2～2.2	85～75
	15～20	6～7	1.6～2.6	75～70
	20～25	5～6	1.8～2.8	70～65

注:本表中的田面宽度与田坎坡度适用于土层较厚地区和土质田坎。至于土层较薄地区其田面宽度应根据土层厚度适当减少;对石质田坎的坡度,将结合梯田的施工另作规定。

表 4-24　常见水平梯田规格表

原地面坡度 α	田坎高度 H/m	斜坡长 B_1/m	土坎梯田			石坎梯田		
			地坎侧坡	田面宽度 B/m	田坎占地/%	地坎侧坡	田面宽度 B/m	田坎占地/%
5°	1.0	11.5	1:0.25	11.2	2.2	1:0	11.0	
	1.5	17.2	1:0.25	16.8	2.2	1:0	17.1	
	2.0	23.0	1:0.25	22.3	2.6	1:0	22.9	
	2.5	28.7	1:0.3	27.8	2.6	1:0.1	28.3	0.9
10°	1.0	8.6	1:0.25	8.1	4.4	1:0	3.5	
	1.5	11.5	1:0.25	10.7	5.3	1:0	11.3	
	2.0	14.4	1:0.25	13.4	5.3	1:0.1	13.9	1.8
	2.5	17.3	1:0.35	16.0	6.2	1:0.1	16.7	1.8
20°	2.0	5.8	1:0.3	4.9	10.9	1:0	5.5	
	2.5	7.3	1:0.3	6.1	10.9	1:0.1	6.6	3.7
	3.0	8.8	1:0.35	7.2	12.7	1:0.1	7.9	3.7
	3.5	10.2	1:0.35	8.4	8.4	1:0.2	8.9	7.3
25°	2.5	5.9	1:0.3	4.6	4.6	1:0.1	5.1	4.7
	3.0	7.1	1:0.35	5.4	5.4	1:0.1	6.1	4.7
	3.5	8.3	1:0.35	6.3	6.3	1:0.1	6.8	9.3
	4.0	9.5	1:0.35	7.2	7.2	1:0.2	7.8	9.3

（5）水平梯田土方量计算

① 单位面积土方量的计算

$$V=\frac{1}{2}\left(\frac{B}{2}\times\frac{H}{2}\times L\right)=\frac{1}{8}BHL$$

式中，V 为单位面积（公顷或亩）梯田土方量，m^3；L 为单位面积（公顷或亩）梯田长度，m；H 为田坎高度，m；B 为田面净宽，m。

当梯田面积按公顷计算时：

$$V=\frac{1}{8}H\times10^4=1\ 250H$$

当梯田面积按亩计算时：

$$V=\frac{1}{8}H\times666.7=83.3H$$

② 总土方量计算

当梯田面积按公顷计算时，总土方量为：

$$V_{总}=1\ 250HS$$

当梯田面积按亩计算时，总土方量为：

$$V_{总}=83.3HS$$

式中，S 为总面积。

5. 灌溉与排水工程技术

（1）截流沟

截流沟的断面要根据该区汇水面积及该区 3 h 或 6 h 最大降雨量进行计算，当排水地块集雨面积很小且无明显溪沟时，可采用坡面汇流法计算设计流量。因灾害发生地区条件较为复杂，可采用简化方法计算洪峰流量：

$$Q_m=0.278(S_p-1)F$$

式中　Q_m——相应于某一频率的洪峰流量，即设计过水流量，m^3/s；

　　　S_p——设计雨强，即 1 h 的雨量，mm/h；

　　　F——坡面面积，km^2。

首先假设一断面，根据谢才公式计算流速：

$$Q=AC\sqrt{Ri}$$

$$R=\frac{A}{Y}$$

$$C=1/n\times R^{1/6}$$

式中　C——谢才系数；

　　　n——糙率；

　　　Q——过水流量，m^3/s；

　　　A——过水断面面积，m^2；

　　　R——水力半径，$m^{1/2}/s$；

　　　i——水力比降。

$$A=(b+mh)h$$

$$X=b+2h$$

式中 X——过水断面湿周,m;

b——底宽,m;

h——水深,m;

m——边坡系数。

按上述谢才公式计算流速,如果流速不会引起冲刷或淤积,则校核该断面能否达到设计要求的输水能力。如果流速偏大或偏小,则应改变断面规格重新计算,直至计算流量与沟道设计流量一致时即可。如截流沟较长时,由于各沟段承接来水量不同,相应可采取不同的过水断面。为了防止不可预料的因素引起渠道水位升高,发生漫溢危险,需要计算超高,超高一般按照渠顶以下的断面面积能够通过 1.35~1.50 倍流量来计算全超高,但超高最大值不宜大于 1.5 m,最小值不宜小于 0.2 m。

截流沟设计深度公式为:

$$H = h + h_c$$

式中 H——设计深度,m;

h——水深,m;

h_c——超高,m。

考虑到复垦土层大多疏松,截流沟的开挖放坡系数应不小于 1:0.5,设计尺寸也应比计算断面略大,壁厚应不小于 50 cm。

(2)排水沟

排水沟设置与等高线垂直或近似垂直,主要作用是排除与之接通的截流沟、汇水区内多余降雨径流和控制农田地下水位。因此,排水沟的设计流量受截流沟流量及集雨面积的影响。区域实际流量可表示为:

$$Q_s = Q_i + C \cdot S \cdot F$$

式中 Q_s——设计过水流量,m³/s;

Q_i——截流沟过水流量,m³/s;

C——地貌有关系数(一般山岭区取 0.55,丘陵区取 0.4~1.5,黄土丘陵区取 0.37~0.47,平原区取 0.3~0.4);

S——设计雨强,即 1 h 的雨量,mm/h;

F——汇水面积,km²。

然后假定一断面尺寸,利用公式计算排水沟的实际泄洪能力 Q,当 $Q > Q_s$ 时,则表示实际泄洪能力大于设计流量(二者差值控制在 10% 以内最为理想),表示假定的断面满足要求,反之则要修改假定断面尺寸的宽和高,直到满足要求为止。

排水沟的断面与截流沟一致,采用梯形,只是不需要溢流面,但是有些山区的灾毁土地,雨水汇集面积大,则所需排水沟断面规格也较大。当排水沟挖深大于 5 m 时,应每隔 3~5 m 高度设置一道平台。第一级平台的高程和岸顶高程相同,平台宽度 1~2 m,如果平台兼作道路,则按道路标准确定平台宽度。在平台内侧应设置集水沟,汇集坡面径流,并使之经过沉砂井和陡槽集中进入排水沟(图 4-10)。当挖深大于 10 m 时,不仅施工困难,边坡也不易稳定,应改用隧洞等。第一级平台以上的排水沟坡度根据干土的抗剪强度而定,坡度可尽量大一些。

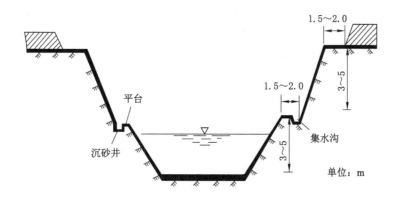

图 4-10　排水沟横断面示意图

6. 田间道路工程技术

田间道路的道路密度控制在 48 m/ha 以内。田间主道,路面行车道宽 4.5～6.0 m,路肩宽 0.40～0.50 m,路基宽 3.0～7.0 m。田间次道,路面行车道宽 3.5～4.0 m,路肩宽 0.4～－0.50 m,路基宽 4.30～6.0 m。路基要求高出沿河及易淹区十年一遇设计洪水位 0.5 m 以上;地面排水良好时,应高出原地面 0.3～0.5 m;挖渠土填筑路段应高于地下水位 0.5 m 以上,有灌溉渠道时,护坡道应高出水渠设计水位 0.5 m;路面宽度不低于 3 m,且压实度必须达到 90% 以上。

7. 农田防护与生态环境保持工程技术

土地复垦后要加强农田防护与生态环境保持工程建设。防护林类型主要有埂坎防护林、护路护沟防护林、护岸护坡防护林及居民防护林等,防护林的技术标准主要按照《造林技术规程》(GB/T 15776—2023)和《水土流失综合治理技术规范》(DB 33/T 2166—2018)执行。选取的植物不仅要与当地物种相适应,还要有耐瘠、耐旱等特性。

(1) 埂坎防护林

埂坎防护林主要沿田埂栽植,一般采取经济林木与草本或蔬菜混种,植被主要按照区域农业气候和种植特点进行选择,一般种植柑橘、梨树、桑树、金银花、白菊、毛豆、绿豆等。埂坎防护林主要采用穴植,穴植孔径为 50～60 cm,穴深根据选取树种根系情况决定,造林密度按规程确定。

(2) 护路护沟防护林

护路护沟防护林主要沿渠道与道路两侧分布,尤其是在存在滑坡、泥石流灾害隐患的路段需要特别加强,按照"林随路走、林随水走"的形式布置,护路的树种可选用柏木、香樟、马桑、竹桃、银杏等,护沟的可选择水杉、柏木、桑树、李树等。护路护沟防护林也采用穴植,造林密度按规程确定。

(3) 护岸护坡防护林

土地平整工程中也需要开挖大量边坡,这些都需要进行植物护坡,使其迅速恢复生态环境、保持水土。护坡分为造林护坡和种草护坡,选取的树种主要有马尾松、柏木、大叶桉、香樟、泡桐、核桃、板栗、桃、柑橘等,草种主要有狗牙根、芒草、芦毛草等。坡度较大、土层较薄、土壤以砂石为主的损毁土地的坡面采用种草护坡。当边坡为土质边坡的,可采取坑植,在沙坡地,应先固定流沙,再撒播草种,种草后的前几年必须进行必要的封禁和抚育。对立地条件较好、有一定土层厚度的坡面采用种树护坡,造林要与种草结合起来,实行乔、灌、草相结合或藤本植物模式,选取树种必须与当地条件适宜且速生,造林密度按规程确定。

(4)居民防护林

居民防护林主要种植于居民点周围,起护宅和美化环境作用,因此采用乔灌混交,可选取柏木、水杉、竹子、核桃、板栗、银杏、桃、桑等,草种可选用金银花、菊花、小黄花等。

4.3.4 塌陷积水区土地复垦规划与利用

开采塌陷积水是开采沉陷后土地破坏的一个重要特征,在我国东部沿海高潜水位矿区,开采沉陷积水率在30%以上,华北地区在20%～30%之间。在这种情况下,无论采取何种复垦措施,都不可能排除塌陷坑积水使矿区水面率控制在原有水平。因此,对塌陷积水区域进行合理规划与开发利用具有十分重要的意义。

4.3.4.1 塌陷积水区域形态与水质特征

(1)塌陷积水区域形态

塌陷积水区域一般是封闭的水体,其中部深、四周浅,类似于天然湖泊,水面面积从几亩到数千亩不等,积水深度与煤层开采厚度、潜水位表高、外河水位等因素有关。按积水情况,塌陷积水区域分为长年积水深度大于 3 m 的深水区,长年积水深度在 1～3 m 的浅水区,因盐渍和水涝而荒芜的荒滩区。常见的塌陷积水区域形态如图 4-11 所示。

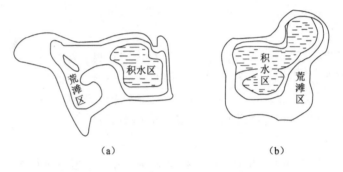

图 4-11　塌陷积水区域形态示例

(2)塌陷积水区域水质

塌陷区积水主要来源于地下水的渗入、天然降水、灌溉退水、矿井水与生活用水的排入。根据对部分矿区的调查,塌陷积水区域水质一般呈中营养类型,理化性状良好。由于积水区大多是原来常年耕种的农田,积水后土壤中的营养盐类、N、P、K 都逐渐溶于水中,形成较肥沃的水层,有利于水生生物的生长。根据生物监测和理化检测,大多数矿区塌陷积水区域水质都在国家渔业水质标准的地面水二级标准之内。

4.3.4.2 塌陷积水区域的开发利用规划

(1)农灌用水规划

我国不少矿区塌陷后出现丰水季节倒灌、旱季缺水的现象。这类矿区进行土地复垦时可保留适当的水面用作水库、蓄水池和鱼塘来调节供水排水。究竟保留多大水面合适,这是需要规划的问题。若水面太大,则耕地太少;反之,则复垦费用增加,且不能调节用水排水量。因此,农灌用水规划任务之一就是确定最优水面率。

　　农灌供水规划的另一任务是对水域的位置、水系的流向作合理的安排。蓄水池的位置与排水站、灌溉站的位置及塌陷地的深度等有关,因而也存在确定其最佳位置的问题。

　　最优水面率的确定可以用线性规划模型来求解,蓄水池或水库最佳位置的确定可以用网络技术进行优化。

　　(2) 水产发展规划

　　水产发展规划包括确定养殖品种、放养方式、开发措施以及开发的时间顺序。

　　① 确定养殖品种

　　水产养殖品种有鱼类、虾类、蟹类、贝类、藻类以及其他水生动植物。确定养殖品种时,应综合考虑养殖水面的条件、水质条件、水生动植物的生物学特性以及当地对不同水产品的市场供需情况。

　　② 确定放养方式

　　有拦鱼设施、能彻底清除敌害、有较好的起水条件,并且饲料和肥料比较充足的水域可精养;若起水条件较差,可粗养。

　　③ 确定开发措施

　　对塌陷积水区域的开发利用能形成一定生产能力的养殖场,应根据具体情况采取相应的开发措施,如修建场房、办公室、实验室、加工厂、抽水机站;铺设通往养殖场的公路;设置拦鱼设施;修建产卵池、孵化池、鱼苗池、越冬池、格力池、蓄水池、沉淀池、晒水池等。

　　④ 确定开发的时间顺序

　　一般是先开发荒滩区和潜水区,再开发深水区,开发时间视当地资源条件、资金投入、生产经验等确定。

　　(2) 提高水域生产能力的规划

　　开发利用塌陷积水区域应以提高水域生产能力为目标。所谓水域生产力,是指在一定时期内单位水域动植物的生产量。提高水域生产力的措施通常有:

　　① 增加投入

　　增加投入包括投喂充足的饵料和改善养殖水面的条件。用于水产养殖的水面应满足以下要求:

　　a. 有足够的光照。

　　b. 鱼类生长季节的水温保持在 20～30 ℃,水位不能过浅。

　　c. 保持较大的水面,使水体流动,从而保证足够的溶氧含量。

　　d. 使水体呈现中至弱碱性,pH 值在 6.5～8.5 之间。

　　水中有丰富的饵料(包括微生物、浮游植物、浮游动物、底栖生物、人工水草等)。

　　② 精细管理

　　精细管理措施包括保障水质、防治鱼病、完善排灌系统、建立水质动态监测机制几个方面。具体而言,水质保障措施是指根据鱼塘的水质情况,定期更换部分水体,以保持水质的清洁和适宜的营养水平;合理投喂饲料,避免过量投喂导致水体中有机物和营养盐的积累;利用水生植物、微生物等净化水体中的有害物质,保持水质的生态平衡。防治鱼病措施主要是选择健康的鱼种,进行疫苗接种,提高鱼体的免疫力;定期对鱼体进行检查,发现病症及时治疗;同时,对鱼塘进行定期消毒,防止病菌的滋生和传播;选择高效、低毒、低残留的药物进行治疗,避免滥用药物导致抗药性的产生。完善排灌系统措施是指合理布局排水口和进水口,保证水体的流动畅通,避免死角和淤积;定期清理排水口和进水口,防止杂物堵塞和污染水体;对废水进行适当处理后再排放,以减少对环境的污染。建立水质动态监测机制是指定期检测水质指标,如 pH 值、氨氮、溶解氧等,了解水质的变化情况;建立监测档案,记录每次检测的数据,分析变化趋势;根据监测结果,采取相应的管理措施,如换水、调整饲料投喂量等,保持水质的稳定。实践证明,这样既能获得高产,又经济可行,从而提高鱼塘的养殖效益和管理水平。

4.3.4.3　塌陷积水区域的充分利用

（1）荒滩区的开发利用

荒滩区是季节性积水区,既盐渍又水涝,因而其生态位适宜于野生水草。为了改变荒滩区的生态条件,稳定塌陷区可采取挖深垫浅方法将荒滩区改造成田塘相间的种植-养殖系统;不稳定塌陷区可采用围堰分割的方法将荒滩区与浅水区发展为水产养殖。

（2）浅水区的开发利用

浅水区的常年积水深度在 1~3 m,适宜于水生植物及鱼类生长。由于水面宽广,难于投料和控制鱼类的品种比例,鱼类的自然生长受到天敌的侵害和同类的竞争,有效地改善鱼类的生长条件和加强养殖管理是必要的。通常可采用围网养鱼的方法,把水面分割成若干片,分片进行投料与管理以提高产量。围网水域要求水底平坦,否则不宜采用该法。围网内可以养殖鱼类为主,适当放养少量水禽和水生植物,围网外以放养水禽和水生植物为主,适当放养少量鱼类。

（3）深水区开发利用

深水区常年积水在 3 m 以上,适宜于鱼类、水禽及水生植物生长。但养鱼存在难管理的问题,水禽及水生植物的生长条件不如浅水区。改善鱼类养殖条件的方式只有网箱养殖。网箱养殖的特点是投资大,技术要求高,管理复杂,但经济效益十分显著。网箱外可放养水禽、水生植物和鱼类。

综上所述,塌陷积水区域的开发利用形式可采取挖深垫浅、围网养鱼、网箱养鱼、种植水生植物以及水禽养殖等多种形式。除此之外,对缺水地区,可将深水区改造成水库或蓄水池;对城镇郊区或居民较多的工矿区,可将塌陷积水区改造成水上公园;距电厂较近时,可利用塌陷积水区域作为储灰场,必要时采取保护水体不受污染的措施。

思　考　题

1. 简述土地复垦与生态修复规划编制的原则。

2. 简述土地复垦与生态修复规划的对象。

3. 简述土地复垦与生态修复规划的步骤。

4. 简述土地复垦方向适宜性评价的步骤。

5. 简述土地损毁程度诊断方法。

6. 简述土地复垦方向适宜性评价的内涵。

7. 简述土地复垦方向适宜性评价的方法。

8. 简述土地复垦方向适宜性等级评价体系。

9. 简述生态修复评价标准。

10. 简述土地利用分区内涵。
11. 简述土地平整工程设计的内容。
12. 简述土地平整工程高程设计的方法。
13. 简述土方量计算的方法和思路。
14. 简述农田防护林的类型及其设计思路。
15. 简述土地利用结构优化的方法。
16. 简述塌陷积水区的复垦规划思路。

第5章 井工开采沉陷地土地复垦与生态修复技术

我国近 80% 的煤炭产量来自井工开采,采煤沉陷地量大面广,是我国矿山土地复垦与生态修复的重点任务。从 20 世纪 80 年代开始进行有组织的采煤沉陷地土地复垦研究和实践,取得了不少经验和成功案例。但由于起步较晚,我国土地复垦工作开始时面临的是大面积已稳沉土地,因此,采煤稳沉地复垦技术得到了充分研究和实践,初步形成了采煤沉陷地复垦的技术体系。随着我国矿山土地复垦与生态修复的发展,正在生产矿山未稳沉土地复垦技术需求日益激增,成为沉陷地土地复垦与生态修复技术的新方向。

本章主要介绍已稳沉土地的复垦与生态修复技术的应用条件、实施工艺等,也介绍了较成熟的边采边复技术的基本原理及关键技术,为技术的推广提供参考。

5.1 挖深垫浅复垦技术

挖深垫浅技术是将造地与挖塘相结合,即用挖掘机械(如挖掘机、推土机、水力挖塘机组等),将沉陷深的区域继续挖深("挖深区"),形成水(鱼)塘,取出的土方充填至沉陷浅的区域形成陆地("垫浅区"),达到水陆并举的利用目标。水塘除可用来进行水产养殖外,也可视当地实际情况改造成水库、蓄水池或水上公园等,陆地可作为农业种植或建筑等。

应用条件:沉陷较深,有积水的高、中潜水位地区,同时,"挖深区"挖出的土方量大于或等于"垫浅区"充填所需土方量,使复垦后的土地达到期望的高程。

如果挖深水塘用于水产养殖,还需要满足以下条件:
① 水质适宜于水产养殖。
② 沉陷深部加深以后足以形成标准鱼塘。
③ 鱼塘进排水条件便利,且与井下采空区域无水力联系。

优点:操作简单、适用面广、经济效益高、生态效益显著。

缺点:对土壤的扰动大,处理不好会导致复垦土壤条件差。

依据复垦设备的不同,可以细分为:① 泥浆泵复垦技术;② 拖式铲运机复垦技术;③ 挖掘机复垦技术(依据运输工具不同又可分为挖掘机＋卡车复垦技术、挖掘机＋四轮翻斗车复垦技术);④ 推土机复垦技术。由于推土机多用于平整土地,往往与其他机械设备联合使用,因此,从复垦设备区分主要是前三种。

5.1.1 泥浆泵复垦技术

泥浆泵实际就是水力挖泥机,亦称水力机械化土方工程机械。泥浆泵复垦技术就是模拟自然界水流冲刷原理,运用水力挖塘机组(由立式泥浆泵输泥系统、高压泵冲泥系统、配电系统或柴油机系统三部分组成)将机电动力转化为水力而进行挖土、输土和填土作业,即由高压水泵产生的高压水,通过水枪喷出一股密实的高压高速水柱,将泥土切割、粉碎,使之湿化、崩解,形成泥浆和泥块的混合液,再由泥浆泵通过输送管压送到待复垦的土地上,然后泥浆沉积排水达到设计标高的过程。由于泥浆泵是水力挖塘机组的核心,因此这种技术称为泥浆泵复垦技术。沉陷地泥浆泵复垦工作图如图 5-1 所示。

图 5-1　沉陷地泥浆泵复垦工作图

(1) 应用条件

除满足挖深垫浅复垦技术的应用条件外,还应有足够的水源供泥浆泵水力挖掘土壤。

(2) 施工工艺

泥浆泵复垦技术的具体施工工艺见图 5-2。

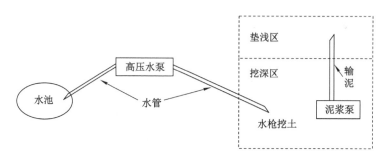

产生高压水→挖土→输土→充填与沉淀→修整土地→利用

图 5-2　沉陷地泥浆泵复垦技术工艺流程示意图

① 产生高压水:由高压水泵将附近水池中的自由水转变成高压水,水速一般为 50 m³/h。

② 冲土水枪挖土:高压水泵产生的高压水通过冲土水枪挖土,使土壤成为泥浆状。

③ 输送土:用泥浆泵吸取泥浆并通过输泥管将泥浆输送到待复垦的土地上。

④ 充填与沉淀:泥浆充填在待复田土地上,经自然沉淀形成复垦土壤。

⑤ 修整土地:待泥浆沉淀数月并适宜于平整工作进行时,用人工或推土机进行平整。

(3) 优点

这种方法工艺简单、成本低,在我国不少矿区得到广泛应用。

(4)缺点

① 复垦后原耕作层与深土层相混合,破坏了原有的土壤结构。

② 土壤在用水切割、粉碎、运输、沉淀等过程中,营养成分随水流失。

③ 泥浆自然沉淀过程缓慢,复垦工期长。

④ 复垦后土地易板结。

上述缺点导致复垦后土壤贫瘠,影响土地复垦效益。

针对上述土壤结构混合的缺点,依据土壤学理论和土壤重构原理,提出了一个改进的泥浆泵复垦工艺流程和完整技术模式(图5-3、图5-4)。图5-3展示了新的冲土顺序和充填位置,其方法是:

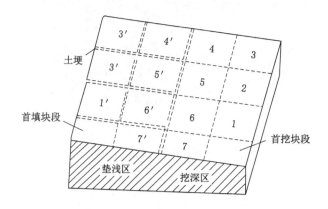

图5-3 新的冲土顺序和充填位置(即新的土壤重构方法)

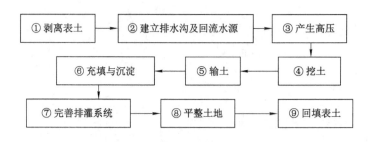

图5-4 新的泥浆泵复垦工艺流程

① 把"挖深区"和"垫浅区"划分成若干块段(依地形和土方量划分),并在"垫浅区"剥离表土(可用推土机)后对该区划分的块段边界设立小土(田)埂以利于充填。

② 用泥浆泵挖掘"开切块段",取出的土充填"首填块段"。

③ 将"挖深区"的土层分为上层土(一般30~50 cm)和下层土(一般大于30 cm或50 cm),按以下的顺序进行挖掘与充填:

$$i'块段土壤结构="(i+1)块段上层土"+"i块段下层土"$$

其中,$i=1,2,\cdots,n-1$(n为划分的块段数)

$$n'块段的结构="1块段上层土"(在首填块段上)+"n块段下层土"$$

由此可见,"垫浅区"上新构造的土壤除"首填块段"以外,其余块段的土层顺序基本保持不变。当复垦土地上多余水分排走后,再回填原"垫浅区"的表土,这样所构成的复垦土壤比原复田土壤优越,并极有可能当年恢复原土壤生产力。

5.1.2　拖式铲运机复垦技术

大型铲运机已被国外广泛用于露天矿的表土和心土的剥离。铲运机集挖掘、运输于一体,是一个很好的土壤挖掘和运输机械。由于采煤沉陷地地形起伏变化大,有些区域潜水位较高,因此,一般采用中小型拖式铲运机进行施工。

拖式铲运机实质为一个无动力的拖斗,在前部用推土机作为牵引设备和匹配设备进行铲装运土壤作业。铲运机由一个带有活动底板的铲斗、4 个轮胎和液压(驱动)系统组成,其中铲斗的活动底板有锋利的箕形铲刀,用于剥离土壤。工作时前推后拉,它既可推土又可挖土和运土,具备铲、运、填、平等多种功能,能将土方从"挖深区"推或拉至"垫浅区",对"垫浅区"进行回填。通过液压(驱动)系统进行升降(图 5-5),结构合理操作维修简便,性能良好。基于拖式铲运机复垦设备的这一组合,与单纯的推土机相比,除具备推土机的推(铲)土功能外,还具有良好的长距离运送功能。

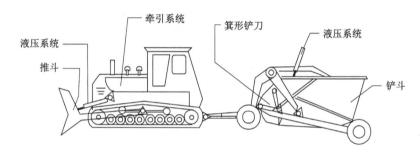

图 5-5　采煤沉陷地复垦中所采用的中小型拖式铲运机

(1) 复垦工艺

以皖北煤电公司采煤沉陷地拖式铲运机复垦为例说明。

矿区内地下潜水位高,在施工时,为了满足复垦后土地标高一次到位,"挖深区"鱼塘深度设计一般为 3.5 m;然后将"挖深区"分成若干块段(可按机械多少和地块大小而定),多台机械同时进行挖掘回填;为了保证复垦后的土地质量,剥离回填之前需要将"挖深区"和"垫浅区"的熟土层剥离堆存起来。待回填到一定标高后,最后再将熟土回填到复垦地上,使"垫浅区"达到设计标高。推平后,再使用农用耕作细耙或推耙机进行松土整理,建立复垦区田间水利灌排系统,培肥后即可种植。拖式铲运机施工虽然对土壤压实较轻,但这个问题依然存在,种植前最好采取一次深耕措施,适当的施肥措施对恢复土壤生产力也是必需的。而"挖深区"所形成的鱼塘用于水产养殖。整个复垦工艺流程如图 5-6 所示。

为了保证施工机械在无积水条件下正常作业(如果沉陷地无积水,则这一工序可省略),需要打简易井进行降水。施工时首先需在拟开挖鱼塘四周打井排水,采用拖式铲运机复垦方法时需要考虑的主要是如何解决高潜水位情况下的排水问题。因为潜水位太高时土壤松软,造成开挖困难,并且严重破坏土壤结构,难以保证重构土壤质量。施工时采用了抽水井降低地下水位法(参见图 5-7),即在设计挖深区范围内开挖前打井抽排水,水井一般

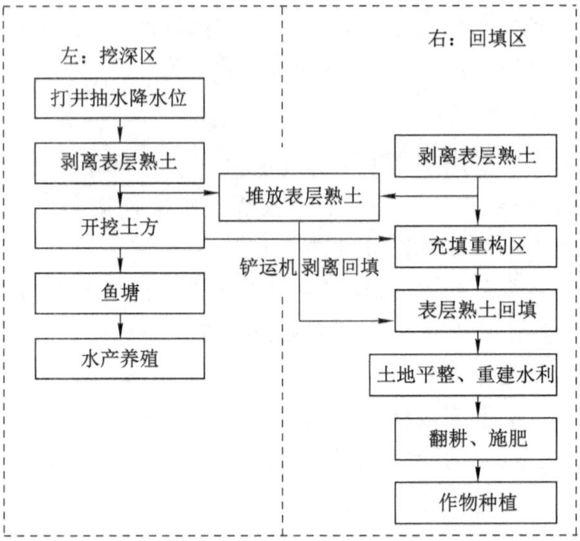

```
        左：挖深区                        右：回填区
   ┌─────────────┐         ┌──────────────┐
   │ 打井抽水降水位 │         │ 剥离表层熟土 │
   └──────┬──────┘         └──────┬───────┘
   ┌──────┴──────┐                │
   │ 剥离表层熟土 │    ┌────────┐  │
   └──────┬──────┘    │堆放表层熟土│──┤
   ┌──────┴──────┐    └───┬────┘  ▼
   │  开挖土方   │────────┘    ┌──────────┐
   └──────┬──────┘  铲运机剥离回填 │ 充填重构区 │
   ┌──────┴──────┐              └────┬─────┘
   │   鱼塘      │              ┌────┴─────┐
   └──────┬──────┘              │ 表层熟土回填│
   ┌──────┴──────┐              └────┬─────┘
   │  水产养殖   │          ┌────────┴────────┐
   └─────────────┘          │ 土地平整、重建水利 │
                            └────────┬────────┘
                              ┌──────┴─────┐
                              │ 翻耕、施肥 │
                              └──────┬─────┘
                              ┌──────┴─────┐
                              │ 作物种植   │
                              └────────────┘
```

图 5-6   铲运机复垦技术工艺流程图

每间隔 50 m 布置一个。井深应该控制在潜水范围内,不得穿透到承压水层(淮北地区一般为 10 m 左右),一般井深达到 7~8 m(位于流沙层之上)即可。井径大小可为 0.6 m,抽水半径约为 30 m,采用 12 马力的柴油机,12.7 cm 的水管连续抽水,使水位下降并保持在设计高度。

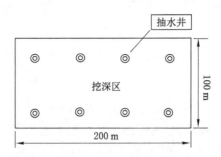

图 5-7   挖深区抽水降水位井平面布置示意图

(2)优点

拖式铲运机复垦技术存在以下五方面的优势:

① 土地复垦速度快、效率高、工期短。中小型拖式铲运机一趟可挖运土方量 3 m³ 左右,一台铲运机一天工作 15~16 h,可挖土方 350 m³,作业生产效率提高约 25%。

② 不受运输距离等限制。铲运机进行长距离土方运送工作效率仍很高,弥补了挖掘机和推土机的不足。

③ 施工不受土壤内部结构成分(如砂浆砾石)的影响,弥补了泥浆泵的不足。

④ 铲运机前部的推斗可调整高度和方向,机械灵活,挖出的鱼塘较规则平整。

⑤ 施工过程中通过分块段、分层剥离和分层回填技术,容易使熟土重新回填作为表土

层,这样能保证复垦后土壤结构破坏程度较小。而且铲运机复垦得到的耕地平整,立即可以恢复农业种植,不存在泥浆泵复垦对土地结构破坏严重、土壤干结周期太长等问题,因而这种复垦技术也更容易被当地农民所接受。

（3）缺点

拖式铲运机复垦技术的不足之处在于:

① 施工受积水和潜水位条件限制,对积水区需排水和打井降低潜水位,雨季需停工;

② 为减少抽水费用,一般需长时间连续作业(每台铲运机开工 18～20 h/d 以上),工人劳动强度较大;

③ 对机械设备要求较高,复垦成本较其他工艺要高。因此,本技术主要用于不积水或积水较浅的沉陷地,沙土或土壤中含砾石的土地和土壤含水量在 50% 左右,更能发挥它的作用。

中小型铲运机在采煤沉陷地土地复垦与生态重建中的应用,在国内还是第一次,具有很多方面的优越性,已经在淮北等地采煤沉陷地复垦实践中推广应用。

5.1.3　挖掘机复垦技术

实践表明,铲运机复垦可以很好地实现"分层剥离、交错回填"的土壤重构原理与方法。但是,由于其剥离土壤是通过箕形铲刀实现的,在土壤中含砂壤等困难条件下因极容易损伤箕形铲刀,导致铲运机无法使用,这时就可以选择挖掘机复垦了。

由于挖掘机是一种很好的土方挖掘机械,因此,其也被广泛用于土地复垦中,挖掘力强、速度快、适应性强是其特点。由于它无法运输,必须与卡车、四轮翻斗车等运输机械联合作业才能完成复垦工作。

下面介绍江苏徐州贾汪区薄表土含砂壤的特殊条件下挖掘机联合四轮翻斗车的采煤沉陷地复垦技术(图 5-8)。

图 5-8　挖掘机＋四轮翻斗车或卡车复垦

其技术特点是：

① 把"挖深区"和"垫浅区"划分成若干块段（依地形和土方量划分），并对"垫浅区"划分的块段边界设立小土（田）埂以利于充填。

② 将土层划分为两个层次，一是上部 40 cm 左右的土壤层，二是下部（40 cm 左右以下）的砂壤层。

③ 用上述"分层剥离、交错回填"的土壤重构方法和数学模型进行复垦，但在每次充填前应对垫浅区的相应块段先进行上部土层的剥离，待两层构造完成后再将所剥离的上部土层回填，使复垦后的土层厚度增大（有的地方可达 80 cm 厚），使复垦土地明显优于原土地。剥离采用挖掘机，运输使用四轮翻斗车。

5.1.4 挖深垫浅复垦技术对比

根据淮北市的复垦实践，三种复垦技术的相关参数对比与应用条件见表 5-1。

表 5-1 铲运机、挖掘机、泥浆泵复垦工艺的相关参数对比与应用条件

复垦工艺	铲运机	挖掘机＋推土机	泥浆泵
工作原理	利用铲运机挖土、运土和回填	挖掘机＋推土机联合进行挖土、运土和回填	水力挖土、输土和填土
场地条件	干燥、土质松软、水位较低；或土中含大粒径的砾石不适于泥浆泵复垦，且作业场地大，运送距离较长（＞50 m）时	干燥、土质松软、水位较低；或土中含大粒径的砾石不适于泥浆泵复垦，运送距离较短时（＜50 m）	待剥离层表土为轻黏土或砂质土，且不含大粒径的砾石；有充足的水源，运送距离相对推土机长，但也不宜过长
工作性能	连续工作、速度快、工期短	可连续工作	不能连续工作
复垦效率	挖土方 350 m³/（天·台）	挖土方 200～300 m³/（天·台）	挖土方 65 m³/（天·台）
复垦成本	4.68 元/m³	4.0 元/m³	2.3 元/m³
复垦效果	能保留熟土层，土壤养分损失较少；复垦后土壤存在压实现象，需要深耕；复垦后土地能立即恢复耕种	能保留熟土层，土壤养分损失较少；复垦后土壤存在压实现象，需要深耕；复垦后土地能立即恢复耕种	复垦后土壤含水分高，干结周期长；土壤结构被破坏；土壤养分流失严重，肥力降低，需培肥
应用矿区	刘桥一矿、刘桥二矿、任楼矿	前岭矿，徐州贾汪	孟庄矿，毛郢孜矿，平顶山辛南
其他因素	受雨季、潜水深度及地形影响	受雨季、潜水深度及地形影响	需有充足的水源保障

同时，通过大量的野外测试，分析了泥浆泵复垦土壤、推土机复垦土壤和拖式铲运机复垦土壤的特征及其与农业土壤的差异（表 5-2），发现泥浆泵复垦土壤具有极差的土壤结构，是上下土层的混合并且无熟化的耕作层；土壤含水量大，约为农业土壤的 1.5～2.5 倍；入渗慢，约为农业土壤的 1/5～1/10；土壤肥力较低，表层有机质含量约为农田的 1/2～1/4。因此，泥浆泵复垦土地的排水和培肥是决定复垦效益的关键。推土机复垦和拖式铲运机复垦土壤，不存在土壤含水量过大、土层顺序差的问题，但存在压实问题，要求二者在复垦时注意复垦设备运行路线的优化和土壤压实的改良。

表 5-2　采煤沉陷地复垦土壤的理化特性

取样位置	土壤层次 /cm	土壤特性						
		容重 /(g/m³)	含水量 /%	入渗率 /(cm/h)	全氮 /%	速效磷 /(mg/kg)	速效钾 /(mg/kg)	有机质 /%
对照	0～20	1.16	13.8	12.6	0.107	14.1	112.5	1.90
农田	20～40	1.55	14.0		0.066	3.7	95.0	1.33
泥浆泵	0～20	1.33	26.6	3.5	0.035	3.0	86.3	0.41
复垦地	20～40	1.46	30.9		0.048	1.4	96.3	0.67
推土机	0～20	1.72	20.3	0.3	0.059	2.0	120.0	0.77
复垦地	20～40	1.56	33.7		0.055	2.2	132.5	0.506
铲运机	0～20	1.54	26.2	1.8	0.035	17.8	171.8	1.114
复垦地	20～40	1.58	25.3		0.023	3.2	114.0	0.515

5.2　沉陷地边采边复技术

对于高潜水位矿区,开采沉陷后地面很容易积水,若等稳沉后再采取措施,土壤资源沉入水中,往往导致土壤资源的损失与贫化及复垦成本的增加。王辉与顾和和等对高潜水位地区开采沉陷对耕地的破坏研究表明:沉陷地土壤容重增大,土壤受到压缩;土壤有机质、速效养分和土壤微生物量的变化与坡地上的土壤侵蚀和沉陷地下部积水有关,并受沉陷稳定时间长短影响,而且有潜在盐渍化的趋势。若在地面积水后开展土地复垦与生态修复工作,不仅施工时土方工程变为水下方工程,增加了施工难度和工程造价,而且,增加了后期土壤改良与生态系统重建的投入,延长了青苗补偿时间。据皖北煤电集团有限责任公司的实践,水下工程复垦较一般工程复垦其费用增加约30%。基于对传统末端复垦治理方式的反思,借鉴露天煤矿采矿-复垦一体化的技术方法,胡振琪等提出了井工煤矿边采边复技术的概念和内涵,研究了边采边复技术应用实施的复垦位置和范围、复垦时机、复垦标高三大关键技术;通过淮北煤矿实例规划验证了边采边复的技术优点;最后分析了边采边复适用的五大高潜水位煤炭基地,并对其应用效果进行了初步测算。

5.2.1　沉陷地边采边复技术体系

由于边采边复的目的、复垦(修复)后土地利用类型、煤层赋存条件等不同,边采边复技术的分类方法也有所不同,主要有以下几类:

① 依据地面上、下响应机制,可分为基于地下开采计划的地面边采边复技术、考虑地面保护的地下开采控制技术和地上地下耦合的采复协同技术。

② 依据煤层赋存情况可分为单一煤层的边采边复技术、两煤层的边采边复技术和煤层群边采边复技术。

③ 依据边采边复后土地的利用方向,可以分为耕地型边采边复技术、林地型边采边复技术、园地型边采边复技术、草地型边采边复技术等。原则上,以复垦(修复)为原地类为主,若损毁严重,无法恢复为原地类,则在进行适宜性评价之后,复垦(修复)为合适的地类。

下面重点介绍第一种分类方式的内涵：

① 基于地下开采计划的地面边采边复技术：在地下开采计划已经确定的情况下，只能通过对地面复垦与修复方式的优选来进行边采边复。即根据已有的矿山开采资料及地质条件，经过沉陷预计，计算未来可能的沉陷情况，根据各个阶段的沉陷预计情况，进行地面边采边复规划设计，优选最佳的地面复垦（修复）时机以及复垦（修复）范围和标高。

② 考虑地面保护的开采控制技术：为保护地面建构筑物，最大限度地减少地下开采对地面的损毁，优化地面复垦（修复）工程，对地下工作面的开采进行适当的调整，以达到地面保护的效果。例如，采用双对拉工作面开采技术，可有效保护地面房屋。通过研究单一采区不同开采顺序下地表的损毁情况及对应的修复方式，发现当采用"顺序跳采-顺序全采"、"顺序跳采-两端逼近全采"、"两端逼近式开采"这三种方式时，在开采前对地面进行提前统一的表土剥离及复垦（修复），可以在一定程度上延长地面土地的使用时间，土地利用最大化，复垦（修复）施工难度降低，复垦（修复）效率提高。

③ 井上井下耦合的采复协同技术：建立井上井下两者之间的相互响应、相互反馈的机制，既考虑地面保护来调整地下开采，又根据地下开采计划，优选复垦（修复）方案，以达到采矿-修复协同控制的目标。

5.2.2 沉陷地边采边复关键技术

现阶段沉陷地边采边复主要还是基于地下采矿工艺和时序进行的地面复垦（修复）方案的优选，未来会逐渐过渡到地下采矿与地面复垦（修复）的同步进行。因此，现阶段边采边复的核心是对未稳定的采煤沉陷问题采取措施，其实质是保土、保地（提高恢复土地率）的复垦（修复）技术，它受地质采矿条件、开采工艺、开采沉陷理论与方法等因素的影响较大，其实施的关键技术在于复垦（修复）范围与布局的确定、复垦（修复）时机的选择、复垦（修复）标高和施工工艺设计，即解决"何地复垦（修复）"、"何时复垦（修复）"、"如何复垦（修复）"这三个问题。

（1）复垦（修复）范围和水土布局的确定

土地复垦的首要工作是要确定复垦（修复）的范围大小。由于边采边复是对未稳定的采煤沉陷问题采取措施，部分区域在采取治理措施时可能未出现明显的损毁特征，一般需要根据地下煤炭赋存情况，事先分析清楚开采后地面损毁的分布及演变特点，因地制宜地确定可采取治理措施的位置与范围。一般情况下，边采边复位置在即将开采或正在开采的工作面的上方，具体位置与范围往往结合复垦（修复）时机的选择而确定，关键在于沉陷土地动态复垦（修复）边界的确定。对于高潜水位地区，耕地是最主要的土地利用类型，同时也是除房屋之外对损毁最敏感的土地利用类型，因此，一般以耕地损毁的边界作为边采边复范围确定的依据。

对于高潜水位矿区，开采沉陷后地面出现积水是必然的，因此，地面复垦（修复）后会存在水面与土地两种类型，即水土布局。由于边采边复实施时地面未稳定，积水区域尚在动态形成过程中，不是最终状态，因此，需要综合考虑后续下沉和沉陷的最终状态、施工成本、耕地保护需求等确定水土布局。

（2）边采边复时机优选

边采边复是对未稳定的沉陷地，可以是沉陷前，也可以在沉陷过程中的任一不同时点，还可以在沉陷后复垦(修复),不同时间点复垦(修复),复垦(修复)的难易程度、恢复土地率等是不一样的,因此复垦(修复)时机的选择至关重要。复垦(修复)时机选择太提前,复垦(修复)工程受未来采动影响就比较大,同时如何说服农民同意提前动土复垦(修复)也是一大难题;但也不能太滞后,太晚复垦(修复),大量土地已经进入水中,复垦(修复)难度加大,恢复土地率低。一般情况下要在沉陷地大面积积水前进行施工,以减少工程施工的难度和费用,而且不影响表土的剥离保护。因此,复垦(修复)时机的选择是边采边复的关键技术之一,直接关系到复垦(修复)工程的成败。

土地复垦工程包括土壤重构工程、农田水利工程、道路工程、其他工程等四大类别,其中土壤重构工程的起始为土壤剥离,在边采边复中主要的限制因素为地表下沉,即至少需要在地表出现积水之前开始土壤剥离。复垦后的土地、农田水利工程、道路工程等需要经受后续下沉的影响,需要考虑其可承受程度,尤其是衬砌渠道、水泥路面等硬化工程,后续下沉过大会遭受二次破坏,在边采边复中主要的限制因素为下沉、水平变形等。因此,复垦(修复)时机不是一个,不同的工程类型需要分别选择,其中土壤剥离是最早开始的,一般将其作为整个边采边复技术的复垦(修复)时机,但农田水利、道路等工程的施工时机需要单独选择。

(3) 边采边复施工标高确定和施工工艺设计

施工标高是边采边复工程成败的关键,尤其是耕地,关系着地面稳定后能否耕作。对于边采边复施工标高设计,主要根据单一煤层与多煤层开采条件下地表沉降程度,结合地表实际的地形地貌确定。单一煤层开采由于属于一次损毁,相应的标高设计可一步到位。多煤层开采条件下,标高设计应该是动态过程,应采用开采沉陷模拟试验,分析各阶段地表下沉量在空间上的分布,结合地表地形图分析矿区动态 DEM 模型,从而确定各阶段耕地复垦(修复)标高。边采边复是在开采过程当中动态实施的,工程实施后,经复垦(修复)的土地还要进一步受到后续开采的影响,仍要进一步下沉,并将经受积水的侵袭。如果标高设计不合理,复垦(修复)过的耕地还将沉入水下或者土地质量受到影响,也就失去边采边复的意义,所以边采边复的耕地标高设计要充分考虑超前性,要求在后续沉陷影响后,使耕地的标高尽量满足耕种的需求。

同样因为边采边复是提前治理,工程类型需区分临时措施和永久措施,此外,为保证复垦(修复)土地的质量,施工工艺优化也很重要。

5.2.3　沉陷地边采边复技术分析

适用条件:边采边复技术适用于所有正在生产矿山的未稳沉沉陷区,尤其是多煤层开采区域,优势更加明显。对于高潜水位煤粮复合区域,出于保护耕地、抢表土的出发点,边采边复技术实施时需要解决上述三大关键技术;但对于非积水非耕地区,较容易实施边采边复技术,例如对于晋陕蒙丘陵区的林草地区,能够及时充填地裂缝即可实现边采边复。

优点:能够实现沉陷地的及时复垦与修复,最大限度地保障沉陷地的生产功能。

缺点:技术实施难度大。

5.3 充填复垦技术

采煤沉陷地充填复垦技术是利用土壤、固体废弃物(如煤矸石、露天矿排放的剥离物)、河湖泥沙等充填物料充填沉陷区至设计高程,不覆土或覆盖表土,将沉陷区治理为可利用状态的过程。由于实际充填过程中很难得到充足的土壤,在矿区多利用煤矸石、粉煤灰等煤系固体废弃物充填,这既处理了废弃物又复垦了沉陷区受损土地。在安徽省两淮矿区,以煤矸石和粉煤灰为主要充填材料复垦治理采煤沉陷区,恢复耕地5.3万余亩。在晋陕蒙丘陵沟壑区,将煤矸石充填至荒沟造地,也是实现煤矸石处理与造地二者兼得的措施之一。但由于煤矸石和粉煤灰存在一定的二次污染风险,尤其是粉煤灰风险相对更大,且可使用量也难以保证,目前其推广应用受到限制。河湖淤泥和黄河泥沙因为具有一定的营养元素,且重金属污染风险低,成为新兴的充填复垦材料。

5.3.1 常见的充填复垦材料

(1)煤矸石

煤矸石是煤炭开采和加工过程中产生的固体废弃物,含有 SiO_2、Al_2O_3、Fe_2O_3、MgO、CaO、Na_2O、K_2O 及微量元素 Ti、V、Co 等化学成分。煤矸石的矿物组成主要以石英、黏土类矿物和含碳物质为主,典型的煤矸石含有 $50\%\sim70\%$ 的黏土矿物,$20\%\sim30\%$ 的石英以及 $10\%\sim20\%$ 的其他矿物和碳杂质。据统计,我国每年煤矸石产量约7亿t,2020年达7.29亿t,是1995年1.47亿t的4.95倍,其中2亿t得不到有效处置。巨量、低热值、低利用率的煤矸石堆存地表,不仅压占土地资源,裸露在地表的煤矸石在降雨淋溶作用下还将对土壤、水体造成污染。利用煤矸石充填采煤沉陷区进行土地复垦,既可以有效恢复利用沉陷区土地资源,还可以减少压占土地资源和环境污染。

煤矸石大量使用可能存在重金属污染风险,是否适合用作充填复垦材料,存在一定的争议。《土地复垦条例》明确规定,禁止将重金属污染物或者其他有毒有害物质作为回填或者充填材料。受重金属污染物或者其他有毒有害物质污染的土地复垦后,达不到国家有关标准的,不得用于种植食用作物。国内外不少学者围绕煤矸石中重金属元素含量做了研究,认为煤矸石本身重金属含量较低,性质稳定,煤矸石的风化分解对可溶态重金属含量无明显影响,降雨对煤矸石的淋溶作用不会造成重金属环境污染。相关科学试验也证明,利用煤矸石充填复垦矿区土地是可行的。

2021年国家发展改革委联合自然资源部、生态环境部等10部门联合出台了《关于"十四五"大宗固体废弃物综合利用的指导意见》,强调要持续提高煤矸石等大宗固废的综合利用水平,推广应用矸石不出井模式,鼓励利用矸石等固废治理沉陷区。

(2)黄河泥沙

黄河河道泥沙淤积量大,导致河床不断抬高,对沿岸人民的生产和生命安全构成威胁。许多矿区距离黄河较近,将黄河泥沙作为充填材料充填复垦采煤沉陷地,不仅可以恢复大量耕地,同时化害为利,有助于黄河河道疏浚,保障汛期河道行洪安全。

黄河泥沙具有无毒无害的特性,作为充填材料,是一种绿色健康的新型充填复垦材料。但是,黄河泥沙粒径较大,砂粒含量高达99.1%,几乎不含粉粒和黏粒,持水保肥能力差,作为充填复垦材料时需要在黄河泥沙充填层中添加夹层,从而提高上部黄河泥沙层的持水保肥能力。

（3）河湖淤泥

河湖淤泥,是一类在静水或缓慢的流水环境条件下沉积,并伴有生物化学作用,未固结的软弱的细粒或极细粒结构性特殊土。利用淤泥做充填材料,既解决了充填材料的来源问题,又能减少淤泥堆积,疏通河道。

与黄河泥沙相反,河湖淤泥具有黏粒含量高、透水性差、有机质含量高等特点。利用河湖淤泥进行充填复垦,有助于改善重构土壤肥力,提高复垦地生产力。但河湖淤泥充填,复垦地底部淤泥层通常较厚,容易形成沼泽,排水固结时间长,通常复垦两三年后才能耕种。此外,河湖淤泥作为充填复垦材料,使用范围仅限于河湖淤泥资源丰富的矿区。

5.3.2　充填复垦关键技术

充填复垦一般包括材料运输、充填、后处理、利用等环节(图 5-9),其中作为农业用途的充填复垦技术最为复杂,本书重点介绍充填复垦为耕地的关键技术。

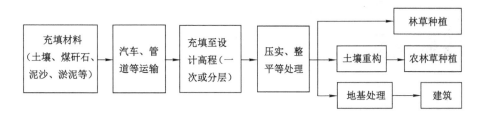

图 5-9　充填复垦一般工艺

若将沉陷地或荒沟充填复垦为耕地,其关键技术为:土壤剖面重构、充填复垦标高设计和施工工艺,本节介绍土壤剖面重构和充填复垦标高设计。

5.3.2.1　充填复垦土壤剖面重构

土壤学研究表明,土壤剖面构型对土壤水分和溶质运移有显著的影响,通过改变土壤剖面构型能够提高耕地生产力。虽然一般情况下土壤剖面构型是不易改变的稳定性因素,但是借助复垦土壤剖面重构的机会,通过设计合理的土壤剖面构型,完全能够达到改良土壤剖面构型的目的。因此,土壤剖面构型及其优化是采煤沉陷地充填复垦亟待解决的关键问题。

土壤剖面重构主要应用工程和生物技术进行表土剥离、储存、回填,重新构造出土壤肥力水平高、土壤环境条件稳定的仿自然土壤剖面,消除不良土壤质地,以达到较短时间内提高土壤内部结构和环境质量、提升土地质量和生产能力的目的,其实质为重新构造土壤物理介质和土壤不同质地层次组合。复垦土壤主要剖面构型有:类似原始土壤型、混合土壤型、表土＋混合土型、表土＋心土＋混合岩土型、土壤＋充填材料型、表土＋心土＋充填材料型和表土＋心土＋充填材料＋夹层型(表 5-3)。

其中,"土壤＋充填材料"型双层剖面构型工艺简单,便于施工,易于推广,而夹层式多层剖面构型复垦效果好,见效快,复垦地产量基本上当年可达到周边正常农田水平,因此,上述两种是较为常见的重构土壤剖面构型。本书对这两种构型进行详细介绍。

表 5-3　采煤沉陷区复垦土壤剖面构型

复垦土壤剖面构型示意图	名称	说明
	类似原始土壤型	按照采矿前原始土壤剖面结构或邻近区域类似土地利用类型的原始土壤剖面,进行仿照重构
	混合土壤型	不进行土壤分层,挖掘混合充填,导致新构土壤剖面呈现出混合土,缺乏典型的分层现象
	表土+混合土型	剥离和回填表土,其余为混合土
	表土+心土+混合岩土型	分别剥离和回填一定厚度的表土、心土,其他为混合的岩土,多出现在露天矿
	土壤+充填材料型	在充填材料上覆盖一定厚度的土壤
	表土+心土+充填材料型	分别剥离和回填一定厚度的表土、心土,下部为充填材料
	表土+心土+充填材料+夹层型	在土壤资源有限情况下,为克服充填材料的障碍特性,在充填材料中设计质地相异的夹层。夹层可为一层或多层

（1）"土壤+充填材料"型双层剖面构型

采煤沉陷区一次性充填煤矸石、黄河泥沙等材料后覆盖土壤,形成了典型的"土壤+充填材料"双层剖面构型（图 5-10）。该构型结构简单,便于施工。覆盖土壤层是农作物生长的保证层,其厚度直接关系复垦质量,因此,这种充填结构的关键是覆土厚度。覆土厚度不足时,由于煤矸石、黄河泥沙等充填材料颗粒间空隙较大,会造成土壤层漏水、漏肥,土壤质量下降,作物生长发育不良,产量不高。覆土层过厚,土壤需求量和施工成本将大幅度提高,不利于充填复垦技术的推广应用。

以煤矸石作为充填基质时,还需要考虑到煤矸石粒

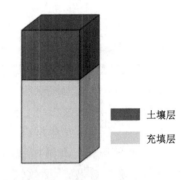

土壤层
充填层

图 5-10　"土壤+充填材料"型双层剖面构型

径级配对复垦质量的影响。可按照不同煤矸石粒径级配确定最佳的煤矸石充填复垦结构类型。安徽淮南创大生态园田间小区试验表明,大于 80 mm 与小于 80 mm 的粒径配比为3∶7时,是较为理想的煤矸石充填基质粒径配比;覆土厚度在 50 cm 以上时,复垦地土壤肥力和产量随覆土厚度增加无明显变化,即 50 cm 为最佳覆土厚度。

（2）夹层式多层剖面构型

夹层式多层剖面构型是在充填材料层中夹土壤层,形成"土壤层＋充填层＋夹层＋充填层"的剖面构型(图 5-11)。夹层式多层剖面构型是充填复垦土壤重构技术的创新,通过对土壤剖面构型的改良,克服充填材料层的负面影响,提高复垦地生产力。根据土壤重构原理,夹层式多层剖面构型的关键,是基于土源和充填材料特征,合理确定各土层的生态位,以及确定土壤关键层,由此设计出合理的土壤剖面构型。如图 5-11 所示,表土层是承载植物生长的直接层次;心土层是为表土层提供水分和养分的后备层次,一般具有较好的透水性;充填层是利用煤矸石、泥沙等材料将采煤沉陷地整平至统一标高的层次,与心土层功效类似;土壤夹层是在充填层对水分或养分蓄持不佳或过度情况下,改善

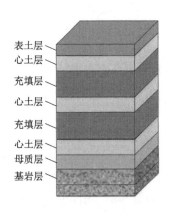

图 5-11　夹层式多层剖面构型

土壤中水分养分再分布状况,使其适应植物生长的调节层。在这种情况下,表土层和充填夹层即为"关键层"。

5.3.2.2　充填标高设计

用于充填复垦的材料,可能存在颗粒大小不等、形状差异较大的情形,充填后材料颗粒间存在较大空隙,会发生压实、沉降,因此,在复垦前需对充填高度进行科学计算。为保证充填基质层和土壤层压实沉降后,地表平坦且达到设计标高,各充填层实际充填高度应大于设计高度,计算方法如下:

$$H = H_0 + \sum_{i-1}^{n} h_i \tag{5-1}$$

$$H' = H + \sum_{i-1}^{n} \Delta h_i \tag{5-2}$$

$$\Delta h_i = \frac{\rho_i - \rho_i'}{\rho_i} h_i \tag{5-3}$$

式中:H 为复垦地表设计标高,m;H_0 为充填复垦前沉陷地地表标高,m;H' 为复垦地充填后未压实的地表标高,m;h_i 为第 i 个充填层压实前的厚度,m;Δh_i 为第 i 个充填层压实后的厚度减少量,m;ρ_i、ρ_i' 为第 i 个充填层压实前、后的密度,g/cm³。

高潜水位地区,耕作层土壤和作物受地下水位变化影响较大。若复垦地标高设计过低,上层土壤在地下水上升作用影响下,含水量和盐分含量过大,不利于作物生长。因此,充填复垦地最小标高设计应满足潜水位临界埋深要求。

$$H_{\min} = H_{qf} + h_L \tag{5-4}$$

式中:$H_{\min}$ 为充填复垦地最小设计标高,m;H_{qf} 为丰水期潜水位标高,m;h_L 为复垦地潜水位临界埋深,m。

5.3.3 充填复垦施工工艺

应根据不同的充填材料和土壤剖面构型,选择相应的施工工艺。

5.3.3.1 煤矸石充填复垦工艺

(1)煤矸石一次性充填复垦工艺

煤矸石复垦可分为两种情况,一是新排矸石复垦,二是预排矸石复垦。前者是指将矿井产生的新煤矸石直接排入充填区进行造地,此方法最为经济合理。后者是指建井过程中和生产初期,沉陷区未形成前或未终止沉降时,在采区上方,将沉降区域的表土先剥离取出堆放四周,然后根据地表下沉预计结果预先排放矸石待沉陷稳定后再利用。据测算,充填复垦时,充填的煤矸石的实际高度应为设计高度的 1.31 倍左右。

煤矸石充填复垦工艺流程:剥离表土→贮存表土→回填煤矸石→推平→压实→覆土→回填表土→种植。

以淮南创大生态园复垦试验田为例,地表下沉前剥离 20 cm 表土,根据下沉预计范围,将剥离的表土贮存在沉陷区周边。下沉稳定开始实施充填复垦时,首先将煤矸石回填沉陷坑至设计标高,用推土机推平,用压路机压实,防止因透气导致煤矸石自燃和覆土后因降水下渗而形成漏斗或表土流失。然后在煤矸石之上覆土 50 cm,找平后将提前剥离的表土覆盖在最上层。

(2)煤矸石多层多次充填复垦工艺

煤矸石多层多次充填复垦工艺流程主要包括如下步骤:

① 实地调研。对待复垦区域进行实地调研,确定其大小、形状、积水情况,估算待复垦区的充填标高、充填厚度。

② 待充填区域排走积水。若待复垦区域有积水,需排走积水,为土壤剥离做好准备。若是荒沟充填,即不需要排水环节。

③ 确定待充填区域的土壤剥离厚度。根据待复垦区域深度和复垦设计标高,确定待充填土壤厚度。根据待充填土壤厚度和采煤沉陷地最大土壤剥离厚度,确定采煤沉陷地的土壤剥离厚度,待复垦区域土壤剥离厚度一般为 0.5~1.0 m,其中表土剥离厚度为 0.2~0.5 m,心土剥离厚度为 0~0.8 m。

④ 确定充填土壤重构剖面、煤矸石充填次数及厚度。根据待充填土壤厚度、土壤剥离厚度及适宜的土壤剖面构型,确定充填土壤重构剖面特征从下到上为煤矸石层-心土层-煤矸石层……心土层-表土层。各类土壤剖面土层厚度一般为:表土厚 0.2~0.5 m,每一层心土厚 0.15~0.4 m,每一层煤矸石厚 0.2~1 m,煤矸石层为 2~3 层。

⑤ 待充填区域土壤分层剥离。对待充填区域进行表土和心土进行分层剥离,并分区堆存,为充填煤矸石做好准备。

⑥ 煤矸石筛分。由于煤矸石粒径较大,保水保肥性差,尽量将粒径大的煤矸石复垦在底部,将粒径小的煤矸石复垦在上部,以达到保水保肥的效果。按块径大小将用于充填的煤矸石进行分类,且分区堆放。

⑦ 待充填区域进行多层多次充填煤矸石层-排水-覆盖心土层。对待充填区域充填煤矸石层,在最低部充填最大粒径煤矸石,当达到设定的煤矸石层厚度 0.2~1.0 m 后,进行碾压,使之密实。在此层煤矸石上部按设计的心土层厚度覆盖心土(最好是黏土),并对齐进

行平整、碾压;再按相同方式将相应粒径煤矸石进行充填,直到待充填区域完成设计的充填土壤重构剖面。

⑧ 回填表土。按照步骤⑦完成所有煤矸石层和心土层的构造后,运回表土进行回填覆盖和平整。

⑨ 农田系统配套建设。按照周围农田系统分布情况,确定是否建设农田系统配套。

5.3.3.2　黄河泥沙充填复垦工艺

和煤矸石充填复垦相对照,黄河泥沙充填复垦需考虑排水固结。

(1) 黄河泥沙一次性充填复垦工艺

黄河泥沙一次性充填复垦工艺是指仅充填一次黄河泥沙,待泥沙固结后覆盖土壤,使沉陷地恢复到可耕种状态的一种复垦方式。具体实施流程如下:

① 确定充填复垦方案并确定充填方向。对待复垦区域进行实地调研,确定其大小、形状、积水情况等,制定充填方案,确定待复垦区域的黄河泥沙充填入口和排水口,进而确定黄河泥沙充填走向。

② 排走待充填区域的积水。若待复垦区域有积水,需要排走积水,为土壤剥离做好准备。若是荒沟充填,即不需要排水环节。

③ 剥离待充填区域的表土和心土。将剥离的表土(一般为 30 cm)和心土堆放在待充填区域的四周,并将其分区堆存,围成土坝。

④ 黄河泥沙充填和固结排水。利用管道进行黄河泥沙充填,根据设计标高确定充填厚度,待黄河泥沙排完水并固结后,用推土机进行黄河泥沙平整工作,为后续工作做好准备。

⑤ 回填堆存的表土和心土。在黄河泥沙层上回填心土并平整后,在其上回填表土并平整,达到设计的标高,形成耕地。在施工期间,需要特别注意土壤压实的问题,形成耕地后需要深耕松土。

⑥ 农田系统配套建设。按照周围农田系统分布情况,确定是否建设农田系统配套。

(2) 黄河泥沙交替式多层多次充填复垦工艺

由于黄河泥沙充填材料需待固结排水完成后才可回填心土,很难实现连续充填。因此,通常采用划分条带的方式进行多层多次充填,具体实施流程如下:

① 确定充填走向和夹层参数。充填走向一般按照煤层走向布设,确定待复垦区域的充填入口与排水口。夹层参数根据不同夹层式多层土壤剖面构型室内及田间试验结果,综合考虑施工难度和经济成本,确定重构土壤剖面构型的夹层数量、位置、厚度。

② 划分充填条带、确定最优充填条带尺寸。基于准静水沉降法、一度流超饱和输沙法等理论分析,根据现场施工所采用设备的施工覆盖半径,将充填区域设计为长条形,并根据施工半径将施工区域划分为若干个小条带(标号为 $1,2,3,\cdots,n$),若施工区域存在积水,应将积水排出以增加施工便捷性,减少复垦工艺等待时间。

③ 确定条带间交替充填的时间衔接方案和同步交替充填的条带个数。将奇数号条带 $(1,3,5,\cdots,n-1)$ 与偶数号条带 $(2,4,6,\cdots,n)$ 分为 2 组,当奇数号第 1 个条带充填完黄河泥沙后,在固结排水时进行奇数号第 2 个条带的黄河泥沙充填,待奇数号第 1 条固结排水完成时进行心土夹层填充,而后反复此工序至奇数号条带组完全充填至表层心土标高后再开始充填偶数号条带组,直至 2 组均达到表层心土标高。该工序也可先进行偶数号条带充填,工序一致。

④ 间隔条带分层剥离表土和心土。在步骤③进行时,将正在进行充填工序的奇数号条带的表土与心土分开堆存至未进行工序的邻近偶数号条带上,并在 1 次完成充填黄河泥沙层之后,将所需充填的心土从邻近偶数号条带上移至所需充填的奇数号条带中完成心土夹层的充填,若是 2 层心土夹层则重复该步骤,该工序也可从偶数号条带充填开始,工序一致。

⑤ "交替充填-排水固结-回填心土……再充填-再排水固结-回填心土-覆盖表土"。将每 1 组即将充填的条带均从第 1 个条带开始充填,当黄河泥沙的充填高度达到指定厚度时停止,第 1 个条带进行固结排水,而在此时开始第 2 个条带的黄河泥沙充填,待第 1 个条带固结排水完成之后进行心土夹层的充填,之后条带重复第 1 与第 2 条带的工序,依次循环至达到设计的剖面构型标高时该组完成,之后进行第 2 组条带的充填。对于同 1 组任意条带 i 在充填过程中,若$(i-1)$条带进行排水固结或心土夹层覆盖,该组最后 1 个条带充填完毕之后,第 1 个条带已完成回填心土层并可以直接进行第 2 次充填。重复上述步骤,待所有组的充填条带充填完成之后覆盖心土及表土。

⑥ 土地平整。将充填完成的土地平整至设计所需状态进行使用。

5.3.3.3 河湖淤泥充填复垦工艺

河湖淤泥充填复垦是利用河湖淤泥造地复田,用绞吸式挖泥船从湖内取土,通过管道将河湖淤泥充填至沉陷区,再经排水、固结,平整配套水系,复垦造地的一种复垦方式。具体实施流程如下:

① 取土区标志设立。严格按设计要求设置标志,有效控制取土面积和深度。挖槽设计位置应以明显标志显示,如标杆、浮标或灯标等。纵向标志应设在挖槽中心线和设计上开口边线上,横向标志应设在挖槽起点和施工分界线。

② 严格按要求铺设排泥管道,保证管道顺直通畅。排泥管的铺设应遵循平坦顺直的原则,弯度力求平缓,避免死弯,出泥管口应高出排泥面 0.5 m 以上,排泥管接头应紧固严密,整个管线和接头不得漏泥漏水,发现泄露应及时修补更换。

③ 复垦区围堰建筑。围堰建筑应坚实牢固,防止决堤、溃堤。按照设计要求,在围堰留出排水口,并随着工程进度的推进,不断调整加高围堰和排水口。河湖淤泥不断充填,沉陷区原来的积水和河湖淤泥沉淀出的水一起由排水口排出。

④ 挖泥船施工。挖泥船严格按程序施工,保证挖土效率和取土区土地利用率。挖泥船施工时应分层开挖,上层宜厚,下层宜薄。为保证有一个相对稳定的排泥距离,应从距排泥区远的一侧开始,依次由远到近分条开挖,条与条之间应重叠一个宽度,以免形成欠挖土埂。

⑤ 排水。由于河湖淤泥泥浆含水量较高,泥浆充填到沉陷区后,须沉淀排水,应采取工程措施,增加泥浆在复垦区的流动距离,比如在复垦小区中修筑互相交错小田埂,使抽取的泥浆流经的路线尽可能长,便于淤泥充分沉淀。

⑥ 固结。绞吸式挖泥船在输送泥浆时,通过高压输送,大量的前冲泥浆淤积在某一区域,逐步抬高,自然固结非常困难。一般通过机械或人工开挖排水渠等方式降水,降低土层含水量使之固结。

⑦ 土地平整、水利配套。复垦小区的泥浆在充分沉缩固结后进行土地平整、配套水系。

5.4　其他土地复垦与生态修复技术

（1）直接利用技术

直接利用技术是指对沉陷地不需要动用土石方工程，或少量的土石方工程即可直接利用的一种复垦方式，例如大面积或很深的积水区，可根据现状因地制宜地开展网箱养鱼、养鸭，种植浅水藕或耐湿作物，种植林草等，也可直接建设光伏设施。丘陵山区非耕地沉陷区，在治理过地裂缝之后，可保持原用途，或直接作为光伏基地等。山西省大同市采煤沉陷区上建设光伏示范基地如图 5-12 所示。

图 5-12　山西省大同市采煤沉陷区上建设光伏示范基地

优点：工程量小。

缺点：在高潜水位地区可能出现原用途改变较大（如耕地变为光伏基地），操作难度大。

（2）梯田式复垦技术

梯田式复垦技术就是根据沉陷后地形及土质条件与耕作要求，合理设计出梯田断面，将沉陷地整理成梯田的一种复垦方式。

适用条件：主要用于丘陵山区或中低潜水位煤层采厚较大的矿区，耕地受损的特征是形成高低不平甚至台阶状地貌，若沉陷后地表坡度在 2°～6° 之间时，可沿地形等高线修整成梯田。

（3）疏排复垦技术

疏排复垦技术是将开采沉陷积水区通过强排或自排的方式实现复垦的方式，即采用合理的排水措施（如建立排水沟、直接泵排等），开挖沟渠、疏浚水系，将沉陷区积水引入附近的河流、湖泊或设泵站强行排除积水，使采煤沉陷地的积水排干，再加以必要的土地平整，使采煤沉陷地不再积水并得以恢复利用。开挖沟渠、疏浚水系是防止和减轻低洼易涝地渍害的有效途径。

适用条件：地表沉陷不大，且正常的排水措施和土地平整工程能保证土地的恢复利用，多用在低潜水位地区或单一煤层、较薄煤层开采的高、中潜水位地区。

优点：工程量小，投资少见效快，且不改变土地原用途。

缺点：需对配套的水利设施进行长期有效的管理以防洪涝、保证沉地的持续利用。

（4）土地平整技术

　　土地平整技术是沉陷地复垦技术中一项比较基本的技术,主要是消除附加坡度、地表裂缝以及波浪状下沉等破坏特征对土地利用的影响。

　　适用条件:主要用于中低潜水位沉陷地的非充填复垦、高潜水位沉陷地充填法复垦,以及与疏排法配合用于高潜水位沉陷地非充填复垦等。

　　在进行沉陷地平整时,一方面应设计好标高,使地面平整度符合规定要求,另一方面土地平整要与沟、渠、路、田、林、井等统一考虑,避免挖了又填、填了又挖的现象。

思 考 题

1. 实施挖深垫浅技术的关键环节是什么?
2. 边采边复关键技术之间的联动关系是什么?
3. 充填复垦技术的适用范围有哪些?
4. 复垦地标高需要不需要达到地表沉陷前的原始地表标高? 为什么?
5. 在高潜水位地区哪种复垦技术更利于恢复耕地? 为什么?
6. 实施充填复垦技术时需要注意什么?

第6章 露天开采土地复垦与生态修复技术

露天开采是人类开采矿物最早的方式,我国矿石资源丰富,早在 3000 年前就开始凿井开采铜矿。露天开采可以实现高度集中化开采和集约化经营,我国约 20% 的煤炭产量、90% 的铁矿石、100% 的建材原料均来自露天开采,但露天开采需要剥离矿产资源上覆岩层、土层,对生态环境破坏较大。随着采区扩大,大面积的土地被挖损,地表植被完全破坏,废土石场长期被压占、机械压碾等,植被难以生长。采坑、堆场等在一定程度上改变了原有地形地貌,引起崩塌、滑坡、泥石流等次生地质灾害,区域植被覆盖率降低,地下水位下降,造成矿区生态系统整体退化。本章介绍露天开采的剥-采-排-复一体化工艺及排土场与采场(坑)的土地复垦与生态修复技术,重点是剥-采-排-复一体化工艺及排土场土地复垦与生态修复技术。

6.1 概述

露天开采是我国矿山开采作业的常见方式之一,指用一定的采掘运输设备在敞露地表的采矿场采出有用矿物的过程,即将矿体周围的岩石及覆盖岩层剥掉,再通过露天运输通道把矿石运到地表的开采过程,广泛应用于金属矿、煤矿、建筑材料等资源开采。

6.1.1 露天开采方式

根据矿床埋藏条件和地形条件,露天矿山分为山坡露天矿和凹陷露天矿(图 6-1)。开采水平位于露天开采境界封闭圈以上的称为山坡露天矿,位于露天开采境界封闭圈以下的

（a）山坡露天矿 　　　　　　　　　　　　　　（b）凹陷露天矿

图 6-1 露天煤矿

称为凹陷露天矿。山坡露天矿开采方式包括等高线开采法和山顶剥离法两种开采方式,其中等高线开采法是在环绕山边的狭窄条带上剥离矿床,一般有露头在山边出现;山顶剥离法将山顶作为采场,全部剥离上覆岩层填入周围山谷,资源出露后开采。凹陷露天矿开采方式包括条带式开采和采坑式开采两种方式,其中条带式开采是将采矿范围划分为若干条带,逐条带开采;采坑式开采将采矿范围划分为若干采区,逐采区开采。

与地下开采方式相比,露天开采具备有以下特点:

① 由于相对地下开采空间受限较小,劳动条件好,工作比较安全,有利于采用大型机械化设备提高开采量和开采强度。

② 机械化、自动化水平较高,劳动生产率高。

③ 基建投资成本较低,矿石损失贫化小,资源利用充分,使大规模开采低品位矿石成为可能。

④ 设备购置费用较高,在敞露空间外,设备效率及劳动生产率容易受暴雨、暴雪等气候影响。

⑤ 因需要剥离岩土,并将大量剥离岩土排弃到废石(排土)场,会形成植被无法生长的采坑和废石(排土)场,对生态环境破坏直观,屡被社会民众诟病。采坑和废石(排土)场是矿山生态修复的重点。

6.1.2 露天开采对生态环境的影响

露天开采对生态环境的影响主要体现在以下四个方面:

① 采场挖损和废弃物排放压占,直接导致土地损毁。根据《土地复垦条例》,矿山开采损毁土地分为挖损、压占、沉陷三种类型,其中挖损、压占土地是露天开采不可避免会发生的。

② 可能导致水土气污染问题。矿山废弃物的排放、堆积,如果处理不当会发生泄露,导致水土污染。如 2022 年 5 月 31 日凌晨,福建省三明市大田县一尾矿库因内部斜槽发生塌方,引发尾矿库的硫铁矿废渣泄漏。经认定,废渣泄漏约 525 m³,污染流域有 10 多千米,涉及 9 个行政村,部分村庄 10 余亩良田受污染。资源开采过程中的扬尘、废弃物堆场的扬尘等均对大气质量有影响。

③ 采场排水会导致一定范围内的地下水位下降,可能影响植被生长,甚至加剧区域水土流失和沙漠化,影响范围大。李全生通过采集近 10 年的区域水文观测数据构建呼伦贝尔宝日希勒露天矿区地下水流场仿真模型,模拟结果表明:2005 年露天矿中心区域水位下降 5~50 m;2010 年中心区域水位下降 10~100 m;2016 年地下水漏斗区域稳定,平均水位降深 15 m 左右;结合近 50 个钻孔 10 余年的水位实测数据分析,得出该矿区煤炭开采地下水下降的最大影响半径不超过 8 km。

④ 废弃物堆场可能发生滑坡、垮塌等地质灾害,影响周边生态环境。

6.1.3 露天开采土地复垦与生态修复类型及关键技术

露天开采对土地资源的破坏主要表现在露天采场的直接挖损、外排废弃物压占土地,因此露天矿土地复垦与生态修复的类型有采场土地复垦与生态修复和废弃物堆场的土地复垦与生态修复。

① 采场土地复垦与生态修复。根据资源赋存条件与地形条件的不同,采场形式包括浅

采矿场、倾斜或急倾斜矿场、山坡露采矿场等,从单一采场来看,土地复垦与生态修复时可划分为平台、边坡两种复垦单元。

②废弃物堆场土地复垦与生态修复。根据露天矿山开采资源类型的不同,外排废弃物堆场也有所不同。对于露天开采煤矿,一般为排土场;对于金属矿山,一般有废石场、尾矿库、赤泥堆场等。土地复垦与生态修复时可将其划分为平台、边坡、尾矿库滩面等复垦单元。

露天开采土地复垦与生态修复工作一般包括地貌重塑、土壤重构、植被恢复三大关键技术(图 6-2)。

地貌重塑是针对矿区的地形地貌特点,结合采矿设计、开采工艺,通过采取科学排弃、土地整形等措施,重新塑造一个与周边景观相互协调的新地貌,最大限度消除和缓解对植被恢复、土地生产力提高有影响的因素。地貌重塑是土地复垦与生态修复的基础。土壤重构是以矿区破坏土地的土壤恢复或重建为目的,采取适当的重构技术工艺,应用工程措施及物理、化学、生物、生态措施,重新构造一个适宜的土壤剖面,在较短的时间内恢复和提高重构土壤的生产力,并提高重构土壤的环境质量。土壤重构可以结合地貌重塑进行,主要是土壤剖面结构构造可以结合地貌重塑进行,之后辅以土壤改良工作。植被恢复是在地貌重塑和土壤重构的基础上,综合气候、海拔、坡度、坡向、地表物质组成和有效土层厚度等,针对不同损毁土地类型,进行先锋植物与适生植物选择及其他植被配置、栽植及管护,使修复的植物群落持续稳定。

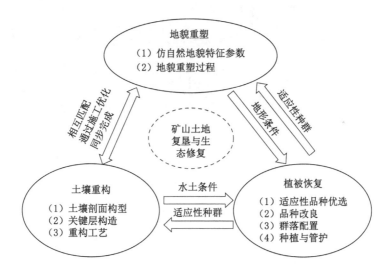

图 6-2　关键技术相互关系

6.2　剥-采-排-复一体化工艺

6.2.1　剥-采-排-复一体化工艺原理

露天开采对环境的破坏是显性的,其中最显著的是改变了原始的地形地貌和生态环境,传统的以采为核心、剥排无序的做法引起的地形地貌不协调、排土场层次混乱、表土无保护的做法显然不符合生态恢复的新要求,于是"边采边排边复"的剥-采-排-复一体化技术便应运而生。

由于矿山类型不同,其排弃方式和土地平整方式也不同。要求大型矿山完全效仿中、小型矿山的排弃、平整方式也是不可能的。不同矿山的开采技术、生产设备、剥离物类型、堆置方式等均有差别,大型矿山因采用大型机械,稍一不慎就会使地表土壤压实,所以必须有一个全盘考虑的计划,真正做到剥离、采矿、排弃、复垦(修复)统筹考虑,具体安排排土场的标高和各台阶的堆放形式,以及结合现场剥离物的情况分段分期来完成,绝对不能等大面积排弃物堆放完再进行覆土、修整地形等工程。

在露天开采过程中,合理安排剥离、采矿、运输、固体废弃物排弃、土地复垦与生态修复等工艺的时空衔接及数量质量匹配,简称剥-采-排-复一体化工艺(图6-3)。露天矿的各个生产环节是有机统一的整体,既相互联系又相互制约,需要依据露天矿生产计划,确定剥离与土地复垦(生态修复)一体化作业过程及有关参数,如工艺间的合理配合、表土采集、表土的堆存、剥离物的排弃、土地平整及表土回覆等,行之有效的组织生产,制订合理的生产计划。

露天矿一般都有多个装载点和卸载点,可采用线性规划对表土资源的流量和流向进行最优化控制。

图6-3 剥-采-排-复一体化示意

注:图片来源于 https://www.zhihu.com/question/47635928/answer/107161604

剥-采-排-复一体化工艺需做到源头规划,在开采前做好工艺设计。露天开采土地复垦与生态修复的一般模型见图6-4。为了保障土地复垦与生态修复质量,除了安排好剥-采-排-复的时空衔接外,还要注重数量与质量匹配。为此,需要对矿山资源上覆盖层特性、土壤条件、植被条件做到全面了解,其中覆盖层特性鉴定可为分层剥离、回填次序等提供参考,例如若覆盖层含有不适于植物生长的产酸或毒性物料,可在回填时选择剔除特殊处理,或回填到下层(前提是不会造成对水资源的污染);土壤条件调查和植被资源调查可为后续表土重构和植被恢复提供参考。

除露天开采自身剥离的物料之外,还可以寻找是否可利用物料,例如对于表土缺乏的地区,即使矿山采取了表土保护措施,也可能会不够,那么就可以寻找可利用的表土替代材料。在规划中重点开展水资源利用与恢复规划、剥离物规划和植物群落规划。其中水资源利用与恢复规划重点是评估现有水资源的可利用程度,包括数量和质量,以及在排弃物堆置过程中是否需要恢复保水层。在干旱地区的排土场治理中,在近地表构造保水层对后续的植被恢复有积极作用。剥离物规划重点是分层剥离规划(尤其是表土分层剥离与保护规

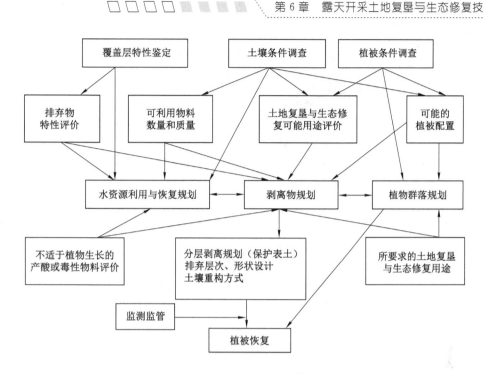

图 6-4　露天矿土地复垦模型

划)、排弃层次与形状设计、土壤重构方式等;植被群落规划重点包括植被品种、群落配置、种植与养护措施等。

在植被恢复之前,保障剥离物的科学排弃和土壤重构非常重要,因此做好监测监管是保证土地复垦与生态修复成功的措施之一。

6.2.2　凹陷露天矿典型剥-采-排-复一体化工艺

根据凹陷露天矿的开采方式,典型的剥-采-排-复一体化工艺有条带开采横跨采场倒堆工艺、区域开采-先外后内-复垦(修复)一体化工艺和分期开采-外排-复垦(修复)一体化工艺。

6.2.2.1　条带开采横跨采场倒堆工艺

本工艺适合于水平、近水平矿田的条带开采方式。横跨采场倒堆工艺的具体过程(图 6-5)如下:

① 在开采第 i 条带前,用推土机超前剥离表土并堆存于开采掘进的通道上;一般剥离厚度为 20~30 cm,同时也应超前剥离 2~3 个条带,即 $i+1,i+2,i+3$ 条带。

② 在第 i 条带的下部较坚硬岩石上打眼放炮。

③ 用巨大的剥离铲剥离经步骤②疏松的第 i 条带的下部较坚硬岩石,并堆放在内侧的采空区上[即 $(i-1)$ 条带上]。

④ 用挖掘机挖掘 $(i+1)$ 条带上部较松软的土层,并覆盖在 $(i-1)$ 条带内经操作③而形成的新下部岩层——较硬岩层的剥离物上。

⑤ 在剥离铲剥离上覆岩层后,i 条带的煤层被暴露出来,用采煤机械进行采煤和运煤。

⑥ 用推土机平整内排土场第 $(i+1)$ 条带的土壤与剥离物,就构成了以 $(i+1)$ 条带上部

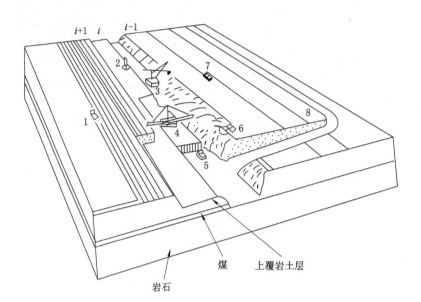

图 6-5 横跨采场倒堆工艺露天煤矿开采与复垦的工艺示意图

较疏松土层的剥离物为心土层、以 i 条带下部较硬岩层的剥离物为新下部土层的复垦土壤。

⑦ 用铲运机回填表土并覆盖在复垦的心土上。

⑧ 在复垦后的土地上恢复植被。

若单个采场开采周期较短(如 5 年之内,可根据表土保存过程中营养流失时间确定),最终可将最初外排的废弃物和表土回覆至最后一个条带,至此,采场仅是较周围地表下降了矿山资源的厚度。若单个采场开采周期较长,最后一个条带可不必回填,直接留作条形采坑。

6.2.2.2 区域开采-先外后内-复垦(修复)一体化工艺

该工艺的具体过程(图 6-6)如下:

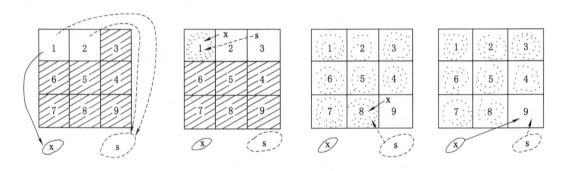

图 6-6 区域开采-先外后内-复垦(修复)一体化工艺示意图

① 剥离开采区域 1、2 的表土,堆存至表土保护处(s 处)。

② 剥离开采区域 1 中矿产资源上覆岩层,排弃至 x 处;开采区域 1;剥离开采区域 2 中矿产资源上覆岩层,排弃至开采后的区域 1;剥离开采区域 3 的表土回覆至开采区域 1;至此

开采区域完成土壤剖面构造。

③ 依次类推,区域 8 开采完毕后,剥离开采区域 9 中矿产资源上覆岩层,排弃至区域 8;从表土保护处(s 处)运表土回覆至区域 8。

④ 最后,区域 9 开采完毕后,可从外土场 x 处、表土保护处(s 处)分别运排弃物和表土回覆至区域 9。

如上一个工艺,若单个采场开采周期较短(如 5 年之内,可根据表土保存过程中营养流失时间确定),最终可将最初外排的废弃物和表土回覆至最后一个开采区域,至此,采场仅是较周围地表下降了矿山资源的厚度。若单个采场开采周期较长,最后一个开采区域可不必回填,直接留作采坑。

6.2.3　山坡露天矿典型剥-采-排-复一体化工艺

根据山坡露天矿的开采方式,典型的剥-采-排-复一体化工艺有等高线开采法一体化工艺和山顶剥离法采复一体化工艺。

6.2.3.1　等高线开采法一体化工艺

① 沿等高线将矿山划分为若干开采水平,每个开采水平可再划分为若干开采工作面。

② 剥离第一个开采水平的第一个工作面的上覆岩土层运输至外排土场,表土和岩石分开剥离及堆放。表土剥离可超前 1～2 个工作面,即第一次可同时剥离 2～3 个工作面的表土。若后续不再使用外排土场的废弃物作为充填材料,即可开展土地复垦与生态修复工作。

③ 开采第一个开采水平的第一个工作面,同时剥离第二个工作面的上覆岩层运至第一个工作面采空部分。

④ 第一个开采水平的第一个工作面在开采时外侧留设或修筑高墙,高度根据土地复垦与生态修复需求设计。

⑤ 第一个开采水平的第一个工作面开采完毕后,开始开采第一个开采水平的第二个工作面,可剥离第三个工作面的上覆岩石排弃至第二工作面采空部分,后续工作面剥离表土回覆至第一工作面,直至没过外侧高墙,压实、平整后种植植被。

⑥ 第一个可采水平的最后一个工作面可用第二个开采水平的第一开采个工作面上覆岩石充填,回覆表土为第二个开采水平的第二个或第三个工作面的表土。以此类推。

⑦ 若外排土场已经完成土地复垦与生态修复,最后一个工作面会形成采坑,倒数第二个工作面缺少表土。

⑧ 类似于表土可以超前剥离 1～2 个工作面,上覆岩层也可以超前剥离 1～2 个工作面。但是,超前剥离越多,最后形成的采坑越大。

6.2.3.2　山顶剥离法采复一体化工艺

① 在山谷被充填之前将植被和表土剥离,并在曾有天然排水沟的山谷底部修建排水沟,保障排水畅通。

② 剥离山顶表土,与山谷剥离表土一起存放或单独存放。剥离矿山资源上覆岩层,充填至山谷,形成台阶或梯田。合理设计平台与边坡,形成永久稳定的斜坡。

③ 排弃结束覆土,种植。

该方法提供了一个构造相对平整地貌的机会,使复垦后土地能适宜因原自然地貌陡峭限制而不能适用的用途途径。

6.3 露天矿排土场生态修复技术

6.3.1 露天矿排土场类型与堆积形状

根据排土场位置与采场的空间关系,排土场分为外排土场与内排土场。排土场选择在开采范围外的称外排土场;利用已开采的空间进行排弃的称内排土场。露天矿开采应尽可能实现内排,减少外排土场占地,实现源头减损。但受资源赋存条件如倾角、层数等影响,不同露天矿实现内排的程度不同,导致出现大量外排土场和巨大采坑。2005 年,海州露天煤矿因资源枯竭关闭破产,在辽宁省阜新市城市中心区遗留下一个长 4 km、宽 2 km、深 350 m 的废弃人工矿坑。此外,占地 14.8 km² 的海州露天矿外排土场堆积矸石 8.5 亿 m³。

考虑排土场的稳定性及后续生态修复需求,排土场一般堆积为层状阶梯型地貌,根据排弃物数量和占地面积可为一层或多层。若排土场地地形较平缓且开阔,可堆积成图 6-7 (a)的形式。若排土场地为较陡的沟谷或已开采完毕的采坑,可依靠边坡堆积成图 6-7(b)的形式。

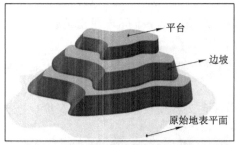
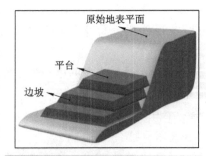

（a）平地起堆　　　　　　　　　　　　（b）沟谷排土或采场内排

图 6-7　排土场堆积形式

排土场的堆积可在剥-采-排-复一体化工艺中完成,按照设计逐层堆积,并协调好排弃层次与排土场生态修复所要求的地层剖面层次相协调,排弃边坡的坡度、层高与生态修复要求的边坡坡度、层高相协调。一般来说,排弃时形成的边坡坡度为自然安息角,大于生态修复时所要求的边坡坡度,需要在排弃到界后进行适当的削坡措施。总之,尽量在排弃过程中按照生态修复的要求进行地貌重塑,避免二次施工。

6.3.2　露天矿排土场复垦单元划分

由排土场的堆积形状可以看出,经地貌重塑后露天矿排土场的复垦单元分为平台和边坡两种。

（1）平台

平台系指排土场中形成的基本水平台地,分为水平式平台、反坡式平台和坡式平台。

① 水平式平台:即平台被整形为水平。

② 反坡式平台:平台地表稍向内倾斜,反坡角度一般可达 2°,这种形状适合于台面较窄的平台,能够大幅度地提高平台蓄水能力,并使暴雨时由上部平台坡面产生的径流由平台内侧安全排走。

③ 坡式平台:当平台台面较宽并且向内有一定的坡度,且利用方向选择农业种植时,可顺坡向每隔一定间距略高于等高线 0.3～0.5 m 左右修筑田埂。随着逐年翻耕、径流冲淤而逐渐加高地埂,使田面坡度逐年变缓,最终形成水平田地。

（2）边坡

边坡系指不同高程的台地与台地接界处形成的坡地。边坡坡度控制可根据利用方向、物料性质、区域气候(如降雨、风力风向等)等综合确定。

6.3.3　露天矿排土场的地貌重塑

6.3.3.1　排土场地貌重塑过程

排土场地貌重塑主要包括基底构筑、主体构筑、平台整治和边坡整治等。

① 基底构筑。基底构筑是保障排土场稳定的关键,一般包括基底处理和排水设施修筑。对于依靠边坡排土的方式,为保障排土场稳定,需注意对基底的处理。例如,若边坡面较光滑,可通过爆破人为制造麻面,以在基底表面形成破碎带,凹凸不平的表面增大了上部滑体与下部基底之间的摩擦阻力。必要时可在基底设置基柱、临时挡墙及抗滑桩等。为防止排土场雨水径流汇聚到与地面交界线时冲刷造成排土场失稳,可构建"疏水型"基底,确保基底地面排水通畅。

② 排土场主体构筑。排土场主体构筑指从排土场基底构筑完毕后至排土场表层覆土前的空间范围。排土场主体构筑时,除按照扇形推进、多点同时排弃外,在满足地表厚层覆土的前提下,多采取岩土混排工艺,逐层堆垫、逐层压实,减轻非均匀沉降程度;在废弃的运输路面和皮带运输道等部位排弃岩土时,应选择难风化、粗粒级的岩石;对局部重金属等其他污染相对富集的岩层采取"包埋",做好排土场周围的排水系统,防止在排土场内部浸入过多水分。

③ 排土场平台整治。主要用大型推土机推平,平台大小、平整度按照排土场设计执行。如平朔露天矿排土场平台宽度一般在 60～80 m,坡度向内倾斜且不大于 3°;内外排土场平台高度分别为 30 m、20～30 m。

④ 排土场边坡整治。对于排土场生态修复来说,在岩土废弃物排弃过程中,要注意堆积形状,在排弃完成后,需要对平台进行平整、对边坡进行整治。一方面,在我国早期露天开采形成的排土场中,由于对生态修复重视不够,排土场不同层级间高差大,坡度陡,极易发生水土流失、崩塌等;另一方面,即使是按照剥-采-排-复一体化工艺形成的排土场,在排土过程中汽车一般是顺坡自卸,按照自然安息角形成的坡面,坡度仍然较大,需要进行坡面

整治,以达到生态修复的要求。如平朔露天矿排土场边坡高度一般在 30 m 左右,台阶坡面角在 36°～37°之间,坡长约为 40～50 m。一般在平台边缘修筑挡水沟,阻止平台径流汇入边坡;坡脚堆放大石块,拦截坡面下移的泥沙,保护坡脚排水渠系。内排土场最下平盘坡脚线与采场最下平盘坡脚线最小距离应保持在 50 m 以上。

6.3.3.2　仿自然地貌重塑

在地貌重塑、土壤重构、植被恢复三大关键技术中,以往更重视土壤重构与植被恢复,分析其原因,与开展土地复垦与生态修复工作时面对的即是已经堆积好的排土场有关,而矿山企业在堆积排土场时,受占地面积限制,更多从边坡稳定性角度出发,排土场往往被重塑为简单的阶梯式地形,未能与当地自然环境相融合,不仅养护成本较高,且缺乏长期稳定性,从而产生较为严重的水土流失和景观破碎现象。随着生态文明建设、绿色矿山建设的提出,矿山企业开始关注在排土场堆积的过程中控制边坡的坡度、坡高等,但受制于理论层面、技术层面、政策层面等的约束,还未形成可推广的模式。

仿自然地貌重塑作为一种仿造当地自然形态进行地貌重塑的技术,在国外已有成熟应用案例。美国的拉普拉塔露天煤矿和圣胡安露天煤矿分别在 2001 和 2002 年利用 GeoFluv设计方法将水文地貌原理运用到矿区土地复垦中,且拉普拉塔露天煤矿仿自然地貌重塑项目获得了 2004 年美国内政部颁发的生态修复大奖。

仿自然地形重塑的核心是以未受扰动的地形为参照,构建出符合当地侵蚀过程所形成的地形模型。李恒等以内蒙古自治区锡林浩特市胜利矿区排土场为研究对象,首先用无人机获取未受采矿扰动的自然区域内地面数字高程模型(DEM)数据,获取自然地形部分的边坡剖面线,发现主要边坡类型为反 S 型边坡,并以拐点为分界处,将其分为上侧的凸起部分和下侧的凹陷部分,根据剖面线数据计算反 S 型边坡的特征参数,包括坡高、坡长、凸面曲率、凹面曲率、凸面水平占比、凸面垂直占比等;然后,基于上述参数对排土场的边坡进行了设计,最后以边坡土壤损失量为指标对地貌重塑前后的效果进行了对比,证明反 S 型边坡模型的保土能力相较于原排土场边坡模型越来越强(图 6-8)。

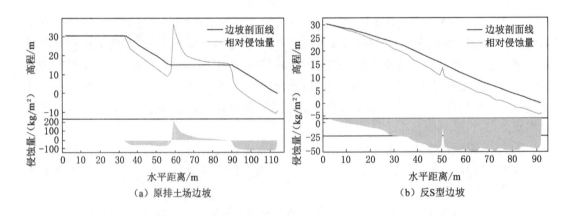

图 6-8　原排土场边坡和反 S 型边坡的土壤流失曲线(引自李恒等,2019)

6.3.3.3　露天矿排土场地貌重塑的技术要求

露天矿排土场地貌重塑面临以下问题:一是岩土排弃计划性差,土石混排,无层次;二是边坡坡度大、坡长长,即两级平台高差大,稳定性差;三是受占地面积限制,外排土场堆积高度大,与周边地形地貌不协调;四是剥-采-排-复一体化工艺不优,排土场排弃到界无计划,甚至出现到界排土场再次排土,扰乱土地复垦与生态修复计划;五是重型卡车碾压,使平台地层严重压实;或是非均匀沉降,产生沉陷裂缝。为此,排土场地貌重塑有以下要求:

(1) 注重采矿工艺与复垦工艺结合,有计划地排弃、覆土

根据露天采矿排土场设计参数标高、排土场各台阶的堆放形式,以及结合现场剥离物的分布情况,采取分段分期来完成排弃、覆土,绝对不能等大面积堆放完再进行覆土,地形略作修整即可恢复植被,这样能及时搞好水土保持工作,一次扰动减少二次倒土,减小地表土壤容重,减少运距,节约资金。实践证明这种做法不但彻底改善了土壤的物理性状,还可根本改善水土流失情况,加快土地复垦与生态修复速度。

(2) 强调表土的剥离与储存

表土层含有丰富的矿物质、动植物残体腐解生成的有机质、水分和空气等物质,它是植物生长的基础。因此,在采矿工程阶段需要对表土进行预先的剥离和储存以便土地复垦与生态修复时用来覆土。

(3) 分阶段整治平台和边坡

在剥-采-排阶段即做好排土平台及边坡的整治,做到排弃到位一平台,整治一平台,土地复垦与生态修复一平台。

(4) 注意修建排土场防护设施

露天矿排土场地貌重塑后要注意其安全性,防止水土流失和滑坡,产生新的地质灾害。排土场边坡构筑时,建议采取以下措施:

① 修筑挡水墙,阻止平台径流汇入边坡,杜绝切沟和冲沟的发生。

② 坡脚堆放大石块,拦截坡面下移泥沙,保护坡脚排水渠系。

③ 排土场除设置必要的蓄水工程外,还需设置必要的排洪渠系,以确保排土场的稳定、安全。

6.3.4　露天矿排土场土壤重构

露天矿排土场是经过剥离、运输、堆垫而形成的,原来的土体和岩层经过剧烈的扰动与矸石混合后以松散堆积状态被堆置在外排土场、露采场,即使采用剥-采-排-复一体化工艺,尽可能按照采矿权的岩土层次堆积排土,也不能做到对原有岩土层次的还原,因为,在剥离过程中无法做到对矿产资源上覆岩土层的逐层剥离,一般仅做到表土层的单独剥离,下面的岩土层剥离厚度由施工机械可剥离厚度确定。若未采用剥-采-排-复一体化工艺,可能会导致所有岩土层混合堆积。

一般来说,原始土壤剖面自上而下会包含表层＋淋溶层、淀积层、母质层、基岩层直至矿产资源[图 6-9(a)],在基岩层之上的层次中会有含水层、隔水层,以保障地表植被的生长。而排土场的剖面结构,考虑了表土的剥离与回覆,会形成图 6-9(b)的剖面,自上而下为表层＋淋溶层、混合岩土层,甚至都是混合岩土层。

对于排土场土壤重构来说,关键是重构合理的岩土层次,其中的关键层次为表土层、含水层、隔水层等[图 6-9(c)],尽量构造一个与破坏前的土壤剖面一致或更加合理的土壤剖面。若露天开采矿山排弃煤矸石为酸性,存在自燃风险,需要在堆积过程中采取防自燃的

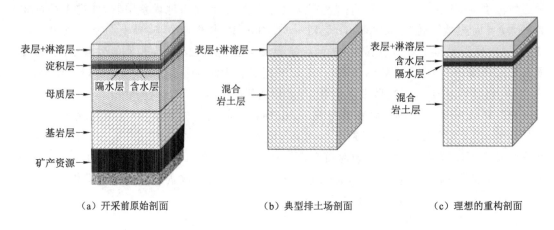

（a）开采前原始剖面　　　　　（b）典型排土场剖面　　　　　（c）理想的重构剖面

图 6-9　排土场土壤重构剖面示意

措施;若剥离岩土层中含有有毒有害物质的岩层,也需要在剖面构型设计时选择合适的位置,如置于底层,并设隔离层等。

（1）表土层的构造

表土层的构造需要考虑土壤材料的选择、覆土位置、覆土方式、土层厚度和土壤改良等方面。

土壤材料最好选择事先剥离、保存完好的原表土。若开采前表土未保留、本底表土缺乏等导致表土材料不足时,可考虑选择表土替代材料,具体可参见下述容。

覆土位置包括平台和边坡。一般来说,平台部分要求覆土,边坡可综合考虑坡度坡长条件、土源数量等确定是否覆土。

覆土方式包括全面覆土和栽植穴点状覆土。当土源相对充足时,建议全面覆土,当土源数量有限或边坡坡度较大且利用方向为林地时,可选择栽植穴点状覆土。全面覆土时可以选择平铺方式或者"堆状地面"方式(图 6-10)。"堆状地面"方式是在平台上将每车覆土按计算得到的优化排列方式疏松堆积,不仅可利用松散土壤吸纳大量雨水并将其储存于土体内,最大限度地增加水分入渗,而且借助堆与堆之间形成的众多凹坑容纳雨水来分散暴雨径流。实际的堆积形状是多个锥体的联合,其排列组合状况可以有正方形排列、三角形排列、多边形排列、优化排列等。锥体排列的凹形区域构成了堆状地面的基本微集水单元,可视为一个个微小流域。

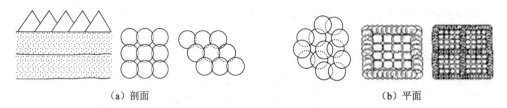

（a）剖面　　　　　　　　　　　　　　　　（b）平面

图 6-10　排土场"堆状地面"方式剖面及平面图

土层厚度一般针对全面覆土方式,可根据排土场利用方向、土源条件确定,一般不低于30 cm。

经剥离、保存的表土随着时间的推移会发生贫化,即使是采用异地土壤直接运输过来,在挖掘、运输、回覆的过程中,也会造成物理性状的改变和营养元素的流失,因此,表土层构造后需采取适当的土壤改良措施。再加上露天采矿使用大型开采及运输机械,重型运输汽车的车轮碾压造成表层土壤的压实。压实土壤的容重可高达 1.4 g/cm³ 以上,恶化了土壤的物理性状,给耕作和种植增加了难度,而且还造成了地表径流的大量汇集,给水土流失创造了条件。为此,在表土回覆过程中尽可能不选用大型设备,尽量减轻土壤压实;表土回覆完成平整后,可利用深松机深松土壤,改善土壤压实问题,然后施用有机肥等改善营养条件,在植被种植时优先选择豆科植物,达到持续改良的目的。

（2）隔水层的构造

在资源开采过程中,矿产资源以上地层因爆破被剥离,完全破坏了隔水层,含水层也就无法存在了。因此,在土壤重构过程中,为了重新构造含水层,隔水层的构造是关键。隔水层为在土壤剖面中用透水性能差的或不透水的材料构造的介质层,以阻断地下水向下渗透或流失。根据排土场的堆积形状和含水层、隔水层的特点,一般构建水平隔水层。重构的隔水层至少应包含以下四个特点:

① 渗透率低。隔水层的主要作用是防止地下水含水层的水大量渗透,因此其材料的选择以低渗透材料为主。原始地层中隔水层渗透率区间为 $10^{-20} \sim 10^{-18}$ m² 量级,重构的隔水层渗透率应在 $10^{-20} \sim 10^{-15}$ m² 量级内。

② 结构稳定。重构的隔水层能保证构建过程中及构建完成后能达到结构的完整、稳定和耐用,且渗透率能长时间维持在合理的量级区间内。

③ 保持连接。针对内排土场,重构隔水层在水平方向上与原始隔水层保持一致,以保证重构隔水层构建完成后与原始隔水层形成完整隔水层,避免大范围错层出现。

④ 安全清洁。内排土场隔水层与地下水层直接接触,其本身应不具有能溶于水的有害物质,且与水长时间接触不释放有害物质,保证地下水环境的安全。

（3）作业方式

露天开采岩土层运输、排弃多采用自卸卡车,其排弃的作业方式包括边缘排土和场地排土(图 6-11)。边缘排土容易形成土石混堆的情况,而场地排土可以在一定范围控制排土时的土壤层序,所以在土壤重构时宜采取场地排土的作业方式。

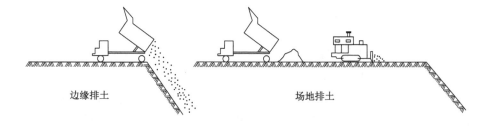

边缘排土　　　　　　　　　　　　　场地排土

图 6-11　场地排土方式

6.3.5　露天矿排土场植被恢复

植被恢复包括植被筛选、群落配置、植被种植、植被管护等四个方面。

（1）植被筛选

植被选择要以先锋物种为主,起到迅速固土、蓄水作用,同时要选择具有较强适应脆弱环境和抗逆境能力的外来物种,达到重建人工生态系统的目标。平朔矿区适宜的植物包括油松、刺槐、榆树、杨树等乔木,云杉、沙柳、沙枣、柠条锦鸡儿、沙棘、紫穗槐、杨柴、驼绒黎等灌木,沙打旺、紫花苜蓿、羊草、红豆草、白花草木樨等草木,谷子、大豆、燕麦、马铃薯等农作物,华黄芪、连翘、甘草、枸杞等药用植物。

(2)植被配置

根据排土场自然条件和用途,平台可选择乔灌草配置模式。对于距离矿区公路、铁路、工业广场、建筑用地及输煤干线100~200 m内的平台,可以乔木为主,作为永久性防风林带,起到防风固沙、防粉尘污染及矿区景观美化等功能。对于干旱半干旱矿区,建议以草本为主,灌草结合,如锡林浩特胜利煤田排土场人工种植灌木半灌木小叶锦鸡儿、柠条锦鸡儿、达乌里胡枝子,多年生草本植物黄花苜蓿、沙打旺、紫花苜蓿、扁蓿豆、披碱草,一年生植物芸薹等。对于面积、宽度较大、土壤条件较好的平台,也可考虑作为耕地。如平朔露天矿外排土场第1~2台阶以上的平台及内排土场的最终平台,其地形大多平坦、开阔、土层深厚、易于耕种,故最终利用方向应恢复成耕地。但考虑到排土场初期非均匀沉降,尤其是严重的水土流失、水分无效损失(包括地表径流、深层下渗和地表蒸发)较多,土壤肥力贫瘠等限制因素,无法在短期内进行农作物栽培,故可暂时作为林牧用地,5~10年后,待排土场基本稳定、水土流失基本控制及土壤肥力提高后,除保留必要的农田林网外,绝大部分地块可逐渐转换成耕地。为了防止风蚀、水蚀、保护农田,在要改为耕地的地块上,一般保留30%左右的林草。边坡宜采用灌草或草本模式,尽量不种植乔木,也不宜恢复为耕地。为了响应"两山"理念,可适当选择有经济价值的植被品种,如药材、果树、苗木等。

(3)植被种植

一般采用直播和移栽技术。各种牧草、大部分药用植物与农作物均采用直播繁殖,柠条、杨柴和驼绒黎等部分灌木也采用直接法。移栽的苗木可较快封陇地面,同时把苗圃土壤中的有益菌带到复垦地内,促使植株健壮生长;平朔矿区移栽的苗木一部分来自矿区内部苗圃地,如沙棘、油松、樟子松、杏树、小黑杨、新疆杨、垂柳、沙柳等。

(4)植被管护

为了保证植被的成活,一般会在植被种植后管护3~5年的时间。管护措施包括浇水、施肥、治理病虫害、修剪等措施。

6.4 采场(坑)生态修复技术

当矿山生产周期较长,资源赋存条件导致无法尽快实现废弃物内排、特殊矿产资源开采等情况,必然会遗留下坑状、裸露岩面等采场(坑)。加之早期对土地复垦与生态修复工作重视度不够,剥-采-排-复一体化工艺实施不到位,遗留的露天采场(坑)成为大地、山体的一个个"伤疤"。

6.4.1 露天采场(坑)的主要环境问题

根据露天开采方式,露天采场(坑)由坑底、边坡组成,其中边坡可能是单一斜坡,也可能是多台阶组成的阶梯状边坡。

露天采场(坑)在生态修复时面临的主要环境问题有:

① 地质灾害问题突出。主要是边坡高陡,且经爆破松散,已发生滑坡、垮塌等地质灾害(图 6-12)。部分煤矿残留的煤炭资源露头易发生自燃,不仅污染大气,还会引发空洞、坍塌、地裂缝等问题。部分采坑内地下水涌水量大,若停止抽水,更会加剧边坡失稳。

② 缺乏表土。可能是开采初期未剥离保存表土,也可能是本底表土资源匮乏,当平面面积变为开采后的立体面积后,需土表面积增加,均会导致开展生态修复工作时表土不足。

③ 石质边坡缺乏植被恢复条件。如采石场开采后形成的石质边坡,坡度陡甚至是直立坡面,且坡面为坚硬岩石,不具备覆土和植被恢复的条件,生态修复难度极大。

　　(a) 海州露天矿采坑滑坡　　　　　　　　　(b) 采石场石质边坡

图 6-12　典型矿山地质灾害

6.4.2　露天采场(坑)的生态修复措施

露天采场(坑)的生态修复包括修复模式选择、地质灾害治理、土壤重构与植被恢复等四个方面。

(1) 生态修复模式选择

露天采场(坑)的生态修复模式可根据实际情况进行制定,常见的有以下几种:

① 深采坑积水恢复模式。对于深度与涌水量较大的采坑,可停止排水,让采坑内水位回升,形成蓄水坑。此种模式需要对采坑及周边的水资源做详细调查,科学计算回水量,预估水位回升高度。对水面上下分别采取措施,如水面之上部分恢复植被。新疆可可托海三号矿坑深 200 m,长 250 m,宽 240 m,闭坑后水面上升到矿坑腰部,如今已打造成旅游景点。

② 林草恢复模式。此为不积水采坑部分和绝大部分边坡采取的生态修复模式。可参照排土场的平台与边坡。

③ 耕地恢复模式。主要应用于取土场,深度不大,且为土质,可经平整、土壤改良、修建排水设施后,将坑底部分恢复为耕地。

④ 自然恢复模式。对于不具备植被恢复条件的石质边坡,可放置自然恢复植被,或者在坡底、坡顶种植攀爬类植物,或者改为壁画等艺术作品,等待大自然的恢复。

(2) 地质灾害治理

在土壤重构与植被恢复前,对不具备植被恢复条件的石质边坡,需要消除地质灾害隐患,保障采场(坑)的稳定、安全。

(3) 土壤重构与植被恢复

露天采场(坑)的复垦单元包括平台、边坡两种,土壤重构主要是表土层的重构,根据生态修复模式、土源条件等选择全面覆土和点状覆土。对于平台尽可能采用全面覆土,覆土厚度依据种植植被类型确定,至少 30 cm。对于坡度与坡长满足全面覆土且土源充足的边坡,也可采用全面覆土,否则采用点状覆土,即在种植穴内覆土。由于采场(坑)的土壤重构是在原始岩层形成的边坡、平台上进行的,一般不具备隔水层构造的条件。

土源可采用剥离保存的表土、客土或表土替代材料。

植被恢复可参照排土场的植被恢复措施,不同的是部分石质边坡或选择在坡底或坡顶种植攀爬类植物。

6.5 表土替代材料

对于表土层薄、本底表土质量差、早期开采未剥离保护表土等表土匮乏的矿区,为了保障生态修复效果,急需用适宜的表土替代材料解决生态修复过程中表土不足的问题。

6.5.1 表土替代材料的定义及性质

表土替代材料(topsoil substitutes),又称"新土源""人工土壤",是指从矿区土地复垦与生态修复的可持续发展角度出发,利用非表土等资源的理化性质,对其进行合理配比、综合利用,使其成为适合植物生长的新型土壤。

表土替代材料与复配土(remixed soil)不同。复配土是指将两种或多种理化性质不同的土壤按照一定比例混合后形成的新土壤,强调的是质地不同而理化性质互补的土壤的混合。表土替代材料是以非土壤材料为母质,经人工破碎、混配,通过物理、化学或生物方式对其进行改良,促使其风化、熟化后而形成的表土替代物,是非土壤资源的不同材料之间的人工混合。

表土替代材料能有效解决露天开采中采场(坑)与废弃物堆场生态修复过程中表土不足的问题,也能实现部分矿区固体废弃物的资源化利用,减少了土地的占用。表土替代材料的理化性质决定了植被群落的演替方向和发展速度,良好的表土替代材料具有快速提高自身理化性质及其中做生物的活性的能力,可以提高植物的成活率,植物根际微生物的生命活动,使复垦区重新建立和恢复土壤滋生物体系,加快表土替代材料的熟化速度,缩短了矿山生态修复与重建的周期。因表土替代材料可以就地取材,其既可以实现废弃物的资源化利用,又具有较高的经济适用性,对绿色矿山的建立与实现可持续发展具有重要意义。

6.5.2 表土替代材料的研究情况

许多发达国家的土地复垦有关法规中明确规定,在煤炭开采前需要对土壤和上覆岩层各层基质分析其理化性质和养分含量,筛选出适宜的表土替代材料(top soil substitutes)。1997 年 Baker 等通过土壤测试,利用粉煤灰和堆肥污泥掺在 pH 值小于 2 的煤矸石中,可以得到稳定土,并证明该稳定土可以作为新的表土替代材料进行种植,而不再需要覆盖表土。F. Nicolini 等发现第三纪风化的黄土可以作为表土替代材料,并将其应用于德国莱茵兰露天矿区进行土地复垦,对该黄土进行改良后取得良好的复垦效果。Kenton Sena 等在美国肯塔基东部的某露天煤矿进行野外试验,选择未风化的灰色砂岩、风化的褐色砂岩、混砂页岩作为土壤的替代材料,通过自然恢复方法,发现风化的褐色砂岩最适合作为表土替代材料。Wilson-Kokes 等在 2005 年选取西弗吉尼亚卡诺瓦县的阿巴拉契亚露天煤矿设立试验区,分别采用风化的褐色砂岩和未风化的灰色砂岩作为表土替代品,每个试验区种植相同植被,经过 8 年连续测定土壤化学性质和树木生长,发现风化的褐色砂岩更加适合树木的生长,是理想的表土替代品。R. Paradela 等对露天矿开采过程中产生的板岩粉末的物理、化学、生物特性进行测试,发现这种粉末黏粒含量较少,缺乏作物生长所需的 N、P 等营养元素,并且微生物活性较低,但这种粉末的电导率、pH 值、重金属含量不会对植物生长造成威胁,可以考虑作为露天矿土地复垦过程中的表土替代材料。2014 年 N. Inoue 等在北京国际土地复垦与生态恢复专题讨论会中介绍了粉煤灰作为表层土壤替代物在印尼露天煤矿复垦中的应用。

国内多以矿山剥离物作为研究对象,通过添加有机质、改良剂以及植物措施等改善表土替代材料的物理性状、提高肥力,为植被重建提供必要的条件。早在 1997 年,马彦卿为解决平果铝土矿复垦时表土缺失问题,以底板土作为复垦地再造耕层的基础材料,加以粉煤灰和尾矿泥,配制了复垦用土,并种植夏大豆和春玉米进行田间试验,结果表明 80%底板土 +20%粉煤灰是复垦地人工再造耕作层的最佳配比。胡振琪教授测定了内蒙古某露天矿 Ⅲ层亚黏土的原装基质的土粒间空隙、保肥性能、pH 值及重金属含量后发现其具备作为表土替代材料的潜力。在其他研究中胡振琪教授将风化煤、煤矸石和粉煤灰按风化煤∶煤矸石∶粉煤灰=5∶1∶4 的比例混配成表土替代材料,施入适量煤基混合物加以改良,研究结果表明,煤基混合物的施入提高了土壤保水保肥能力,加速土壤熟化速度,提高作物产量和抗逆性,证明了以矿山废弃物代替表土的可能性。

6.5.3　典型表土替代材料

表土替代材料的形成需要通过以下三个步骤完成:

① 表土替代基质材料的筛选。通过野外观测、测试分析等手段,从矿山产生的废弃物、周边可利用资源中筛选适宜的基质材料。

② 表土替代材料改良及材料配方。根据表土替代材料筛选结果和障碍因子分析,选择适宜的改良剂。利用室内试验,确定材料配方。

③ 野外试验。将室内试验得到的材料配方在野外开展小区试验。根据试验结果再次优选、调整配方,得到可大田使用的配方。

当然,后续根据大田、长时间的使用结果,也可对配方进行调整,逐步优化。

(1)典型表土替代材料介绍

① 利用矿产资源上覆岩层

胡振琪等测试分析了内蒙古某露天煤矿的上覆岩层土层的基本特征,通过室内试验筛选出较为适宜的表土替代材料是Ⅲ层的亚黏土,并证实风化后的土壤特性更佳。杨卓建立了基于露天煤矿剥离物制备表土替代材料的技术体系,从生产、改良、制备、评价全过程进行表土替代材料技术体系研发;构建了以剥离物储量指标、剥离物可塑性指标、剥离物基本性质和剥离物污染强度指标为主体的矿山剥离物筛选体系,提出了剥离物粒径范围、性状、改良剂控制及选择的方法。国外露天矿也倾向于从矿产资源上覆岩层中寻找可替代表土使用的岩土层。

② 利用煤矿废弃物

胡振琪等将风化煤、煤矸石和粉煤灰按风化煤∶煤矸石∶粉煤灰=5∶1∶4 的比例混

配成表土替代材料；吴大为等利用表层 50 cm 的岩土剥离物、煤矸石、粉煤灰的混合物（配比为 3∶3∶3）作为表土替代材料。

③ 利用矿区可获得的类土材料

胡振琪等在利用黄河泥沙作为充填材料复垦采煤塌陷地的基础上，提出利用黄河泥沙作为表土替代材料，重点是筛分出较优的泥沙，并给出了技术方法示意。

（2）表土替代材料的改良

直接利用某岩层材料、煤矸石、粉煤灰、黄河泥沙等配比而成的表土替代材料在理化性质、养分含量、微生物等方面与土壤仍存在差距，需要采取改良措施。

① 物理和化学改良技术

土壤有机质是土壤生物活动的基本能量来源，也是维持土壤生物活性及群落功能多样性的基础，提高表土替代材料有机质质量和水平是实现生态系统长期发展并且改善其生态服务功能的重要措施之一。秸秆作为来源最广泛、最易获取的外源有机物施入土壤，经微生物腐殖化作用转为土壤有机质，可增加土壤中活性有机碳的含量。土壤中有机质含量对植被结构、植被密度、盖度等特征有较大影响。胡振琪等先后以蛭石、草炭、腐殖酸、改性秸秆等材料作为改良剂对露天矿表土替代材料进行改良，并以紫花苜蓿的生长性能和抗逆性能为评价指标对改良效果进行评价，研究发现施用改良剂对紫花苜蓿的株高、生物量、抗逆性的提高效果显著，当蛭石、草炭、改性秸秆、腐殖酸的添加量分别为 10 g/kg、10 g/kg、50 g/kg、0.5 g/kg 时有利于紫花苜蓿的生长及抗逆性能的发挥，证明了蛭石、草炭、腐殖酸、改性秸秆等改良剂对表土替代材料具有较好的改良效果。

② 生物改良技术

生物改良技术有引入蚯蚓、种植豆科植物、接种菌根真菌等。有研究发现，蚯蚓活动可以提高土壤团聚体的稳定性，增强土壤透气性、透水性、保肥性，经蚯蚓作用后土壤有机物 C/N 比逐渐降低，腐殖质和有机酸等有机物含量增多，蚯蚓活动还能提高土壤微生物活性和数量，并对微生物种群结构产生影响，促进植物生长，增加植物生物量。范军富以海州露天矿为研究对象，在表土替代材料中种植大豆并加入食用菌肥料，结果表明种植固氮植物时加入食用菌废料可加速土壤的熟化进程，提高土壤肥力，改善土壤理化性质。

良好的土壤环境为植物的生长提供了良好的环境，植物的生长发育对土壤环境改善起到了促进作用。植物不仅对土壤中的重金属、有机污染物有净化作用，还可以起到改良土壤的作用。研究表明：不同的植被恢复模式对生物多样性、土壤理化性质、微生物群落结构、土壤酶活性均能起到改善作用，植物恢复主要通过影响微生物生长代谢所需要的有机碳和总氮来影响土壤微生物群落。刘军在内蒙古霍林河南露天煤矿进行了长达 21 年的观测，发现种植沙棘的排土场随土壤恢复年限的变化，不同恢复年限土壤肥力水平差异性逐渐显著。经过 21 年的恢复，0～20 cm 碱解氮、速效钾土壤和有机质含量高于原地貌天然草地水平，速效磷与 pH 值接近原地貌天然草地水平。

6.6　微生物修复作用

借助微生物来提高土地复垦与生态修复效益，可增强土地复垦与生态修复对改善矿区生态环境的作用，有效推动矿区复垦质量。微生物复垦是土壤改良技术的一种，微生物肥料在复垦土地的配肥中已得到工业化应用,前景广阔。

6.6.1　微生物对植物利用土壤养分的作用

（1）微生物与植物磷素营养

养分缺乏是复垦土壤上植物不能正常生长的关键限制因素,而许多土壤微生物具有活化土壤潜在养分、增加土壤养分有效性的特性。磷素缺乏一直是世界范围内限制植物生长的主要因素,因此微生物对植物磷营养的作用也一直是人们关注的焦点。F. C. Gerretser首先发现接种根际微生物具有促进植物生长和磷吸收的效应。此后,利用根际微生物对难溶性磷的溶解作用来促进植物生长和改善植物磷营养状况的研究得到广泛开展,而土壤中凡是对难溶性磷具有溶解能力的微生物均被称为解磷微生物。

大多数解磷微生物主要分布于植物的根际。解磷微生物种类繁多,包括细菌、真菌和放线菌。植物根际土壤中的解磷细菌主要是芽孢杆菌（*Bacillus*）和假单胞杆菌（*Pseudomonas*）。例如,从田间棉花的根际分离出的 111 种解磷细菌中,Bacillus 属占所有解磷细菌总数的 34%,主要包括 *B. Brevis*、*B. Megaterium*、*B. sphaericus* 和 *B. licheni formis*；*Pseudomonas* 属占 17%,主要包括 *P. aureo faciens*、*P. fluorescens* 和 *P. savastanoi*。土壤中的解磷真菌数量较细菌少,但有研究认为解磷真菌对难溶性磷源（如磷酸钙或磷矿粉）的溶解作用可能比解磷细菌要强。具有解磷能力的土壤真菌主要为 *Penicilluim* 和 *Aspergillus* 属真菌。放线菌中的 *Streptomyces* 属也具有一定的解磷能力。印度等国家已成功地将“解磷细菌”作为“细菌肥料”,接种于番茄、甘蓝、马铃薯、甜菜、小麦、大麦、玉米、水稻、三叶草等植物上,并取得了一定的经济效益,充分发挥了微生物在活化土壤难溶性磷和对难溶性磷肥利用的作用。

（2）微生物与植物氮素营养

从需求量来说,植物体内的氮含量大约是磷的 10 倍。土壤中氮的形态以有机氮为主,有效性的矿质态氮的数量在很大程度上依赖于土壤有机态氮的矿化,有机态氮的矿化程度与土壤微生物活性大小有关。土壤中无机氮主要有铵态氮和硝态氮两种形态,由于铵态氮很容易发生硝化作用,因而土壤中硝态氮的含量要比铵态氮大得多。铵态氮在土壤中易被吸附固定、移动性小；硝态氮在土壤中的移动性较强,可以通过质流为植物所吸收,而铵态氮的移动性较差,主要靠扩散为植物吸收。

（3）微生物与植物钾素营养

在土壤风化程度高、土壤干旱缺水造成钾的有效性降低及施肥比例长期严重失调的条件下,作物往往出现缺钾现象。微生物若能促进作物对钾的吸收和利用,则对植物生长将具有良好的作用。的确,在一些试验中,接种菌根菌提高了植物体内钾浓度,在提高植物吸磷量的同时也提高了植物吸钾量。在其他的一些试验中,菌根侵染显著增加了植物吸钾量,但是植物体内钾浓度未受影响,或由于生物稀释效应反而低于对照植物。菌根侵染后,改善了宿主植物的磷营养,促进根系的生长,增加根系吸收土壤养分的活性,延长根系吸收养分的时间,以及由于生物量的增加而导致的对钾吸收的间接作用都可能促进植物对钾的吸收总量,或提高植物钾浓度。几乎在所有关于钾效应的菌根试验中,都未能将菌丝对钾的直接吸收作用和通过根系引起的间接作用相区分。

菌根侵染提高植物钾浓度或吸收钾总量的另一种可能机理是菌丝的直接吸收和运输

作用。钾在土壤中的移动性,虽比磷强得多,但在一般生长条件下,由于植物吸收钾的速度大于钾在土壤中的移动速度,因而往往在根际内仍能很快形成一个钾浓度亏缺区,从而限制了根系对钾的吸收,土壤供钾水平不能满足植物生长的需要时,菌丝生长到钾亏缺区以外,吸收根系吸收不到的钾,并运输给植物,对改善植物的钾营养将有一定作用。

但是菌根对土壤钾素的直接吸收作用的贡献不应估计过高。因为一般情况下,菌丝所吸收和运输给宿主植物的钾的绝对数量难以满足植物正常生长的需要。菌丝在上述试验中的吸钾作用,并未能使植物体钾浓度显著提高;相反,随着植物生长量的增加,由于生物稀释效应使地上部的钾浓度呈下降趋势。和磷相比,菌丝对钾的直接吸收和运输功能,对宿主植物钾营养的贡献是有限的。菌根真菌对植物钾营养的作用中,间接作用可能更为主要。

6.6.2 微生物对复垦土壤结构的改良作用

T. Edward 等提出土壤由微团聚体(<250 μm 直径)黏合成大团聚体($\geqslant$250 μm 直径),并且生物团聚体内的结合要比团聚体之间的结合牢固得多。许多其他的淋溶土和软土也被发现含有这些尺度的大团聚体和微团聚体。J. M. Oades 等提出了关于淋溶土和软土的团聚体模型,认为团聚体植物主要由于有机物质的存在而变得稳定,并在模型中提出团聚体的类型有:<20 μm、20~90 μm、90~250 μm、>250 μm。不是所有的土壤都适合这个模型。变性土的不稳定大团聚体在水中直接分散成稳定的直径为 20~35 μm 的微团聚体。这主要由于氧化物的存在,而稳定的氧化土含有在水中很稳定的大团聚体,但是这种大团聚体在水中受到持续滚翻摇动或者超声波影响时会分散成直径<20 μm 的微团聚体。在 J. M. Oades 提出的模型中,根(每克土含有 1 m 以上的根长)和菌丝(高达 20 m/g)存在于微团聚体之间的空隙中并使得大团聚体更稳定。因为微团聚体的空隙中存在的植物、微生物残片和细菌更小(有的甚至达到几微米),并且它们能够通过它们细胞外的多聚糖促进微团聚体的稳定性。

微生物能够分泌出一些多糖类物质——囊霉素,黏结分散的土粒,维持土壤的稳定性,改善土壤的团粒结构。近年来,菌根在土壤保持中的作用逐渐引起了菌根学家的关注,土壤保持是持续农业的基础,包含着减少土壤侵蚀、保持土壤肥力等的管理措施。成功的土壤保持措施通常可以通过维持和创造稳定的土壤团聚体结构得以实现。

(1) 根和菌根对大团聚体的影响

在通过有机物质稳定的土壤中,稳定性取决于有机物质或者进入土壤中的碳水化合物的数量、微生物量和土壤中的菌丝长度。而植物土壤中,大团聚体的稳定性主要受到植物根系和 VAM 菌丝的影响。

根和菌根菌丝加上根系对大团聚体稳定性的相关作用能够通过在土壤中使菌丝通过、但不能使根通过的隔网分室培养方法得到证实。根系和 VAM 菌丝在土壤中形成一个广阔的菌丝网,细胞外分泌的多聚糖将微团聚体牢牢地固定,并且确保大团聚体完整,因此土壤结构不会在水中崩溃。而根系表面的黏土会保护根和菌丝不被其他微生物分解,但是一旦菌丝网被动物群或耕作破坏,根和菌丝死亡,大团聚体在水中就会瓦解;结壳的碎片以微团聚体的形式存在。大团聚体会随着根和菌丝的生长而很快地形成,但是也会很容易被耕作破坏。例如,大田中生长六个月的黑麦草会使得淋溶土中稳定大团聚体的百分含量从 39%

上升到 78%；在多年牧场土壤中耕种了一年的西红柿中大团聚体的百分含量为 58%，而同样的几种牧场土壤中的大团聚体的百分含量为 90%。

（2）VA 菌根真菌作用

VA 菌根（*Vesicalar-Arbuscular*，即泡囊-丛枝菌根，又称丛枝菌根），是内囊霉科（*Endogonaceae*）的部分真菌与植物根形成的共生体系。W. A. Thomas 等认为洋葱根系比它们的 VAM 菌丝更能稳定淤泥黏土大团聚体的稳定性，并且菌丝通过促进洋葱根系的生长间接地增强团聚体稳定性。但是，牧草地的淋溶土中大团聚体的稳定性与细根（直径为 0.2～1 mm）长度和表面 VAM 菌丝的长度有直接的关系；稳定性与非常细的根（直径＜0.2 mm）长度没有直接的关系，但是与非常细的根外部的菌丝有间接的关系。细根和非常细的根对稳定性的不同作用可能是因为根系主要为非常细的根（直径＜0.1 mm）的植物比根系主要为粗根（直径＞0.5 mm）的植物形成的菌根少。目前关于 VA 菌根根外菌丝的生长，哪些菌根种类是最有效的土壤团聚体稳定剂，某些菌根种类在一些土壤中是不是比其他种类更有效，菌根产生和稳定大团聚体的机理等了解尚少。现在的研究需要确定是否绝大部分的有效稳定剂都能产生更多的植物胶水，产生更持久或更黏的植物胶水，是通过疏水性黏合剂还是多价阳离子桥或者对黏土薄片有更强的静电引力黏结在一起，在土壤中持续更长的时间，与其他种类相比和一些植物种类、微生物或者动物的相互作用更好，使黏土颗粒定向移动使得它们排列更紧密、结合更坚固、能更快地侵入土壤、产生更多的根外菌丝或者产生更多的某一种菌丝。

（3）微生物对增强植物对重金属抗性的作用

土壤微生物对重金属离子的生物固定有关键性的作用。土壤微生物中的菌根真菌则具有能为土体和植物根系提供直接联系的特殊作用。复垦土壤中存在着重金属污染的因素，在一些重金属污染的土壤上发现有某些具有抵抗重金属毒害的菌根植物的存在，而且这些植物生长良好。一些外生菌根在锌、镉等重金属含量过高的土壤上表现出明显的抗性。如在锌含量高的土壤上，外生菌根能降低植物地上部锌的含量。污染区大多数植被是能够形成丛枝菌根的植物种类。因此，研究丛枝菌根在重金属污染土壤中对植物抗性的影响及机制就显得尤为重要。

菌根的大量外生菌丝对过量重金属进入植物有机械屏障作用，使重金属不能向植物体转移。在外生菌根上这种作用非常明显，这与外生菌根真菌具有菌丝套、哈蒂氏网这些特殊结构有关。与不接种的对照相比，菌根植物根系中含锌量高的事实，表明了菌根真菌可以阻滞锌于菌丝中。

对于丛枝菌根真菌来说，在根内有可能提供结合重金属的位点，使重金属积聚于真菌中。当土壤中的重金属达到毒害水平时，菌根真菌可以通过分泌某些物质，结合过量的重金属元素于菌根中，减少重金属向地上部的转移而达到解毒作用。

（4）微生物对植物抗逆性的作用

丛枝菌根真菌的菌丝对水分的吸收利用是十分显著的，能够提高植物对干旱胁迫的抵抗能力。刘润进报道丛枝菌根使中国樱桃叶片气孔传导力和蒸腾速率增加，萎蔫点降低。无论在正常供水、干旱逆境还是萎蔫点状态下，湖北海棠菌根苗的叶水势、气孔阻力、叶片脯氨酸含量和萎蔫点均显著低于非菌根化苗，供水后吸收快，有利于植物的抗旱；汪洪钢计算出不同含水量的砂培条件下，菌根化植物制造一克干物重所消耗的水分都是未接种植株的一半；林先贵等认为土壤水分长期处于亏缺状态虽不利于植物生长，但对菌根侵染率和菌类发育影响不大，接种菌根真菌能够提高植物的抗旱能力。生理干旱是盐胁迫下植物生长受到抑制的原因之一。Poss 等报道，在三个盐渍水平下 VA 菌根真菌显著提高了番茄木质部的水势。他们认为 VA 菌根提高植物耐盐能力的机理除了与改善磷营养条件有关外，提高植株水势也是很重要的。C. Berta 等发现，菌根形成过程中根系分生组织活性受到抑制，导致了不定根和大侧根数量增加。R. Gupta 等认为菌根侵染改变植物根系形态，使不定根和侧根数量增加，从而增加植物吸水。

6.6.3 微生物在土地复垦与生态修复中的作用

工业采矿和选矿过程中会产生大量的尾矿，这些大面积废弃的矿渣地面临着复垦的问题。但是由于这些粗矿渣的持水量极低，缺乏有机质和各种植物生长所必需的养分，复垦和土地绿化非常困难。单纯地投入高肥力，栽植多种植物也难以形成良好的植被以建立长期的植物群落。R. K. Noyd 等成功地将丛枝菌根真菌 *Glomus intraradices* 和 *Glomus-claroideum* 接种到牧草上，并辅以堆肥，在矿渣地上形成了良好的植被，这说明已建立起一个持久的当地草类群落，基本上达到了复垦的目的。施用堆肥将会增加微生物生物量及细菌和真菌群落，从而提高微生物活性。在退化土壤复垦过程中，丛枝菌根真菌有重要作用，它能缓解或免受高浓度重金属对植物的毒害以及一定程度上提高植物营养状况，尤其是磷。然而，这种共生关系在很大程度上将依赖于丛枝菌根真菌在重金属过量的情况下对生态环境的适应程度。分离和筛选对逆境适应性强的共生体，无论是在理论上还是在实践中都是本领域中的核心问题。

由于在工程施工过程中移走了正在生长的植株，剥离了表土，土层被扰动，因而在复垦时菌根真菌及其他一些微生物群落的数量及种类都明显减少，不仅影响了草本、灌木及一些杂草植被的建植，也影响了整个生态群落的发展。当丛枝菌根易于被引进矿区土壤时，复垦工作就会变得相对更为容易。然而，由于丛枝菌根真菌尚不能进行纯培养，目前还难以实施大规模田间接种，如此大量有活性的菌根真菌接种剂的获得必须依靠丛枝菌根真菌群落的生物多样性及其自然适应能力，而不同的菌种其适应环境的能力及功能又不同。复垦土壤中真菌的种类和数量不同，与土壤及种植的宿主种类有关，且丛枝菌根真菌孢子的基因型差异与矿区土壤的理化性状相关。A. B. Gould 对植株幼苗期的研究表明，在刚开始复垦后 1~2 年内，复垦土壤中的菌根真菌孢子仅几种，而随着复垦时间的延长，出现一些较大的孢子，且这些种类的孢子数量迅速增加，随后复垦土壤中真菌的种类增加速率变慢，5 年内呈现出不规则的波动趋势，最后孢子种类稳定至 10 种。在复垦 2 年后，真菌的优势种、多样性及平均数都相对稳定下来。因而在矿区复垦土壤上可以有选择地接种多种菌种，持续地维持生态系统的稳定。

矿产资源开采时，表土被剥离而堆放在一处，直至复垦时被重新利用。许多研究表明，这种方式对土壤中的微生物及土壤理化性状是有害的。表土堆放减少了生物的有效调节过程，如对土壤团聚体的形成及微团聚体组成的影响，减少了土壤中菌根真菌的密度。M. Rives 等发现表层土壤堆放 15 个月后，菌根菌的侵染势就已明显降低，3 年后其侵染势已相当微弱。所以应该边开采边复垦，缩短表土堆放时间，这样既开采了能源，又使复垦土壤得到合理利用，保证复垦工程进入良性循环的轨道。

近年来利用微生物修复技术在煤矿区沉陷地和露天排土场取得了较好的生态修复效应,微生物修复技术成为根系修复和土壤改良的强有力手段。目前对采煤沉陷地根系发育影响较大的 2 种主要微生物是丛枝菌根真菌(AMF)和深色有隔内生真菌(DSE),2 种真菌都能侵染植物根系促进根系功能发育,提高生态修复效应。AMF 和 DSE 都能生成根外菌丝,增强根系与土壤的接触面积,促进宿主植物对养分的吸收利用,提高宿主的适应性或营养状况,增强对拉伤或其他胁迫的抵抗性。

综上所述,菌根及其他一些微生物对复垦土壤改良具有重要作用,它可以克服工程复垦所造成的不利影响,促进植被的恢复,维持生态系统的稳定,有利于工农业的持续发展。因此,微生物复垦技术,尤其是利用丛枝菌根来进行复垦治理,具有广阔的应用前景。在应用时应结合矿区的自然地理及气候状况,筛选出当地的优势菌种,在进一步明确菌根功能的情况下,充分发挥微生物的生物多样性特性,接种到大田,种植当地的菌根植物,探讨菌根对复垦土壤的作用及其生态学意义,是微生物复垦技术的一个关键任务。

思　考　题

1. 试述剥-采-排-复一体化工艺的原理。

2. 通过资料查阅设计倾斜矿体的剥-采-排-复一体化工艺。

3. 通过查阅资料对比山西平朔煤矿和广西平果铝土矿哪一个更易实现无残存采坑的剥-采-排-复一体化工艺。

4. 排土场堆积时剖面构型的关键是什么?

5. 试述露天开采土地复垦与生态修复时需解决的关键问题。

6. 对于内蒙古自治区锡林浩特胜利矿区来说,表土替代基质材料可选择什么?

第7章 煤矸石山(堆体)绿化技术

煤矸石是煤炭开采和加工过程中产生的固体废弃物,也是我国排放量最大的工业固体废弃物。长期露天堆放的煤矸石山(堆体)不仅侵占大量土地,造成大气、水、土壤污染及破坏自然景观,而且煤矸石中含有一定的可燃物,极易自燃并释放二氧化硫、碳氧化合物、氮氧化合物等有毒有害气体和烟尘,严重破坏生态环境。我国煤矸石堆存量大,限于综合利用技术水平尚不能大量消化,因此,煤矸石山(堆体)绿化就成为矿区环境综合治理的有效途径,是矿区生态重建的基础和核心内容。本章介绍了煤矸石的产生、组成及特性,给出了煤矸石山绿化的技术模式和程序,重点讲述煤矸石山(堆体)绿化的关键技术如立地条件改良、自燃防治及植物栽植等。

7.1 概述

煤矸石是煤矿开采和洗选过程中排放的含煤岩石和其他岩石的总称,包括井工煤矿采掘时排出的矸石、露天煤矿开采时剥离的矸石以及洗选煤过程中分离出的矸石,露天堆积形成煤矸石山(堆体)。根据《一般固体废物分类与代码》(GB/T 39198—2020)的分类,煤矸石属于一般工业固体废物(具体还需要对样品化验)。据不完全统计,我国历年累计堆存量可达 45 亿 t,堆积形成的矸石山数量达 2 600 座,占压土地超过 1.2 万 hm²,其中约 30% 的煤矸石山发生过自燃或正在发生自燃。作为我国排放量和堆存量最大的工业固体废弃物(占全国工业固体废物排放总量的 40% 以上),煤矸石占用了大量土地和农田,严重污染了矿区环境。

为引导和规范煤矸石综合利用行为,促进循环经济发展,推进生态文明建设,国家发展和改革委员会联合科学技术部、工业和信息化部等 10 个部门颁布了《煤矸石综合利用管理办法》(2014 年修订版),自 2015 年 3 月 1 日起施行,对煤矸石的综合利用提出了多种用法,并明确指出:"其中对确难以综合利用的,须采取安全环保措施,并进行无害化处置,按照矿山生态环境保护与恢复治理技术规范等要求进行煤矸石堆场的生态保护与修复,防治煤矸石自燃对大气及周边环境的污染,鼓励对煤矸石山进行植被绿化"。

7.1.1 煤矸石的产生及组成

(1)煤矸石的产生

煤矸石是聚煤盆地煤层沉积过程的产物,是成煤物质与其他物质相结合形成的可燃性矿石。我国煤矸石主要来自石炭系、二叠系晚期、侏罗至早白垩系等含煤地层,是由碳质页岩、碳质泥岩、砂岩、页岩、黏土等岩石组成的混合物。

根据煤矸石的来源及产生情况,一般将露天矿剥离岩石及煤矿井巷掘进过程中排出的矸石称为白矸,约占总矸石排放量的45%;采煤过程中产生的普通矸石约占总矸石排放量的35%;洗选煤排出的选矸约占总矸石的20%。煤矸石来源及产生情况如表7-1所示。

表 7-1　煤矸石来源及产生情况

煤矸石的来源和产生情况	露天开采剥离和采煤巷道掘进排出的	采煤过程中选出的	洗选煤厂产生的
矸石类型	白矸	普通矸石	低燃烧值的矸石
所占比例/%	45	35	20

露天煤矿产生的煤矸石主要是剥离煤层顶板及上覆岩层的岩石,其岩性以砾岩、砂岩和泥岩为主,井工煤矿的开拓巷道由于资源回收、减少损失等原因,一般布置在煤层底板的岩层中,掘进排矸是岩石矸,因此,此类矸石一般是不具有燃烧值的白矸。露天煤矿回采过程中排出的煤矸石主要是煤中夹石层,一般是含碳砂岩、碳质泥岩等,此类煤矸石含有一定热值。井工煤矿的准备巷道和回采巷道根据煤层多少和巷道位置的不同,产生的煤矸石含碳量不定,部分为具有低燃烧值的矸石。选煤厂排出的矸石是混入原煤中的伪顶和夹矸层,岩性主要是伴生硫铁矿、粉砂岩、碳质泥岩和黏土岩等,这类矸石具有一定的块度、粒度,在其化学组成上含碳、硫、铁、铝等,因此具有一定的热值,在一定的条件下极易发生自燃,这也是煤矸石山自燃的重要原因。

煤矸石的产生及分布与原煤产量有直接的关系。根据国家统计局数据,2021年受国内下游需求加速增长和国际能源供求关系影响,我国原煤产量提升至41.3亿t,同比增长5.9%。根据《2021—2022年中国大宗工业固体废物综合利用产业发展报告》测算的数据,2021年煤矸石产生量约为7.43亿t,增长5.84%,增幅明显(历年煤矸石产生量情况见图7-1)。另外,我国现役煤炭矿井约4 700处,单井平均规模达110万t,各矿井产能相近,但不同地区煤矿产矸率差异较大,如山西省太原市与临汾市、河北省唐山市与邯郸市、安徽省淮北市等地多数矿井产矸率超30%,而内蒙古自治区鄂尔多斯市、陕西省榆林市等地新建矿井的产矸率低于10%。同时,我国煤炭产区主要集中在山西省、陕西省、内蒙古自治区、新疆维吾尔自治区,这些地区的煤矸石产量占全国总产量的78.74%。我国2011—2021年全国煤矸石产生量如图7-1所示。

(2)煤矸石的组成

煤矸石的组成随产地、层位、成因、开采方式等不同而各异,不同产地甚至同一产地的矸石,由于煤层的生成年代、成煤条件和开采等情况不同,矸石的组成和特性也不相同。因此,了解煤矸石的主要组成特征后,可以根据矸石类型确定其处理处置措施及加工利用工艺方向,制定综合处理利用方案,把矸石对环境的影响减为最小或回用转化为有用物质。

① 岩石组成:煤矸石的岩石与煤田地质条件有关,也与采煤技术密切相关。煤矸石的岩石组成变化范围大,成分复杂,主要由页岩(碳质页岩、泥质页岩、粉砂质页岩),泥岩类(泥岩、碳质泥岩、粉砂质泥岩)、砂质岩(泥质粉砂岩、砂岩)、碳酸盐类(泥灰岩、灰岩)及煤粒、硫结核等组成。

图 7-1　2011—2021 年全国煤矸石产生量

　　② 矿物组成：不同地区的矸石由不同种类矿物组成，其含量相差也很悬殊。一般来讲，煤矸石中的主要矿物有硅酸盐类矿物（石英、长石类、闪石类、辉石类）、黏土矿物（高岭土类、膨润土类、蒙脱石、伊利石、水云母类）、碳酸盐矿物（方解石、白云石、菱铁矿）、硫化物（硫铁矿和白铁矿）、铝土矿（一水硬铝矿、一水软铝矿和三水铝矿）和其他矿物（石膏、磷灰石和金红石）。

　　③ 化学组成：煤矸石的化学组成随产地、层位、成因、开采方式等不同而各异，化学成分比较复杂，所包含的元素可多达数十种，一般以碳、硅、铝为主要成分，其无机成分主要是硅、铝、钙、镁、铁的氧化物和某些稀有金属，如铅、铜、锌、镉、铬、钛、钒、钴、镓等。根据煤矸石的化学成分，煤矸石可用于生产烧结及非烧结砖、混凝土制品、砌筑砂浆和筑路等的骨料，有的煤矸石含硅量较高，可作为硅质原料制作水泥等。煤矸石中常含有炭粒和黄铁矿结核，具有较高的发热量。煤矸石化学分析及物质组成如表 7-2～表 7-4 所示。

表 7-2　阳泉矿区洗选煤矸石化学分析　　　　单位：%

编号	SiO_2	Al_2O_3	Fe_2O_3	CaO	MgO	SO_3	TiO_2	备注
一矿	52.17	30.04	15.14	0.49	0.48	0.30	0.49	烧失量在 14.5～25.69 之间
二矿	53.61	30.08	13.08	0.52	0.44	0.24	0.48	
三矿	59.05	27.16	6.82	1.36	1.02	0.67	0.40	
四矿	52.27	30.14	14.69	0.56	0.46	0.46	0.48	
五矿	52.29	29.16	14.53	0.47	0.45	0.52	0.43	

表 7-3　我国其他部分煤矿煤矸石化学组成　　　　单位：%

	状态	烧失量	SiO_2	Al_2O_3	Fe_2O_3	CaO	MgO
辽宁阜新矿区	自燃	10.59	58.19	14.26	4.82	3.93	0.24
山西太原选煤厂	自燃	6.40	41.30	33.15	14.71	1.34	0.77

表 7-3(续)

	状态	烧失量	SiO₂	Al₂O₃	Fe₂O₃	CaO	MgO
山东洪山煤矿	自燃	5.39	51.42	26.22	11.10	1.27	0.99
山东湖田煤矿	自燃	16.11	49.68	23.74	4.03	2.08	0.92
山东鲍店煤矿	未自燃	10.15	59.82	22.44	1.36	0.44	1.08
安徽淮南潘三矿	未自燃	—	54.12	25.29	1.38	0.70	—
安徽淮南谢桥矿	未自燃	—	56.10	22.87	2.42	0.17	—
重庆南桐矿务局	自燃	14.52	30.61	19.20	9.83	12.60	1.09
贵州轿子山煤矿	自燃	4.22	53.34	17.01	8.98	4.60	1.03

表 7-4 我国部分煤矿煤矸石污染物质组成　　　　　　　　　　单位:mg/kg

	As	Cr	Hg	Cd	Pb	Cu	Zn
山东兖州兴隆庄煤矿	3.21	11.6	1.23	1.06	102.3		66.3
	5.34	4.2	1.86	—	256.5	108.7	321.6
安徽淮南潘三矿	4.94	19	0.195	—	21	29	93
安徽淮南谢桥矿	2.42	9	0.131	—	21	20	64
贵州织金矿区	36	58	0.73	0.05	37	63	
山西高阳矿区	—	—	0.002	1.179	14.98		
河南焦作演马矿	—	1.11	—		50.83	67.22	123.89
山西王庄煤矿	—	47.76	—	—	—	23.88	35.11
山西阳泉二矿	—	3.02		0.056	4.92	8.86	15.94

7.1.2 煤矸石的特性及综合利用

(1) 煤矸石的特性

① 颗粒大小。颗粒大小是煤矸石重要的物理性质,煤矸石的颗粒大小对矸石的筛分处理和资源化利用有很大的影响,而且不同粒径煤矸石的含硫量与发热量也是有所不同的。根据煤矸石颗粒大小其可分为粗粒矸石(粒径>25 mm)、中粒矸石(粒径为 25~1 mm)和细粒矸石(粒径<1 mm)。

② 孔隙率。煤矸石山渗透率的大小表明了煤矸石山供氧条件的好坏,它与煤矸石的粒径分布、粒度及形状有关,更主要的是取决于煤矸石山的孔隙率。

③ 发热量。发热量是煤矸石最重要的质量指标,是煤矸石作为能源的使用价值高低的体现。一般煤矸石发热量随着挥发分和固定碳含量的增加而增加,随灰分含量的增加而降低。根据发热量的高低煤矸石可分为:低发热量矸石(发热量<2 092 kJ/kg)、中发热量矸石(发热量为 3 347.2~8 368 kJ/kg)和高发热量矸石(发热量>8 338 kJ/kg)。低发热量矸石用作一般建材原料,中发热量以上矸石用作沸腾炉的燃料,高发热量矸石可进行气化。

④ 熔融特性。矸石在某种气氛下加热,随着温度升高,产生软化、熔化现象,称之为熔融性;在规定条件下测得,随着加热温度而变化的煤矸石灰堆变形、软化和流动的特性,称为"灰熔点"。煤矸石灰熔点的高低影响到矸石利用的工艺与设备。如一些固定床热处理

设备的热处理温度将取决于灰熔点,若床层的温度过高则有可能造成设备停车事故。根据熔融特性,即灰熔点或软化区范围,煤矸石可分为难熔矸石(灰熔点为1 400～1 450 ℃)、中熔矸石(灰熔点为1 250～1 400 ℃)和低熔矸石(灰熔点＜1 250 ℃)。

⑤ 膨胀性。膨胀性一般是指矸石在一定温度和气氛下煅烧时产生体积膨胀的现象,轻质陶粒的生产就是利用这种特性。根据膨胀性(膨胀系数)煤矸石可分为:微膨胀矸石(膨胀系数＜0.2%)、中等程度膨胀矸石(膨胀系数为0.2%～1.6%)和激烈膨胀矸石(膨胀系数＞1.6%)。有膨胀性的矸石可烧制轻骨料。

⑥ 可塑性。煤矸石的可塑性是指矸石粉和适当比例的水混合均匀制成任何几何形状,当除去应力后泥团能保持该形状的性质。煤矸石可塑性大小主要和矿物成分、颗粒表面所带离子、含水量及细度等因素有关。按可塑性,煤矸石可分为低可塑性矸石、中等可塑性矸石和高可塑性矸石。中等以上的可塑性矸石适合制矸石砖。

⑦ 活性。在使用煤矸石生产水泥和烧结砖等建材时,其强度和性能在很大程度上取决于煤矸石的活性。煤矸石经过燃烧,其烧渣属人工火山灰类物质而具有活性,根本原因是煤矸石受热矿物相发生了变化。作为煤矸石主要矿物组分的黏土类矿物和云母类矿物的受热分解与玻璃化是煤矸石活性的主要来源。煤矸石的活性依赖于煤矸石煅烧温度和制品的养护条件,这是煤矸石综合利用时应当重视的问题。

⑧ 含硫量。煤矸石中含硫量的多少直接决定了其处置和利用方向。由于含硫高的煤矸石极易自燃,因此,此类煤矸石要进行安全处置。

(2) 我国煤矸石综合利用现状

根据煤矸石的利用方法和技术,煤矸石大致可分为直接利用型、提质加工型和综合利用型三大类。主要利用方式有:

① 用作燃料供热或发电。煤矸石是一种低热值燃料,燃烧时间长,可以解决矿区的供热,也可用来发电,产生的炉渣还可以制各种建材。

② 用来生产建筑材料。用煤矸石代替黏土可制砖、瓦、水泥等,煤矸石中还有少量的可燃物,既可做原料又可做燃料,降低生产成本。

③ 用作充填材料。低热值的煤矸石可用作充填物治理采煤沉陷区和其他塌陷坑或废矿场等,然后进行土地复垦,恢复生态环境,或用作一般公路的底基层或路基,还可以用作井下护巷充填材料,既部分代替了护巷材料,又减少了排矸量。

④ 制取化工产品。煤矸石中含有硫、铝、铁、钡等50多种元素,当富集量达到具有工业利用价值时可加以提取利用。另外矸石中含有植物生长需要的大量有机质和微量元素,加入添加剂、活性剂,可以生产有机肥料。

我国从20世纪70年代起就开展了煤矸石的综合利用工作,21世纪以来在资源节约、生态保护、污染防治等政策和相关激励机制支持下,煤矸石综合利用率有了较大提高。总体上看,我国煤矸石综合利用以大宗利用为重点,将煤矸石发电、煤矸石建材及制品、复垦回填以及煤矸石山无害化处理等大宗利用煤矸石技术作为主攻方向,发展高科技含量、高附加值的煤矸石综合利用技术和产品。近年来,随着煤矸石制砖、充填等规模化消纳项目的涌现及技术的推广,我国煤矸石综合利用率逐年提高。据工业固体废物网统计,2021年全国利用煤矸石5.43亿t,综合利用率73.1%,同比增长0.9个百分点。

尽管如此,每年仍有大量煤矸石不能及时消纳,而历年来积存的煤矸石基本未用。因此,煤矸石山绿化是目前煤矸石山综合治理的有效途径之一,既可以增加矿区的绿化面积,改善矿区生态环境,又是矿区生态重建的基础和核心内容。

7.1.3　煤矸石山绿化的目标与作用

煤矸石山实际上是人造"石质荒漠",无土、缺水、干热、强酸、有毒,缺少植物种子和残根,不具备植物生存和更新条件。从植被自然演替规律看,石质荒漠区的植被形成,必须经过石质风化、低等植物侵占、高等植物衍生等各个演进阶段,需要 50 年至 100 年的时间。但人工营造植被可通过改造环境和创造植物生长、繁育条件,缩短植被演化的进程。因此,煤矸石山绿化的目标就是建立稳定、高效的煤矸石山人工植被生态系统,通俗地说,就是把黑秃秃的煤矸石山变成"花果山"。其主要作用有:

① 利用物理、化学方法改善煤矸石山的立地条件,利于煤矸石山植被的生长,加快煤矸石山植被的演替进程。

② 通过煤矸石山的植被恢复,改善煤矸石山的环境条件和美化景观,利用植被覆盖,减缓地表径流、拦截泥沙、调蓄土壤水分、减少风蚀和粉尘污染。

③ 通过煤矸石山的植被恢复,降低煤矸石山的温度,减弱煤矸石山内部氧气的含量和流动性,防止煤矸石山自燃,减少煤矸石山自燃对矿区环境的危害。

④ 利用植物的有机残体和根系的穿透力以及分泌物的物理、化学作用,改变扰动区下面的物质循环和能量流动方式,促进煤矸石山的成土过程,增进生态环境的生物多样性。

⑤ 利用植物群落根系错落交叉的整体网络结构,增加下垫面的稳固性和抗蚀、抗冲能力,保障煤矸石山的工程建设顺利进行以及工程结束后退化生态系统的恢复与重建,形成稳定良好的生态结构和功能。

⑥ 恢复煤矸石山压占土地的使用价值,并通过建立的植被实现一定的经济价值。

⑦ 通过煤矸石山植被恢复,调节区域气候、制造氧气、美化环境,取得显著的环境效益和社会效益。

7.2　煤矸石山绿化的技术模式和程序

7.2.1　煤矸石山绿化技术模式

煤矸石山作为煤矿区主要的废弃地和退化生态系统,在我国自 20 世纪 90 年代至今,其植被恢复和生态重建的研究与实践已有三十多年的历史,尤其是最近十年,全国各地针对煤矸石山绿化进行了大量实践,取得了较好的效果和一定的经验。但由于煤矸石山立地条件的复杂性,还有较多技术问题亟待解决,理论研究的深度和广度尚不能有力支撑煤矸石山植被恢复和生态重建实践的需求。

以恢复生态学原理为基本的理论基础,以森林培育学为基本的理论和技术框架,基于我国煤矸石山植被恢复的实践经验和在山西某矿煤矸石山造林绿化的成功案例,中国矿业大学(北京)土地复垦与生态重建研究所提出了煤矸石山植被恢复与生态重建技术模式(图 7-2),由六项植被恢复工程技术组成。

(1)立地条件分析与评价技术

通过对各种立地因子的测定与分析,寻找植被恢复的限制因子,确定主导因子,为植物

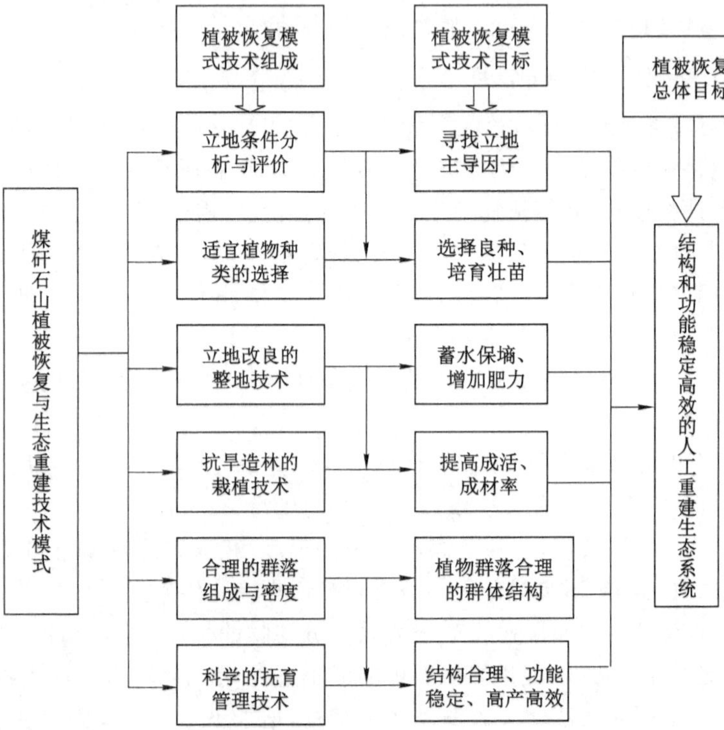

图 7-2　煤矸石山植被恢复与重建技术模式体系框图

种类选择和立地条件改良提供依据。

（2）适宜植物种类的选择

通过分析植物种生物学特性，尤其是植物的生理生态特性，以乡土植物种为主要对象，筛选适宜植物种类，达到"适地适植物"或"适地适树"的目标。

（3）整地与立地改良技术

通过合理的整地和科学的基质改良方法，达到"蓄水保墒、增加肥力"的目标，为植被恢复创造良好的环境。

（4）综合抗旱栽植技术

通过合理的植物栽培方法和抗旱栽植技术，达到提高成活率与保存率，进而促进恢复植被的成林和生长稳定的目标。

（5）合理的群落组成与密度调控技术

通过确定合理的栽植密度和植物组成类型，使恢复的植物群落具有合理、稳定的结构。

（6）植物群落经营管理技术

通过土壤管理与植被管理措施，达到植物生态系统"结构合理、功能稳定、高产高效"的目标。

各项技术措施相辅相成、相互关联，缺一不可。在煤矸石山生态重建过程中，可按照以上六项技术措施，科学地进行施工和培育，在煤矸石山建立起结构和功能稳定高效的植物生态系统，实现煤矸石山生态系统的重建，这也是任何退化生态系统恢复和重建的最终目标。

7.2.2　煤矸石山绿化程序

煤矸石山是开采废弃物堆积而成的人工"地貌",其地形、地表组成物质及其物理化学性质大多不利于植被的生长和演替,植被遇到的生态学问题是叠加性的。例如,有的煤矸石山既有酸性,又有重金属及其他有毒物质的毒害,还缺乏有机质和氮、磷、钾等营养元素。因此,煤矸石山生态重建工程除常规的植物栽培技术措施外,还必须配以其他特殊的工程技术措施和实施程序,以保证煤矸石山植被恢复与生态重建工程的成功。

煤矸石山植被恢复的工程程序包括三个阶段九个步骤,简称"三段九步"(图 7-3)。

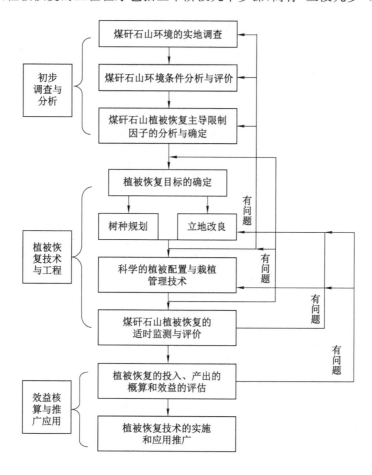

图 7-3　煤矸石山植被恢复实施工程程序

(1) 煤矸石山的初步调查与分析

煤矸石山植被恢复,由于受到煤矸石山环境和立地条件的限制,以及煤矸石山生态恢复利用目标规划的需要,必须对煤矸石山的环境状况进行调查和分析,内容包括以下三个方面。

① 煤矸石山环境的调查:包括煤矸石山生态环境和煤矸石山所在区域环境的调查。调查煤矸石山的生态环境,包括其土壤、水文和养分等。区域环境的调查包括全面地调查煤矸石山所在区域的生态、社会和经济等情况,为煤矸石山的生态重建目标规划提供资料。

② 煤矸石山环境条件分析与评价：煤矸石山的立地条件分析，主要从煤矸石山的风化层土壤、水文等条件以及煤矸石山的酸碱度和养分状况等方面进行。根据煤矸石山的岩性特点，有的还需要分析其金属毒性和有害物质的含量等。由此评价煤矸石山作为植物生活环境的适宜性。通过分析煤矸石山区域环境条件，确定和评价煤矸石山生态重建的期望目标。

③ 煤矸石山植被恢复主导限制因子的分析与确定：通过对煤矸石山的立地条件和环境条件的分析与评价，了解和确定限制煤矸石山植被成活和生长的主要因素，为煤矸石山植物品种的选择和立地改良措施提供依据。

（2）生态重建工程与技术

在对煤矸石山环境条件充分了解的基础上，规划煤矸石山的生态重建目标，选择煤矸石山的适宜树种，并采取适宜的立地改良、植物栽植等措施，实现煤矸石山的植被恢复，并对煤矸石山的植被实施监测和评价，加强煤矸石山植被恢复的过程管理，实现煤矸石山的生态重建目标。

① 生态重建目标的确定：根据煤矸石山的生态环境和区域环境条件等确定煤矸石山的生态重建目标，如林业利用目标、农牧业利用目标、风景旅游利用目标和综合利用目标等。生态重建目标必须与区域的生态环境和区域的社会经济发展相协调。

② 树种规划和立地改良：根据立地条件和矿区环境条件规划选择适宜的树种和立地改良措施，是植被恢复成功的关键。树种规划要坚持"适地适树"的原则，同时考虑树种选择的长远利用目标。树种选择一般以乡土树种为主，可以适当地增加经过驯化的能够适应煤矸石山环境的外来树种，以增加树种的多样性，创建乔、灌、草合理配置的复层的植被群落系统。立地改良运用物理、化学和生物等方法，改良土壤的物理结构、养分结构和化学性状等，使之能够满足植物成活与生长的要求。

③ 科学的植物配置与栽植管理技术：煤矸石山植被恢复的目标是重建煤矸石山自维持的稳定的生态系统，因此煤矸石山的植物配置应该采用群落式的布置形式，根据煤矸石山的环境条件确定植被群落的密度、结构和组成。群落组成的确定还要考虑乔、灌、草的结合和树种的多样性，为植物群落的稳定奠定基础。植被的栽植要结合煤矸石山的立地条件和立地改良方法，采取适当的栽植技术，如覆土栽植、无覆土栽植等，缺水地区还要考虑采用抗旱造林方法，如保水剂、秸秆和地膜覆盖等方法。煤矸石山恢复植被的管理重点是要加强水肥的管理。煤矸石山植被恢复初步成功之后，管理的力度要强，随着植被的生长，管理力度根据实际情况可以适当降低，以促进植物生态系统实现自我演替。

④ 植被恢复的适时监测与评价：植被恢复初步成功之后，恢复的植被可能由于多种原因发生退化，通过监测和评价可以尽快地发现植被退化的原因，采取适宜的措施，对恢复的植被进行维护；通过监测和评价还可以及时地发现由于乡土树种的侵入或者其他物种的侵入使恢复植被的自我演替不是按照规划设计的方向发展，这时可以通过引进期待树种，使之能够按照规划设计的方向创建希望的生态恢复系统。监测和评价已经建立的生态恢复系统，还可以评估植被重建的环境效益和生态效益，深入研究生态恢复的过程与机制，为推广和发展植被恢复技术提供理论支持。

（3）效益核算与推广应用

煤矸石山植被恢复的主要目的是要恢复和保护矿区生态环境，实现环境效益、社会效益和经济效益。通过煤矸石山植被恢复的效益核算,可以了解煤矸石山的植被恢复投入与产出的关系,进而对煤矸石山的植被恢复模式进行调整,使之更优化,更适应煤矸石山的实际情况,从而获得更高的效益。对具有较高效益的煤矸石山生态重建模式,进行推广应用,实现煤矸石山及矿区生态环境的改善。

7.3 煤矸石山立地条件改良

7.3.1 煤矸石山立地条件分析与评价

立地条件是指与植物生长发育有关的所有环境因子的总称,简称立地,生态学称之为生态环境条件或生境条件。煤矸石山立地条件可理解为:在煤矸石山植被恢复与重建时,与植被生长和发育有关的所有环境因子的综合。

立地条件分析与评价的目的在于:通过立地条件调查和综合分析,掌握影响植物生长的主导因子(限制因子),以主导因子为依据,将复杂的环境条件划分成内部条件相似,而与外部条件有明显差别的立地条件类型,然后,按立地条件类型进行植被恢复技术措施的设计。煤矸石山立地条件十分特殊,需要认真分析。

(1)煤矸石山的地形及风化层

煤矸石山是人工堆垫而成的石质山或堆场,属"人工地貌"。由于堆放工艺的原因,山地形多呈锥形山体或顶部较平坦的台阶状堆体,从而形成大面积斜坡,其坡度为矸石的自然安息角(36°~40°左右)。煤矸石山的高度不一,有的可高达百余米,占地面积少则几公顷,多的可达几十公顷。

煤矸石主要由高岭石、伊利石、黏土矿物、石英和少量的煤、黄铁矿组成,各类矸石仅在组成百分比上有些差异。白色矸石主要指硅质砂岩、石灰岩、砾岩等,此类矸石由于结构致密,块大,一般不易风化,其他以黑色矸石(碳质泥岩、碳质页岩)为主组成的矸石山表面都有风化现象。

矸石山表层的物理结构以风化颗粒为主,颗粒以石、砾为主,砂及粉砂可占10%~40%,粉砂以下颗粒很少,故矸石山剖面发育极不明显,颗粒组成比黄土颗粒粗得多。另外矸石山坡下部和低凹处由于风力和冲积的作用,有较厚的风化堆积物,其他部位的风化物的厚度多年维持10 cm左右。从矸石山剖面来看,可分为三个层次:风化层(0~10 cm)、微弱风化层(10~30 cm)和未风化层(>30 cm)。

(2)煤矸石山的水分特点

矸石风化物与黄土相比,密度相近,容重较大,表现为总孔隙度较低,进而又表现为田间持水量和有效水含量最大值都较低。由于颗粒粗,凋萎系数较低,矸石风化物仍具有一定的蓄水孔隙,可为植物提供一定数量的有效水,能在一定程度上满足植物对水、气的需求,因此矸石风化物可作为植物生长的介质。

一般认为,土壤结构决定土壤低吸力段的持水量,土壤质地决定土壤高吸力段的持水量。矸石风化物属粗碎屑土,故水分运行和黄土的迥然不同。矸石因毛管孔隙极少,水分易渗透而不易蒸发,故虽有效水容纳量小于黄土,但有效水利用率却高于黄土,尤其在旱季可高于黄土2%~5%。

（3）煤矸石山立地条件的主导因子分析

煤矸石山的立地条件与其他矿区废弃地一样,影响植被生长的立地条件包括气候、地形、土壤(实质是煤矸石的物理与化学性质)、水文与植被条件等。但与其他种类的造林地(或退化生态系统)相比,生态重建面临的主要环境问题突出表现在以下几方面:

① 地表组成物质由煤矸石及岩石组成,无土壤可言,有机质含量少,物理结构极差,尤其是保水、持水、保肥能力差。

② 存在限制植物生长的物质,包括 pH 值、重金属及其他有毒物质等。

③ 缺乏营养元素,尤其缺乏植物生长必需的氮和磷。

④ 土壤生物缺乏,尤其缺乏对植物生长有利的生物,如蚯蚓、线虫及微生物等。

这些因素正是植物生长的限制因子,即煤矸石立地条件的主导因子,集中表现在煤矸石山地表组成物质的物理与化学性质方面。同时由于不同煤矸石山的地表组成物质来源不同,上述主导因子的种类与含量具有较大差异。

因此,煤矸石山在植被恢复工作之前,首先应分析煤矸石山的物理化学性质,寻找出植物生长的主导限制因子,同时就煤矸石山对植物生长的供水能力进行预测,这是植物种类选择和确定植物栽培方式的最基础工作。煤矸石山地表组成物质的物理化学性质主要包括:

① 煤矸石山风化特征、决定成土机制的矿物组成及特性。

② 煤矸石山的容重、孔隙度、粒径级配、持水能力、渗透性能等土壤物理及水分物理特征。

③ 煤矸石山的有机质、大量元素(氮、磷、钾、钙、镁)的含量,微量元素(铁、锰、硼、钼等)、酸碱度,重金属及其他有毒有害物质元素的含量等化学特性与营养特征。

7.3.2 煤矸石山的整形整地

7.3.2.1 煤矸石山整形整地的作用及要求

前已述及,煤矸石山地形特殊,边坡多且坡度大,为了改善其立地条件,防止煤矸石山在遇到大风和雨水时造成径流和侵蚀,创造植物生长的有利条件,同时也为满足煤矸石山植被恢复工程的施工安全和方便,必须对其进行整形整地,主要目的和作用在于:

① 减缓坡度,稳定地表结构,减少水土流失和控制土壤侵蚀。

② 便于植被恢复施工,提高造林质量。

③ 改善孔隙状况,提高土壤的持水、供水能力。

④ 增加栽植区土层的厚度,提高栽植成活率和保存率,促进植物生长。

⑤ 对于自燃煤矸石山,找出火源和潜在燃烧点,以便及时防灭火。

另外,对煤矸石山进行整形整地,既要考虑绿化工程的实施也要考虑景观优美,在设计时一般还会有以下要求:

① 建立一条环山道路直达山顶,便于运料和整地施工以及游人登顶。

② 结合景观设计和植被绿化,采取平缓陡坡、修建梯田等方法重塑地貌景观。

③ 在煤矸石山的一些适宜位置建立错落有致的石阶供游人登山,山顶适当进行平整,建立亭台和休闲活动场所。

④ 由于煤矸石山高度比较大,坡度较陡,容易发生表面侵蚀,产生水土流失,因此煤矸

石山整形时应设计完善的排水系统。

⑤ 对于自燃煤矸石山,重塑地貌时如发现高温区或自燃区,应进行注浆灭火和覆土压实,在潜在燃烧区应做好防火措施。

因此,煤矸石山整形整地涉及削坡整形、景观再造、水土保持、覆土及防灭火等工程。

7.3.2.2 煤矸石山整地的方法与技术规格

(1)整地的方式

整地的方式有全面整地和局部整地两种,按照既经济省工又能较大程度改善立地质量的原则,一般采用局部整地方式(对于自燃煤矸石山,局部整地还可减少火源暴露及氧气贯入)。在局部整地方式中,一般有带状整地方法和块状整地方法两种,带状整地可采用水平梯田和反坡梯田的方法,块状整地可采用鱼鳞坑的方法。山西省《煤矸石场植被建设技术规程》(DB14/T 707—2012)要求:

① 水平沟整地:一般沟形为梯形,上口宽 0.3～0.5 m,沟底 0.2～0.3 m,沟深 0.15～0.6 m,外侧埂宽 0.1～0.2 m;走向沿等高线布设,每隔 3～5 m 打一横挡。

② 鱼鳞坑整地:一般穴面为半月形,外高内低,长径沿等高线 0.5～0.8 m,短径 0.3～0.5 m,穴深 0.3～0.6 m。

为增加栽植区的土层厚度,在整好的植树带或植树穴内再进行适量"客土"覆盖。"客土"有两种来源:一是异地"客土",即利用其他地方的土壤填入植树带或植树穴内;二是就地取材,即将植树带或植树穴附近的表层煤矸石风化物填入其中。

(2)整地应注意的问题

为保证煤矸石山整地的效果且有利于植被恢复,整地时要考虑整地的深度、平台的宽度、断面形式、覆土的厚度、隔离层及挡土墙等因素。

① 整地深度

整地深度直接影响植物根系发育,是整地中一个重要的指标。煤矸石山整地的深度因植被不同而异,一般情况下,各种植被所需整地深度的低限值是:草本植物为 15 cm,低矮灌木为 30 cm,高大灌木为 45 cm,低矮乔木为 60 cm,高大的乔木为 90 cm。野外实验发现,高大乔木在煤矸石山上存活率很低,而且高大乔木生长需要的土量很大,为此应构建以灌木和草本为主、乔木为辅的植物群落结构。

② 整地宽度

整地宽度的基本原则是,在自然条件和经济条件许可的前提下最大限度地改善立地条件,控制水土流失。煤矸石山的坡度一般较大,整地宽度不宜过大,若采用反坡梯田整地的方法,整地宽度以 1.0～2.0 m 为宜。

③ 断面形式

断面形式是指整地后的土面与原坡面所构成的剖面形式。为更多地积蓄降水,减少蒸发,增加土壤湿度,煤矸石山整地的坡土面要低于原坡面,并与原坡面形成一定的角度,从而构成一定的蓄水容积,并能积聚雨水冲下来的煤矸表层风化物,增加土层厚度。

④ 覆土的厚度

综合解决煤矸石山限制性因子最好最快的方法,是在煤矸石山表面覆盖土壤。一般的做法是,在平整好的地面上先覆盖底土(生土),再覆盖肥沃表土。对于干旱地区,由于降雨量小、蒸发快,煤矸石山绿化时覆土厚度应在 0.4 m 以上,实践中土层厚度常常大于 0.8 m,

如宁夏大武口选煤厂煤矸石山复垦要求覆土至少 1 m。山西省 2018 年 12 月发布的《煤矸石堆场生态恢复治理技术规范》(DB14/T 1755—2018)关于覆土要求如表 7-5 所示。

表 7-5　山西治理煤矸石山(堆场)的覆土要求

	回填区层间覆土	封场平台覆土	封场边坡覆土
技术要求	自燃煤矸石堆场回填区填矸应采取隔层填埋。当矸石填埋厚度达到 3.0 m,应上覆压实层,厚度应为 0.3~0.5 m,压实系数不小于 0.85,形成覆土阻燃系统	① 覆土厚度应根据植被恢复类型和场地用途确定; ② 自燃煤矸石堆场恢复为农业和林灌草植被的,覆土厚度应在 0.8 m 以上,先覆土 0.5 m 以上并压实,压实系数不小于 0.85,再覆土 0.3 m 以上; ③ 非自燃煤矸石堆场恢复为农业和林灌草植被的,覆土厚度应在 0.5 m 以上; ④ 恢复为建筑及景观用地的,根据使用功能确定覆土厚度	应按生态修复植被特点合理确定覆土厚度,坡面应在 0.5 m 以上,压实系数不小于 0.83
土壤要求	可采用任何不超过 GB 15618 和 GB 36600 土壤污染风险筛选值的天然土壤及符合相关标准的替代材料	① 优先使用堆放前剥离的表土,当无剥离土或者剥离土达不到要求时,可采用客土; ② 覆土土壤 pH 值应为 5.0~8.5,土粒密度宜保持在 1.1~1.3 g/cm³; ③ 覆土土壤可溶性盐含量一般小于 0.2%; ④ 当采用含砾土壤时,砾石体积含量应小于 15%,砾石直径应小于 7 cm	

注 1:回填区是指煤矸石堆场在整形、削坡治理过程中产生的多余煤矸石回填堆放的空间区域。
注 2:层间覆土是指为了防止煤矸石自燃,回填区分层堆矸采取的中间层覆土。

考虑土源缺乏及土地生态环境问题,对于半干旱和半湿润地区且煤矸石山无自燃的情况,可以选择无覆土或薄层覆土的方法。有研究表明,在煤矸石山地表覆盖一层约 3~5 cm 的黄土(将黑色矸石地面盖住即可),可以解决直播草籽时高温烧苗的问题,而且因植物根系大多可扎入煤矸石层中,有利于水分的有效利用。操作的方法是:先播种草籽,然后再盖薄层黄土。

⑤ 排水沟

为减少地表径流对煤矸石山表土的冲刷,并保护好覆盖封闭效果,应做好梯田田面的排水、平台(马道)排水和煤矸石山的纵坡排水(自上而下的排水沟)。梯田田面和平台的雨水通过排水沟集中流到煤矸石山的纵坡排水沟内,排到煤矸石山下,进而避免地表径流在地面的集中和流速的增加,减轻地表的水土流失。在修建排水渠道、蓄水池时,在建筑物和煤矸石之间增加隔离层,以减少氧气的渗入。

⑥ 隔离层等防火措施

对于自燃煤矸石山,在煤矸石山覆土前,应使用惰性材料(黄土、石灰、粉煤灰、黏土等)覆盖并进行碾压,将之作为隔离层。碾压选择适宜的碾压工具及运行参数,使惰性材料的容重达到 1.6~1.8 g/cm³。对灭火区域和高温区域进行重点碾压(增加惰性材料的覆盖厚度及碾压强度)。为了更好地抑制煤矸石内部黄铁矿的氧化,在整形好的煤矸石山表面,每平方米喷洒 2~3 L 的氧化亚铁硫杆菌专性杀菌剂(苯甲酸钠溶液,浓度为 0.3%~0.4%)。并在潜在自燃煤矸石山表面接种硫酸盐还原菌,按照接种量 500 mL/m² 菌液均匀地喷洒在煤矸石山上。另外,针对煤矸石山的"烟囱效应",对坡脚挡土墙也应进行隔离设计,即在挡土墙的下部和内侧增加隔离层,与坡面的覆土层衔接构成一个完整的石灰等碱性物质隔氧层,从而阻断煤矸石山"烟囱效应"的进口通道,确保空气不从底部进入,进而防治或切断煤矸石自燃需要的氧气。

(3)煤矸石山整地季节及施工方式

煤矸石山的整地应按照至少提前一个雨季的原则进行,即如果是春季造林,整地最好在造林前一年的雨季以前进行;如果是秋季造林,整地最好在当年的雨季以前进行。这样有利于植树带的蓄水保墒和增加有机质等养分含量。

整地施工时,一般是按照由上而下的顺序施工,不仅可以借助重力的作用便于施工,而且可以使下一个梯田的施工不影响上一个已施工好的梯田。

7.3.2.3 煤矸石山边坡治理及防洪措施

(1)煤矸石山整形及边坡治理

煤矸石山(堆体)整形,根据区域地形地质、水文条件、施工方式、植被栽植、景观要求等因素,采取削坡、挡护、固坡及边坡治理等措施重塑煤矸石山的地貌景观,同时要求治理后的边坡应达到稳定状态。山西省《煤矸石堆场生态恢复治理技术规范》要求:

① 应优先选用削坡开级治理煤矸石堆场边坡。每级边坡高度宜为 5.0～8.0 m,坡率不宜大于 1∶1.75。台阶设置为 2%～5% 坡度的反坡形式,宽度不宜小于 3.0 m。

② 回填区的煤矸石填埋厚度,每达到 1.0 m 应摊铺、平整、碾压。

③ 在渗流作用下易产生塌陷、滑坡等不良地质作用的坡段,应采取渗流疏导措施,确保边坡的稳定性。

④ 无削坡及挡护条件时,可采取锚索支护等措施固定坡面。

⑤ 对易发生滑坡的坡体,应根据堆体的岩性、潜在滑动层、地下水径流条件、人为开挖情况等滑坡要素,采取削坡反压、拦排地表水、控制地下水、抗滑桩等滑坡防治措施。

⑥ 边坡挡护措施的适用条件与设计要求应执行《建筑边坡工程技术规范》(GB 50330—2013)及《生产建设项目水土保持技术标准》(GB 50433—2018)的规定要求。

(2)防洪与疏排水

另外,山西省《煤矸石堆场生态恢复治理技术规范》对煤矸石山整形时候的防洪与疏排水措施也进行了规定:

① 根据堆场现状和周围地形情况,可采用排水涵洞、挡水坝、截洪沟、防洪堤、溢流道和必要的泄洪通道等防洪工程措施。

② 堆场边坡坡顶、坡面、坡脚和台阶均应设排水沟,并做好坡脚防护。

③ 当堆场阻碍上游排洪时,应采取有效排洪措施,上游不得产生积水。

④ 当堆场出现地下水渗出或露头现象时,应根据实际情况采取疏水措施。

⑤ 工程防洪标准、级别及排水构筑物设计按照《水土保持工程设计规范》(GB 51018—2014)相关规定执行。

⑥ 应在堆场拦矸坝或挡墙下游设置煤矸石淋溶液收集设施,收集的淋溶液可回收用于堆场抑尘或绿化。对于自燃煤矸石堆场的酸性淋溶液须进行中和处理。

7.3.3 煤矸石山的基质改良

煤矸石山基质改良的目的是解决其土壤的熟化和培肥问题,提高土壤肥力,真正为植物生长创造条件。

煤矸石山基质改良的材料和方法很多,对于每一种不良的理化性质,都有短期和长期的改良措施。对于煤矸石山来说,应该首先选用一些短期、快速的改良措施,为煤矸石山的生态重建(植被恢复)创造先期条件。

7.3.3.1 改良物质

用于改良废弃地的材料极其广泛,如黄土、化学肥料、有机废弃物、绿肥、固氮植物等,不同的改良物质有着独特的作用,现分述如下:

(1)化学改良物质

① 碳酸氢盐和石灰等:主要用于改善煤矸石山的酸性条件。一般新的煤矸石往往是中性偏碱,但因煤矸石中常伴有黄铁矿,故暴露于大气之后有酸化现象,使 pH 值降低,所以,煤矸石山一般呈酸性,危害植物生长。可用碳酸氢盐或石灰作为掺合剂中和酸性、减缓酸性或者变酸性为中性,这是常用的和有效的方法。另外,有研究表明,黄土对煤矸石中的酸有很好的中和作用,可缓冲煤矸石山的酸度,如阳泉等地,经黄土覆盖后的自燃煤矸石山酸性大大降低。

② 化学肥料:N、P 和 K 都是植物生长所必需的大量元素,由于煤矸石山的养分极其缺乏,N、P 和 K 肥的施用一般能取得迅速而显著的效果。在使用速效的化学肥料时,由于煤矸石山结构松散,保水保肥能力差,化肥很容易淋溶流失。因此,为保证施肥效果,要少量多次施用速效化肥或选用一些分解缓慢的长效肥料。如果煤矸石山上存在极端的 pH 等有毒因素,那么 N、P 和 K 的缺乏就不再是植物生长的主要限制因子,需要把有毒因素排除后,再施用肥料,植物生长才能获得明显效果。

(2)生物改良物质

生物改良是利用对极端生境条件具有耐性的固氮植物、绿肥作物、固氮微生物、菌根真菌改善矿区废弃地的理化性质。固氮植物、绿肥作物能够吸收土壤深层的养分,具有固氮作用,在其本身腐败后,氮元素营养便留在土壤中有利于增加土壤的养分,并能改善土壤的物理结构,微生物菌根等能够参与土壤养分的转化,改善土壤结构,促进植物的发育。

7.3.3.2 改良措施

(1)生物改良法

① 微生物法

微生物法是利用菌肥或生物活化剂改善土壤理化性质和植物生长条件的方式。主要是将微生物+化学药剂(或有机物)的混合剂添加到土壤中,迅速熟化土壤,固定土壤中的氮素,参与养分的转化,促进植物对养分的吸收,分泌激素刺激植物根系发育,抑制有害微生物的活动。复垦土壤经过实施微生物培肥技术,能够形成植物生长发育所需要的立地条件,迅速重建人工生态系统。因此微生物培肥技术成为土壤改良研究新热点。

② 绿肥法

利用绿肥植物(多为豆科植物)耐酸碱、生命力旺盛的特点,将其作为煤矸石山植被恢复的先锋植物。绿肥一般含有丰富的有机质和氮素,根系发达,能吸收和积聚深层土壤的养分,为后茬作物提供各种有效养分。绿肥腐烂后还有胶结和团聚土粒的作用,从而改善土壤的理化特性。绿肥法是改良废弃地的贫瘠土壤、增加有机质和氮、磷、钾等多种营养成分的最有效方法。

③ 生物固氮

将具有固氮能力的植物如桤木、槐树、红三叶草等，种植在煤矸石山上，以吸收氮元素，在植物体腐败后，将氮元素释放到土壤中，达到改良土壤的目的。生物固氮可很好地替代化肥和有机肥。

（2）客土法

客土法就是将外来的土壤覆盖到煤矸石山的表面，以增加土层厚度，迅速有效地调整煤矸石山粒径结构，达到改良质地、提高肥力的目的。

（3）灌溉与施肥

灌溉在一定程度上可以缓解废弃地的酸性、盐度和重金属问题。当废弃地的毒性被解除之后，施用化学肥料有助于建立和维持植物的养分供应。氮、磷、钾是植物生长必需的大量元素，施肥时，综合施肥要比单施某一种肥料效果好，有机肥要比化学肥料好，速效的化学肥料在结构不良的废弃地上易于淋溶，收效不大，因此化学肥料的施用要采用少量多次的方法，有机肥和缓效肥料往往会取得更好的效果。

7.4 煤矸石山自燃防治

煤矸石山多是无专门设计的人工堆垫地貌，露天堆积过程中，由于煤矸石中含有大量可燃物质及其特殊的堆积结构，极易自燃。根据煤矸石山的自燃状况，其分为不自燃煤矸石山、正在自燃煤矸石山和有自燃倾向煤矸石山三类。一般地，把发生自燃或具有自燃倾向性的煤矸石山（堆场）称为自燃煤矸石山。

7.4.1 煤矸石山自燃特征及危害

所谓的煤矸石山自燃，是指在低温环境下，煤矸石与空气中的氧不断发生氧化作用（包括物理吸附、化学吸附及氧化反应），产生微小热量，当产生热量的速度超过热量向外界散发的速度时，热量将不断积聚，使得煤矸石山的温度缓慢而持续上升，当达到煤矸石自行燃烧的最低温度时，煤矸石发生燃烧。该现象和过程即称为煤矸石山自燃，也称煤矸石山自燃发火。

（1）煤矸石山自燃的条件

煤矸石山从常温状态转变到燃烧状态，其氧化过程不仅受煤矸石的物理化学性质所影响，也与煤矸石山堆积方式及所处的自然环境有关。研究表明，煤矸石山发生自燃必须同时具备三个条件：

① 煤矸石含有足够的可燃物质，常温条件下，煤矸石与空气中的氧气有良好的结合能力；

② 煤矸石山有良好的空气流通通道，能得到充分氧气供应，以保证煤矸石低温氧化反应持续进行；

③ 煤矸石山有良好的蓄热条件，当低温氧化反应放出的热量不能及时消散，就会导致煤矸石山局部升温，若煤矸石中有足够的可燃物，且仍能得到充分的氧气供应，环境温度升高促使煤矸石氧化反应速度迅速提高，煤矸石很快由自热状态进入自燃状态。

煤矸石中的可燃物主要是黄铁矿和煤，其他还有遗弃在矸石中的碳质页岩、腐烂木头、

破布、油脂等杂物,从而为煤矸石山的自燃提供了物质基础。以阳泉矿区为例,煤矸石尤其是洗选矸中的含硫量较高,工业分析最高可达 7.46% 以上(表 7-6)。同时,人为堆积的煤矸石山,结构疏松,而且因各种物化作用,煤矸石山表面往往有许多大的裂缝,使得空气容易渗入煤矸石山内部并吸附潜伏。

所以,煤矸石山自燃的危险性由内因和外因决定,内因取决于煤矸石自身氧化放热性能的强弱。

表 7-6　阳泉矿区煤矸石的发热量与含硫量

样品来源		一矿	二矿	三矿	四矿	五矿
采掘矸	发热量 Q/(J/g)	2 967.9	3 746.5	2 528.3	6 423.4	—
	FeS_2/%	0.90	0.56	1.71	1.21	—
洗选矸	发热量 Q/(J/g)	7 846	6 120	11 926	8 920	5 175
	C/%	20.56	15.54	30.32	24.09	12.38
	FeS_2/%	6.92	6.04	2.12	6.29	7.46

(2)煤矸石山自燃的特点

煤矸石山是由大量颗粒状煤矸石堆积形成的,根据其堆积形状、矸石粒级等特点,煤矸石山自燃具有如下特点:

① 燃烧时间长,燃烧面积大、分布广。

② 煤矸石中硫化铁的含量很高,大量的硫化铁氧化燃烧并蓄热造成燃烧中心温度很高。

③ 煤矸石山具有一般大体积多孔床燃烧的特点。床内存在燃烧区、燃尽区、预热区和非燃区,最高温度位于燃烧区,燃尽区不断扩大,燃烧带不断转移和扩展放出更多的热量,燃烧强度不断增强;整个燃烧过程不是由化学反应控制,而是由供氧速度控制的,许多情况下处于阴燃状态;燃烧带在多孔床的位置取决于产热和散热速率之间的平衡,只有产热速率等于或大于散热速率时,燃烧才可能维持并蔓延;燃烧区总是向新鲜空气进入方向发展;多孔床深部氧气的供应,或靠分子扩散,或靠空气对流。

④ 煤矸石山燃烧又具有不同于多孔床的一些特点。燃烧发展过程十分缓慢,燃烧厚度比多孔床大,燃烧区域初期具有不连续性;燃烧火区的转移和扩大主要靠火焰或阴燃传播以及热气流传播等。

综合分析,煤矸石山自燃具有两个特殊性:一是从煤矸石山内部先燃烧;二是属于不完全燃烧。

(3)煤矸石山自燃的危害

煤矸石山是矿区主要的污染源之一。露天堆放的煤矸石山经长期风化、淋溶、氧化自燃等物理化学作用,对矿区以及周边环境造成严重的生态破坏与环境污染,导致诸多的社会问题和环境问题,具体表现为压占土地及土地生产力下降,污染大气环境、土壤及水体环境,破坏景观、辐射人体以及危害人身安全等方面,尤其是自燃煤矸石山危害更大(图 7-4)。煤矸石中含有的大量煤屑和硫分,因其特殊堆积结构露天堆放极易氧化,经雨水淋溶形成含有有害重金属离子的酸性水渗透到地下,严重污染矿区和周边环境的地表水、地下水以及土壤。煤矸石氧化时蓄积热量到一定温度引发煤矸石山自燃,产生大量扬尘并释放 CO、SO_2、H_2S 和氮氧化合物等有毒有害气体,严重危害人居环境,对农业、畜牧业也带来严重后果。煤矸石山自燃还容易引发崩塌和滑坡、泥石流、爆炸等地质灾害,例如 20 世纪 70 年代发生于美国西弗吉尼亚州法罗山谷的煤矸石泥石流灾害造成 116 人死亡,几百人受伤,546 间房屋和 1 000 多辆汽车被毁,4 000 多人无家可归。

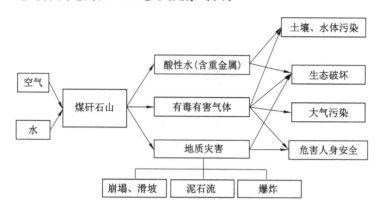

图 7-4   自燃煤矸石山的物化作用及环境问题

7.4.2 煤矸石山自燃机理

人们从 17 世纪已经开始探索煤自燃发火机理问题,而煤矸石山的自燃发火直到 19 世纪末期世界各国科学家才开始对其进行研究。随着煤矸石自燃危害的加剧以及人们环保意识的不断提高,世界各国科学家对煤矸石自燃发火机理进行了卓有成效的研究,提出了一系列的论点来解释煤矸石山的自燃,如煤矸石对空气的吸附作用、晶核理论与自由基作用学说、挥发分学说、煤和硫铁矿的低温氧化反应等。

黄铁矿氧化理论是目前学术界普遍认同的煤矸石自燃理论。煤矸石含有一定量的黄铁矿(FeS_2),在煤矿开采过程和洗选过程中其晶核被破坏,因此煤矸石中硫铁矿通过表面吸氧并缓慢地氧化,一系列的氧化化学反应释放出大量的热量,热量不断积聚使矸石山内某一局部温度升高,达到一定温度后,引起了矸石中的煤和可燃物燃烧。

(1) 高硫量的煤矸石山及低硫量的煤矸石山

高硫量的煤矸石中含有大量的煤屑和硫,其中硫主要以硫铁矿(FeS_2)形式赋存。煤矸石山内部 2~7 m 的多孔条件,使硫铁矿与氧接触而发生氧化,产生热量保存下来,热流加剧反应的速度,造成恶性循环。当超过临界燃烧点时,引发自燃。供氧充足时氧化反应如下:

$$4FeS_2 + 11O_2 \longrightarrow 2Fe_2O_3 + 8SO_2 \qquad (7\text{-}1)$$

$$4FeS + 7O_2 \longrightarrow 2Fe_2O_3 + 4SO_2 \qquad (7\text{-}2)$$

少数低硫量煤矸石山也容易产生自燃。低变质煤 H 的含量较高,挥发分较高,燃点较低。煤矸石中残存的低变质煤,接受不完全氧化,生成 CO 和 CO_2,随着热区矸石温度的升高,大量的 CO_2 被还原成 CO,使 CO 的浓度逐渐增大,当温度达到煤的燃点时,煤矸石自燃。供氧不足时的氧化反应为:

$$4FeS_2 + 3O_2 \longrightarrow 2Fe_2O_3 + 8S \qquad (7\text{-}3)$$

$$2FeS+3O_2 \rightarrow 2FeO+2SO_2 \tag{7-4}$$

（2）气体贯入易引发自燃

煤矸石山在自然堆放（平地或顺坡堆放）过程中，产生其特有的堆积结构。煤矸石沿索道自上而下排放堆积煤矸石，形成"倒坡式"排放，在自然重力作用下，滑落堆积的煤矸石具有明显的分选性，这样会使煤矸石堆积时产生下部颗粒粗大、上部颗粒细小的粒度偏析，造成煤矸石山下部空隙较大，利于空气进入，气体贯入易使煤矸石氧化而聚热，上部空隙较小，具有良好的储热性。氧化产生的热量，一部分随空气带出，另一部分则积聚在煤矸石山中，当某一局部温度达到自燃点时便引起自燃，且逐步向四周蔓延，因此，煤矸石山燃烧多发生在煤矸石山内部或裂隙地带。这种堆积方式是其自燃的外部原因。

（3）水促进煤矸石山的氧化，加速了自燃的进程

水是影响煤矸石山自燃的另一重要因素。水的存在增加了煤矸石中黄铁矿的水解作用和氧化能力。

$$4FeS_2+12O_2+6H_2O \rightarrow Fe(SO_4)_3+2Fe(OH)_3+3H_2SO_4+2S \tag{7-5}$$

而且氧化使煤矸石山山体疏松，从而加剧了氧化的进程，同时为山体的崩塌埋下了隐患。

7.4.3 煤矸石山自燃情况诊断

研究表明，初期煤矸石山自燃部分只占整个煤矸石山的 5% 左右，为扑灭这部分着火矸石，要求能确定煤矸石山中的高温和自燃区的位置及范围。另外，如果能够早期发现煤矸石山内部自燃发热区，可及早采取措施防止自燃发生。

（1）表面自燃特征调查

采用肉眼观测煤矸石山表层可见的自燃特征，包括明火、烟雾、硫化斑、枯死斑、干化斑、白化、返潮湿斑等发生的区位；嗅觉判断是否有硫化物的味道；体感判断是否有温度升高等。以煤矸石山地形图为底图，记录表面自燃特征发生点位。

（2）表面温度测量

① 点温度实地测量法。采用热电偶、手持红外测温仪、红外照相机等测量煤矸石山表面点位温度，对比环境基准温度划定煤矸石山表面温度异常区域。

② 无人机测温法。可采用多种无人机类型，搭载热红外传感器、可见光传感器或多波段结合的传感器获取影像数据，经数据处理构建煤矸石山表面温度场模型。

（3）深部温度测量

煤矸石山表面温度测量后，对于确定的温度异常且有增温趋势的区域或点位，可采用模型反演和钻孔测温进行深部温度测量，以确定煤矸石山内部着火点的空间位置。

① 模型反演法。依据表面温度测量结果和相关解算模型，初步确定矸石山内部着火点的空间位置。

② 钻孔测温法。这是最直接的煤矸石山内部自热区和火区测定方法，一般是在煤矸石山上钻孔用热电偶测温。一般使用煤电钻或气钻在表面高温点打 1～1.5 m 深测温孔，当钻孔达到预定深度后，将热电偶探头送入测温孔并封孔，待观测数据稳定后开始读数，取两次观测数据平均值作为测温点温度。该方法测定的温度是矸石空隙中气体的温度，只能代表矸石山内部很小范围的温度。

（4）自燃状况分区判定标准

基于煤矸石山自燃情况进行自燃分类分区，判定标准如表 7-7 所示。

表 7-7　煤矸石山自燃分类分区表

自燃阶段	外表现象	内部变化	自燃区温度 A	治理分区
自燃孕育期	无迹象，局部有返潮现象	内部缓慢增温	$A<90$ ℃	安全区
自燃发生期	有烟、味，局部有硫化斑或白化现象	硫自燃，内部快速增温	90 ℃$<A<280$ ℃	危险区
自燃发展期	有烟、味，有体感温度，可见明火	煤自燃，可燃物接续燃烧	$A>280$ ℃	高危险区
自燃衰退期	无烟、少味，有体感温度，可见明火	可燃物减少	$A>280$ ℃	

7.4.4　煤矸石山自燃的防治

煤矸石山自燃是一种比较特殊的燃烧系统，它的起燃和维持燃烧、火区的转移同一般火灾有很大差别。在采取防治措施时，不仅需要考虑常规灭火的一般规律，还要考虑煤矸石山的特殊规律。一般应从其引燃的内外因入手。

7.4.4.1　煤矸石山自燃预防措施

预防煤矸石山自燃是一项长期的战略任务，应具有一套科学的施工工艺。

（1）煤矸石的预处理

① 尽量减少煤矸石中的可燃物，如煤、硫铁矿及碳质页岩等。煤矸石一般含有 10%～20% 的可燃物质（主要是煤和碳质页岩）和能够在常温下氧化发热的黄铁矿，堆积前，如能加以分选回收黄铁矿及煤矸石中的残煤，减少煤矸石中的可燃物质，不仅能有效预防自燃，而且有一定的经济收益。

煤矸石中回收煤炭的方法可分为干法与湿法两种。干法是根据煤矸石中含煤量及粒度组成的特点，选择合适孔径的筛子进行筛分，筛分出来的成分热值相对较高，可作为动力用煤。湿法有两种，第一种湿法生产系统与重力选煤法相同，采用重介质分选机及跳汰机进行分选，只不过它处理的对象是煤矸石；另一种湿法生产系统比较简单，主要设备是水力旋流器，粉碎到一定粒度的矸石进入水力旋流器后，借助离心力，密度小的煤炭从上方排出，而密度较大的矸石则从下面流出。

② 固硫。煤矸石中硫铁矿的氧化放热是煤矸石自燃的一个重要因素，因此抑制硫铁矿的氧化可以有效控制煤矸石的升温和自燃。硫铁矿氧化包括化学氧化和微生物的催化氧化。抑制硫铁矿化学氧化可以通过添加化学材料使得煤矸石表面生成包被层起到抑制氧化的作用；硫铁矿的微生物的催化氧化使氧化速率提高了 10^6 倍，为此控制微生物催化氧化成为抑制硫铁矿氧化的关键。目前国内外许多学者进行了大量研究并筛选出许多化学材料用来杀灭氧化亚铁硫杆菌，进而抑制煤矸石中硫化铁的氧化。

（2）改进煤矸石的排放工艺，科学堆放煤矸石

改进煤矸石的排放工艺，减少煤矸石中硫化物的活化性能，即减弱其氧化反应必需的水及空气条件，如采用煤矸石与岩石混排法或煤矸石与表土混排法等。另外堆放煤矸石时应考虑几个原则：

① 选择适宜地点，尽量平面堆放，降低煤矸石山堆放高度，限制煤矸石山热量聚集能

力;堆放过程中可使用推土机推平并用重型机械压碎压实,破坏自然堆放时因"粒度偏析"而产生的空气通道,隔断氧气供应。山西省阳泉矿区提出了"自下而上,分层排放,缩小凌空,周边覆盖"的十六字煤矸石排放工艺,收到了很好的效果。

② 尽量使煤矸石的裸露面积最小,如采用表面浇灌法、表面封闭法(覆盖法)进行处理,喷洒黄土等活性差的物质,使之不易透气;对煤矸石山裂隙地段,加固后用惰性材料覆盖,切断煤矸石山内部氧气的供应通道,达到隔氧目的。

③ 建设排水系统,减少水侵入煤矸石山,缓解煤矸石山的氧化进程。

(3) 覆盖碾压法阻隔空气,防治自燃

对于已经堆存至一定规模且含有大量可燃物的煤矸石山,防止自燃最好的方法是在煤矸石山表面构建具备一定的空气阻隔作用的覆盖层,减少空气渗入量,以阻断煤矸石山内部供氧途径,因此也称为隔离层(详见 7.3.2.2)。

7.4.4.2 煤矸石山的灭火措施

对正在燃烧的煤矸石山,需要进行清除可燃物、降温、隔氧和灭火相结合的综合治理方法。目前常用的灭火方法有挖除冷却法、注浆灭火法、覆盖法等。

(1) 挖除冷却法

挖除冷却法是最直接也是相当有效的方法,对于着火范围不大、火区深度较浅(一般小于 3.0 m)的初燃煤矸石堆场,用机械将着火点燃烧及发热的煤矸石直接挖除,自然冷却至 70 ℃,稳定 10~15 天后,将煤矸石与黄土或其他灭火材料搅拌分层、夯实回填。

(2) 注浆灭火法

注浆灭火法是通过降温与隔氧达到灭火的目的,是目前国内外广泛采用的灭火技术。

① 槽沟灌浆法。当火区范围较小、深度小于 6.0 m 时,在矸石山燃烧区域的平台、坡面挖设沟槽灌浆,通过浆液下渗熄灭浅层火源。槽沟布置可采用网格状、梅花状、鱼鳞状等形式,具体尺寸可根据堆场实际情况和施工经验确定。

② 钻孔注浆法。当火区范围较大、深度大于 6.0 m 时,运用潜孔钻、煤电钻、小型凿岩机或锤击等方法,将一定口径的注浆钢管插入煤矸石山燃烧区。钻孔间距取决于浆液的渗透范围,一般为 2.0~5.0 m;钻孔深度应控制在自燃煤矸石层下 1.0 m;注浆段长度宜控制在自燃矸石层上 2.0 m 至自燃矸石层的底部。单孔注浆量根据浆液中水的体积不小于单孔扩散范围内矸石温度降至 70 ℃ 所需水体积的 1.2 倍;浆液中的固相材料体积应根据设计要求确定,浆液水固比宜控制在 1.0~1.5 之间。

③ 帷幕注浆法。运用煤电钻或工程钻机等方法,根据着火温度和通风状况决定煤矸石山钻孔深度,以确保到达深部的燃烧层,采用加压注浆法把高浓度固结灭火浆液压入钻孔内,形成贯穿顺坡节理的高密度帷幕柱墙,阻断烟囱效应。

注浆材料选用黄土、石灰、水泥、高分子灭火材料等。石灰的主要成分是 CaO,加水后生成 $Ca(OH)_2$,与煤矸石自燃产生的气体 SO_2、SO_3、H_2S、CO、CO_2 发生如下反应:

$$SO_2 + 2Ca(OH)_2 = CaSO_3 + H_2O \tag{7-6}$$

$$SO_3 + Ca(OH)_2 = CaSO_4 + H_2O \tag{7-7}$$

$$H_2S + 2O_2 + Ca(OH)_2 = CaSO_4 + 2H_2O \tag{7-8}$$

$$2CO + O_2 + 2Ca(OH)_2 = 2CaCO_3 + 2H_2O \tag{7-9}$$

$$CO_2 + Ca(OH)_2 = CaCO_3 + H_2O \tag{7-10}$$

反应生成物化学性质较为稳定,可在注浆层形成一层致密的隔离层以隔绝空气的对流,达到灭火目的。

黄土属黏土的一种,它含有一定量的活性 SiO_2 与 Al_2O_3,活性 SiO_2 与 Al_2O_3 的特点是内表面积很大,碱离子较易将其中起联结作用的硅-氧键与铝-氧键破坏解体,生成凝胶。活性的 SiO_2 和 Al_2O_3 与 $Ca(OH)_2$ 发生反应,生成水化硅酸钙与水化铝酸钙凝胶体。它是水泥凝结硬化过程中的产物,具有水硬性、耐水性及一定的强度,并有相当高的抗渗能力。石灰与黄土单独使用均有良好的包裹隔绝作用,但将石灰与黄土按一定的比例混用,能更充分地发挥黄土中活性 SiO_2 和 Al_2O_3 的作用,收到更好的效果。浆液浓度一般配成 5% 石灰加 10% 黄土,但由于现场情况变化较大,具体某一区域应配成多少浓度的浆液,应根据现场勘察具体计算确定。

该法的最大优点是使煤矸石迅速降温,并有较好的隔氧效果。缺点是在火区钻孔比较困难,如果大面积燃烧,作业人员难以进入火区,有一定危险性。

(3)覆盖法

覆盖法就是在煤矸石山表面覆盖黄土、粉煤灰等惰性物质,来隔绝空气防治自燃。这种方法比较经济,是国内外广泛采用的一种方法。选用适当的惰性材料或阻燃材料将矸石堆包裹起来,使之与空气隔离,自燃矸石山因缺氧而停止燃烧。材料可选用磨细的石灰石粉、污泥、黄土、黏土、水泥窑等废料,这些材料可就地取材。

当使用黄土进行覆盖时,其灭火关键是必须将覆土压实,同时覆土前矸石须经一定程度的冷却。山西的做法是,在火区深度较浅(一般小于 3.0 m)时,使用黄土、土拌矸等进行煤矸石山覆盖,覆盖总厚度应不小于 2.0 m,并要求每覆盖 0.5 m 层厚即进行压实,压实系数不小于 0.85。需要注意的是,在高温煤矸石影响下,原先已覆盖压实的表土层会慢慢变干并产生裂缝,导致空气进入矸石山内部,引发复燃,因此必须注意覆土层的养护。

(4)低温惰性气体法

低温惰性气体法是向火区注入液氮、液态二氧化碳等惰性气体的方法,利用其气化时巨大的吸热作用,使煤矸石山快速降温,同时残存在煤矸石山空隙中的惰性气体也可起到隔绝氧气的作用。低温惰性气体注入煤矸石山后,在液态变成气态的过程中吸收大量热量,同时体积急剧膨胀,形成一个冷压力波,迅速从注入源扩散,从而低密度热烟气被排挤上升至地表,起到隔绝新鲜空气进入矸石山的作用,达到灭火降温双重目的。因此,火区在一段相当长时间内保持低温,使煤矸石山内部着火点冷却至临界温度以下。该方法与注浆法联合使用效果更好。

(5)温控法

温控法是一种基于热管装置防止煤矸石自燃的新技术。其原理是在矸石山发火区及高温区安装温控热管装置,通过热管内介质的热传递作用,将煤矸石山内部热量不断传导至地面释放或利用,从而降低矸石山内部温度及减缓矸石氧化反应速度。如图 7-5 所示,温控热管是一种封闭式自动热循环装置,分为蒸发段、绝热段和冷凝段三部分。液态介质位于温控热管底部,不断吸收周围的矸石热量使之温度升高,当温度达到介质沸点时,介质发生汽化并从温控热管中空部分上升至顶部,遇冷(外界环境温度低于汽化介质温度)则放热冷凝液化,从温控热管的环空部分回流下沉至管底。如此循环往复,温控热管不断将地下矸石山的热量带到地面释放。

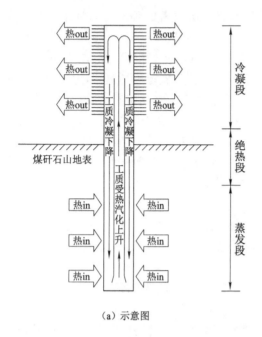

（a）示意图 　　　　　　　　　　　　　（b）实物图

图 7-5　温控热管的结构、工作原理示意图及实物图

阳泉大垴梁煤矸石山平台采用温控热管技术治理 9 个月后（试验区面积 2.32 hm²，安装温控热管 827 根，布置温度监测点 27 个），结果表明：发火区 3 m 深处温度下降 3～161 ℃，相比初始温度下降 1.02%～39.66%，平均下降为 20.94%；6 m 深处温度下降 4～172 ℃，平均下降 16.85%；发火区 1/3 区域的温度下降超过 100 ℃，单根温控热管影响半径约大于 3 m。

7.5　煤矸石山植物栽植

7.5.1　煤矸石山绿化植物种类的选择

植物种类的选择是煤矸石山绿化的关键，应根据煤矸石山植被恢复与生态重建的目标要求，从实际的立地条件出发，并借鉴以往成功经验，科学地、因地制宜地选择适宜树种。

7.5.1.1　煤矸石山植物选择的基本原则

煤矸石山生态重建的主要目的是通过发挥植被的防护功能改善生态环境，同时由于立地条件特殊，要求选择具有一定特殊抗性的树种。因此，煤矸石山适宜植物种类的选择具有特殊性，应遵循以下原则：

（1）适地适植物（或适地适树）原则

使植物的生物学特性与煤矸石山的立地条件相适应，以充分发挥植物（或树种）的生产与生态潜力，达到该立地条件在当前技术经济条件下可能达到的生态、社会和经济效益。这是煤矸石山植被恢复应遵循的最基本原则。具体方法是：

① 选树（植物）适地，即选择适宜的植物种类。根据煤矸石山的立地条件，选择或引进对煤矸石山各种限制因子具有适应性或抗性的先锋植物种类栽植。随着先锋植物的生长，

生态环境逐渐得以改善,其他的生物种类逐渐入侵,如果生长和繁殖不受限制,最终将演替成为"顶级群落"。

② 改地适树(植物),主要通过人为活动改善立地条件(尤其是限制因子)。如通过整地、施肥、灌溉、土壤管理等措施,改变煤矸石山的植物生长环境,使其基本适应植物的生物学特性。此法在国外被广泛采用,只要措施得当,可以速见成效。

以上两种方法互相补充、相辅相成。另外,就我国目前的技术经济条件,改地程度是有限的,所以选择正确的植物种类是适地适植物的根本途径。

(2)优先选择乡土树种的原则

煤矸石山植被恢复应优先选择乡土树种,但应注意的是,煤矸石山又有与其他土壤完全不同的理化性质,立地环境与乡土树种正常生长发育的土壤条件往往有较大的差异,因此,对乡土树种的选用也必须在煤矸石山上进行植物种的筛选试验。

另外,通过科学的引种试验,也可以引进适宜于煤矸石山生长的外来树种,做到选育和引种相结合。以乡土植物种选择为主,可以保证煤矸石山植被恢复的稳妥和成功,适当引进外来树种,可以丰富煤矸石山植被恢复的植物种类,提高生态恢复的进度和效益,促进生物多样性。

(3)水土保持与土壤快速改良原则

煤矸石山限制植物生长的主导因子是土壤条件,而且水土流失及对环境的污染和生态的破坏也主要由煤矸石山特殊的理化性质引起,所以,在煤矸石山适宜植物种类的筛选中,优先选择的优良植物种类必须具有良好的水土保持特性和快速改良煤矸石山物理和化学性质的特点。

① 抗干旱和耐贫瘠的肥料树种。干旱和贫瘠是煤矸石山最突出的立地特征,因此,优先选择的植物种类对煤矸石山的主要限制因子首先要有较高忍耐和抵抗能力;其次是具有较强的改善功能。从这一原则出发,应优先选择那些抗旱而且具有固氮能力的豆科植物种类。例如,北方常见的豆科乔灌木树种有刺槐、紫穗槐、胡枝子、锦鸡儿等,还有豆科牧草等。

② 优先选择优良的灌木树种。在植被的防护功能和改良土壤功能上,灌木树种具有比乔木植物和草本植物更优越的条件。与乔木植物相比,其具有抗逆性、根系发达、枯枝落叶丰富、郁闭时间短、能迅速覆盖地表、土壤改良作用强的优点;与草本植物相比,其具有生物量大、根系发达、固持和稳定土壤能力强、生态效益多样以及防护功能强的优点。所以,优先选择优良的灌木树种可以使煤矸石山提早郁闭,加快绿化和生态恢复的速度。

(4)植被效益最优原则

煤矸石山植被恢复的最终目的是获得对人类有利的生态效益和经济效益,所选择的植物种类首先应具有满足植被恢复目标要求(如防护、美化、水土保持等)的优良性状,即突出其生态功能弱化其经济价值。在进行煤矸石山适宜植物种类的筛选时,要善于比较,将其中最适生、最具有防护功能和经济功能的植物列为主要植物种,以保证植被恢复的效益。

(5)乔、灌、草相结合的原则

困难立地条件下的植被恢复应遵循植被演替规律,宜林则林,宜灌则灌,宜草则草,模拟天然植被结构,实行乔、灌、草复层混交是快速建造稳定植被的科学途径。

7.5.1.2 煤矸石山绿化的适宜植物种类

依据煤矸石山植物种类选择的原则和要求,充分考虑植物的生物学特性及煤矸石山特殊的立地条件,煤矸石山适宜的先锋植物种类应满足以下基本要求:

① 较高的逆境胁迫忍耐力与抵抗力(主要是抗旱、耐贫瘠、耐盐及 pH 值适宜等)。

② 生长迅速,具有较强的土壤改良功能。

③ 具有较强的抗污染、水土保持、绿化美化和经济功能。

针对煤矸石山适宜性植物种类进行了大量研究和实践,筛选出的主要乔木、灌木和草本植物有:

① 针叶乔木树种:油松、樟子松、华北落叶松、华山松、红皮云杉、侧柏、香柏、桧柏、刺柏、圆柏等。

② 阔叶乔灌木树种:榆树、椰榆、桑树、山楂、杜梨、杏、山桃、合欢、紫穗槐、刺槐、锦鸡儿、胡枝子、国槐、花椒、臭椿、苦楝、黄杨、黄连木、火炬树、元宝枫、黄栌、栾树、木槿、柽柳、沙枣、君迁子、白蜡、连翘、柿树、杜鹃等。

③ 草本植物:野苜蓿、狗尾草、羊胡子草、铁杆蒿、蒲公英、野牛草、野豌豆、野燕麦、蜀葵、野黄菊、鬼针草、苍耳、锦葵、石竹梅、曼陀罗、喇叭花、鸡冠花、地肤等。

另外,由于煤田地质条件、气候条件和环境条件等的差异,不同地区植被恢复的适宜树种也会有所不同。例如,黑龙江鹤岗以樟子松、落叶松为主要树种;山东新汶以火炬树、臭椿为主要绿化树种;山西阳泉以侧柏、刺槐、杜松、臭椿为主要绿化树种;安徽淮北以刺槐、柳树、杨树、楝树为主要绿化树种。因此,在煤矸石山植被恢复工作中,应依据研究结果和本地实践,因地制宜地选择适宜树种。

7.5.2 煤矸石山的绿化栽植

栽植是农林园艺栽种植株的一种作业,但一般常狭义地理解为"种植"。广义的"栽植"应包括起(掘)苗、搬运、种植三个基本环节。每一个环节都要加强对树木的保护,否则都会影响树木的栽植成活率。

7.5.2.1 煤矸石山适宜的造林方法

按所用的植物材料,造林方法一般分为播种造林、分殖造林和植苗造林三种。

① 播种造林符合植物繁殖的自然规律,具有不需要育苗、技术简单易行、节省劳力与投资的优点,但只适用于种子发芽力强的树种,而且对立地条件(尤其是水分环境)的要求较高。

② 分殖造林是以植物的营养器官(枝、干、根等)作为造林材料直接栽植,最大优点是能够保持母本的优良遗传特性,不会发生遗传变异,而且幼苗的前期生长比较快,但仅适用于营养器官能够迅速生产大量不定根的树种,而具有这种能力的树种较少,且对造林地水分环境的要求很高。

③ 植苗造林是用已经形成根系和茎、干的苗木作为材料,最突出的优点是对不良环境的适应能力较强,能够较快地适应造林地的环境条件,造林成活率较高,几乎适用于所有的造林树种,尤其在干旱及水土流失严重的立地条件下,造林成活率与成功率高于播种造林和分殖造林。

煤矸石山立地条件以干旱、缺水、贫瘠为突出的生态环境特征,一般情况下,不适宜采用分殖造林方法,播种造林除草本植物与部分灌木植物外,也不建议采用。所以植苗造林是煤矸石山植被恢复的主要方法。

7.5.2.2　煤矸石山适宜的栽植季节

根据树木生长规律和栽植成活原理,最适宜的植树季节是树木的休眠期,即早春和晚秋。树木萌芽前刚开始生命活动的时期,以及树木落叶后开始进入休眠期至土壤冻结前的时期,树木对水分和养分的需求量不大,而且此时树体内还储存有大量的营养物质,又有一定的生命活动能力,有利于伤口愈合和新根再生,所以一般在这两个时期栽植成活率最高。

另外,雨季(夏季)是全年降水集中、气温最高的季节,土壤水分条件好,造林有利于根系恢复和生长,但由于植物生长旺盛,蒸腾量大,雨季造林应把握好时间,尤其是雨情,一般是在下过一两场透雨而且降雨稳定之后开始造林。在华北地区,夏季造林适宜的时间是"头伏"末和"二伏"初,连阴天气最佳。

对煤矸石山而言,原则上应选择在温度适宜、湿度较大、遭受自然灾害的可能性小、符合植物生物学特性、栽植省工、投资少的季节进行造林。煤矸石山的造林,在春季、雨季和秋季都能进行,但在哪一个季节、具体到什么时间栽植,主要依据植物种类的生物学特性而定。煤矸石山的雨季造林主要适用于针叶树和某些常绿阔叶树,大部分落叶阔叶树不适宜于雨季造林。

7.5.2.3　煤矸石山绿化栽植技术

煤矸石山植被恢复技术按对其立地改良的程度和整地方式,可分为覆土和无覆土两大类(参见7.3.2.2),本部分主要讲述煤矸石山绿化工程中抗旱栽植技术。

煤矸石山抗旱栽植非常重要,为保证煤矸石山植被的成活率,根据植苗造林成活的基本原理与关键因子,应掌握以下技术要点:

(1) 选用良种壮苗

要选择适宜煤矸石山生长的具有抗旱、耐贫瘠等优良特征的植物种类或利用优良植物种类培育出的优良苗木。对壮苗的选择标准是:

① 根系发达,具有较多的侧根与须根,主根短而直。

② 苗木粗壮而挺直,有与苗木地径相称的高度,上下均匀,充分木质化,枝叶繁茂,色泽正常。

③ 苗木的种量大而且茎根比值(地上部分与地下部分的比值)较小。

④ 无病虫害与机械损伤。

⑤ 具有饱满与健壮的顶芽(针叶树)或侧芽(阔叶树)、生长势较强。

(2) 苗木保护与保水技术

在煤矸石山这种极端缺水的立地条件下植苗造林,保持苗木的水分是植物成活和生长的关键因素。在苗木栽植工程中,避免苗木失水、供给苗木足够水分的主要措施有以下几方面:

① "五不离水"。即在整个苗木栽植过程中要做到:起苗前浇水,运输时洒水,假植时浇水,栽植时蘸水或浸水,栽植后浇透水。另外,对萌芽力较强的阔叶树可进行"截干栽植",由于苗木茎干被去掉,可以大大减低水分蒸腾,防止苗干的干枯,提高造林的成活率。对常绿针叶树或大苗造林时,可适量修枝剪叶,以减少枝叶面积和水分蒸腾量。

② 保水剂技术。保水剂是一种高吸水性树脂,在树脂内部可产生高渗透缔合作用,并

通过其网孔结构吸水。保水剂的一般使用方法有蘸根、泥团裹根和土施等。

③ 地膜覆盖技术。地膜覆盖技术是抗旱造林的有效技术,能大幅度提高造林成活率。覆盖前,根据林种、密度和苗木规格等将地膜裁成大小合适的小块。栽植后浇水,等水渗下后,将 1 m 见方的地膜在中心破洞,从苗木顶端套下,展平后,将苗木根基部及四周薄膜盖严,随树盘做成漏斗状,以利吸收自然降水。还要将边缘压实,最好再在地膜上敷一层薄土,以防大风将地膜刮走。另外,还可采取秸秆、杂草、紫穗槐、石片等进行覆盖。漏斗式地膜覆盖的好处是:雨水集中到树干中心的破洞,渗到土层中,使无效小雨变有效降雨,同时避免蒸发。

④ 生根粉应用技术。ABT 生根粉是一种新型植物生长调节剂,应用于植树造林和扦插,可促进苗木生根、生长,提高成活率。在造林上,有浸根、喷根、速蘸、浸根包泥团 4 种方法。

（3）栽植方法与技术要点

① 栽植方法。树木的栽植方法一般可分为裸根栽植和带土球栽植两种。其中的带土球栽植,根据容器的有无还可以分为带土坨栽植和容器育苗栽植两种。

裸根栽植法多用于常绿树小苗及落叶树种的栽植,其关键技术要领是要保持根系的完整。其中骨干根不可太长,侧根、须根尽量多带。为提高栽植的成活率,从掘苗到栽植,务必保持根部湿润,根系打浆是常用的保护方式之一,可提高移栽成活率 20%。运输过程中采用湿草覆盖,可以防止根系风干,保持根系的湿润。

带土坨栽植主要用于一些较大规格的针叶树造林;容器育苗栽植目前广泛用于针叶树的大面积造林。这两种栽植方法都具有不伤害和不裸露苗木根系、成活率高的优点,在煤矸石山植被恢复中应大力提倡。尤其是容器育苗,能保持原土壤和根系的自然状态,造林后无缓苗过程,幼林生长快,即使在立地条件较差的造林地上也能大幅度提高造林成活率。

② 挖穴（刨坑）。穴栽的树木要根据树种根系特点（或土球大小）、土壤情况来决定树穴规格。确定刨坑规格时,必须考虑不同树种的根系分布形态和土球规格。平生根系的土坑要适当加大直径,直生根系的土坑要适当加大深度。穴挖的好坏,对栽植质量和日后的生长发育有很大影响,因此对挖穴规格必须严格要求。挖穴时把表土与底土按规定分别放置。树穴上口沿与底边必须保持垂直,大小一致。切忌挖成上大下小的锥形或锅底形,否则栽植踩实时会使根系劈裂、拳曲或上翘,造成不舒展而影响树木成活。树与穴的关系如图 7-6 所示。

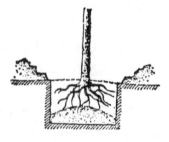 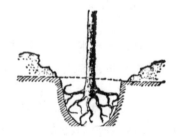

(a) 正确（树穴上下一致,树木根系舒展）　　(b) 不正确（树穴呈锅底状,根系卷曲）

图 7-6　树与穴的关系

③ 裸根苗栽植技术。一般地，大面积植被恢复主要采用裸根苗栽植。裸根苗造林最常用的是穴植法，栽植技术的关键一是保证苗木根系舒展（不窝根），二是采用"三埋、两踩、一提苗"的操作要领。

保证苗木根系的舒展，在挖穴时要注意满足规格和质量的要求，并根据根系特点进行栽植，如须根系较多的苗木，栽植时要穴底填土，让根系平展开来；直根系的苗木，栽植时穴底填土要少，避免主根弯曲，造成窝根，影响成活。"三埋两踩一提苗"是林业技术部门提倡的一种科学的树木栽植方法，包括三次埋土、两次踩实以及一次将苗木向上提起的过程。

④ 容器育苗造林技术。容器育苗造林就是将育苗的容器连同苗木一起栽植到树穴中的造林方法。容器育苗造林具有以下优点：

a. 容器苗根系在起苗、运输和栽植时很少有机械损伤和风吹日晒。而且由于根系带有原来的土壤，减少了缓苗过程。其造林成活率要比常规造林方法高。

b. 容器苗因容器内是营养土，土壤中的营养极其丰富，比裸根苗更具备良好的生育条件，有利于幼苗生长发育，为矸石山造林成活后幼林生长和提早郁闭成林创造了良好的生存条件。

c. 容器苗适应春、夏、秋三季造林，可以加速矸石山造林绿化速度。

d. 容器苗造林的成本虽然与常规植苗造林相比较高，但其成活率高、郁闭早、成林快、成效显著，减少了常规造林反复性造林的缺陷，综合效益要高于常规植苗造林。

⑤ 菌根菌育苗造林技术。菌根菌育苗造林技术就是使在高等植物的根系受特殊土壤真菌的侵染而形成互惠共生体系，然后用这种被侵染的菌根苗造林的技术。菌根苗的根系能扩大对水分及矿质营养的吸收，增强植物的抗逆性，提高植物对土传病害的抗性，尤其在干旱、贫瘠的恶劣环境中菌根作用的发挥更加显著。有关资料证明：在干旱区、荒山荒地等地区一般都需要有相应的菌根才能建立起植被或实现造林。

⑥ 秸秆及地膜覆盖造林技术。秸秆及地膜覆盖造林技术是在造林地上覆盖秸秆或者地膜，从而提高栽植的成活率的方法。秸秆与地膜覆盖可以避免晚霜或春寒、春旱、大风等的侵袭造成的伤害，提高了地温，促进了土壤中微生物的活动、有机质的分解和养分的释放，从而有利于根系的生长、吸收及营养物质的合成和转化，保证苗木的成活和生长。另外覆盖秸秆或者地膜还可以保持和充分利用地表蒸发的水分，提供了苗木成活后生长所需的水分，防止苗木因干旱造成生理缺水而死亡。因此可以说秸秆及地膜覆盖造林，在保水增温、促进幼苗的迅速生长、尽快恢复植被、防止水土流失、改善生态环境等方面，发挥着重要的作用。

7.5.3　煤矸石山植被的抚育管理

抚育管理是植物栽植工作中非常重要的技术环节，俗语有"三分栽植、七分管理"之说。煤矸石山植被抚育管理的目的是通过对林地、植被的管理与保护，为植物的成活、生长、繁殖、更新创造良好的环境条件，使之迅速成林。无论在幼林阶段或成林阶段，必要的抚育管理直接关系到植被生长效应、防护效应和经济效应的发挥。植被的抚育管理主要包括林地土壤管理、植被的管理与保护两个方面。土壤管理主要有灌溉、施肥等措施；植被的管理主要有平茬、整形修剪等措施；植被的保护主要有防止病虫害、火灾等自然灾害以及人畜活动对植被的破坏等措施。

植被抚育管理所采取的主要措施因不同栽培目的、不同立地条件和不同经济条件而异。依据煤矸石山立地条件、植被恢复与生态重建的主要目标,在造林的过程中主要应做好施肥、灌溉、平茬、修枝以及防止人畜对植被的破坏等几方面的工作。

(1) 施肥

由于煤矸石风化物极粗,其中速效养分缺乏,尤其缺乏植物生长必需的氮素和磷素。在自然生态系统中,植物吸收的氮素是由土壤中累积的巨大氮素的有机库提供的,由于煤矸石山几乎无土壤可言,氮素的缺乏成为必然。这一矛盾虽然可以通过种植豆科植物或其他具有固氮能力的植物来缓解,但因固氮植物对缺磷条件敏感,并不能解决整个煤矸石山的所有养分问题。

施肥是煤矸石山造林抚育管理最突出的措施。合理的施肥措施不仅应体现在植物产量上,而且还应有助于改善土壤性状,在复垦种植初期,培肥煤矸石特别重要。煤矸石山的施肥应以氮肥为主,同时辅以磷肥和钾肥,最好是施用有机肥。但我国有机肥缺乏,有条件的煤矿区可以使用城市污泥,符合农用标准的污泥施入煤矸石风化物中,不仅可以增加风化物的养分和颗粒细度,还能降低地表的黑度和温度,更能促进微生物的活动。在煤矸石山上使用化学肥料时,由于煤矸石山土壤保水保肥能力很弱,所以要坚持多次少施的原则。

(2) 灌溉

干旱缺水是煤矸石山最突出的生态特征。由于煤矸石特殊的物理结构导致其持水力弱,含水量低;而且煤矸石中含有大量的碳,吸热快,热量大,温度高,水分蒸发快,植被可利用的水分极少。

灌溉一方面提高土壤的含水量,有利于植被的生长,另一方面,降低地温防止夏季高温对苗木的灼伤,同时加速煤矸石的风化、促进微生物的活性,有利于改善煤矸石养分的释放,提高煤矸石山的肥力水平。所以,煤矸石山造林要采取灌溉措施,有条件的煤矿,可建设将矿井水引用到煤矸石山的设施,节约水资源,并且可以"以废治废"。

(3) 植株的平茬及修剪

平茬是在造林后对生长不良的幼树进行补救的措施,是利用植物(主要是阔叶树种)的萌蘖能力保留地茎以上一小段主干,截除其余部分,促使幼树长出新茎干的抚育措施。当幼树的地上部分由于种种原因而生长不良,失去培养前途,或在造林初期由于缺水苗木有可能失去水分平衡影响成活时,都可进行平茬。平茬一般在造林后 1~3 年进行,幼树新长出的萌条一般都能赶上未平茬的同龄植株。

煤矸石山造林的目的主要是防护水土,应尽快促进枝叶扩展,增加郁闭度,一般不提倡修剪。但有时为了增加植株的美观和观赏性,或者为了减少枝叶面积降低植株的蒸腾耗水量,可适量进行整形修剪,但修剪强度不宜过大。而且要注意修剪的季节和时间,一般以植物休眠期为好。修剪方法主要有截、疏、除蘖等。

(4) 煤矸石山幼林的保护

幼林的保护通常包括对病虫害、鸟兽害、极端气候因子(大风、高温、低温、暴雨等)危害、火灾,以及人畜破坏等自然灾害与人为灾害的预防和防治。有条件的矿区应安排专职人员进行护理,特别注意人畜对植株的破坏。尤其要保护好地表植被与枯枝落叶,更好地防止土壤侵蚀,减少土壤蒸发,保持土壤水分,有利于植株生长和植被演替。

煤矸石山造林初期一般无病虫害,但随造林时间的延长病虫害时有发生,要注意观察,做到早发现、早防治。病虫害防治可采取的方法有喷粉法、喷雾法、熏蒸法、毒草饵、胶环（毒环）法等。

另外在每次暴雨和大风过后，要及时了解植株的受害情况，积极采取补救措施，扶植受害的植株，必要时及时进行补植。

思　考　题

1. 煤矸石是如何产生的？有哪些特性？
2. 什么是煤矸石山绿化程序的"三段九步"？谈谈你自己的看法。
3. 煤矸石山立地条件的主导因子有哪些？
4. 煤矸石山绿化为什么要进行整形整地？谈谈你对煤矸石山重塑地貌景观的看法。
5. 煤矸石山基质改良的目的是什么？有哪些材料和方法？
6. 煤矸石为什么容易自燃？煤矸石山自燃的条件是什么？
7. 如何诊断煤矸石山潜在的自燃区？如何判别煤矸石山是否有自燃倾向性？
8. 防止煤矸石山自燃有哪些措施？燃烧的煤矸石山如何治理？
9. 煤矸石山绿化植物选择的基本原则是什么？
10. 在煤矸石山植被栽植工程中，要掌握的抗旱栽植技术要点有哪些？

第8章 矿区地质灾害治理与水土保持技术

矿区地质灾害是由于矿山生产活动导致矿区地质环境发生变异,而产生的影响人类正常生活和生产的灾害性地质事件。矿区水土保持是在局地条件下进行的矿区人为水土流失的综合预防和治理,它的主要任务是控制矿区及其周围影响范围内的水损失、水资源破坏和水土流失,减少入河入库泥沙,保障河道行洪安全,最终目标是实现水土资源的持续利用,重建和恢复土地生产力。本章主要介绍矿区地质灾害治理及水土保持工程技术体系,主要包括矿区地质灾害治理、排蓄水工程、防洪拦渣工程、人工边坡固定工程、泥石流防治工程等。

8.1 矿区地质灾害和水土保持概述

我国矿山地质灾害十分严重,常见的有采空区地面沉降、崩塌、滑坡、水土流失、水土污染、突水等多种形式,其分布空间涉及矿山的大气、地面、水和采场环境,每一个矿山构成一个独立的地质灾害系统。尽管矿区环境地质灾害成因复杂、分布广,但是其中滑坡、崩塌、泥石流、地面塌陷等多种地质灾害的形成过程与水土流失密切相关,同时地质灾害频发又会导致水土流失更为严重,所以矿区开展防灾、减灾工作的同时还要做好矿区的水土保持工作。

8.1.1 矿区水土流失的特征

① 水土流失过程的不均衡性。煤矿造成的水土流失不像原生侵蚀那样按自然侵蚀规律发生发展,而是具有突发性。因为在煤矿建设的不同时期,造成水土流失的程度不同,有时强烈,有时轻微。一般是开始建设时有十分严重的水土流失,到生产时期则保持一个相对稳定的侵蚀量级。

② 水土流失危害的潜在性。除部分地面扰动外,更长期的是通过对地层、地下水等的影响,间接使地面植被退化,地面塌陷,从而加剧了水土流失,具有潜在危害。

③ 水土流失成因以地质灾害为主。矿区水土流失主要为滑坡、崩塌、泥石流、地面塌陷等环境地质灾害类型,其特点明显,具有显著的区域和矿区叠加特征。

矿区水土保持是在矿区范围内预防和治理水土流失的综合科学技术,其实质是在工程施工、技术方法、工艺流程、善后管理等方面把水土资源的合理利用和保护充分考虑进来,力求恢复和整治受损的矿区生态环境,最大限度地保护、恢复和提高水土资源的利用率和土地的生产能力。

8.1.2　矿区水土流失的防治思路

矿区水土流失的治理必须以防治矿区地质灾害为核心,从制度管理和工程措施两方面入手。

① 严格控制弃土、弃渣的堆放,避开水流路线,修建拦挡设施;边坡开挖要慎重对待,采取顶部排水及底部支护,如果可能引起失稳要及时停止。

② 针对采空区、地表塌陷、地裂缝、弃渣场等煤矿区废弃地,采用复垦成套工艺技术,将其资源化,减少水土流失的场所。复垦时从水土保持的角度设计排水系统,采取带状分阶采掘和分阶排土,控制水土流失的松散物质来源。适地适时合理利用工程措施、植物措施、临时拦挡措施,控制流失环节。

③ 采取生物及微生物措施,提高复垦土地的生产力及土壤质量,从农业技术角度防治水土流失。

④ 开展矿区水土流失动态监测与分析评价,准确预测和综合评价煤矿水土流失的程度、强度、危害及其对周围区域的影响,指导矿区的水土保持工作。

8.1.3　从水土保持入手,防治矿区地质灾害

① 强化对采煤活动的全过程管理。主要是做好煤炭资源勘查、煤矿设计、矿区基建和生产、煤矿闭坑 4 个阶段全过程的综合防治,使矿山生态环境向良好转化,实现资源开发与环境保护的协调发展。

② 因地制宜,因害设防,综合治理。矿区地质灾害防治是一个复杂的系统工程。地域不同,地质灾害的成因和规模也不同。应根据矿区具体的灾害现状及防治目的,因地制宜,采取灵活多样的防灾措施,实行综合治理。对面蚀为主的水土流失防治,生物措施效果显著,而坡面工程、沟道工程等工程措施对滑坡、崩塌、泥石流等重力侵蚀效益显著,因此,要针对矿区灾害发生实际情况,分类综合治理。对灾害严重、危害较大的区域,要优先开展工程治理,利用一些骨干工程,尽快控制灾害的发展趋势,然后开展生物措施,使其功能互补,达到最佳治理效果。

③ 采用先进技术,实施绿色矿山生态重建工程。从水土保持入手,以改善矿区生态环境和生产生活条件为目标,做好生物治理的规划设计,根据具体地貌和地形特点,合理配置林型、树种、草类,实行山、水、林、田、湖、草综合治理。推行乔、灌、草并举的治理原则,做到宜乔则乔,宜灌则灌,宜草则草,乔灌草合理配置,农牧林渔相互结合。要十分珍惜节约水资源,引进喷、滴、防渗等节水灌溉技术,确保恢复治理成效。

8.1.4　矿区水土保持遵循的原则

按照《中华人民共和国水土保持法》、《中华人民共和国水土保持法实施条例》的有关规定,矿区水土保持总的指导思想是:预防为主,开发建设与防治并重,以开发建设促防治,以防治保开发建设,大力恢复和重建植被,采取必要的工程技术措施,因地制宜,因害设防,防治由于固体废弃物排放、挖损地表及深层所产生的水土资源破坏和损失及土地生产力退化(土地荒漠化),达到恢复、重建生态环境,提高土地生产力的目的。故应遵循以下几条原则:

① 以预防为主,将矿区水土流失防治纳入工程和采矿建设的总体设计中,通过生产建设的施工技术、生产工艺(如采矿工艺,排土工艺等)、废物综合利用技术及其他环境保护技

术,预防和遏制水土流失,把水土流失防治与生产建设紧密结合起来,把生产建设过程的预防措施放在首位,这就是所谓矿区水土保持工程建设和采矿控制技术。

② 把矿区水土保持技术与土地复垦、生态重建技术结合起来,做到互相衔接,相互补充,相互吸收,避免经济上和生产过程的重复浪费。

③ 矿区的水土流失防治应与周围区域的水土保持协调一致,这是整体和局部关系的处理问题,同时防治技术应满足矿区生产建设综合性和层次性要求(每一种工程建设和采矿活动是有一定的生产建设程序的)。

④ 以生物措施为主,生物和工程技术措施相结合。把森林生态系统的恢复和重建置于最重要的地位,这不仅是因为生物措施尤其是森林植物措施是水土流失防治的根本,而且从长远考虑,这符合矿区景观和生态建设及人类生存和生活环境改善的最高目标;同时绝不能放弃工程技术措施,因为它是生物措施得以实现的必要保障措施,特殊的工程措施如边坡稳定工程也是矿区生产建设的安全保障措施之一。

⑤ 矿区水土保持,要充分考虑当地的自然条件和经济条件,以及企业本身的经济承受能力,必须做到生态与经济效益兼顾,开发和保护兼顾,切合实际,技术可行。

8.2 矿山环境地质灾害的防治

我国是矿业大国,矿业发展为我国的经济发展做出了巨大的贡献,然而矿产的开采过程势必改变了原有的地质条件,会对生态环境和自然资源造成不可估量的损害,加之采矿技术和设备的落后、环保意识的淡化等原因,导致矿山地质灾害隐患日益增多,矿山地质灾害事故频发。因此,分析我国矿山地质灾害发生的原因及发展的规律,对矿山地质灾害进行详细的分类,并根据各自的特点提出防治灾害的措施,是一项十分必要的工作。

8.2.1 矿山地质灾害的概念

矿山地质灾害也叫"矿区地质灾害",是指因大规模采矿活动而使矿区自然地质环境发生变化,产生影响人类正常生活和生产的灾害性地质作用或现象。

矿山是人类工程活动对地质环境影响最为强烈的场所之一,矿山地质灾害也是由于人类开采矿山而直接诱发的人为地质灾害。在进行矿山开采的过程中,由于大量的采掘和破坏行为使得原本处于稳定平衡状态的地质环境变为非稳定状态,从而会导致地壳物质的不稳固,进而就容易引发灾难性地质改变,例如矿床岩土层的变形及变化、水文环境的改变、瓦斯突出、矿山泥石流、矿坑突水等。

8.2.2 矿山地质灾害的分类与诱因分析

矿山地质灾害的类型比较多,如果根据灾害发生的时间不同,可以分为突发性地质灾害与缓发性地质灾害两大类。突发性地质灾害包括地面塌陷、滑坡、危岩崩塌、瓦斯爆炸等诱发的灾害;而缓发性地质灾害主要是指由于地面变形及环境污染等问题诱发的灾害,如水土流失、土地沙漠化等,也称环境地质灾害。针对矿山资源进行实际开采时,可以综合分析灾害形成原因及具体的空间分布特征等,科学地划分灾害类型。

矿山地质灾害的类型还可从形成原因与诱因这两个角度来划分,详见表8-1。

表 8-1　矿山地质灾害的分类与诱因

地质灾害分类	形成原因	诱　因
滑坡	矿山的地表发生风化,破坏了岩体结构,导致崩塌	大面积降雨,引发岩石滑落
坍塌	矿区开采的顶板发生向下弯曲,增大了拉应力与张应力,严重影响开采工作	矿区的采空区域发生面积扩张,地下水流通,导致矿层的稳定性遭到破坏
水土流失	矿区植被遭到破坏,使得岩石的表面存留了雨水与风化	天气因素与自然环境
泥石流	多数矿区为松软的地质结构,植被被破坏之后,积存的雨水使得矿区的地质结构遭到破坏	雨水与地质结构不稳定等因素,使得岩石出现泥石流

根据表 8-1 可知,在矿山地质灾害的分类与诱因中,因开采环节中破坏矿山环境的行为,对矿山地质环境造成很大的影响,另外如果存在某些诱因就更容易导致地质灾害,使得开采环境的稳定性遭到破坏,导致矿区塌方等事故发生。

8.2.3　我国矿山地质灾害问题的现状及特点

在矿山的开采过程中,进行相关矿产的挖掘时,会产生非常强烈的活动,使矿山周围的环境地质产生较大的变化,从而易产生多种环境地质灾害。其中,多发的环境地质灾害为地表的塌陷、地表裂缝以及泥石流等灾害。依照我国对于矿山环境地质问题灾害的调研数据来看,到 2005 年我国的矿山开采过程中所发生的灾害数据高达 12 000 例,导致人员死亡的数量为 4 251 人,给社会与经济带来了极大的损失,其损失值高达 161.6 亿元。而由于矿山的地下开采工作,而导致的地表出现坍塌问题多达 4 500 例,地表出现裂缝问题多达 3 000 例。由于矿井的采空以及不科学的开采,而引起的滑坡问题多达 1 200 例,由于矿山开采中尾矿渣的放置不恰当,而导致的泥石流灾害多达 680 例。我国各地所出现的环境地质问题灾害较多,同时也给经济社会带来了极大的损失,其具体数据如表 8-2 所示。

表 8-2　部分省份矿山环境地质灾害统计表

省(区、市)	崩塌	滑坡	泥石流	地面塌陷	地面沉降	地裂缝	矿坑突水	其他	合计
河南	16	15	32	50	472	323	72	0	980
黑龙江	2	1	0	237	0	6	5	0	251
湖南	241	192	94	840	205	312	121	0	2 005
山西	22	79	11	802	49	1 135	44	17	2 159
陕西	43	111	78	299	0	132	20	2	685
四川	91	118	63	116	20	77	38	0	523
天津	4	4	0	0	0	0	0	0	8
西藏	4	0	1	6	0	1	0	0	12
云南	56	168	83	168	2	177	38	10	702

在矿山开采的过程中,出现环境地质问题灾害相对多的地区为陕西、四川、山西、黑龙江、湖南等地,而且山西发生的地质灾害问题的情况较为严重,黑龙江也是出现地质灾害问题较多的省份。另外,根据我国的环境地质问题调查数据显示,矿山开采过程中,出现的环

境问题最多是地面塌陷,其次是地裂缝,另外比较常见的矿山环境地质灾害问题是地面沉降、地面崩塌、泥石流和矿坑突水等。除此之外,地热、地下水系破坏、矿震也是近年来矿山环境比较常见的地质灾害。

总体而言,我国目前矿山地质灾害具有以下特点:

① 种类多,分布广、影响大。截至 2018 年,全国因采矿引起的塌陷有 180 多处,塌陷坑 1 600 个,塌陷面积 1 150 km²。全国发生采矿塌陷灾害的城市近 40 个,造成严重破坏的 25 个。

② 潜在灾害隐患突出。

③ 按矿山类别分,煤炭矿山地质灾害重于非煤矿山,金属矿山地质灾害重于非金属矿山。

④ 灾害类型与矿山规模、开采方式、矿产类型及所处地域相关。一般来说,露天矿山灾害类型多为水土流失、排土场山体滑坡、泥石流、边坡坍塌等。地下开采受采空区影响,灾害类型多为地面塌陷、地裂缝、岩爆、突水、瓦斯、地表水土污染、尾矿泥石流以及矿井抽排水导致的近地表水源枯竭等。

8.2.4 我国主要类型矿山地质灾害的防治

8.2.4.1 采空区塌陷

地面塌陷是指地表岩、土体在自然或人为因素作用下向下陷落,并在地面形成塌陷坑(洞)的一种地质现象。目前地面塌陷主要包括岩溶塌陷和采空区塌陷,而矿山采空区地面塌陷是人为诱发地面塌陷的最主要类型,其中煤矿开采造成的地面塌陷比例最大。

地面塌陷防治的关键是在掌握矿区塌陷规律的前提下,对塌陷做出科学的评价和预测,应提倡以防为主、防治结合的原则,在塌陷区形成之前,就采取"超前"防治措施,即在开采设计时就应考虑预防措施,并在开采过程中认真实施,包括在采矿过程中使用的各种"减塌技术和措施"等,如充填采矿法,条带采矿法,多煤层、多工作面协调采矿法以及井下支护和岩层加固措施等,采取这些措施能大大减少矿区塌陷的范围、塌陷幅度,减缓塌陷的时间进程,减轻塌陷的危害程度。

采空区地面塌陷的综合治理措施包括:

① 采用科学的勘探方法精确地查明采空区的范围、顶板岩性及垮落情况,为采空区治理提供可靠的依据。

② 采空区地面塌陷的处理方法可以根据各建(构)筑物的不同规模、荷载、安全等级、变形要求、服务年限等要求,结合采空区特点采取不同的处理方法。目前所采用的采空区处理方法,按施工方式可分为注浆法和充填法两种。注浆法又分为全面灌注和点式灌注;充填法又分为地面充填和井下充填。灌填材料有水泥浆、砂砾、混凝土、黏土及化学添加剂等。

③ 对破坏的土地应进行平整恢复种植,积水洼地采用挖深垫浅、充填煤矸石再覆盖种植层,完成塌陷区的土地复垦和生态恢复。

8.2.4.2 矿山泥石流

矿山泥石流是由于矿产资源集中开采所诱发的,主要分布在矿产资源集中的地区。其物质来源于采矿和矿山建设的弃土石渣,由于人为集中干扰,改变了原有的地形条件而形成"人为泥石流"。

矿山泥石流的特点如下：

① 矿山泥石流分布于矿产资源集中的地区，由于是人为作用所致，所以它的分布特点是以人为活动为中心的大范围放射状分布，以及小范围内交通原则的线状分布。

② 矿山泥石流规模小，危害大，频率高。

③ 矿山泥石流松散体易起动，过程变化简单。

④ 矿山泥石流具有易放性、可预测性。

实际生产中，主要使用拦截、阻挡的方法治理泥石流，并且在需要的时候对泥石流进行疏导。首先对矿山的地质结构进行分析，判断出岩体松散等容易发生泥石流的区域，然后通过科学的方法封固矿山的松散物质，并根据具体情况建立拦挡设施，建设疏导通道，这样可以在拦挡泥石流后将泥石流排出，减少泥石流对拦挡设施造成的压力，然后采用合适方法对泥石流进行处理即可。

8.2.4.3 滑坡、崩塌等地质灾害

滑坡和崩塌是泥石流固体物质的又一重要补给类型，是边坡失稳的产物，滑坡体是泥石流流域内最常见、规模最大的产沙体。滑坡体由于雨水浸泡，内部剪切应力增大而滑动，直接补给或转化为泥石流运动。同时，强大的水流或稀性泥石流冲刷切割起反压作用的滑坡脚，促使滑坡体不断下滑而逐渐补给泥石流。以滑坡体为主要产沙源的泥石流多为黏性泥石流，规模大，灾情重，产沙量一般为数万至数百万立方米，有的甚至达几千万立方米或几亿立方米。

防止矿区崩塌、滑坡的防治措施主要是针对露天采掘，一方面对于露天开采形成的边坡，要严格按开采设计要求控制最终边坡角，同时做好对边坡的监测预警工作，如发现有危及人身安全的崩塌、滑坡等地质灾害隐患时，应对边坡采取有效的人工加固措施，例如在滑坡体下部修筑挡土墙、抗滑桩或用锚杆加固等工程以增加滑坡下部的抗滑力；在易风化剥落的边坡地带，修建护墙，对缓坡进行水泥护坡等。另一方面通过修建排水工程，排除地表水和地下水诱发滑坡的主要因素，也是治理滑坡的有效措施。

8.3 排蓄水工程技术

矿区生产建设活动破坏原来的水文系统和水文平衡，易造成地面积水、渗漏、汇流，导致沟蚀、崩塌滑坡、土地盐渍化、沼泽化，所以必须重视排水系统的建立；但过分排水导致干旱，增加植被恢复和重建的难度。故合理排放和蓄存地表径流，调控土体水分，是矿区水土保持的重要技术之一。

矿区排蓄水工程远比一般的农田排蓄水工程复杂，涵盖内容多。主要有：矿山开采（包括穿山凿洞）过程中泄露的地下水（如露天矿疏干水、地下开采矿坑水）的排放和蓄存利用；工业场地、生活区及其周围硬化地面径流与污水排放、处理和利用；挖损地和塌陷地积水蓄水（作为水域利用）和排水防涝工程；山丘区新整治（复垦）地地面径流的排泄放冲工程；各类人工边坡（包括道路边坡、坝坡、其他边坡等）的排水防滑工程。

由于排和蓄二者虽然在性质上截然不同，但实践中排蓄常常结合起来使用，如北方旱地雨季多水时以排为主，但也要保证一定蓄存量（包括土壤蓄存和小型蓄水工程），才能做到既防止水土流失，又保障农业生产；南方或北方地下水位高的低凹地及湖洼地区又常常

采用挖半垫半、排蓄结合的方式,形成沟渠台田来排涝,因此,矿区的排蓄水工程是一个复杂的系统工程,以排为主,还是以蓄为主,或者是排蓄并重,要根据矿区的具体情况分析确定。本节将分别从排水、蓄水两个方面进行讨论。

8.3.1 排水工程技术

（1）山丘区新垦土地排水工程技术

山丘区新垦土地多以梯田状（台阶式）平、斜坡交互分布的地形为主,由于在土地整治的过程中,平台受机械碾压,容重过大,产流汇流量大;并且斜坡物质组成松散容易受冲刷。因此,设置排水工程的目的主要是防止土壤流失和控制坡面沟蚀。其次在尚未完全稳定的堆垫地貌上,不均匀沉降引起的水分下渗和灌入是引起崩塌和滑坡的重要原因,故此类排水工程还具有防滑固坡作用。当然,排水工程在多雨季节排去田间积水,对于植物（或作物）根系的生长发育、土壤孔隙和空气状况的改良、保存肥料的持效稳定、防止盐渍化等都具有重要作用。这里特别要强调,对于矿区来说,排水稳定边坡的意义直接与矿山工程建设的正常运转和安全生产有关,因此获得的利益要比农业上获得的利益要高得多,可达几倍乃至几十倍。

新垦土地的排水系统,必须从高平台（梯田田面）开始,自上而下,分别划片,归整流路,修筑田面排水沟网和斜坡面排水沟,形成纵横交错的完整排水系统。平台田面一般整体上平整为微斜坡,筑畦修堰,形成排水毛沟,田面内侧与斜坡交叉带修排水沟,或利用农田道路两侧边沟排水;斜坡纵向排水渠可以结合道路排水沟,或利用相对较缓的原有切沟加固,也可以开挖修筑,较缓坡面可以用急流槽（吊沟）,较陡坡面可采用跌水（多级或单级）,斜长坡面有条件或有必要时可以开挖截水沟导流,引入排水渠。

（2）低洼涝地的排水工程技术

大面积塌陷区新整治的土地,若仍为低洼涝地,可以用台田或条田规划排水。条田是开挖较浅密沟以排为主的农田,主要排除地面水,并调低地下水位。台田则是挖土筑堤,抬高田面,相对降低水位,并可以滞蓄涝水,一般以平行或稍高于年积涝水位（高出 0.2 m）为宜。普通台田高度为 60~100 cm,视降雨量酌情增减。南方地区可以超过 100 cm。台田布置时应平行等高线,与各级排水沟连通。涝碱地为 20 cm,长度一般 200~300 cm,沟的深度要考虑排水出路,一般约 1.2 m,底部宽度大于 0.5 m,轻砂土大于 1 m,边坡按排水沟边坡取。

（3）盐渍地的冲灌排水工程技术

新整治的土地,由于灌溉或地下水位过高,再塑土体内部盐分返到地面,就会引起盐渍化,必要时候需要采取冲灌排水。冲灌排水可以采用无排水设施冲洗,或排水设施冲洗。当新整治土地的地下水位很深（低于临界深度）,且根系活动层 1.5~2.0 m 以下有良好透水层,地下水有出路,则可不必修建排水设施,但地下水位距离地表很近时（1~3 m）,洗后不能及时排走则须建立排水系统。在全排水渠系中,末级固定排水沟对地下水的排除与控制具有直接测控作用,关键在于末级固定排水沟的设计参数。末级固定排水沟宜沿地表最小坡降布置,沟向根据地形、坡度、冲灌和机耕等条件酌定。不强求横断水流方向,可有一定偏度。同时,末级排水沟可与末级固定排灌渠系并列布置,亦可相间错开布置,当沿地表较小坡降布置时可并列、垂直等高线布置,或地表起伏凸凹时,相间布置。

（4）道路边坡排水工程技术

道路边坡（路基和路堑）在矿区人为构筑的边坡中占据很大比例，其排水系统设计施工经铁路和公路部门多年的研究和生产实践，已经形成了相当完善和成熟的体系，对一切挖损地貌和堆垫地貌的边坡排水设计施工均有相当大的参考价值。

路基、路堑的稳固性、持久性和耐用性与很多因素有关，其中水的作用是一个很重要的因素，其包括地面水和地下水两类。地面径流的产生导致路基冲刷，形成沟蚀、冲沟，影响整体稳定性，水分入渗常常使土体过湿而降低强度。地下水包括上层滞水、潜水、层间水等，它们对路基的危害程度，因条件不同而异，轻者使路基湿软、强度降低，重者引起冻胀、翻浆、崩塌、滑坡甚至整个路基沿着倾斜基地滑动。路基排水的任务就是将路基范围内的土基湿度降低到一定范围内，保持路基常年处于干燥状态，确保路基、路面具有足够的强度和稳定性。这就要求在路基设计时，必须将影响路基稳定性和造成路基冲刷的地面水排除在路基范围之外，防止地面水漫流、滞积和下渗，对于地下水则应予以隔断、疏干、降低，并导引至路基范围以外。同时在施工中要合理处置弃渣弃土以及取土、取石场，消除各种可能导致径流聚集、下渗等隐患。

8.3.2 蓄水工程技术

矿区蓄水工程技术主要包括两类：一类是田间和坡面蓄水工程，目的是拦截地表径流，减少冲刷，增加土壤贮水量，为作物、树木、牧草提供更好的水分条件，如围畦围堰、中耕松土、深耕蓄水、鱼鳞坑、水平沟等；另一类是利用挖损坑或塌陷坑或低凹地修筑的蓄水池（北方称涝池，南方称为水塘），目的是拦蓄利用地面径流，减少冲刷。若专门用于沉淀淤积泥沙，即为沉淀池。此外，还有旱井、水窖等蓄水工程。矿区因地质条件（地层大部分被扰动）较少采用，但黄土区旱井、水窖可作为防护路面冲刷的一种工程技术。下面重点介绍蓄水沟和蓄水防冲工程技术。

8.3.2.1 坡面蓄水沟技术

坡面蓄水沟又称水平沟，它是在较陡坡地上，为均匀拦蓄坡面径流、沿等高线修筑的蓄水沟，矿区可根据再塑地貌地面稳定性和坡度，分析选用。在蓄水沟设计原则方面：蓄水沟的间距和断面大小，应保证设计频率暴雨径流不至于引起土壤流失，即蓄水沟的截面大小要满足能拦蓄其控制的设计频率暴雨径流，蓄水沟的间距应使暴雨径流不引起坡面土壤侵蚀。蓄水沟的间距随山坡的陡缓及雨量的大小而异。在缓坡上一般为 5～17 m；在陡坡上为 4～10 m，沟口宽度为 0.8～1.2 m，土埂高度为 0.4～0.7 m，埂顶宽为 0.3～0.5 m，埂底宽为 1.2～1.5 m，沿蓄水沟纵向每隔 5～10 m 设一道横挡，防止因沟底倾斜引起水流冲刷，横挡高度约为沟深的 1/3。

8.3.2.2 蓄水防冲工程技术

蓄水防冲工程技术，在防止边坡沟蚀中的沟头前进上具有重要作用。沟头截蓄水防护技术，包括埂沟式沟头防护工程技术和挡墙蓄水池式沟头防护工程技术。

（1）埂沟式沟头防护工程技术

埂沟式沟头防护工程技术是在沟头上部坡面沿等高线修筑沟埂，同时在距土埂上侧 1～1.5 m 处与土埂大致平行开挖撇水沟，拦蓄由山坡汇集而来的地表径流，切断溯源侵蚀的水动力。埂沟布置是根据沟头坡面的地形和坡面来水量大小决定的。地形完整时，可沿等高线连续布置;破碎时则可断续布置。一道埂沟不能全部拦蓄上坡来水时,可设第二、第三道或更多道埂沟,直到全部拦蓄为主。土埂的断面尺寸,一般取顶宽 0.3～0.4 m,埂高 0.4～0.6 m,边坡 1∶0.5～1∶1.0,为了防止超设计标准暴雨径流满溢冲毁土埂,沿埂每隔 10～20 m 应设置一个溢水口,溢水口要用块石砌护或铺设草皮。

(2)挡墙蓄水池式沟头防护工程技术

当沟头汇水面积较大,且有较平缓低洼地段时,可沿沟头前缘呈弧形布置撇水沟,撇水沟末端与洼地修筑的蓄水池相连,组成一个撇蓄结合的防护系统。撇水沟应距离沟头前缘一定距离,以防止撇水沟渗水引起沟岸崩塌,一般为 2～3 倍沟深,最少不少于 5 m。撇水沟断面尺寸大小要能导排上游坡面径流流量。一般沟深为 0.5～0.8 m,底宽 0.4～0.6 m,沟底纵坡不大于 1%。开挖撇水沟的土堆在配水沟下方,筑成土埂形成挡水土墙与撇水沟共同拦截坡面径流,导入蓄水池。蓄水池修建在平缓凹地,若地形破碎可修建多个蓄水池,用撇水沟将其相互连接成环水池。蓄水池容积应能容纳上部坡面的全部径流泥沙。蓄水池要设溢水口,并与排水设施相连,使超设计暴雨径流通过溢水口和排水设施安全排至下游。

8.4 矿区防洪拦渣工程技术

防洪拦渣工程是设置在沟道、河流中的重要水土保持工程技术,也是保障矿区生产安全的主要工程。对于矿区本身来说,后者更为重要。其主要包括:防洪建筑物、排洪渠道、拦渣坝、尾矿库、贮灰场、改河工程等。

8.4.1 防洪建筑物

8.4.1.1 防洪堤坝

在矿区的河(江)岸、海岸、湖岸被冲刷的岸段,影响到矿区防洪安全时,应采取护岸技术措施。防洪堤可以保护两岸不受洪水淹没,是主要的防洪措施。

(1)矿区防洪标准

关于矿区防洪标准目前尚无统一标准,设计时应根据矿山企业生产建设规模、矿区位置和高程及洪水灾害所造成的后果等因素综合考虑,并参考以前运行的工程进行选择。

(2)河堤选线

河道两岸修筑防堤后,可能使堤的上游水位提高,以至水力坡降及流速减小,易于淤积;但筑堤段流路狭窄,导致堤的下游流速、水力坡降提高,使筑堤段下游流速增大,亦易冲刷。因此,设计河堤必须考虑上下游、左右两岸相结合,统筹兼顾。一般可根据不同河流、不同河段防护区的重要性,将河堤分成不同等级,选定不同的防洪标准,设计成不同河堤断面。为了确保安全,避免河堤决口,堤防设计应进行全面技术比较,最后选出合理的设计方案。一般河堤选线要求如下:① 堤线走向,一般与洪水流向大致相同,为保证中水位时的水流方向,河道弯曲处应采用较大的弯曲半径,因此,堤线尽可能顺直或弯曲,力求避免急弯或折线。如果两岸同时修建堤防时,则堤线尽量平行。② 任何情况下,堤线不宜局部太突出,阻碍水流顺畅下泄,因此,要求堤线与中水位时的岸线要保持一定距离。靠近岸边建堤,虽然占用农田少,但过水断面的减少和岸边冲刷,可能危及堤坝的安全,需要采取防护措施。离岸边一定距离的地方时,靠堤的水流能得到缓和并利于防护,但要防止建成袋形的河堤,造成河水回流淘刷。③ 堤线应选择在土质良好的地带,以免产生漏水和沉陷。④ 堤线应选在地势较高处,使堤基抬高减矮堤坝,有利于防护和减少土方。⑤ 堤线不宜跨过深潭、深沟,同时应避免经过沙层、淤泥层等不良地带。⑥ 堤脚与滩缘的距离,一般宜根据河岸可能遭受冲刷的情况选定,注意堤脚不能靠近河岸或滩缘,以防水流淘刷而危及堤坝安全。⑦ 若在河滩上设的防洪堤坝对过水断面有严重挤压时,则防洪堤的首段,应布置成八字形的喇叭口,以便水流顺畅通过,避免严重淘刷。

8.4.1.2　防洪坝

防洪坝将被矿区横断的河沟溪流在其上游用坝拦截形成水库,削减洪峰,从泄洪建筑物排出,以保护矿区安全。防洪坝坝址应选择在能最大限度地阻截地表水流入矿区的位置,而且应保证坝的长度最短,工程地质条件稳定,坝基处理简单,两岸山坡无滑坡等。防洪坝一般就地取材,大多为土坝和堆石坝,有的是混凝土和浆砌块石重力坝。建筑设计符合水土建筑物的有关规范要求。

8.4.2　排洪渠道

排洪渠道属于水工建筑物,但它与一般排水工程不同,它主要是排泄洪水。因为修建在山区、丘陵区甚至平原的矿山企业,常常会遭受到洪水的威胁,如果不妥善地将山区洪水排走,将会影响矿山企业正常生产和安全。因此,在建矿之时,就要采取适当排洪方式,以避开和消除洪水的危害。矿区排洪渠道的布设原则主要有:① 排洪渠道渠线布置宜走原有山洪沟道或河道。若天然沟道不顺直或因矿山企业规划要求,必须改线时,宜选择地形平缓、地质稳定、拆迁少的地带,尽量保持原有沟道的水力条件。② 排洪渠道应尽量设置在矿区一侧,避免穿绕建筑群,这样能充分利用地形面积,减少护岸工程。③ 渠线走向应选在地形平缓、地质较稳定地带,并要求渠线短,最好将水导至矿区下游,以减少河水顶托,尽量避免穿越铁路和公路,减少弯道。④ 当地形坡度较大时,排洪渠宜布置在地势低处,当地形平坦时宜布置在汇水面积的中间,以便扩大汇流范围。⑤ 排洪渠道采用何种形式(明渠或暗渠)应结合具体条件确定。一般排洪渠最好采用明渠。但对通过矿区厂内或市区内的排洪渠道,由于建筑密度较大,交通量大,一般应采用暗渠;反之,对通过郊区或新建工业区或厂区外围的排洪渠道,因建筑密度小,交通量也小,可采用明渠,以节省工程费用。

8.4.2.1　排洪明渠

排洪明渠在选线时要求做到:① 为了使洪水能顺利进入渠道,其进口段地点和形式应根据地形、地质及水力条件进行合理选择,应具备良好条件。② 通常在进口段上段一定范围内进行必要的整治,使衔接良好,水流通畅,创造良好的导流条件,一般布置成喇叭口或八字形导流翼墙。③ 排洪明渠出口布置要使水流均匀平缓扩散,防止冲刷,因此,出口段可选在地质条件和地形条件良好地段。④ 出口段宜设置渐变段,逐渐增大宽度,以减少单宽流量,降低流速或采用消能、加固等措施。出口一般布置成喇叭口形式。⑤ 明渠的底宽,在整个长度内应尽量保持一致,若在某一段要求必须改变底宽时,应采用渐变段相接,以免流速突然变化,而引起渠内的冲刷和涡流。⑥ 渠道应尽量避免弯道,当受地形限制实在无法布置成直线走向,而必须设置弯道时,为了使弯道不受冲刷,弯曲段的弯曲半径不得小于最小容许半径及渠底宽度的5倍。⑦ 渠道穿越道路时,一般采用桥涵,不宜采用水桥,桥涵的过水断面应根据计算确定。⑧ 当渠道坡度很大时,为了避免冲刷,减少铺砌范围,在直线段内可设置陡坡或跌水。⑨ 排洪明渠沿线截取几条山洪沟或几条截洪沟的水流时,其交汇处尽可能斜向下游,并成弧线连接,以便水流均匀平缓地流入渠道内。

排洪渠道边坡护砌可用原土击实、换土夯实和种植草皮等方法保护边坡;但在弯道、凹岸、跌水、急流槽和渠内水流速度超过土壤最大容许流速的渠段上或经过重要建筑物时,均应采用适当的材料护砌,如草皮护砌、砌砖、干砌石或卵石、浆砌片或块石、混凝土和钢筋混凝土等护砌材料。

8.4.2.2 排洪暗渠

在半山区或丘陵区建设矿山企业,山洪天然冲沟往往通过矿区,给企业规划和交通运输带来许多不便,所以一般采用暗渠。暗渠的布置应考虑:① 暗渠应结合矿区建筑物分布、道路、水口排列、地形起伏、出水口位置,以及地下建筑物分布等具体情况,合理布置排洪暗渠;② 暗渠应与道路平行敷设,但宜布置在人行道或绿地带下,而不宜布置在快车道下,以免维修渠道时破坏路面;③ 暗渠的竖角布置(即暗渠高程设计),应考虑地下建筑物(包括各种管线及地下建筑物等)在相交处的相互协调,并保持一定间距。

8.4.3 拦渣坝

拦渣坝是指修建于渣源下游沟道中,拦蓄矿业基建与生产过程中排弃的土、石、废渣(如采石废渣、煤矸石、冶炼渣)等大粒径推移质的建筑物,可允许部分坝体渗流和坝顶溢流。

8.4.3.1 拦渣坝的作用

拦渣坝主要是拦蓄碎石矿渣,有利于矿区的生产建设发展,避免淤塞河道、水库和埋压农田。如大型露天采矿区、石料场的附近,选择适宜筑坝的沟道和有利坝址条件,修建一座或几座拦渣坝,节节拦蓄固体废弃物,防止形成石洪、泥石流,给下游工农业生产和城乡居民造成危害。拦渣坝拦蓄到设计坝高时,需在渣面上覆土种植植被。

8.4.3.2 坝址选择

为充分发挥拦渣坝拦蓄矿渣的作用,拦渣坝坝址布置应符合下列条件:① 坝址应位于渣源下游,其上游来水流域面积不宜过大。② 坝口地形要口小肚大,沟道平缓,工程量小,库容大。③ 坝址要选择岔沟、弯道下方和跌水的上方,坝端不能有集流洼地或冲沟。④ 坝址附近有良好的筑坝材料,采运容易,施工方便。⑤ 地质构造稳定,土质坚硬。两岸岸坡不能有疏松的塌积和陷穴、泉眼等隐患。

8.4.3.3 防洪标准

拦渣坝防洪设计标准见表8-3。

表8-3 拦渣坝防洪设计标准

库容/(万 m³)	设计洪水重现期/a	校核洪水重现期/a
≤50	20～30	50
>50	30～50	100

8.4.3.4 坝型选择

拦渣坝坝型主要根据拦渣的规模和当地的建筑材料来选择,一般有土坝、干砌石坝、浆砌石坝等型式。选择坝型时,务必贯彻安全、经济的原则,进行多种方案比较。

（1）浆砌石坝

浆砌石坝属于重力坝,其结构简单,施工方便,是常用的一种坝型。但其施工进度较慢,一般用水泥较多,造价高。

浆砌石坝的坝轴线应尽可能选择在沟谷比较狭窄、沟床和两岸岩石比较完整或坚硬的地方。坝断面一般设计为梯形,坝下游面也可修成垂直的。浆砌石坝坝体内要设排水管,以排泄坝前积水或矿渣中的渗水。排水管布置在水平面上,每隔 3～5 m 设一道;在垂直方向上,每隔 2～3 m 设一道。排水管的布置一般采用铸铁管或钢筋混凝土管,直径为 15～30 cm,排水管向下游倾斜,保持 1/100～1/200 的比降。在坝的两端,为防止沟壁的崩塌,必须加设边墙。

（2）干砌石坝

干砌石坝宜在沟道较窄、石料丰富的地区修建,也是一种常用的坝型。干砌石坝的断面为梯形,坝高为 3～5 m 时,坝顶宽度为 1.5～2.0 m,上游坡为 1∶1,下游坡为 1∶1～1∶2。坝体用块石交错堆砌而成,坝面用大平板或条石砌筑。坝体施工时,要求块石上下左右之间相互"咬紧",不容许有松动、滑脱的现象出现。干砌石坝一般不设放水建筑物,允许坝体渗流和坝顶溢流。

（3）土石混合坝

当坝址附近土料丰富而石料不足时,可采用土石混合坝型。土石混合坝的坝身是用土填筑,坝顶和下游坝面则用浆砌石砌筑。由于土坝渗水后将发生沉陷,因此在坝上游坡需设置黏土隔水斜墙,下游坡脚设置排水管,并在其进水口处设置反滤层。

坝的断面尺寸,在一般情况下,当坝高 5～10 m 时,上游坡为 1∶1.5～1∶1.75,下游坡为 1∶2.0～1∶2.5,坝顶宽为 2～3 m。

（4）铁丝石笼坝

这种坝型适用于狭窄沟道。它的优点是修建简易、施工迅速、造价低。不足之处是使用期短,坝的整体性也较差。

铁丝石笼坝坝身由铁丝石笼堆砌而成。铁丝石笼为箱型,尺寸一般为 0.5 m×1.0 m×3.0 m,棱角也采用直径 12～14 mm 的钢筋焊制而成。编制网孔的铁丝常用 10 号铁丝。为增强石笼的整体性,往往在石笼之间再用铁丝紧固。

（5）格栅坝

格栅坝是将放水建筑物放水断面设计成栅栏型,置于坝体中部或坝端而构成的拦渣坝。它具有节省建筑材料、坝型简单、施工进度快、使用期长等优点。它的种类很多,有钢筋混凝土格栅坝、金属格栅坝等。

8.5　矿区边坡固定工程技术

人工边坡即人工再塑作用下形成的各种斜坡面,如排土场边坡、坝坡、路基边坡等。在矿区,人工边坡的形成是不可避免的。边坡形成后,由于各种原因导致的块体移动,特别是滑坡、崩塌,常常给矿山生产安全和人民生命财产构成威胁。为防止边坡岩石土体运动,保证边坡稳定而布设的各类工程措施,就是边坡固定工程。它主要包括:挡墙、抗滑桩、削坡

和反压填土、排水工程、护坡工程、滑动带加固工程、植物固坡工程等。

8.5.1 挡墙工程

挡墙又称挡土墙,是用来支持边坡以保持土体稳定性的一种建筑,广泛应用于道路边坡、采场边坡、排土场边坡。① 按挡墙所在地区可分为:一般地区挡墙、浸水地区挡墙、地震区挡墙、陡坡滑动带挡墙;② 按挡墙所在位置可分为:路堑挡墙、护岸挡墙、采场边坡挡墙;③ 按构造可分为:重型挡墙和轻型挡墙,前者如重力式挡墙、衡重式挡墙、填腹式挡墙;后者如扶壁式挡墙、柱板式挡墙、锚杆挡墙、垛式挡墙等;④ 按受力状态和用途可分为:护坡墙、普通挡墙和抗滑挡墙。

挡墙设计一般应满足在设计荷载作用下稳定、坚固、耐久的要求;挡墙类型及其布置位置,要做到经济合理和技术合理;使用各种材料应就地取材,必要时采用预制。一般来说,保护边坡表面免受风化冲刷,防止边坡崩解、塌落,挡墙不受侧应力,砌护高度可以很高,常用片石或挂网喷浆构筑或其他支挡式挡墙,矿山采场边坡,为保护遇水膨胀的矿物,常采用挂网。若专门用于防止松散和松裂土岩倾倒、坍塌和小型滑坡,挡墙必须具有相当大的抵抗滑坡推力的能力,挡墙除采用墙体很厚、胸坡较缓、墙基较深的浆砌重力坝外,必要时需要采用混凝土挡墙或其他形式挡墙。下面重点介绍重力式挡墙。

重力式挡墙是依靠墙身自重支撑压力来维持稳定的。一般砌石结构,有时也用混凝土修建。根据建筑材料和形式,重力式挡墙可分为石垛、浆砌石、混凝土、钢筋混凝土等形式的挡墙。重力式挡墙墙身构造由墙背、墙面、墙顶、护栏组成。

(1) 重力式挡墙墙背,可做成仰斜、垂直、俯斜、凹形折线和衡重式等形式。仰斜墙背所受土压力小,固墙身断面轻,墙身通体与边坡贴合,开挖量和回填量均小,但注意仰斜墙背的坡度不宜缓于1∶0.3,以免施工困难;俯斜墙背也可做成台阶形,以增加墙背与填料间的摩擦力;垂直墙背介于二者之间;凹形折线墙背系将倾斜式挡土墙的上部墙背改为俯斜,以减小上部断面尺寸,多用较长斜坡的坡足地段的陡坎处如路堑。衡重式挡墙上、下墙之间设衡重台,并采用陡直的墙面,适用于山区地形,陡峻处的边坡,上墙俯斜墙背的坡度为1∶0.25～1∶0.45,下墙仰斜墙背坡度为1∶0.25左右,上下墙的墙高比一般采用2∶3。

(2) 墙面一般均为平面,其坡度与墙背协调一致,墙面坡度直接影响挡土墙的高度,因此,在地面横坡较陡时,墙面坡度一般为1∶0.05～1∶0.20,矮墙可采用陡直墙面,地面平缓时,一般采用1∶0.20～1∶0.35,较为经济。

(3) 墙顶最小宽度,浆砌挡墙不小于50 cm,干砌墙不小于60 cm,另还需做顶帽(厚度40 cm),若不做顶帽,墙顶应以大块石砌筑,并用砂浆勾缝。干砌挡墙高度一般不宜大于6 cm。

(4) 在交通要道,为保证安全,地势陡峻地段的挡墙顶部应设护栏。

重力式挡墙的基础十分重要,处理不当会引起挡墙的破坏,应做详细的地质调查,必要时要挖探或钻探,以确定埋置深度,一般应在冻结深度以下不小于0.25 m(不冻胀土除外);挡墙常因不均匀沉降而引起墙身开裂,需根据地质条件、墙高和墙身断面变化设置沉降缝。为了防止砌体因温度胀缩而产生裂缝,还应设置伸缩缝。设置时一般将二者合并设置,沿路线方向每隔10～15 cm设置一道,缝宽2～3 cm,缝内可填塞胶泥,但渗水量大和冻害严重区宜用沥青麻筋或涂沥青的木板。挡墙还应根据具体条件设置各种排水设施,以保证其稳定性。

　　陡坡滑动带的挡墙即抗滑挡墙,必须采用大断面重力式挡墙,而且对挡墙基础、排水工程、施工要求更加严格。施工时还应随时检查滑动体的变化情况,必要时应设专人看守和设立观测标志,以防不测。

8.5.2　抗滑桩加固工程技术

　　抗滑桩是一种依靠桩周土体对桩的嵌制作用来稳定墙体,减少滑体推挤力并传递部分土推挤力的工程建筑物。抗滑桩按埋入情况分类有全埋式和半埋式(悬臂桩)两种;按布置形式分类,有密排桩(桩顶以混凝土承台联结的为承台桩)和互相分离的单排及多排桩。抗滑桩适用于浅层及中层滑坡的前缘,当采用重力式支挡式挡墙时,工程量大,不经济,或施工开挖滑坡前缘时,易引起滑坡体剧烈滑动。抗滑桩对于非塑滑坡十分有效,特别是两种岩层间夹有薄层塑性滑动层的,效果最为明显;抗滑桩对于塑性滑坡,效果不好,尤其是呈塑流状滑坡体,不宜使用抗滑桩。抗滑桩断面应根据作用在桩背上的下滑力大小、施工要求、土石性质和水文条件等来确定,通常采用 $1.5 \times 2.0 \ m^2$ 及 $2.0 \times 3.0 \ m^2$ 两种截面。抗滑桩在公路、铁路边坡、矿山都可使用,如我国的大冶铁矿、白银厂铜矿、阜新海州露天煤矿采场边坡都曾使用过抗滑桩。

8.5.3　削坡和反压填土工程技术

　　削坡主要用于防止中小规模的土质滑坡和岩质斜坡崩塌。削坡可减缓坡度,减小滑坡体体积,从而减小下滑力。滑坡体可以分为主滑部分和阻滑部分。主滑部分一般是滑坡体的后部,它产生下滑力;阻滑部分即滑坡体前端的支撑部分,它产生抗滑阻力。所以削坡的对象是主滑部分,如果对阻滑部分进行削坡反而有利于滑坡。当高而陡的岩质斜坡受节理缝隙切割,比较破碎,有可能崩塌坠石时,可剥除危岩、削缓坡顶部。当斜坡高度较大时,削坡常分级留出平台,台阶高度参照滑体稳定极限高度来确定。

　　反压填土是在滑坡体前面的阻滑部分堆土加载,以增加抗滑力。填土可筑成抗滑土堤,土要分层夯实,外露坡面用干砌片石或种植草皮,堤内侧要修渗沟,土堤和老土间修隔渗层,填土时不能堵住原来的地下水出口,要先做好地下水引排工程。

8.5.4　护坡工程

　　护坡工程是为了保护边坡,防止风化、碎石崩落、崩塌、浅层小滑坡等而在坡面上采取的各种加固工程,它比削坡节省用工、速度快,常见的护坡工程有植物护坡、勾缝、抹面、捶面、喷浆、喷锚、干砌片石、混凝土砌块、浆砌石、抛石等护坡。下面介绍几种主要的坡面防护工程技术。

8.5.4.1　勾缝、抹面和捶面技术

　　勾缝适用于较硬、不易风化、节理裂隙发育多而细的岩石边坡,勾缝用 1∶0.5∶3 或 1∶2∶9 的水泥、石灰、砂浆,勾缝前应将缝内杂物清除掉。

　　抹面适用于未风化的各种易风化岩石边坡,边坡度不受限制,抹面厚度 3～7 cm,分 2～3 层。抹面护坡周边与未抹面坡面衔接处,应严格封闭。抹面材料有石灰炉渣、混合浆、三合土或四合土,混合料若加纸筋或竹筋可提高强度,防止开裂;如掺加适量制盐副产品卤水,因含氯化钙与氯化镁,可使抹面速度加快和预防开裂。抹面前须将边坡表面的风化岩石清刷干净;边坡上大的凹陷应用浆砌片石嵌补,宽的裂缝应灌浆。采用石灰炉渣浆抹面

时,在灰浆抹上后,稍干即进行夯拍,直至表面出浆为止,然后抹平涂上速凝剂。抹面不宜在严寒季节、雨天和日照强烈时施工,适宜温度为 4~30 ℃,并注意盖草洒水养护,如发现裂纹、脱落及时灌浆修补。注意抹面使用年限一般仅 8~10 年,且对由煤系岩层及成岩作用很差的红色黏土组成的边坡不适用。

捶面适用于易受冲刷的土质边坡或易风化剥落岩石边坡,边坡坡度不小于 1：0.5,捶面厚度为 10~15 cm,一般采用等厚截面,当边坡较高时可采用上薄下厚的变截面,捶面护坡与抹面一样应当注意周边与未捶面坡面衔接处的封闭。坡脚设 1~2 m 高的浆砌片石护坡。捶面材料常用石灰土、二灰土等。捶面前应清除坡面浮石浮土,嵌补坑凹,裂隙勾缝等。土质边坡为了使捶面牢靠,可挖小台阶或锯齿。坡面应先洒石灰水湿润,捶面时夯拍均匀,提浆要及时,提浆后 2~3 h 进行洒水养护 3~5 天。寒冷地区不宜在冬季施工,养护时发现开裂脱落及时修补,捶面使用年限一般为 10~15 年。

8.5.4.2 喷浆护坡及锚杆喷浆护坡

对于页岩、千枚岩、板岩、片岩等软弱风化剥蚀的边坡,除用水泥砂浆和水泥石灰抹面或石灰三合土(石灰、炉渣、细黏土混合)捶面以外,可用喷浆机进行喷浆护坡,也可将锚杆与喷浆结合起来即锚杆喷浆护坡。喷浆前首先要清除活岩、虚渣、浮土、草根,填堵大裂隙、大坑凹,并刷洗干净坡面,若加用锚杆,锚孔也要冲洗干净。喷浆次数和厚度要根据坡面风化和破碎程度确定,一般 2~3 次,厚 1~3 cm,最后一次用纯水泥砂浆为宜。喷浆材料一般为 1：3~1：4 的水泥砂浆,亦可用 1：2：3 水泥石灰砂浆,砂的最大颗粒应小于 0.15 cm。加锚杆时,锚杆间距一般是上下左右每隔 1~2 m 设置 1 根,并宜选择在岩石较坚硬、较完整处,在不影响铁丝网牢固的情况下,可适当加宽。

8.5.4.3 喷射混凝土及锚杆喷射混凝土(加或不加钢筋网)护坡

主要适用于破碎的较陡的硬岩坡面,当用于软岩坡面时加钢筋网。喷射前同样要对坡面进行清理,喷射厚度大于 7 cm 时(一般为 7~7.5 cm)分两层喷射,喷射料为 1：2：2 或 1：2：3 的水泥、砂和碎石,喷完后要养护 5~7 天。锚杆必须用水泥砂浆牢固嵌入锚孔内,若挂钢筋网,网与锚杆联结应牢固可靠。混凝土喷射作业完工后,坡面不得露有钢筋与锚杆头。露天采场边坡常采用锚杆喷射加固边坡。对于一个给定的滑体,其锚固力取决于所要求的稳定系数、滑体重量、滑动面的内摩擦角、黏结力、滑面倾角和墙杆安装角。

8.5.4.4 干砌片石护坡

干砌片石适用于易受地表径流冲刷的土质边坡或边坡常有少量地下水渗出而产生小型溜坍的地段,也适用于受周期性浸水的河岩或边坡(一般水流流速小于 3 m/s),干砌片石边坡坡度不宜陡于 1：1.25。根据护坡厚度干砌片石护坡可分为单层或双层两种。干砌片石护坡厚度一般不小于 0.3 m,其下设不小于 0.1 m 厚的碎石或砂砾垫层。砌筑前应首先夯实平整边坡,砌筑自下而上栽砌,彼此镶紧,接缝错开,缝用小石块填满塞紧。干砌片石护坡基础,当冲刷深度小于 1.0 m 时,可采用墁石护坡;当冲刷深度大于 1.0 m 时,宜采用浆砌片石脚墙基础。

8.5.4.5 浆砌石护坡

浆砌石护坡有三种,即浆砌片石护坡、浆砌片石骨架护坡、浆砌片石护墙。

① 浆砌片石护坡:适用于各种易风化的岩石边坡,边坡坡度不宜陡于 1：1,一般采用等截面,厚度视边坡高度及陡度而定,一般为 0.3~0.4 m,边坡过高时应分级设平台,每级

高度不宜超过 20 m,平台宽度视上级护坡基础的稳固要求而定,一般不小于 1 m。当护坡面积大,且边坡较陡时,为增强护坡的稳定性,可采用肋式护坡。

②　浆砌片石骨架护坡:在土质边坡和极严重风化的岩石边坡上,可采用浆砌片石骨架,在骨架内铺草皮、捶面或栽砌卵石。浆砌片石骨架一般采用方格型,间距 3～5 m,与边坡水平线呈 45°角。护坡的顶部 0.5 m 及坡脚 1 m,用 5 号浆砌片石镶边。骨架应嵌入坡面一定深度,其表面与草或捶面齐平。

③　浆砌片石护墙:能防治比较严重的坡面变形,适用各种土质边坡及易风化剥落的岩石边坡。边坡坡度不小于 1∶0.5,分等截面或变截面两种型式。等截面护墙高度,当边坡为 1∶0.5 时不宜超过 6 m;当边坡缓于 1∶0.5 时,不宜超过 10 m。变截面护墙高度单级不宜超过 20 m,否则应采用双级或三级护墙,但总高度一般不超过 30 m,双级或三级护墙上墙高不应大于下墙高,下墙截面应比上墙大,上下墙之间应设错台,其宽度应使上墙修筑在坚固牢靠的基础上,一般不宜小于 1 m。等截面护墙厚度一般为 0.5 m;变截面护墙顶宽为 0.4 m,底宽根据墙高确定。

8.5.4.6　抛石防护和石笼防护

对于常浸水且水深较深的岩坡防护,抛石防护的应用很广,特别是在洪水季节防洪抢险时更为常用。在缺乏较大块石料的地区,也可用预制混凝土块作为抛投材料。一般抛石适宜流速为 3.0～5.0 m/s,当流速大于 5.0 m/s 时,则改用石笼防护,也可就地取材,用竹笼或梢料防护。

抛石防护,类似在坡脚处设置护脚,亦称抛石垛,抛石不受气候条件限制,路基沉实以前均可施工,季节性浸水或长期浸水时均可采用。抛石垛的边坡坡度,不应陡于抛石浸水后的休止角,边坡率一般为 1.5～3.0;石料粒径视水深与流速而定,一般为 15～50 cm。

石笼是用铁丝编织成的框架,内填石料以防急流和大风浪破坏堤岸。石笼防护的优点是具有较好的柔性,而且可利用较小的石料。当水流中含有大量泥砂时,石笼中的空隙很快淤满,而形成一个整体的防护层。其缺点是铁丝易锈蚀,使用期限一般为 8～12 年。当水流中带有较多的流石时,容易将铁丝网冲破。用于防护岸坡时,一般最下的一层采用扁长方体石笼,其余宜采用长方体石笼的垒砌形式。在盛产竹的地区也可用竹石笼做临时防护之用。

除上述防护工程之外,还有一些其他工程,如混凝土护坡(适于坡度小于 1∶1)和钢筋混凝土护坡(坡度 1∶0.5～1∶1)。此外,格状框条护坡即用预制构件在现场拼装或现场直接浇制混凝土和钢筋混凝土,修成大型格网状砌块式建筑物,格内可进行植被防护,在特殊情况下亦可采用。

8.6　矿区泥石流防治工程技术

矿区泥石流的发生主要是由采矿活动引起的,矿山生产建设活动时的剥离、搬运为泥石流提供了大量固体物质;植被和地表结构破坏致使降雨汇流时间缩短、洪峰流量和洪水量增大;挖损、采掘导致地下水涌出或弃土弃渣堵沟造成溃决等,为泥石流形成提供了水文条件;再塑地貌改变了原地形,为松散固体物质和水的结合提供了条件。因此,矿区泥石流的防治,除遵循一般泥石流防治的原则外,还有其自身的特性。在矿山工程建设和采矿之前就要考虑泥石流,并将泥石流的防治纳入总体规划,与矿区总体规划结合起来,做到全面规划、重点突出、重点保护、重点预防、统筹兼顾、远近期结合。由于泥石流的发生发展并非仅是矿区范围内的事情,必须打破地域界线和部门界限,把矿区及其周围的泥石流防治结合起来,坚持以防为主、防治结合、除害兴利的方针,结合实际,注重节约,做到经济合理、技术可靠。

8.6.1 泥石流防治体系和基本方案

8.6.1.1 泥石流防治基本体系

根据防护对象的要求和泥石流特征及实际可能采取的措施,泥石流防治体系及其组合有三种。

① 防止泥石流发生的体系(SPDO):即采取治坡、治沟、治滩工程,以及行政管理和法令措施,对流域进行综合治理,控制水土,改善环境,防治泥石流发生。

② 控制泥石流运动的体系(SCDM):主要是采取拦挡、调节和排导工程等,泥石流发生时能顺利通过,或堆积在预定区域,对保护区不造成危害。

③ 预防泥石流危害体系(SPDD):即在泥石流发生前采取预防措施,发生过程中采用警报措施,并对危险区内采取保护措施,使泥石流在活动过程中不致引起严重危害。

8.6.1.2 泥石流防治的基本方案

根据泥石流的发生、发展及危害,泥石流防治的基本方案大致可分为五种类型。

① 综合防治或全面治理方案:即在整个泥石流流域内采取防止泥石流发生的体系。在发生泥石流的沟道内采取控制泥石流运动的体系,在流域内设置预报、警报网点,以减轻或避免灾害。矿区若需要采取综合防治措施,必须与地方行政主管部门密切协作,执行有关国家和地方的行政管理法规和有关法令;同时地方政府应与矿山企业协调,统一步调,采取措施,否则仅一个矿点或工点有时对大规模泥石流发生的控制能力是有限的。

② 以工程防治为主体的基本方案:就是在泥石流的形成、流通、堆积区内,以采取相应的工程措施(如蓄水、引水、挡栏、支护、排导、引渡、停淤、改土护坡等)为主,同时辅助其他措施,控制泥石流发生与危害。此类方案对泥石流规模大、暴发不很频繁、松散固体物质补给及水动力条件相对集中的流域最适宜。矿区特别是大型矿区,集中排放固体废弃物,发生泥石流可能对矿区建筑和生产设施及下游地区人民财产和生命构成重大威胁时,应当采取这种方案。其要求防治标准高,见效快,一次性解决问题。此方案依据主要防治对象又可分为三种方案:① 以治水为主的方案:主要利用蓄水、引水和截水等工程控制地面径流,削弱水动力,使水土分离、稳定山坡;其次是修建少量拦挡、排导工程,部分流域植树种草,以稳定土体,适用于水力类泥石流的治理;② 以治土为主的方案:即利用拦挡、支护工程,拦蓄泥石流固体物质,稳定沟岸崩塌及滑坡,同时辅以排导、截水工程及植被工程。此类方案适用于土力类崩塌滑坡型泥石流沟的治理,尤其非常适于矿区排弃固体废弃物于沟坡、沟岸,或在坡面上采掘矿物、取土、取石引发的泥石流防治。③ 以排导为主的方案:主要利用排洪道、沟槽等工程排泄泥石流,控制泥石流灾害,有时在中上游段适当采取拦挡工程和水土保持措施,以求减小泥石流规模,改变泥石流体的性质,有利于排导,此类方案适用于局部防护,公路、铁路部门采用最多。

③ 以一般水土保持措施为主体的方案:即通过所谓的流域水土保持综合治理,通过大

力恢复林草植被,采取田间工程、山坡截水沟、分洪沟等措施,控制水土流失,减少坡面来水来沙,以此达到防治泥石流的目的。此类方案适用于农田或林区的泥石流防治,也适用于经过整治处理的各类矿区废弃土地的小型坡面泥石流的防治。

④ 以预报警报系统为主方案:即在一些大区域或泥石流沟布设泥石流的预报警报系统,通过预警方式及早获得信息,减少和避免泥石流灾害。此方案用于一时难以采取其他防护措施的泥石流沟。

⑤ 以行政管理及法令措施为主体的方案:即通过严格的科学管理及有关法令的认真执行,使泥石流发生的人为因素得到控制和消除。此类方案适用于人为因素占主导地位的泥石流危害较轻的流域及未开发区。若配合其他措施,也适用于其他危害较重的泥石流区。该方案对于泥石流发生少,而且通过合理的施工、设计、规划就能够克服各种可能诱发泥石流因素的矿区尤为重要。

8.6.1.3　矿区泥石流防治基本方案实例

(1) 矿山泥石流防治基本方案实例

矿山泥石流产生的最主要原因,是排弃大量固体松散废弃物,因此,应选择恰当的采矿方式和选择合适的排弃岩土方式及排土场类型。矿山在流域范围内造成的泥石流防治一般以拦挡为主,即将大量固体物质拦挡或稳定在预定的区域内,同时,对周围来水加以拦截、导引。如四川省新康石棉矿大洪沟排土场的泥石流防治,就是采用导引泄洪、建造大型堆坝的方案,通过 7 年的运行,经历了 6 个水文年的考验,尾矿、废石未能出沟。当然,除了拦挡以外,还应当对上、中、下游采取相应的综合防治措施。如广东省云浮硫铁矿区自 1964 年采矿开始以来,从未有过泥石流的报道,但采矿后,由于露天剥离,加上周围人工开采,到 1974 年,600 万 m³ 废弃物堆于陡坡,40 万~50 万 m³ 堆填在乌石岭上游,40 万 t 铁矿拌同废土弃于乌石岭附近沟谷,加之附近山体崩塌等,形成大量松散固体堆积于沟内,为泥石流发生创造了条件。曾先后两次发生暴雨泥石流,造成下游土地、房屋淹没,冲毁水塘、泵站、工厂、桥梁的巨大损失。此后,矿区采取了以防为主、防治结合、综合治理、分期施工的原则,以工程措施为主、辅以植被恢复措施,先治理山前泥石流,以保护采矿中心工业场地,同时对上游泥石流进行治理,防止泥沙涌出矿区。他们首先合理选择废石场,将废石集中在运距近、汇水面积小、工程地质与水文地质条件好的大台和东安坑,并设置排水沟和截水沟,防止水流进入采场和废石场,并在沟谷上游、中游修筑谷坊和拦挡坝,下游修建排导槽,以排泄洪水。同时对矿区范围内的荒山荒坡进行绿化。治理过程中,该矿注意管理,加强对泥石流防治工程的维护,从而取得了显著效果。

(2) 公路、铁路泥石流防治方案实例

公路、铁路泥石流的危害表现为毁其一点,影响全局,破坏设施、中断运行,因此,泥石流防治的目的是保证其安全通过危害区。公路、铁路泥石流包括自然泥石流和修建过程弃土弃石形成的人为泥石流。根据其危害特点,一般以排导工程和保护性措施为主,使泥石流能顺利通过线路设施所在地段,而不致对设施造成破坏;在地形有利时,也可以线路上游修建拦挡和停淤工程,减小泥石规模,增加线路设施安全度。公路、铁路泥石流的防治应纳入修建规划中,特别是线路选择要充分考虑通过区段的泥石流灾害,应绕而避之。根据其运营特点,泥石流防治还应加强预警系统的建立,以及时发出信号,采取抢修和应急措施,避免造成大的损失。如成昆铁路对海螺沟泥石流就是采取绕避措施;而对大塘沟泥石流则采取扇底穿过方案;而对黑沙河泥石流则采取了流域综合治理的方案,即在上游采取以调节洪水为主的控制泥石流措施,中、下游采取以排导为主的防治泥石流危害的措施,最后达到了确保成昆铁路安全运行的目的。对于某些由于开矿、修建引起的泥石流沟道则应采取拦挡为主的防治措施,把矿区泥石流防治与沟口铁路、公路泥石流防治结合起来,如四川省泸沽铁矿区盐井沟泥石流防治就属于此种类型。

8.6.2 泥石流防治工程技术

泥石流防治工程技术包括一般水土保持措施、拦挡工程、排导工程、停淤工程和其他工程技术。这里主要介绍以下几项工程技术。

8.6.2.1 泥石流排导工程技术

排导工程是人工疏导泥石流的一种工程形式,主要目的是保证泥石流按预定线路宣泄,保护下游基础设施和村填及矿区的安全。排导工程适用于下游主河道携带能力极强或有良好停淤场地的情况。其有两种形式即排洪道和导流堤。

（1）排洪道

排洪道能起到排泄泥石流的作用,由于泥石流惯性大,转弯时具有强大的离心力,极易造成漫流或决堤,因此,在平面布置上应尽量取直线布置。如因条件限制必须转弯时,稀性泥石流排洪道的弯道半径要大于一般排洪道底宽的 8～10 倍,黏性泥石流排洪道的弯道半径要大于一般排洪道底宽的 20 倍。排洪道出口应与下游主河道交接成锐角（一般宜<45°）,以保持良好的排泄能力。排洪道的标高必须高于同频率主河道水位,至少也应高出 20 年一遇的主河道洪水位,以利泥石流顺利宣泄,防止主河道水位顶托。

排洪道纵坡,可根据当地的调配资料确定,一般设计纵坡应与洪积扇纵坡大致相符,纵坡不宜变坡,要一坡到底;如必须变坡,也只能以利于泥石流排导为前提,从上游至下游由缓变陡。根据各地经验,一般高含沙山洪沟道（流体容重<1.5 t/m³）,纵坡可为 3‰～4‰。对于泥石流沟道（流体容重>1.5 t/m³）,纵坡为 4‰～15‰,泥石流容量愈大,则纵坡愈大。在确定纵坡时,还应考虑固体物质尺寸,尺寸愈大,纵坡应愈大。

排洪道两侧常用护坡、挡土墙和堤坝。护坡与挡土墙多用于下挖的排洪道,堤坝多用于填方的排洪道。对土质护坡或护堤,宜铺砌加固沟底或加深护堤铺砌基础,并加横向维坡拦墙,维持沟底的一定纵坡,加强排洪道的整体性。

排洪道若跨越铁路,须采用渡槽或急流槽,关于急流槽、渡槽设计参考有关设计手册。

（2）导流堤

当下游基础设施、村镇、铁路、公路、矿区处于泥石流威胁区时,也可采用导流堤进行重点防护,使泥石流顺利排走。导流堤的高度应是使用年限内淤积厚度与泥石流的泥深之和。在泥石流可能受阻的地方或弯道处,还应加上冲起高度和弯道超高。导流堤基础埋深与排洪道一样,必须考虑泥石流实际冲刷强度,特别是对凹岸的冲刷。

8.6.2.2 拦挡工程和滞流建筑物

拦挡工程是将泥石流全部拦入库内,只许清水过坝,即通常所谓的拦渣坝,矿区弃土弃石弃渣沟道常采用此种类型,拦挡坝的结构形式有重力拦渣坝（浆砌石坝）和栅格坝两种,前面已详细介绍。

滞流建筑物是拦蓄水沙泥石、减弱泥石流规模、固定泥石流沟床、防止下切成坍坡的一种工程,通常称为谷坊,一般设置在泥石流沟道的上游或支毛沟中。宜先上游坝,后下游坝,先毛后支修筑,坝址应设在平缓沟底,若遇跌水可移向上游沟底平缓处,上游无条件,也可设在跌水下游较远些(水流冲刷消力之后)的平缓处。

谷坊坝的结构形式,宜就近取材确定,通常有砌石谷坊、混凝土谷坊、铁丝石笼谷坊和其他谷坊。谷坊坝的坝高和间距,要做到技术经济合理,一般坝高不超过 5 m 为宜,谷坊坝间距可按顶底相照原则布设。坝间距和坝数可按下式计算:

$$L = H/(I_0 + I) \quad N = D/L$$

式中,L 为坝与坝间距,m;H 为坝高,m;I_0 为淤积后的沟床坡度;I 为原沟床坡度;N 为坝的总数;D 为设坝的范围全长,m。

8.6.2.3　停淤场工程

停淤场工程的作用类似于拦挡工程,目的也是拦蓄泥石流固体物质,在下游主河道携带能力较小时使用。停淤场工程依据其平面位置划分为三种型式。

(1) 沟道停淤场

停淤场建筑在泥石流沟谷中,与沟道平行,呈带状,选择位置一般是较为开阔的河漫滩、低阶地(非农业利用)区段。可设置导流、控制设施,将泥石流引入预定区域,在泥石流停淤场的入口、出口处要修筑横向建筑物如坝、堰、护底工程等。

(2) 堆积扇停淤场

其设置在泥石流沟口至主河之间的堆积扇上,根据堆积扇的形状、大小、扇面坡度、土地利用现状和建筑设施、堆积扇与主河的相互关系及发展趋势等,选择其一部分或大部分作为停淤场。由于扇面呈辐射状,泥石流在堆积扇上流向不定,呈漫流停淤方式,因此,要合理划分停淤场的范围,调整山口以外出流段的沟床纵坡,人为束窄河道断面,加大过流泥深,造成漫流停淤。同时,也要修筑引导槽,将泥石流引入停淤物。

(3) 围堰式停淤场

其一般建在泥石流沟谷出口处以外的低凹处,洼地周围修筑堤坝,造成封闭地形,并通过导流坝、堵截坝、保护坝等来控制泥石流流入停淤场内。有时为了分选固体物质,充分利用下游沟道排沙能力,提高停淤场的有效利用率,往往在停淤场入口处一侧修建钢质栅栏工程,将大颗粒固体物质排入停淤场,小颗粒泥沙沿排洪道排入下游河道,以减轻停淤场负担。

泥石流停淤场的停淤量可按相应的停淤方式计算出停淤面积,然后乘以淤积厚度。沟道式停淤场停淤量为:

$$V_s = B_c L_s h_s$$

式中,B_c 场地平均宽度;L_s 为沿流向长度;h_s 为平均淤积厚度。

堆积扇停淤场停淤量为:

$$V_s = a R^2 h_s / 360$$

式中,R 为停淤场的半径;a 为停淤场对应的圆心角。

围堰式停淤场形状不规则,可按实际地形计算。

停淤场一般由拦挡坝、引流口、导流堤、围堰、分流(或导向)墙或集流沟等组成。停淤场的首部及尾部工程,使用期限较长,可采用圬工结构,铁丝笼石堤,编篱石堤或土堤,常按经验进行布置并拟定其结构尺寸。

　　除上述工程技术外,泥石流防治工程还包括沟道护坡工程、沟底加固工程(护底工程)。护坡工程可参照边坡固定工程的内容。护底工程一般有两种,一是采用水泥砂浆砌块石铺砌或用干砌块石以丁砌法铺砌,大石块大面坐底,其间缝隙用小石块嵌紧;一是采用肋板护底,又称潜坝或齿墙,是横断河床修筑的,宽度不小于 1 m,埋深不小 1.5 m,高出河面 0.5 m以下,上呈凹形的砂浆砌块石或混凝土或钢筋混凝土建筑物。

　　总之,泥石流防治技术是一项复杂的系统工程,以上仅介绍常用的一些工程技术措施。事实上,形成一个完整的泥石流防治体系是需要相当代价的。一般情况下,我们要分析泥石流的主要成因,切中要害,对症采取对策。矿区泥石流防治首先是正本清源,拦截、消化、处理固体废弃物是其根本任务。除了采取工程技术措施、生物技术措施、预防技术措施之外,加强废物综合利用也十分重要,因为利用率越高,固体废弃物排放量就越少,也就减少了泥石流形成的物质来源。

思 考 题

1. 矿区排蓄水工程技术包括哪些?
2. 具体叙述矿区防洪拦渣工程技术包括哪些。
3. 如何对矿区边坡进行固定? 请举例说明。
4. 如何对矿区泥石流进行防治?

第 9 章　其他损毁土地复垦与生态修复技术

根据《土地复垦条例》,土地复垦的对象是生产建设项目及自然灾害损毁土地,因此,除了前述章节介绍的沉陷地、露天开采排土场与采场、煤矸石之外,还有油气开发项目损毁土地、建设项目临时损毁土地、自然灾害损毁土地、尾矿库、堆浸场等。本章简要介绍油气开发项目、建设项目、自然灾害、尾矿库等损毁土地的典型复垦与生态修复技术。

9.1　油气项目损毁土地复垦与生态修复技术

油气开采是将埋藏在地下的石油、天然气、页岩气、煤层气等从地下开采出来的过程。油气开发不可避免地会造成土地资源的损毁和生态环境的损伤,开展土地复垦与生态修复,提高土地利用率,保护生态环境,是油气开采行业绿色矿山建设中的重要内容。中国勘探、开发的油田和油气田共 400 多个,分布在全国 25 个省、自治区和市,区域上主要集中在东北、环渤海、长江中下游、黄土高原、青海-甘肃和新疆 6 个油气田区;新老油田主要有大庆油田、吉林油田、辽河油田、冀东油田、大港油田、华北油田、胜利油田、中原油田、长庆油田、河南油田、四川油田、江汉油田、江苏油田、克拉玛依油田、吐哈油田、塔西油田和塔里木油田等,截至 2018 年,我国石油天然气项目(以下简称"油气项目")用地约为 176.02 万 hm^2,其中临时用地和永久用地的比值约为 2:1。

9.1.1　油气项目损毁土地类型

(1) 油气项目地面工程类型

根据油气开采项目的需求,地面工程包括井场、场站、管线、进场(站)道路、电力设施等(图 9-1)。井场指钻井开采油气的工作场地,根据用途分为勘探井场、评价井场、生产井场、注水井场等;根据工作场地井口的数量,分为单井和丛式井井场。

管线用于输送油气和回注水,进场(站)道路负责井场、场站与周围道路系统的连通。

(2) 土地损毁类型

油气项目在勘探、开发和运输等环节中都会对土地产生损毁,主要有挖损、压占和污染损毁三种形式(图 9-2)。挖损损毁贯穿油气项目的生产建设各个环节,包括道路、管线和井场建设过程中的表土剥离等,这些活动导致原地表形态、土壤结构(土壤水力学性质)、土壤肥力、地表生物等直接被摧毁,对土地资源的损毁是最直接的也是不可逆的;压占损毁是生产建设过程中因堆放剥离物、表土、施工材料等压占,大型车辆碾压,井架井座的建设以及其他设施的修建造成土地原有生产和生态功能丧失的过程;污染损毁是生产建设过程中油

| （a）丛式井场 | （b）场站 |

图 9-1　油气项目典型地面工程

污滴落在土地上和泥浆池等池类的废屑等污染物,致使土壤原有理化性质恶化、土地原有功能部分或全部丧失的过程。

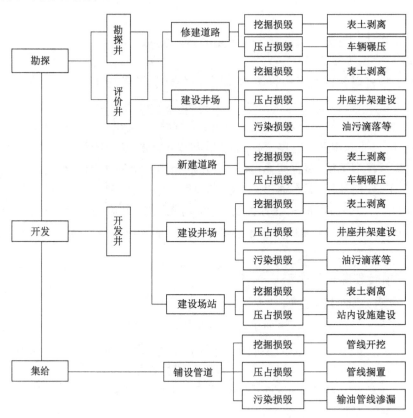

图 9-2　油气项目土地损毁环节与形成

（3）用地类型

从用地性质来说,用地分为临时用地和永久用地。例如管线敷设均为临时用地,开沟敷设时对土地产生损毁,敷设完成后即可进行土地复垦。井场、场站、道路等建设时,用地包括临时用地和永久用地。井场、场站等安装设备、人员工作的区域为永久用地,后续需办理用地手续。施工中堆积材料、机械等占地为临时用地,在井场、场站建设完成后不再使用,可开展土地复垦工作。典型井场用地类型如图 9-3 所示。

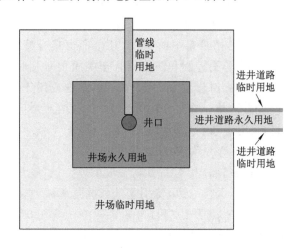

图 9-3　典型井场用地类型

9.1.2　油气项目损毁土地特点

由于油气形成的不可选择性,因此开采位置和占地也不可选择,即通常所说的"地上服从地下"用地特征决定着损毁土地的特征。

(1) 点多、线长、面广

按空间分布特征和用途划分,油气项目用地主要可分为井场、油气站(所)等点状用地以及井场道路及油气集输管道等线状用地两类。井场和站分散分布,且范围广。由于油气开采为滚动式生产,往往几百平方千米的采矿许可证范围内,分布着几十到几百个井场。据不完全统计,新疆每个油田的井场数平均在 180 个,井场之间的距离往往相距很远。截至2016 年年底,我国陆上油气输送管线达到 12 万 km,单个油田(我国大型油田数量接近 20个)的输送管线平均达到 5 000 km 以上。

(2) 单宗面积小和输油管线损毁周期长

结合油田实际生产组织,按不同井深级别分别确定采油井场长度、宽度和使用面积。根据 2017 年 1 月 1 日国土资源部(现自然资源部)颁布实施的《石油天然气工程项目用地控制指标》,不同地貌和井深,用地面积控制在 1 000~12 000 m²,同一井场每增加一口井,在单井井场用地面积基础上增加不超过 20%,油气项目单宗面积小。石油天然气管道的埋深一般为 0.8~1.5 m,管道铺设后,土地生产力需要三至五年才能恢复;且管线的使用年限长,通常可使用八十到一百年,管线的散热会对地面植被生长或产量造成影响。

(3) 用地不确定性

油气勘探开发项目属于风险性滚动投资项目,油气分布具有不确定性,勘探开发具有渐进性,且需要根据不断变化的行业特点调整钻井和配套设施建设,因此其用地位置、规模以及对应的地表特征等具有不确定性。据原国土资源部评审的油气项目和生产实践不完全统计,以 5 年作为一个规划期限,实际开发建设位置、规模等与规则完全一致的仅占规划数量的 60% 不到。

9.1.3 油气项目损毁土地复垦措施

9.1.3.1 油气项目损毁土地复垦特点

(1) 统一规划、源头控制、防复结合

油气项目不同于一般生产区相对集中的矿山,其生产也具有特殊性,点多、接触面小,且为液体、气体矿产,统一规划、源头控制和防复结合至关重要。临时用地在施工进场前即做好工作预案,重点施工区域剥离耕作层 30～50 cm,集中堆放用于撤场后复垦,应铺设防渗布防止污染,尽量不占、少占耕地。临时性用地发生污染,依照政府文件与被污染土地承包户签订一次性赔偿协议,及时退耕、当场解决,不留遗患。

(2) 复垦方向尽量与周边保持一致,恢复原状

考虑到油气项目用地的点多、面广、单宗用地面积小等特征,复垦方向确定时应与原土地利用类型和周边利用方向尽量保持一致,特别是油气输送管线,这也和《土地复垦方案编制规程 第 5 部分:石油天然气(含煤层气)项目》(TD/T 1031.5—2011)确定原则是一致的。

(3) 用地的特殊性导致政策阻力大

油气项目用地包括临时用地和永久用地两类,临时用地使用时间短,权属不变,工程建设后及时复垦,并归还原土地权利人。永久土地征收后成为国有资产,权属发生变更,变为上市公司的资产。而油气田多隶属于国有企业,因此,涉及国有资产处置、权属变更、土地利用规划调整等一系列问题,所以无法明确其复垦责任。

9.1.3.2 油气项目损毁土地复垦措施

根据油气项目的用地和损毁土地特征,结合土地复垦相关通用标准和研究成果,基于典型案例研究分析,复垦措施包括工程技术措施(表土工程、清基翻耕工程、覆土工程、基础设施建设工程)和生物化学措施(污染防控措施、土壤培肥工程、林草恢复工程)两大类。

(1) 工程技术措施

① 表土工程

表土工程是指在油气项目生产建设过程中,对表土进行剥离、存放、管护的过程。由于道路和管线属于线性工程,且管线在施工过程中一般采用分层剥离、分层回填的方式,表土工程主要针对井场和场站等点状用地类型。根据《中华人民共和国土地管理法》《耕作层土壤剥离利用技术规范》,临时用地耕作层必须开展耕作层剥离,其他地类可视情况剥离表土。剥离表土的厚度依据土壤性质情况、土源需求量来确定,原则上不小于 30 cm,对于东北、黄淮平原区,土层较厚和较肥沃区域可以适当增加剥土深度;剥离表土可就近堆放于剥离表土的区域。

② 清基翻耕工程

在井场、场站主体工程完毕后,对井场临时用地进行地表废弃物清理;在井场闭井、场站不再利用后,对井场、场站、进井(站)道路等永久用地进行地表废弃物清理。清理厚度视硬化厚度而定,保证复垦为耕地砾石含量不高于 5%,复垦为林草地砾石含量不高于 15%。清基完成后需深翻,深度不小于 30 cm,采用平整措施使平整度达到设计要求。

③ 覆土工程

根据建设时表土处置和当地土源情况,合理确定是否进行覆土。直接覆土不低于30 cm,耕地不低于 50 cm;对于土源丰富的区域,可适当增加覆土厚度;覆土可采用直接覆土、穴状或

带土垞等方式。覆土土源质量满足《土地复垦质量控制标准》(TD/T 1036—2013)。由于油气项目的特征,一般不外购土源,土源缺乏时可直接翻耕后种植林草,增强土壤肥力。

④ 基础设施建设工程

可根据周边情况确定是否建设道路、灌排系统等基础设施。一般来说,油气项目损毁土地地块较小,若没有在用地过程中截断原有基础设施,不需修建基础设施。

(2) 生物化学措施与要求

① 土壤培肥

培肥工程主要包括增施有机肥和无机肥。由于油气项目的点线分布,无法大面积进行培肥,不宜采用秸秆还田或种植绿肥等培肥方式,宜采用添加有机肥进行培肥;每亩地化肥使用量不低于 500 kg。增施无机肥类型和用量应结合当地土壤供肥和作物的需肥情况来确定。土壤培肥主要针对管线和井场,特别是管线。

② 污染防控措施

坚持预防为主、修复为辅的原则,根据可能存在的污染类型和环节,采用差别化、针对性的预防措施。对于污染严重的区域,应铺设隔离层后覆土,隔离层厚度应为 30~50 cm。对于已产生污染的区域进行调查评价工作,具体调查评价流程和技术方法可参考《建设用地土壤污染状况调查技术导则》(HJ 25.1—2019)、《建设用地土壤污染风险评估技术导则》(HJ 25.3—2019)等。

③ 林草恢复工程

对于林草地利用方向,植被类型尽量为当地的适生的先锋植被,且尽量与周边保持一致。选择具有较强适应能力、固氮能力,且根系发达,有较高生长速度的植被类型。配置的植被能够保持水土、增加土壤肥力,建立稳定的生态系统。植被栽植工程设计包括混交方式、造林方式、整地方式和整地规格、造林密度或播种量、苗木规格等。林草恢复 3~5 年后,林地郁闭度应高于 0.3,各类树种的造林密度应符合《生态公益林建设技术规程》(GB/T 18337.3—2001)的要求,草地播撒培育应符合《人工草地建设技术规程》。需要注意的是,若管线穿越的是林地,根据《中华人民共和国石油天然气管道保护法》第三十条的规定,在石油管道线路中心线两侧各 5 m 地域范围内,禁止种植乔木、灌木、藤类、芦苇、竹子或者其他根系深达管道埋设部位可能损坏管道防腐层的深根植物。因此,需要先种植草本植被,待管线不再使用后,再复垦为林地。

9.2　建设项目临时用地土地复垦技术

建设项目是依法由国务院、省(自治区、直辖市)级人民政府批准建设用地的建设项目。包括:工业建设,水利工程(含江河整治)、围海(江)造地工程,港口、码头、机场、铁路(含货场、编组站)、公路干线(含高速公路、城镇高架路等)、电讯工程、风力发电、输变电工程,广播电视发射设施等。其可能由一个或几个施工现场上按照一个独立的"总体设计"进行施工的多项工程组成。

在我国工业化、城镇化、新基建建设进程中,建设项目也对土地造成了较大损毁。依据《土地复垦条例》,建设项目在取得建设用地手续之前,需编制土地复垦方案,并及时开展土地复垦工作。

9.2.1 建设项目损毁土地特征

（1）建设项目土地复垦对象

建设项目土地复垦对象包括征收的且没有被永久性建筑物和构筑物占用的和临时使用（租用的集体所有土地）的，被挖损、压占和污染等方式损毁的土地。

对于建设期较长、在征收土地上建设的永久性建筑物、构筑物，且项目竣工后不再留续使用的建设用地也可列为土地复垦对象。

可以看出，建设项目土地复垦对象包括征收后的建设用地和临时用地，其中主体为临时用地部分。

通过对已编制建设项目土地复垦方案中的复垦对象进行整理分析，并参照《土地复垦方案编制规程 第6部分：建设项目》(TD/T 1031.6—2011)、《土地复垦方案编制实务》等复垦相关标准，可以看出建设项目临时用地类型包括取土场、临时表土堆放场、弃土场、弃渣场、预制场、拌和站、材料堆场、钢筋加工场、施工驻地、便道、管沟、施工站场、临时仓储用地、城市渣土消纳场等。

（2）建设项目损毁土地特征

① 点多面广，零星分散，呈线性或块状分布。建设项目多呈线状或块状，如铁路、公路为线状工程；水利工程、机场等为块状工程。用地类型多，一般随工程分部而分散分布，如修建公路时的取土场就随着公路线路分布，零星分散。

② 临时占地选址的不确定性。一般来说，建设项目在设计阶段对临时用地有初步的方案，随着工程建设的推进，尤其是大型的建设项目，在建设过程中不可避免有所调整，临时用地也会相应调整，因此，无法在设计阶段对用地做出准确的判定。

③ 涉及的土地类型多，尤其是交通工程。交通工程线路长，跨越地形地貌多，涉及的土地类型多。如京九铁路经过了9个省98个县，跨越平原、丘陵、山地等不同地貌，涉及所有土地利用类型的90%以上。

④ 服务年限短，时序性强。尤其是临时用地，按照《中华人民共和国土地管理法》临时用地期限一般不超过2年，因此，建设单位需要2年内完成土地使用，之后及时开展土地复垦工作。对于损毁土地较多的建设项目，需要根据每块用地的使用期限制订土地复垦计划，按照时序安排执行。

9.2.2 建设项目临时用地复垦措施

一般来说，损毁的征收土地部分复垦方向原则上按照项目建设规划进行，临时用地的复垦方向原则上为损毁前的土地利用类型，因此本节仅介绍临时用地复垦措施。

建设项目临时用地的复垦措施可借鉴油气项目损毁土地复垦措施，特色措施有：

（1）土层夯实

土层夯实是指对弃土场、弃渣场或城市渣土消纳场等临时用地弃放的底层渣土进行夯实；或在临时用地表土回填之后对表土松散的地表，进行土壤碾压夯实。

（2）保水层碾压

保水层碾压是指对临时用地复垦成水田的或临时用地为弃渣场和城市渣土消纳场的，为保证土壤保水保肥性能，对土壤保水层或弃放渣土和回填表土之间的填充土壤进行碾压密实的措施。

9.3 典型自然灾害损毁土地复垦技术

《土地复垦条例》中对于自然灾害产生的损毁土地也进行了定义,常见的自然灾害包括水毁、滑坡、泥石流、干旱及其他自然灾害。此类损毁土地不存在真正意义上的土地复垦义务人,一般由政府负责。自然灾害损毁土地在损毁的土地中占有重要部分,且切实关系到群众的生命财产安全,不容小视。

9.3.1 洪水损毁土地复垦

我国每年都有地方发生大小不同的洪水,是对人民生命财产安全威胁较大的自然灾害。如图 9-4 所示,洪水对土地的损毁主要表现在两方面:一是对土地表层植被和表土的破坏;二是对基础设施的破坏。对土地表层植被和表土的破坏主要是冲刷作用和水淹。洪水淹没土地(特别是耕地),待洪水退去后,土地表面淤积泥沙和杂物,或是带走了土壤表面的有效土层,使得土壤中的有机质和有效氮、磷、钾等适宜作物生长的营养物质流失,土壤板结、透水性差,影响土地使用;道路、灌排系统等被冲断、掩埋,失去了使用价值,需要修复。

（a）水毁耕地　　　　　　　　　　　　　　（b）水毁桥梁

图 9-4　洪水损毁土地示例

注:(a) 引自 https://www.sohu.com/a/335260667_100010739

(b) 引自 https://baijiahao.baidu.com/s?id=1738977774306661221&wfr=spider&for=pc

洪水损毁土地复垦措施及标准如下:

(1) 土壤重构工程:① 对水毁区进行杂物和淤积泥沙清理,清理后碎石和砂砾等粗颗粒含量不超过 20%。② 平整场地至无大石块、砾石,达到适宜利用的要求。③ 原土层结构已破坏时需重新覆土,覆盖土壤 pH 值范围以 5.5~7.5 为宜,经土壤改良,土壤环境质量满足《土壤环境质量 农用地土壤污染风险管控标准(试行)》(GB 15618—2018)中的二级标准。④ 复垦为耕地时田块相对规整,田块长度、宽度根据地形地貌、土壤类型、作物种类、机械作业要求等因素确定。田面平整后水田丘块平整度应在 ±3 cm 以内,水浇地丘块、旱地丘块平整度应在 ±10 cm 以内。地面坡度为 0°~5°的坡地,复垦为耕地时宜修建条田;地面坡度为 5°~25°的坡地,复垦为耕地时宜改造成水平梯田,丘陵山地区梯田化率应大于 90%。

(2) 植被重建工程:复垦为林地的应满足《造林技术规程》(GB/T 15776—2023)要求,3年后郁闭度一般达到 0.30~0.40;复垦草地的应满足《人工草地建设技术规程》(NY/T

1342—2007)要求,覆盖度一般达到40%～50%。

(3)基础设施配套工程:① 水源工程利用原水源,其水源水质符合《农田灌溉水质标准》(GB 5084—2021)要求。② 复垦为耕地时,灌溉与排水工程应符合《灌溉与排水工程设计标准》(GB 50288—2018),满足灌溉设计保证率,排水标准应依据设计暴雨重现期、设计暴雨历时和排除时间合理确定。③ 设置岸坡防护堤等拦挡设施和疏排水工程,复垦区域周边为坡地时,应在其外围沿地形等高线修筑有一定纵坡的沟道。

9.3.2 滑坡损毁土地复垦

滑坡是斜坡岩土体沿着贯通的剪切破坏面所发生的滑移地质现象。滑坡常常给工农业生产以及人民生命财产造成巨大损失,有的甚至是毁灭性的灾难。

(1)滑坡损坏农田形式

① 农田土体开裂

农田土体的开裂主要是指滑坡发生时,坡体上的农田滑动过程中在牵引、挤压或者震动等动力作用下,出现的土体拉裂缝、分块等现象。因滑坡的性质、运动过程以及在滑坡体上位置的不同,土体所承受的滑坡动力作用也不相同,因而土体的开裂也表现出不同的特征。结合调查结果以及滑坡研究的工程经验,滑坡体上的农田土体开裂主要表现为如下三种类型:大型拉裂槽、平行于滑面方向的张拉或挤压裂缝以及交叉裂缝造成的土体分块现象。大型拉裂槽现象多发生在滑坡后缘,主要由滑坡过程中的张拉应力作用发生,张拉裂缝宽度根据滑坡规模及运动距离的不同,一般可达数米至十数米,深度由滑坡表面贯通至滑动面。在拉裂槽两端壁附近的岩土体通常会发生垮塌并解体,散乱堆积在拉裂槽内。张拉或挤压裂缝多发生在滑坡中部区域,裂缝一般垂直于滑坡的滑动方向,在滑坡体边缘或局部复杂受力区域,可能出现纵横交错的裂缝,农田土体被分割成大小不等的块体。遭受此类型破坏的农田土体结构层序未发生破坏,农田整体性较完好。

② 农田土体台阶状下挫

农田土体台阶状下挫主要指农田在滑坡过程中,坡体上不同部位的农田因垂直位移的不同,而在相邻两个滑动块体间形成的上下错动,在宏观上表现为近似平行且垂直于滑动方向上的陡坎。在滑坡体中,农田的台阶状下挫一般与开裂相伴出现,既可以发生在滑坡后缘也可以发生在滑坡中部,而滑坡前缘相对较少。下挫台阶的高度根据滑坡的地质环境条件及滑动程度相关。一般来讲,在同一个滑坡体中,滑坡后缘的下挫台阶较滑坡中部及前缘规模大。

③ 农田结构溃散

农田结构溃散主要指滑坡体上的农田在滑坡运动过程中的张拉、剪切以及不均匀的下沉作用下,坡体上土地的农田土体被切割成条状或块状,在滑坡震动过程中相互碰撞挤压,并发生解体,原有农田的土层层序被完全打乱,农田的耕作层、犁底层以及基岩碎块等相互混合,形成新的土石混合体,解体后的农田土体可以在原坡体上堆积,也有可能滑至坡脚堆积。

④ 农田表面被冲蚀

农田表面被冲蚀主要指滑坡体在发生滑动后,因动力作用发生解体,并与地表水系以及雨水等相混合,形成高速运动的泥石流(土质滑坡)或碎屑流(岩质滑坡),呈流体状沿前端的农田表面流动。这一方面对原有的农田耕作层具有一定的剥蚀,另一方面灾害物质在流动过程中发生少量沉积。这种损毁主要发生在农田位于灾害物质流通区的情形,其主要特征是农田形态基本未发生大的改变,但农田表层物质被剥蚀或被灾害物质替换,农田表面灾害物质的堆积厚度较小,整个损毁区灾害物质厚度相对均匀,灾害物质级配基本一致。

（2）滑坡损坏农田复垦技术

滑坡区受损农田裂缝封填技术在滑坡的形成和发展过程中,滑坡裂缝是一种重要的伴生现象。作为滑坡主要要素之一,滑坡裂缝是滑坡运动过程中在滑体表层的一种变形形迹。滑坡裂缝的发育特点在空间分布上与地形地貌、地质构造等地质条件有关,在时间分布上与降雨和农田灌溉密切相关。在滑坡体中,农田裂缝一方面使滑体表层土地局部拉裂、撕开、陷落等土地拉裂破坏,导致原有农田作物减产,严重的造成土地闲置或者废弃;另一方面,地表水经过地裂缝渗入滑坡体,并到达滑动面带,造成滑面带岩土强度的降低,促使和加剧滑坡形成和滑动。

① 滑坡损害农田复垦坡改梯技术

坡改梯工程是坡耕地整理过程中的一个重要内容,在滑坡体上进行坡改梯工程会使原来有坡度的田面变得平整,坡度减缓,从而使坡面在降雨条件下入渗强度显著增加,进而直接入渗成为壤中流,同时梯田埂坎切断坡面径流,减缓径流流速,延长了降雨的入渗时间,使得降雨入渗率大大提高。上述效应会使滑坡体内部岩土体中的孔隙水压力大大增加,从而影响滑坡的稳定性,可能导致已经基本稳定的滑坡在修筑梯田后发生再次滑动。因此,在滑坡区土地整理过程中,梯田的修筑必须要能够有效排除多余的降雨入渗量,从而减缓降雨入渗对坡体稳定性的影响。

② 滑坡壁整治技术

滑坡壁是滑坡体后缘与不动的山体脱离开后,暴露在外面的形似壁状的分界面。滑坡后壁上时常可见擦痕,且在滑坡壁上方未动土石体坡面上常有几条与滑坡壁平行的裂缝,可能造成陡壁的垮塌或滑移,对下部农田再次造成损害,因此在对滑坡后缘洼地进行土地整理过程中,常采用削坡、锚喷、挡墙等几种方式加以处理。

9.4 尾矿库生态修复技术

尾矿库是指筑坝拦截谷口或围地构成的,用以堆存金属或非金属矿山进行矿石选别后排出尾矿或其他工业废渣的场所(图9-5)。尾矿库一般由库体、坝体、输送管道及矿山道路等要素组成(图9-6)。大多数尾矿库采用一面筑坝或多面筑坝,根据库存量有单级坝或多级坝。

图9-5 德兴铜矿4号尾矿库

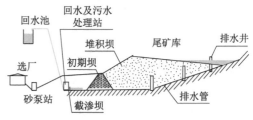

图9-6 尾矿设施示意图

（1）尾矿库类型

尾矿库类型有山谷型尾矿库、傍山型尾矿库、平地型尾矿库和截河型尾矿库（图 9-7）。

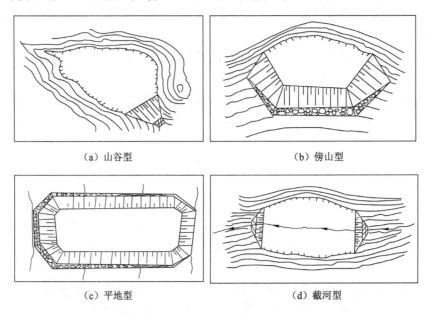

（a）山谷型　　　　　　　　　　（b）傍山型

（c）平地型　　　　　　　　　　（d）截河型

图 9-7　尾矿库类型

山谷型尾矿库是在山谷谷口处筑坝形成的尾矿库。它的特点是初期坝相对较短，坝体工程量较小，后期尾矿堆坝相对较易管理维护，当堆坝较高时，可获得较大的库容；库区纵深较长，尾矿水澄清距离及干滩长度易满足设计要求；但汇水面积较大时，排洪设施工程量相对较大。我国现有的大、中型尾矿库大多属于这种类型。

傍山型尾矿库是在山坡脚下依山筑坝所围成的尾矿库。它的特点是初期坝相对较长，初期坝和后期尾矿堆坝工程量较大；由于库区纵深较短，尾矿水澄清距离及干滩长度受到限制，后期堆坝的高度一般不太高，故库容较小；汇水面积小，调洪能力较低，排洪设施的进水构筑物较大；由于尾矿水的澄清条件和防洪控制条件较差，管理、维护相对比较复杂。国内低山丘陵地区中小矿山常选用这种类型尾矿库。

平地型尾矿库是在平缓地形周边筑坝围成的尾矿库。其特点是初期坝和后期尾矿堆坝工程量大，维护管理比较麻烦；由于周边堆坝，库区面积越来越小，尾矿沉积滩坡度越来越缓，因而澄清距离、干滩长度以及调洪能力都随之减少，堆坝高度受到限制，一般不高；但汇水面积小，排水构筑物相对较小；国内平原或沙漠戈壁地区常采用这类尾矿库。例如金川、包钢和山东省一些金矿的尾矿库。

截河型尾矿库是截取一段河床，在其上、下游两端分别筑坝形成的尾矿库。有的在宽浅式河床上留出一定的流水宽度，三面筑坝围成尾矿库，也属此类。它的特点是不占农田；库区汇水面积不太大，但尾矿库上游的汇水面积通常很大，库内和库上游都要设置排水系统，配置较复杂，规模庞大。这种类型的尾矿库维护管理比较复杂，国内采用的不多。

（2）尾矿库对土地与环境的影响

① 占用大量土地。例如江西德兴铜矿四个尾矿库压占土地面积达 2 696.1 hm²。

② 尾矿库扬尘污染大气和环境。由于金属矿山尾矿颗粒极细,排出的尾矿干涸后极易扬尘;若遇到刮大风天气,将有可能扬起尾矿黑沙尘暴。

③ 尾矿水泄露导致水土污染。尾矿水中含有多种有害物质,其来源为选矿过程中加入的浮选药剂和矿石中的金属元素。常见的有害物质包括氰化物、黄药、黑药、松节油、铜、铁、铅、锌以及砷、酚、汞等。一旦发生泄露尾矿水中的有害物质对环境的污染是多方面的,危害人类、动物及植物的生命安全或健康,污染水源和土壤,破坏生态平衡,等等。

④ 垮坝导致水土污染和威胁民众生命财产安全。尾矿库是一个具有高势能的泥石流危险源,一旦溃坝可能会造成大量的人员伤亡、农田村庄毁坏、环境严重污染。

（3）尾矿库生态修复

尾矿库生态修复的对象为尾矿坝(细分为边坡、平台)、滩面、输送管道、矿山道路等。其中难度最大的是滩面。

由于尾矿颗粒极细,并含有多种有害物质,不适宜植被生长,较难种植植被,一般需要覆盖土壤,覆土厚度可根据尾矿中的元素、种植植被的类型确定。为了防止尾矿中的有毒有害元素向上迁移,可在覆土前铺设隔离层,隔离层材料可选择黏土、土工布等。种植植被类型尽量不选择可食用的,避免有毒有害元素进入食物链。

尾矿坝的生态修复一般以灌草恢复为主,以保障坝体安全,种植前先覆土。

思　考　题

1. 油气项目损毁土地特点是什么?
2. 建设项目损毁土地特点是什么?
3. 尾矿库生态修复的关键是什么?
4. 油气项目与建设项目损毁土地有何异同?
5. 以尾矿库生态修复类推赤泥堆场生态修复应该采取哪些措施?

第10章　污染土壤的修复技术

　　随着人口的快速增长和工业的快速发展,工矿企业的废水、废气和废渣排放,对土壤造成了越来越严重的污染。按照污染物的种类,土壤污染的类型可分为无机物污染、有机物污染、生物污染、放射性物质的污染四类。其中,无机污染物主要有酸、碱、有毒重金属及其氧化物、盐类、硫化物、卤化物以及含砷、硒、氟的化合物等;有机污染物主要有农药、三氯乙醛、多环芳烃、多氯联苯、石油、甲烷等;生物污染物主要包括大量有害的细菌、放线菌、真菌、寄生虫卵及病毒等;放射性污染物主要是锶、铯等。对于我国大多数矿区来说,土壤污染类型主要是重金属污染和有机物污染。本章在介绍我国土壤重金属和有机物污染现状的基础上,概述土壤重金属和有机物污染的成因及对土壤的影响,重点介绍土壤重金属和有机物污染的物理、化学、生物等修复技术。

10.1　概述

　　重金属是指密度在 $4.0\ g/cm^3$ 或 $5.0\ g/cm^3$ 以上的元素。环境污染方面所指的重金属主要是指生物毒性显著的汞、镉、铅、铬、锌、铜、钴、镍、锡等以及类金属砷、硒,还包括钒、铍、铝等。土壤重金属污染是指由于自然因素或人类生产活动的影响,导致土壤中重金属含量明显高于自然背景值,造成土壤品质恶化和损害生态环境的现象。随着采矿业的发展,含重金属的污染物通过各种途径进入土壤,不仅导致土壤环境质量下降,农作物出现重金属中毒,并通过食物链威胁着人类的健康,同时还会造成对水体的污染和生态环境的进一步恶化。

　　同时,石油化工产品的泄露、农药的大量使用、城市污水和污泥的农用以及大气污染物沉降等,都造成了严重的土壤有机物污染问题。有机污染场地中的典型污染物主要包括石油烃(TPHs)、有机农药、多氯联苯(PCBs)和多环芳烃(PAHs)。这些具有高毒性、高积累、难降解、可远距离迁移特性的有机污染物,不仅会对生态环境造成严重威胁,而且还会严重危害人类健康。

10.1.1　土壤污染现状

　　根据《全国土壤污染状况调查公报》(2014,表 10-1),全国土壤环境状况总体不容乐观,部分地区土壤污染较重,其中工矿业废弃地土壤环境问题突出,工矿业活动是造成土壤污染或超标的主要原因之一。全国土壤总的超标率为 16.1%,其中轻微、轻度、中度和重度污染点位比例分别为 11.2%、2.3%、1.5% 和 1.1%。污染类型以无机型为主,有机型次之,复合型污染比重较小,无机污染物超标点位数占全部超标点位的 82.8%。从污染分布情况看,南方土壤污染重于北方;长江三角洲、珠江三角洲、东北老工业基地等部分区域土壤污染问题较为突出,西南、中南地区土壤重金属超标范围较大;镉、汞、砷、铅 4 种无机污染物含量分布呈现从西北到东南、从东北到西南方向逐渐升高的态势。在调查的 70 个矿区的 1 672 个土壤点位中,超标点位占 33.4%,主要污染物为镉、铅、砷和多环芳烃;13 个采油区的 494 个土壤点位中,超标点位占 23.6%,主要污染物为石油烃和多环芳烃。

表 10-1　土壤重金属和有机污染物超标情况

污染物类型	点位超标率/%	不同程度污染点位比例/%			
		轻微	轻度	中度	重度
镉	7.0	5.2	0.8	0.5	0.5
汞	1.6	1.2	0.2	0.1	0.1
砷	2.7	2.0	0.4	0.2	0.1
铜	2.1	1.6	0.3	0.15	0.05
铅	1.5	1.1	0.2	0.1	0.1
铬	1.1	0.9	0.15	0.04	0.01
锌	0.9	0.75	0.08	0.05	0.02
镍	4.8	3.9	0.5	0.3	0.1
六六六	0.5	0.3	0.1	0.06	0.04
滴滴涕	1.9	1.1	0.3	0.25	0.25
多环芳烃	1.4	0.8	0.2	0.2	0.2

注:数据来源于《全国土壤污染状况调查公报》(2014)。

10.1.2　土壤污染的成因

自然界中,重金属在岩石或土壤中通常以痕量形式存在。但随着工业化进程的加快,人们在采矿、冶金等工业活动和农业活动中,将重金属或有机污染物释放出来并进入土壤,造成土壤污染。矿区土壤污染主要由以下原因造成。

(1)工业产生的废气沉降造成的污染

工业生产过程排放的废气中含有有毒的重金属,这些重金属最终会降落到土壤中,引起土壤重金属污染。例如,美国蒙大拿州某有色冶金企业每年排入大气中的锌约 5 t,镉约 250 kg,其周围地区土壤表层 0~2.5 cm 内锌的含量很高,离厂 1.8 km 达 1 090 mg/kg,离厂 3.6 km 为 233 mg/kg,离厂 7.2 km 为 48 mg/kg,在上述距离土壤中镉的含量分别为 37 mg/kg,17 mg/kg 和 4 mg/kg,可见冶金企业排放的废气对周围环境有明显的污染,而且离厂越近,污染越严重。

(2)固体废弃物排放造成的污染

固体废弃物堆场是可能导致土壤污染的重点区域,也是矿区最重要的环境污染源,若未经任何处理就任意排放与堆置,必然会造成较为严重的环境污染问题。例如:1993 年,在湖北省大冶铜绿山尾矿库周围的 5 个采样点中,4 个点的各层土壤中重金属含量均高于"湖北省土壤环境背景值"中的有关背景值,表层(0～20 cm)土壤 Cu 含量为其背景的 15～120 倍、Pb 含量为 1.7～22 倍、Zn 含量为 1.1～3.7 倍、Cd 含量为 16.1～20.9 倍;浅层土(20～40 cm)土壤 Cu 含量为 13.2～49.1 倍、Pb 含量为 0.5～2.8 倍、Zn 含量为 1.2～2.5 倍、Cd 含量为 15.6～26 倍。

（3）工业污水灌溉造成的污染

我国北方和西北地区由于年降雨量较少,水资源缺乏,因此污灌面积逐年扩大。而工业废水中含有大量有毒有害的重金属,如 Cd、Hg、Pb、As 等,不恰当的污灌会造成土壤重金属污染。表 10-2 列出了部分工矿企业排放的污水中含有重金属的情况。随着工业污水达标排放,污水灌溉问题有所改善。根据《2021 中国生态环境状况公报》,全国地表水 Ⅰ—Ⅲ 类断面比例为 84.9%;监测的 1 353 个灌溉规模 10 万亩及以上的农田灌区灌溉用水断面（点位）中达标占 90.9%,主要超标指标为粪大肠菌群、悬浮物和 pH。

表 10-2　部分工矿企业排放污水中所含污染物的类型

企业类型	Ag	As	Ba	Cd	Co	Cr	Cu	Fe	Hg	Mn	Mo	Pb	Ni	Sb	Sn	Ti	有机污染物
采矿选矿	+			+				+	+	+		+					+
冶金电镀	+	+		+		+	+		+			+	+				+
化工		+	+	+		+	+	+	+			+			+	+	+
陶瓷		+				+								+			+
涂料						+						+					+
玻璃		+	+		+								+				+
造纸						+	+		+			+	+			+	+
制革		+	+			+	+	+									+
纺织		+	+				+							+			+
化肥		+				+	+			+							+
氯碱工业		+	+			+		+	+						+		
炼油		+		+		+	+					+	+				+

注："十"表示该工矿企业所排放的污水中含有此种污染物,其中有机污染物未分类,不同行业具体有机污染物类型有差异。

（4）有机污染物造成的污染

对于土壤有机物污染而言,其主要来源于农业生产中过量施用的化学农药和工业生产中不当排放的含有机污染物废水。当前化学农药约有 50 多种,主要为含有机磷农药、有机氯农药、氨基甲酸酶类、苯氧羧酸类、苯酚、胺类等。在石油开采项目区土壤有机污染物以石油烃、多环芳烃、苯并[a]芘等为主。工业企业生产由于工艺等不同,排放的有机污染物类型也不同,如陶瓷工业排放废水中含有废机油、乳化油等石油类污染物,以及热喷涂料需用的遮蔽材料、防黏剂和封孔剂等有机溶剂污染物。

10.1.3　土壤污染对植物的影响

（1）重金属污染对植物的影响

重金属进入土壤后,95%以上会被土壤矿质胶体和有机质迅速吸附或固定。随着土壤和植物中重金属浓度增高,一方面土壤中微生物大量死亡,土壤失去消化分解能力,导致土壤肥力下降,土壤生态环境质量迅速下降;另一方面,植物出现中毒现象,重金属可经过食物链进入人体,在人体内成千百倍地富集起来,使人体产生慢性或急性中毒。

研究表明,土壤中的重金属只有很少一部分随作物地上部分的收获而被移去,经历 20 年的耕种与收获,也只能减少大约 0.5%~2% 的蓄积量。因此,这些重金属一旦进入土壤,若不进行修复就可能存留几千年。

重金属在土壤-植物系统中的迁移直接影响到植物的生理生化和生长发育,不同的重金属对植物的影响机理不同。研究表明,当镉超过一定浓度后,对叶绿素有破坏作用,并促进抗坏血酸分解,使游离脯氨酸积累,抑制硝酸还原酶活性。另外,镉能减少根系对水分和养分的吸收,也可抑制根系对氮的固定。成都东邻污灌区内,镉在稻米中积累,播种前为 0.098 mg/kg,收获时达 1.647 mg/kg,年富积量 1.549 mg/kg,有的形成"镉米",不能食用。在美国的佛罗里达州,土壤的含铜量超过 50 mg/kg 时,柑橘幼苗生长受到影响;土壤含铜量达 200 mg/kg 时,小麦枯死。过量的砷对植物生长有明显的抑制作用。水稻受砷害后根系呈铁黄色,生长受到抑制,抽穗期延迟,结实率降低,严重者造成死亡。土壤中铅的浓度很高时可严重抑制植物生长,也可因铁的进入遭到破坏而产生失绿病。铅在植物组织中的累积可导致氧化过程和光合过程及脂肪代谢过程强度减弱。而且,铅可促使水的吸收量减少,耗氧量增大,阻碍植物生长,甚至引起植物死亡。土壤和植物内含有大量的镍能导致植物铁和锌缺乏,产生失绿病。有关学者认为镍对作物的毒害症状与缺锰症状极为相似,叶片边缘失绿并产生灰斑病。此外,镍过剩时,燕麦和马铃薯等高等植物叶脉发白,呈变性黄化病,而油菜出现特异性枯斑病症状,地上部分出现褐色斑点或斑纹。镍过剩还可抑制作物根系的生长,其症状是整个根呈珊瑚状。

现有研究表明,土壤中重金属对植物的危害序列为:Hg>Cu>Ni>Pb>Co=Zn>Cd>Fe>Mn>Mg>Ca,但这一序列因土壤类型及其植物种类的不同而有所差异。

（2）有机物污染对植物的影响

土壤有机物污染对植物的生长和发育也会带来一定的不利影响。利用未经处理的含油、酚等有机污染毒物的污水灌溉农田,会发生土壤中毒和植物生长发育障碍。如中国沈阳抚顺灌区曾用未经处理的炼油厂废水灌溉,田间观察发现,水稻严重矮化;初期症状是叶片披散下垂,叶尖变红;中期症状是抽穗后不能开花授粉,形成空壳,或者根本不抽穗;正常成熟期后仍在继续无效分蘖。一般认为水稻矮化现象是石油污水中油、酚等有毒物和其他因素综合作用的结果。

10.1.4　土壤污染对微生物量和群落结构的影响

土壤微生物量是指土壤中体积小于 $5 \times 10^3 \ \mu m^3$ 的活体微生物的总量。它能代表参与调控土壤中能量和养分循环以及有机质转化的对应微生物的数量,且土壤微生物量碳和氮转化速率较快,可以很好地表征土壤总碳或总氮的动态变化,是比较敏感的生物学指标。

大量研究表明,重金属污染的土壤,其微生物量存在不同程度的差异。Kandeler 等研究发现 Cu、Zn、Pb 等重金属污染矿区土壤的微生物量受到严重影响,靠近矿区附近土壤的微生物量明显低于远离矿区土壤的微生物量。不同重金属及其不同浓度对土壤微生物量的影响效果也不一致。有些重金属元素在浓度较低时对微生物量有一定的刺激作用,但超过一定浓度时对土壤微生物则有毒害效应。通常情况下,重金属污染对微生物有两个明显效应:一是不适应生长的微生物数量的减少或绝灭;二是适应生长的微生物数量的增大与积累。土壤环境因素也影响土壤微生物生物量的大小。Baath 等研究表明,重金属污染对不同质地土壤的微生物量的影响是不同的,对砂质、砂壤质土壤的微生物量的抑制作用比壤质、黏质土壤大得多。

土壤微生物种群结构特征是表征土壤生态系统群落结构稳定性的重要参数之一。Baath 等用碳素法研究了 Cu、Ni、Zn 等重金属污染下土壤的微生物组成,结果得出高 Cu 污染土壤中微生物群落比 Ni、Zn 污染土壤中微生物群落少,重金属严重污染会减少能利用有关碳底物的微生物量的数量,降低微生物对单一碳底物的利用能力,减少了土壤微生物群落的多样性。Duxbury 和 Bichnell 研究了自然土与重金属污染土壤中的细菌种群、发现重污染土壤比轻污染土壤中耐性细菌的数量多15倍。可见,重金属胁迫对土壤微生物种群结构会产生一定程度的影响。

有机污染物可引起土壤中微生物种群活细胞数量及组成结构的变化,同时土壤中的微生物也会在生理代谢方面做出响应,以适应环境的选择压力。农药污染对土壤微生物的影响是有选择性的。对于那些能利用污染物做碳源和能源的微生物来说,污染可能会刺激其生长与繁殖;而对于缺乏耐性的微生物来说,污染势必会对其产生抑制作用。微生物对农药的反应大体可分成可忽略、可忍受与可持久反应三类。有些微生物对农药非常敏感,其主要代谢过程易受农药干扰;有些农药则作用于动、植物和微生物共有或相同的生化过程,因而对非靶生物亦有影响。另外,大量的石油及其加工品进入土壤,产生了一些地区土壤的石油污染问题。我国北方产油地区原油污染面积逐年扩大,在辽河油田的重污染区,土壤原油含量达到约 1.0×10^4 mg/kg。石油类物质进入土壤后,影响了土壤微生物的生长繁殖,引起土壤微生物群落、微生物区系的变化,大量的石油堵塞土壤孔隙,对土壤微生物和土壤酶活性均有抑制作用。对山东省主要类型土壤的试验结果表明,石油烃含量对细菌、真菌和放线菌三种微生物类群产生的影响以放线菌最为显著,当土壤石油烃含量为 500 mg/kg 时,潮土、褐土和棕壤的放线菌总数在试验期间分别下降了 80%、85% 和 89%,并且减少的放线菌数量在短时期内很难恢复原有的水平;石油烃对潮土真菌数量的影响较褐土和棕壤为大。

10.2 土壤环境背景值和土壤环境质量标准

10.2.1 土壤环境背景值

环境背景值是指水体、土壤、岩石、生物等在未受污染和破坏的情况下,环境要素本身固有的化学组成和含量。土壤环境状况不仅直接影响到国民经济发展,而且直接关系到农产品安全和人体健康。土壤环境背景值是在一定区域内土壤中各种化学元素或化学组成的背景含量、分布类型及变异规律。土壤呈地带性规律分布,不同区域、地带、元素在土壤中的淋溶、迁移、积累等地球化学行为不同,导致不同区域之间土壤中各种元素的背景含量和分布规律也存在明显差异。

重金属是构成地壳的元素,在地球上的水循环、生物循环和地球化学循环等的作用下,在岩石圈、大气圈、水圈和土壤圈之间迁移循环,广泛分布于土壤、大气、水体和生物体中。重金属环境背景值的确定是研究与评价环境中重金属污染和制定环境质量标准的前提和基础,在环境医学和农业生产等方面有着重要的作用。土壤重金属环境背景值是土壤环境背景值研究的重要内容。

(1)影响土壤中重金属环境背景值的因素

成土母质、土壤类型和土壤理化性质是影响土壤中重金属背景值的决定性因素。土壤中各元素的背景值,反映了在没有污染的情况下,通过母质的风化并在成土过程中发生的元素的迁移转化,因此成土母质的差异是引起土壤环境背景值差异的最主要因素。而不同的土壤类型是在不同的母质或相同的母质条件下,经过不同的生物气候作用而形成的,因此不同土壤类型中的重金属元素的背景值反映了母质、气候和生物等的共同作用,其差异性是必然的。土壤理化性质对重金属环境背景值的影响主要表现在土壤质地、pH 值和有机质含量方面。一般来说,土壤质地越黏重,土壤颗粒对重金属的吸附能力越强,土壤中的重金属背景值越高。pH 值显著影响土壤中重金属的迁移转化能力,在 pH 值较低的酸性土壤中,H^+ 常可使重金属离子从土壤颗粒中被解吸出来,增加其活性和迁移转化能力,因此酸性土壤中的重金属含量常低于碱性土壤,如石灰岩类母质上发育的土壤,重金属背景值大多数较高。而土壤中有机质含量与重金属背景值的关系视不同的土壤类型和不同的重金属元素而异。除此之外,地貌条件和气候条件也会影响土壤中重金属元素背景值。

(2)重金属环境背景值分布规律

不同的重金属元素环境背景值分布规律既有共性又有差异性,其共性表现在:一是在成土母质和土壤类型等决定性因素的控制下,重金属元素环境背景值表现出地域分异规律。如在我国,Cu、Ni、V、Co、Cr 等第四周期元素在土壤环境中,其含量呈现出西南区>青藏高原>蒙新区=华北区>东北区>华南区的特性;二是各个重金属元素在土壤剖面的不同层次间呈现出垂直分异规律。其差异性表现为不同的重金属元素的地域分异规律和垂直分异规律是不相同的,如大多数的研究表明,Hg 易累积在表土层中,而 As 易累积在底层中。

10.2.2　土壤环境质量标准

土壤环境容量可定义为"在保证土壤圈生态系统良性循环的条件下,土壤容纳污染物的最大允许量",它是区域环境规划和土地利用规划的重要参数。自 1983 年以来,将土壤环境容量作为国家级项目进行了系统的研究,在环境容量的区域性分异规律和信息系统的建立等方面积累了许多第一手资料,有了良好的开端。在土壤环境背景值和土壤环境容量工作的基础上,同时对土壤环境质量基准也进行了专门的研究。根据《土壤环境质量 农用地土壤污染风险管控标准(试行)》(GB 15618—2018),农用地土壤污染风险筛选值见表 10-3,为土壤污染的防治提供了科学的依据和执法的尺度。

表 10-3　农用地土壤污染风险筛选值　　　　　单位:mg/kg

污染风险筛选项目类型	污染物项目		风险筛选值			
			pH≤5.5	5.5<pH≤6.5	6.5<pH≤7.5	pH>7.5
必测项目	镉	水田	0.3	0.4	0.6	0.8
		其他	0.3	0.3	0.3	0.6
	汞	水田	0.5	0.5	0.6	1.0
		其他	1.3	1.8	2.4	3.4
	砷	水田	30	30	25	20
		其他	40	40	30	25
	铅	水田	80	100	140	240
		其他	70	90	120	170
	铬	水田	250	250	300	350
		其他	150	150	200	250
	铜	果园	150	150	200	200
		其他	50	50	100	100
	镍		60	70	100	190
	锌		200	200	250	300
选测项目	六六六总量		0.10			
	滴滴涕总量		0.10			
	苯并[a]芘		0.55			

① 重金属和类金属砷均按元素总量计。
② 对于水旱轮作地,采用其中较严格的风险筛选值。
③ 六六六总量为 α 六六六、β 六六六、γ 六六六、δ 六六六四种异构体的含量总和。
④ 滴滴涕总量为 p,p'-滴滴伊、p,p'-滴滴滴、o,p'-滴滴涕、p,p'-滴滴涕四种衍生物的含量总和。

10.3　土壤污染修复技术

目前,国内外治理土壤重金属和有机物污染的途径归纳起来主要有三种,一是改变重金属和有机物在土壤中的存在形态,使其固定和稳定,降低其在环境中的迁移性和生物可利用性;二是从土壤中去除重金属和有机物;三是将污染地区与未污染地区隔离。围绕这三种治理途径,已相应地提出各自的物理、化学和生物修复方法。

10.3.1　物理修复技术

（1）热处理技术

热处理技术是指通过对土壤进行加热并升温的物理修复方法,适用于具有均质、相对渗透性、非饱和、包含易挥发重金属和有机物的土壤。姚高扬采用热处理技术对土壤中的汞污染进行修复后,汞含量降至 1.44 mg/kg。热处理技术用于土壤修复工艺设备简单、耗时短、修复效果好,但能耗大,适用面积小,温度过高会破坏土壤微生态环境,降低土壤有机质,破坏土壤本底环境,其使用受到限制。

（2）客土和换土修复技术

客土和换土即把污染严重超标的土移除,并采用未污染的土壤填埋与代替。换土、客土与深耕翻土等方式构成了客土与换土修复技术。深耕翻土将表面受污染的土层翻到底部,适用于轻度污染土壤;针对污染较严重的土壤,宜采用异地客土的修复技术。虽然以上修复技术修复效果好、效率高等,但却存在耗费人力物力、投资较高、损害土壤原有肥力等问题。因此,该技术一般适用于土壤污染面积较小的情况。

（3）玻璃化修复技术

将受重金属污染的土壤加热到 2 000 ℃ 左右并熔化,经过快速冷却形成稳定的玻璃态物质,称之为玻璃化修复技术。其修复机理为,重金属离子会与玻璃态的非晶态网格发生化学结合并被捕获,形成惰性物质,使其成为具有低浸出率与低孔隙率的玻璃化材料,从而去除土壤中的重金属。玻璃化修复技术对于温度的控制通常较为严格,对土壤加热将增加其修复成本,利用太阳能加热可以显著节约修复的成本,加入活性炭、纳米材料、生物炭、粉煤灰等可以提高玻璃化修复的效率。玻璃化修复技术适用于高污染、污染面积小、含水率较低的土壤,并具有修复效率高、时间短、产物稳定、适用范围广等优势,但高温处理会导致易挥发性重金属的扩散,造成大气环境污染,也会导致土壤原有生态功能的破坏。因此,使用该技术时需慎重考虑。

10.3.2　化学修复技术

（1）土壤淋洗技术

土壤淋洗技术广义上分为原位淋洗技术与异位淋洗技术,如图 10-1 所示。原位淋洗具

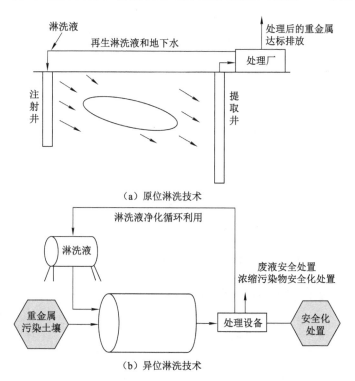

图 10-1　原位淋洗技术和异位淋洗技术(引自张致林等,2021)

有经济性、彻底性、时间短等优点；异位淋洗适应于面积广、污染严重的重金属污染土壤，但需要运输道路与场地支持该技术的应用。常用的土壤淋洗剂主要有盐、氯化镁、活性剂、螯合剂、氧化剂、还原剂等。具体过程：土壤中的重金属污染物被酸所溶解并形成溶解态的金属络合物，其与土壤的黏附性和表面张力降低，重金属转化为可溶形态并从土壤中去除。高国龙 等发现，重金属种类、存在形态、pH、淋洗剂浓度、淋洗时长、淋洗剂类型、有机质、阳离子交换量、土壤质量等对重金属的淋洗去除效果具有重要的影响。因此，淋洗过程要特别注意工艺条件、土壤性质、重金属性质等。土壤淋洗修复技术具有修复效率高、时间短、去除污染物较彻底等优点，但淋洗剂也可能造成土壤理化性质的改变及周围生态环境的二次污染，且淋洗剂分离复杂，对于不可提取的重金属，淋洗修复技术达不到修复效果。因此，经济性、可生物降解、无二次污染、去除率较高的绿色淋洗剂具有较好的研究前景。

（2）化学固定

固化/稳定化技术，具有修复周期短、成本低、工艺简单、有效、低风险等优势，因而被人们广泛应用于重金属和有机物污染土壤的修复。固化/稳定化技术是指向受重金属和有机物污染的土壤中适量添加固化/稳定剂，在离子交换、沉淀或共沉淀、吸附等反应的条件下，重金属在土壤中的存在形态发生改变，减少了土壤中的重金属和有机物的迁移性、浸出性、生物有效性，阻止重金属和有机物对生态环境的危害；其中稳定化一般利用化学药剂钝化土壤中重金属和有机物污染物，减少其生物有效性；固化即采用高结构、完整性的固体对重金属和有机物进行封存，从而减少重金属和有机物的释放与流动。常见的固化材料有黏土矿物、生物炭、石灰类改良剂、磷酸盐、金属氧化物、有机肥料等，固化材料的选择对污染土壤的固化修复起着决定性作用。化学固化法具有成本低、适用广、施工简单等优点，适用于污染面积大、中度或轻度污染的土壤，但该技术对污染物很难彻底清除，可能导致周围环境存在潜在风险，并对人居环境产生不利的影响。

（3）电动修复技术

电动修复技术是指在重金属污染土壤的两侧施加直流电压，驱动土壤重金属活化，并通过电泳、电渗流、电迁移使土壤中重金属离子迁移到电极两端，从而修复土壤污染。电动修复装置如图 10-2 所示。若化学活化剂与电动修复联合使用，可以提升修复效率。对低渗

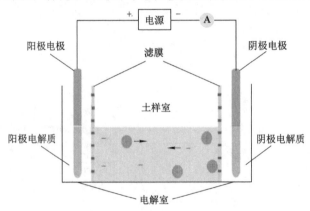

图 10-2　电动修复装置（引自赵鹏等，2022）

透性重金属污染的去除适合采用电动修复,具有二次污染小、设备简单、去除效率高等优点,但其使用范围有限、修复成本高、引起土壤理化性质改变的缺点,限制了该技术的应用与发展,可以通过与其他类型修复技术联合使用克服上述不足。

10.3.3　生物修复技术

生物修复指一切以利用生物为主体的环境污染的治理技术。它包括利用生物吸收、降解、转化土壤和水体中的污染物,使污染物的浓度降低到可接受的水平,或将有毒有害的污染物转化为无害的物质,也包括将污染物稳定化,以减少其向周边环境的扩散。生物修复一般可分为植物修复、微生物修复和动物修复三种类型,其中以植物修复和微生物修复研究及应用较为普遍。

生物修复是一种起步较晚但发展潜力巨大的新兴技术,其与传统修复技术相比,具有处理费用低、对周边环境扰动小、不产生二次污染等特点,是一种经济、有效且非破坏性的修复技术,在处理土壤污染方面具有广阔应用前景。

10.3.3.1　植物修复技术

（1）植物修复的概念

“植物修复”一词的英文“phytoremediation”来源于希腊语“phyto”（即植物）和拉丁语“remedium”（更新平衡、除去或修正）。植物修复是以植物忍耐、分解或超量累积某种或某些化学元素的主要功能为基础,利用植物及其共存微生物体系来吸收、降解、挥发和富集土壤中的污染物。

植物修复最初用于农田污染物的去除,至少已有 300 年的历史。20 世纪 50 年代已开发应用植物修复放射性核素污染土壤,而有关植物修复研究的基础也大多来源于对农田污染土壤的修复。植物修复技术的研究历史可以大致分为两个阶段:

第一阶段是植物忍耐超量重金属特性与机制的研究。20 世纪 50~70 年代,植物对重金属的耐受机制成为当时植物修复的热点,如植物耐受的回避或排除机制、细胞壁作用机制、重金属与各种有机酸的络合机制、渗透调节机制等。

第二阶段是应用植物进行污染土壤修复的研究。20 世纪 70 年代末到 90 年代初,人们逐渐把研究重点转向了对超累积植物的研究。Minguzzi 和 Vergnano 早在 1948 年发现布氏香芥（*Alyssum bertolonii Desvaux*）的叶片中 Ni 的干重含量达到 1%,之后其他科学家在半卡马菊（*Dicoma niccolifera*）、多花鼠鞭草（*Hybantus floribundas lindl*）、塞贝山榄（*Serbertia accuminata*）等植物中也发现 Ni 超累积,1977 年 Brooks 提出超累积植物（或超富集植物）（*hyperaccumulator*）的概念。

超累积植物的发现激发了科学家对其研究的极大兴趣,基于某些植物对生长环境中的有毒金属具有特别的超富集能力,1983 年美国科学家 Chaney 首次提出了“phytoremediation”（植物修复）的概念,后来又出现了“phytotechnology”（植物修复技术）一词。随着时间的推移和人类认识的提高,植物修复概念渐进完善,不断产生一些新的内涵和外延。

（2）植物修复技术的类型

因植物从不同环境中去除污染物的机制各异,植物修复技术也被分成不同类型。根据污染物的类型、污染场地的条件、污染物的数量、植物种类、不同的应用机制和对环境的改造目的,植物修复技术与修复过程大致分为以下类型,具体如表 10-4 所示。

表 10-4　不同植物修复类型的机理、优缺点与应用规模

修复类型	修复机理	常用植物	优点	不足	应用规模
植物提取	以植物的耐性为基础,根际对土壤重金属具活化效应或植物体内有快速的吸收转运体系或解毒储存能力,可吸收土壤中污染物并在地上部分或者根部累积	印度芥菜(*Brassica juncea*)、遏蓝菜(*Thlaspi caerulesences*)、蜈蚣草(*Pteris vittata*)、东南景天(*Sedum alfredii hance*)等	生物量大,累积量大	超累积植物对土壤重金属去除较慢;污染物的超富集植物处置不当可能造成二次污染	实验室、中试、工程应用
植物固定	利用植物根际分泌的特殊物质将根系周围的重金属转化为相对无害物质,使其稳定化的过程	印度芥蓝、向日葵(*Helianthus annuus*)、遏蓝菜、高山甘薯(*Dioscorea esculenta*(*Lour.*)*burkill*)等	无需植物后处理	只是暂时将其固定,使其对环境中的生物不产生毒害作用,没有彻底解决环境中的重金属污染问题。如果环境条件发生变化,重金属的生物可利用性可能又会发生改变	工程应用
植物挥发	利用植物的吸收和蒸腾作用,将污染物从土壤中去除	杨树(*Populus alba*)、桦树(*Betula platyphylla*)、印度芥菜、烟草(*Nicotiana tabacum*)等	无需植物后处理	将污染物质从土壤挥发到大气中的污染物的处理技术,不完善,存在污染大气环境的风险,它的应用受到一定程度限制	实验室、工程应用
植物促进	植物根系分泌氨基酸、糖类、有机酸及可溶性有机质等供微生物代谢利用,为根际微生物提供营养多质,促进根际微生物对土壤的修复作用	如刺槐(*Robinia pseudoacacia L.*)、沙棘(*Hippophae rhamnoides Linn.*)、荆条(*Vitex negundovar. heterophylla*)、杨树等多种耐贫瘠或具有根瘤菌的固氮的植物	需植物后处理。植物利用根际促菌分泌的糖、酶、氨基酸等物质,可以将根系附近微生物的生物活性和生化反应速率提高	不详	实验室,工程应用
根部过滤	耐性植物根系对重金属进行吸收并将其保持在根部	印度芥菜、向日葵、宽叶香蒲(*Typha latifolia*)、浮萍(*Lemna minor*)、水葫芦(*Eichhornia crassipes*)等	可将植物直接种植在污染水环境和土壤中,就地处理污染物,是低投入的高效修复方法	目前发现的此类耐性植物多为水生和半水生植物,陆生植物种类较少;根际过滤作用范围局限于根系区域,根吸附或吸收量有限,修复时间长;单一植物只能对一种或少数几种污染物有作用	实验室、中试

① 植物提取(phytoextraction)

植物提取也称为植物累积(phytoenrichment)、植物萃取(phytoextraction),是指植物从土壤或水等基质中吸收去除污染物,主要是重金属和类金属物质(如砷),以植物的耐性为基础,吸收污染物质并在根部可收割部位或者地上部累积,最后通过收割的方式带走土壤中的污染物。这是目前研究应用最多而又最具有发展前景的污染土壤植物修复方法。

植物提取分为连续植物提取和诱导性植物提取。利用超累积植物吸收土壤重金属并

降低其含量的方法,称为连续植物提取。连续植物提取取决于整个生长周期中,植物对重金属的累积、转运及对高浓度重金属的抵抗能力。因此,通常认为超累积植物最适合修复重金属污染的土壤。诱导性植物提取是利用螯合剂来促进普通植物吸收土壤中重金属的方法。筛选合适的超富集植物和诱导出超累积植株是植物提取修复技术成功的关键。

受限于土壤重金属有效性和多数修复植物较小的生物量,尽管超累积植物能在体内吸收富集较高浓度的重金属,但在实际应用时超累积植物对土壤重金属去除较慢。通过化学、生物以及农艺措施可强化植物修复,提高植物修复效率。

② 植物固定(phytostabilization)

植物固定又称植物固化或植物稳定,是指植物的根系与微生物相互作用使土壤中的有机污染物和部分无机污染物通过分解、螯合、沉淀、氧化还原等过程,降低污染物活性及生物有效性,使其不能被生物所利用,并阻止其向周边环境扩散,减轻其对生物和环境的危害。如在植物根部 Pb 能够与磷发生反应,在根际土壤中形成磷酸铅沉淀,降低了 Pb 对环境的危害。

与植物提取的区别在于,植物固定是将毒性物质隔离在根际区,以此阻挡金属元素被植物组织吸收,从而将污染物转变成在植物、动物和人类中移动性小、生物可利用性低的物质。

植物固定技术并不是将污染物彻底清除,只是将污染物暂时固定,没有从根本上解决污染问题。植物固定技术适合修复被污染的土壤和沉积物,保护污染土壤和沉积物不受风蚀、水蚀,减少重金属渗漏对地下水的污染,避免重金属的迁移污染周围环境,即降低被污染的土壤因没有或缺少植被所产生的扩散风险。

③ 植物挥发(phytovolatilization)

植物挥发是指植物将土壤和水中的污染物吸收后,通过酶活动在植物体内直接降解含有 Se、As 和 Hg 等挥发性污染物,将其转化为毒性较小或无毒的物质,或是转化成挥发性物质释放到大气中。如,印度芥菜能使土壤中的 Se 以甲基硒的形式挥发去除,烟草能使毒性较大的 Hg^{2+} 转化为气态。

④ 植物促进(phytostimulation)

植物促进也称根际降解(rhizospherical degradation),是指由于植物根系的存在,土壤中的微生物(真菌、细菌等)对有机污染物的降解作用得到了加强。同时,根系分泌物(如氨基酸、糖和酶等)能够促进根际微生物的活性和生化反应,加速对污染物的生物降解,使污染物的化学结构发生变化从而降低了对生物的毒性。

⑤ 根际过滤(rhizofiltration)

根际过滤是利用植物的根系从土壤液中吸附或吸收、富集或沉淀污染物,例如水葫芦和浮萍可吸收清除水体中的 Cd、Cu 和 Se。根际过滤作用所需要的媒介以水为主,是水体或湿地生态系统植物净化的重要作用方式。根际过滤最大的好处是可将植物直接种植在污染水环境和土壤中,就地处理污染物,被认为是一种低投入的高效修复方法。因此,根际过滤是对水体、浅水湖和湿地生态系统进行植物修复的重要方式。

(3) 植物修复技术的优势与局限

植物修复技术是以阳光为动力,将分散在空气、水体和土壤中的污染物泵吸清理的一种方式,相比其他物理、化学和生物方法具有更多的优点。主要表现在:

① 具有绿色、自然、持久和廉价的特点。相对于物理修复和化学修复，植物修复具有治理过程原位性、治理效果永久性、治理成本低廉性、环境美学兼容性、后期处理简易性等优点，这也是该技术被政府和公众所认可接受的主要原因之一。以太阳能为能源的植物修复，成本仅为传统工程修复技术（如土方开挖、土壤淋洗或焚化、抽出处理系统等）的 10%～50%。

② 环境扰动小，土壤生态化利用快。植物修复通常是在原位实施，将污染物就地降解和消除，不需要土方的挖掘及运输，对周边环境扰动少；不会破坏土壤生态环境，能使土壤保持良好的结构和肥力状态，无需进行二次处理，即可实现污染土壤的农田种植生产功能。同时，可以减少污染向人类、野生动物和环境暴露。相反，植物固化技术还能使地表长期稳定，有利于污染物的固定、生态环境的改善和野生生物的繁衍。

③ 具复合生态功能，环境美学价值高。植物修复可增加地表植被覆盖，控制风蚀、水蚀，减少水土流失，有利于污染场地生物多样性的恢复和重建；植物修复中采用的植物无论是乔木还是灌草，都具有固碳作用，对植物地上部进行收割与集中处理可减少二次污染。此外，如果重金属（特别是具有较高利用价值的重金属）在植物收获部分累积量较高时，还可以进行重金属的回收利用处理。另外，对空气、水体及土壤污染环境修复的同时还能绿化和改善污染场地的生态景观。

尽管植物修复具有经济、环境友好等优势，但一个成功的植物修复工程受诸多因素的影响，在实践中应用还存在一些问题和局限性，在一定程度上限制了其广泛推广应用。主要表现在：

① 污染场地的植物修复难以快速见效。植物修复过程取决于植物吸收、降解或固化能力，与植物生长密切相关，而植物的存活与生长受气候条件、土壤污染程度的影响。因此，在大规模的系统修复工程开始前，适宜植物的选择需要进行室外调查、室内研究、小区试验及野外示范，以此来确定植物种类和相应的管理措施（包括水肥管理），确保修复的效果。同时，植物修复技术主要依赖植物的生长进程，与常用的工程措施（如焚化等）和高效的化学修复法相比，植物修复起效慢，修复过程较长。一般水溶性较高且以水溶液状态存在的污染物在植物修复系统中降解所用时间较短，而土壤中的污染物依靠植物去除通常要花费数年至数十年的时间，尤其是与土壤结合紧密的疏水性污染物。

② 植物修复能力受限于立地环境与污染物浓度。植物生长对养分和其生活的立地环境有一定要求。因此，植物修复受土壤类型、温度、湿度、营养等条件的限制。此外，需要清除的目标污染物的毒性水平也会影响植物生长。理想的植物必须耐受污染物，在污染场地生长和蓄积较高的生物量，同时，对污染物有较好的净化作用。在实践应用中，如果土壤毒性较大，往往需要加入土壤改良物质，使土壤能够满足植物的生长需要，在一定程度上会造成二次污染。除此之外，一些修复植物生长过程中会有病虫害发生，这也会影响其修复能力。

③ 植物修复具有选择性，修复作用难以达到根层以下深层土壤。植物修复用于重金属污染土壤治理时，一种植物往往只能吸收一种或两种重金属，不可能同时对多种重金属具有富集能力，在一定程度上限制了植物在多种重金属污染土壤治理中的应用。因此，对不同重金属污染及不同土壤污染状况均需选择不同的植物。超富集植物因其比普通的修复植物对重金属具有更高的耐受性和提取效率，但目前自然界中发现的超累积植物大多生物

量低、生长缓慢、植株矮小,限制了植物对污染物的修复效率。而普通草本虽然生长快,但收获物利用价值低,易形成二次污染,因此,植物材料的加工利用成为植物修复中的另一重要课题。

植物修复只对其根系所及范围的污染物有效,当污染物位于植物根系之下时,植物则对其失去效用,植物修复能力受其根深的限制。有些植物根可达地下潜水层,湿生植物的根系可深达 15 m 或更多,草本植物的根系深度一般为 50 cm,木本植物的一般为 3 m。因此,植物修复系统如果不能全部将污染物从土壤中清除,很难阻挡污染物释放进入地下水的含水层。

④ 污染物生物有效性限制了植物修复效率。植物对污染物的吸收转化取决于污染物的生物有效性,如果污染物部分或全部不能被植物利用,那么利用植物修复技术完全清除污染物是不可行的。

10.3.3.2 微生物修复技术

(1) 微生物修复的概念及技术原理

微生物修复是指利用天然存在的或所培养的功能微生物群,在适宜环境条件下,促进或强化微生物代谢功能,从而降低有毒污染物活性或将有毒污染物降解成无毒物质的生物修复技术。微生物修复的实质是生物降解,即微生物对环境中特定物质(尤其是环境污染物)的分解作用。微生物修复在具有传统的分解特征的基础上,还具有分解作用所没有的新特征(如共代谢作用、降解质粒等),因此,可视其为分解作用的扩展和延伸。微生物不但具有个体微小、繁殖速度快、适应能力强等基本特点,还可随环境变化产生新的自发突变株。或者通过形成诱导酶产生新的酶系,具备新的代谢功能以适应新的环境,从而降解和转化那些"陌生"的化合物。微生物对土壤中的有毒污染物的降解主要包括氧化反应、还原反应、水解反应和聚合反应等。

大多数环境中都存在着能够降解有毒有害污染物的天然微生物(土著微生物),但受到营养盐缺乏、溶解氧不足等条件的制约,导致能高效降解污染物的微生物生长缓慢甚至不生长,所以自然净化过程往往极为缓慢。土壤的微生物修复技术就是基于这一情况,通过提供氧气、添加营养盐、提供电子受体、接种经驯化培养具有高效降解作用的微生物等方法加强土壤自净过程。

(2) 微生物修复技术

① 添加表面活性剂

微生物对污染物的生物降解主要通过酶的催化作用进行,但大多数发挥降解作用的酶都是胞内酶。为了提高降解效率,通常通过向污染土壤环境中添加表面活性剂,从而增加污染物与微生物细胞的接触率,促使污染物得到分解。在含煤焦油、石油烃和石蜡等污染物的土壤修复中,添加表面活性剂能取得较好的效果。在选择表面活性剂时,要注意选择那些易于生物降解、对土壤中的生物无毒害作用且不会引起土壤物理性质恶化的表面活性剂。

② 添加营养物

微生物的生长不仅需要有机物质提供碳源,还需要其他营养物质。可以通过向污染土壤中添加微生物生长所必需的营养物质,来改善微生物生长环境,促进污染物降解和转化能力。

③ 接种微生物

土壤中的微生物种类繁多,但对于受污染的土壤而言,不一定存在能够降解相应污染物质的微生物。为提高污染土壤中污染物的降解效果,需要接种具有某些特定降解功能的微生物,并使之成为其中的优势微生物种群。接种的微生物通常为土著微生物、外来微生物和基因工程菌三类。

a. 土著微生物

当土壤受到有毒有害物质的污染后,土著微生物会出现一个自然驯化适应的过程。不适应污染土壤的微生物逐渐死亡;适应环境的微生物则在污染物的诱导作用下,逐渐产生能分解某些特异污染物的酶系,在酶的催化作用下使污染物得到降解、转化。因此,接种驯化后的土著微生物优势菌,具有缩短微生物生长迟缓期、保持微生物活性的优点。

b. 外来微生物

为解决土著微生物生长速度缓慢、代谢活性低或因污染物的影响引起土著微生物的数量下降等问题,接种对污染物有较高降解作用的优势菌种。该菌种具有缩短微生物的驯化期、克服降解微生物的不均匀性、加速污染物的生物降解、恢复微生物区系等作用。

c. 基因工程菌

随着分子生物学技术的不断发展,可以利用 DNA 的体外重组、原生质体融合技术、质粒分子育种等遗传工程手段,构建基因工程菌,从而获得对土壤污染物有专一性或者能增加高效降解作用的酶的数量和活性的基因工程菌,提高污染土壤修复的效率。

10.3.4　联合修复技术

修复污染土壤可以根据具体情况将物理、化学、生物等技术联合。与单一技术相比,联合修复技术(如土壤改良剂-微生物联合修复、微生物-植物联合修复、黏土矿物-微生物联合修复等多种修复方法联合使用)可以使土壤微生物群落更加多样化,改善植物根剂效应,强化土壤污染的修复效果。

对于重金属污染土壤,介绍两种联合修复技术,第一种,植物-微生物联合修复技术。该技术在实际应用过程中,主要是充分发挥植物与微生物两者之间存在的相互促进作用,改善和修复土壤中存在的重金属污染问题。由于该方法属于一种使用成本低廉且重金属污染物降解速度较高的技术,所以该技术在土壤重金属污染修复中的推广和应用,不仅有效提升了重金属污染修复的效果,而且为有益微生物的生长和繁殖营造了良好的土壤环境。第二种,植物-螯合剂联合修复技术。通过在土壤中施用螯合剂的方式,螯合土壤中的重金属离子,不仅实现了有效降低土壤溶液中重金属离子浓度的目的,促进了超富集植物的重金属离子螯合及贮存效率的有效提升,而且最大限度地降低了重金属离子的毒性,保证了土壤重金属污染修复工作的效果。

对于有机污染物污染土壤,从各类有机物污染土壤修复技术应用的实际情况来看,物理修复技术和化学修复技术都具有很强的修复能力,并且具有较高的修复效率,而应用生物修复技术则具有更好的可持续性,修复后的土壤结构更适合动植物的生长繁殖,也不会出现二次污染的问题。目前,我国有机物污染土壤修复技术的发展时间并不长,如果过度使用物理修复技术和化学修复技术,就可能改变土壤的结构,导致土壤成分趋向单一,所以建议采用一些联合修复技术。综合应用各类土壤修复技术,将处理成本低、处理效果好的化学修复技术作为主体,物理修复技术和生物修复技术作为辅助,根据土壤污染的实际情况选择具有针对性的修复方案,从而取得最佳的土壤修复效果,并且不会产生二次污染的问题。

10.3.5　矿区土壤污染的源头控制技术

土壤一旦遭到污染,治理工作将是长期的和困难的,因此土壤污染的预防比土壤污染的治理更为重要。污染源的控制是避免土壤污染的最根本性和最重要的原则。控制土壤重金属和有机物污染源主要有以下途径:

（1）控制工业废气中重金属的排放

工业生产过程排放的废气中含有有毒的重金属,这些重金属最终会降落到土壤中,引起土壤重金属污染。因此,应严格制止工业废气的超标准排放,并大力推广净化废气工艺,尽量减少废气中重金属的含量。

（2）控制污水灌溉中重金属的含量

污水灌溉可以节省水资源,但污水中含有大量有毒的重金属。如果污水中重金属不能达标排放或对污灌使用不当,则会造成土壤重金属的严重污染。因此应严格禁止污水超标排放并积极进行重金属污染废水的治理,尽量减少污水中重金属的含量。在污水灌溉中还应控制一定的灌溉量并防止渗漏。

（3）对固体废弃物进行处理

煤矸石山和金属矿山尾矿库中含有大量的重金属,由于长期淋溶会进入土壤,因此应加强矿山固体废弃物的绿化及整治。

（4）发展清洁工艺

清洁工艺就是不断地、全面地采用环境保护的战略以降低生产过程和生产产品对人类和环境的危害。清洁工艺技术包括节约原料、能量,消除有毒原料,减少所有排放物的数量和毒性。清洁工艺的战略主要是在从原料到产品最终处理的全过程中减少"三废"的排放量,以减轻对环境的影响。

思　考　题

1. 试述我国污染土壤的分布特点。
2. 对比物理修复、化学修复、生物修复技术的优缺点。
3. 什么是植物修复和微生物修复?
4. 土壤污染的植物修复机理及优缺点有哪些?
5. 土壤污染的微生物修复技术有哪些?
6. 植物和微生物联合修复的应用进展和前景如何?

第11章 土地复垦与生态修复监测监管技术

监测监管是保障土地复垦与生态修复进程和成效、达到矿山环境损伤"旧账快还、新账不欠"的必然手段。开展土地复垦与生态修复监测监管，可以全面及时了解生产矿山损毁土地与环境现状，掌握土地复垦与生态修复工作的进展及成效，实现对矿山土地复垦与生态修复工作的有效管理，推进矿产资源绿色勘查开发，促进矿业绿色发展。本章主要介绍我国对土地复垦与生态修复监测监管的需求、主要内容和数据平台的构建设想等三方面内容。

11.1 土地复垦与生态修复监测监管需求

监测可释义为监视、检测，监管可释义为监视、管理，因而监测监管可理解为监视、检测、管理。对于土地复垦与生态修复来说，监测监管即是对矿山开采损毁的土地与环境、土地复垦与生态修复的进展与效果进行监测与评估，并根据监测评估结果开展管理。

1989年施行的《土地复垦规定》第六条指出：各级人民政府土地管理部门负责管理、监督检查本行政区域的土地复垦工作。2009年施行的《矿山地质环境保护规定》第二十六条指出：县级以上国土资源行政主管部门对采矿权人履行矿山地质环境保护与恢复义务的情况进行监督检查。2011年3月5日发布《土地复垦条例》第七条：县级以上地方人民政府国土资源主管部门应当建立土地复垦监测制度，及时掌握本行政区域土地资源损毁和土地复垦效果等情况。国土资源部公告2017年第23号公布了《国土资源部土地复垦"双随机、一公开"监督检查实施细则》。

2019年修订后的《土地复垦条例实施办法》第三条：县级以上自然资源主管部门应当明确专门机构并配备专职人员负责土地复垦监督管理工作。第五条：县级以上自然资源主管部门应当建立土地复垦信息管理系统，利用国土资源综合监管平台，对土地复垦情况进行动态监测，及时收集、汇总、分析和发布本行政区域内土地损毁、土地复垦等数据信息。第二十二条：土地复垦义务人应当按照条例第十七条规定于每年12月31日前向所在地县级自然资源主管部门报告当年土地复垦义务履行情况，……，县级自然资源主管部门应当加强对土地复垦义务人报告事项履行情况的监督核实，并可以根据情况将土地复垦义务履行情况年度报告在门户网站上公开。2019年修订后的《矿山地质环境保护规定》第二十二条~第二十四条：县级以上自然资源主管部门对采矿权人履行矿山地质环境保护与土地复垦义务的情况进行监督检查。相关责任人应当配合县级以上自然资源主管部门的监督检查，并提供必要的资料，如实反映情况。县级以上自然资源主管部门应当建立本行政区域内的矿山地质环境监测工作体系,健全监测网络,对矿山地质环境进行动态监测,指导、监督采矿权人开展矿山地质环境监测。采矿权人应当定期向矿山所在地的县级自然资源主管部门报告矿山地质环境情况,如实提交监测资料。县级自然资源主管部门应当定期将汇总的矿山地质环境监测资料报上一级自然资源主管部门。县级以上自然资源主管部门在履行矿山地质环境保护的监督检查职责时,有权对矿山地质环境与土地复垦方案确立的治理恢复措施落实情况和矿山地质环境监测情况进行现场检查,对违反本规定的行为有权制止并依法查处。2021 年自然资源部发布关于征求《自然资源部关于加强生产矿山土地复垦与生态修复监管工作的通知(征求意见稿)》,提到"强化矿山土地复垦与生态修复过程管理","实施矿山土地复垦与生态修复动态监测监管"。

各省也颁布了相关规定。《四川省在建与生产矿山生态修复管理办法》(川自然资发〔2021〕27 号)第五章监督管理第二十七条:县级自然资源主管部门负责本行政区域内矿山生态修复的日常监督管理工作;跨区域矿山生态修复的日常监督管理工作由共同的上级自然资源主管部门指定。第二十八条:各级自然资源主管部门按照"双随机、一公开"的方式,对采矿权人履行矿山生态修复义务情况开展随机抽查,每年抽查比例不少于其登记权限范围内在建与生产矿山的 10%。市、县自然资源主管部门负责其登记权限范围内在建与生产矿山生态修复现场监督检查。省自然资源厅负责部、省登记权限范围内的在建与生产矿山生态修复现场监督检查。省自然资源厅可委托市、县自然资源主管部门开展其负责的在建与生产矿山生态修复现场监督检查工作。第二十九条:采矿权变更、延续登记时,下级自然资源主管部门出具采矿权登记初审意见,应当明确说明采矿权人履行矿山生态修复义务履行情况。第三十条:建立省、市、县三级矿山生态修复动态监测体系,充分利用卫星遥感等技术手段加强监测监管力度,全面系统掌握和监测矿山生态修复情况。《安徽省在建与生产矿山生态修复管理暂行办法》(皖自然资规〔2020〕4 号)第四章监督管理第十四条:按照属地管理和"源头预防、过程控制、损害赔偿、责任追究"的要求,县级自然资源主管部门负责本行政区域内在建与生产矿山生态保护与修复的监督管理工作。市级自然资源主管部门应加强业务指导,及时掌握矿山企业落实"边开采、边治理"的情况。跨区域在建与生产矿山生态保护与修复的协调指导和监督管理等工作,由其共同的上一级自然资源主管部门负责。第十五条:省、市自然资源主管部门按照"双随机一公开"的方式,对矿山企业落实生态保护与修复任务情况开展监督检查。必要时,可委托第三方机构进行抽查或专项检查。第十九条:矿山企业不履行矿山生态保护与修复义务或履行不到位且拒不整改的,可由县级自然资源主管部门依法委托有修复能力的第三方进行修复,修复费用从矿山企业的基金账户中支出;基金账户资金不足的,由采矿权人补足。《山东省矿山生态修复实施管理办法》(鲁自然资规〔2021〕2 号)第七章监督管理第三十八条:县级自然资源主管部门负责具体实施本辖区内的矿山生态修复日常监督管理工作。省、设区的市自然资源主管部门应加强对下级部门的监督和指导。第三十九条:县级自然资源主管部门应加强对矿山生态修复项目的勘查、设计、施工、监理等工作的监督管理,确保工程进度和质量。第四十条:设区的市、县级自然资源主管部门应强化生态修复项目实施监管,确保项目实施程序规范、质量达标。第四十一条:设区的市、县级自然资源主管部门应建立矿山修复企业诚信档案和信用积累制度,开展项目绩效和信用评价,实行动态管理,并及时将相关信用信息报送至省自然资源厅,纳入相关信用信息公示系统。第四十二条:县级自然资源主管部门要强化对采矿权人开采治理活动的监管,每年开展采矿权人履行生态修复义务情况"双随机、一公开"检查,发现采矿权人未履行矿山生态修复义务的,应责令其限期整改,对拒不整改或整改不到位的,列入矿业权人异常名录。情节严重的,由原发证机关吊销采矿许可证。

从上述文件可以看出,对土地复垦与生态修复的管理经历了从监督检查到监测监管的历程,可以反映出对土地复垦与生态修复管理手段的多样化与动态化、制度的完善化,促进了土地复垦与生态修复管理工作的落地。例如,遥感监测手段的应用,实现了土地复垦与生态修复工作的动态监测,奖惩制度的明确及多样化也加强了监管措施的可行性及科学性。

虽然目前土地复垦与生态修复的监测监管已经有了很大进步,但落地不足,分析原因有以下几个方面:

① 沟通协调机制不完善。土地复垦与生态修复是一项综合性较强的活动,进行过程中涉及多个主体,主体间的信息共享、及时沟通,对推进土地复垦与生态修复进度,保证工程质量有着十分重要的作用,而我国现行的土地复垦与生态修复模式中,政府与企业之间、政府内部上下级之间、平级相关部门之间等各主体在整个复垦与修复过程之中,相互之间的沟通交流较少,仅是偶尔性的随机交流,没有建立起规范的沟通交流制度,以至于在整个复垦与修复过程中,信息不对称现象十分普遍,如企业复垦与修复的技术是否最优,复垦与修复的进度是否科学,都很难得到有效保证。

② 土地复垦与生态修复效果验收方法有待改进。我国现行的《土地复垦条例》中规定,土地复垦义务人按照土地复垦方案的要求完成土地复垦任务后,应当申请验收,接到申请的自然资源主管部门应当会同同级农业、林业、环境保护等有关部门进行验收。但是验收标准一般都只是对地表坡度、土层厚度等显性指标有明确规定,对土壤质量、生产能力等隐性指标则没有明确说明,且一般情况下土地复垦的效果需要一段时间的自然力检验,过早进行验收很难发现复垦中的一些隐性问题。另外,《土地复垦条例》中规定,对复垦为农用地的土地,相关部门在验收后年内应该对复垦效果进行跟踪评价,并提出改善土地质量的建议和措施,但这些建议和措施如何被采纳和执行则没有明确说明。

③ 信息化监测监管平台缺失

信息化监测监管平台的缺失,是造成我国土地复垦与生态修复监测监管缺位的主要原因之一。信息技术所引发的监测监管手段变革是深刻的。当前我国土地复垦与生态修复监测监管信息系统尚处于空白,造成土地复垦与生态修复监测监管信息的不对称。《土地复垦条例》和《土地复垦条例实施办法》明确了土地复垦信息报备制度,要求自然资源主管部门建立健全土地复垦信息管理系统,收集、汇总和发布土地复垦数据信息。然而相关法规政策中只涉及了土地复垦监管的宏观要求,土地复垦监管内容和指标尚不明晰。

④ 土地复垦与生态修复监测监管工作人员认识程度

各层级土地复垦与生态修复监测监管工作人员是实现土地复垦与生态修复监测监管的执行者。土地复垦与生态修复监测监管工作人员对土地复垦与生态修复的认知程度直接影响了土地复垦与生态修复监测监管的执行效果。受计划经济的影响,中国的监管部门长期以主管部门的姿态出现,习惯以决策、命令、指挥、组织、指令性计划和审批等方式直接介入经济社会生活,直接干预监管客体的行为。而市场经济则要求政府更多采用认可、指导、督促、检查等间接方式控制和约束监管客体及其活动。此外,土地复垦与生态修复业务本身的专业化程度较高、技术性较强,大多数监测监管工作人员的专业背景、技术水平与土地复垦与生态修复监测监管业务的客观需求不匹配。"重审批,轻监管"的思想、业务水平的差距,导致土地复垦与生态修复监测监管效果欠佳。

此外,在土地复垦与生态修复开展中,企业主动性不足,应急心理重,管理模式欠缺,民众的参与程度也较低。在短时间内,也很难达成监管有效、落实得力,并让社会认可的监管方式。土地复垦与生态修复监测监管的主体能力缺乏标准层次,监测监管内容包含信息量极其巨大,监测监管对象也较为复杂,另外,配套政策、地方性法规以及矿业用地等方面的完善程度,都会影响土地复垦与生态修复监管的落实程度和实施效果。所以,我国现急需寻找一套科学有效且实施方便的监测监管方式,建立起高效率、高标准的土地复垦与生态修复监测监管体系。

11.2 土地复垦与生态修复监测监管体系

对于土地复垦与生态修复监测监管来说,需要明确监测监管主体、对象、内容、手段、流程等。

11.2.1 监测监管主体与对象

(1)监测监管的主体

根据土地复垦与生态修复的特点,监测监管的主体应包括政府与公众两个层面。综合上述国家部委、各省的文件,政府层面自下而上依次为县级自然资源管理部门、设区的市级自然资源管理部门、省级自然资源管理部门、自然资源部。

公众参与是指政府之外的个人或社会组织通过一系列正式的和非正式的途径直接参与到土地复垦与生态修复的监测监管中。根据《土地复垦条例》"土地复垦方案已经征求意见并采纳合理建议",其中包含了向损毁土地与环境利益相关者的意见征询,如矿山开发拟占用土地承包者的意见,并在土地复垦方案中明确方案编制过程中、后续实施过程中的公众参与措施,该要求延续到矿山地质环境保护与土地复垦方案的编制中。

(2)监测监管对象

根据土地复垦与生态修复的对象,监测监管的对象划分包括以下几种方式:

① 按照责任主体,土地复垦与生态修复监测监管对象分为县级以上人民政府、生产建设单位或者个人等。依据《土地复垦条例》第三条,生产建设活动损毁的土地,按照"谁损毁,谁复垦"的原则,由生产建设单位或者个人(以下称土地复垦义务人)负责复垦。但是,由于历史原因无法确定土地复垦义务人的生产建设活动损毁的土地(以下称历史遗留损毁土地),由县级以上人民政府负责组织复垦。自然灾害损毁的土地,由县级以上人民政府负责组织复垦。需要监测监管责任主体损毁土地与环境的情况以及土地复垦与生态修复的情况。在这里,县级自然资源管理部门既是土地复垦与生态修复监测监管的基层主体,也是土地复垦与生态修复责任主体,受上级自然资源部门的监测监管。

② 按照损毁土地与环境产生原因,土地复垦与生态修复监测监管对象分为矿山开采损毁土地与环境、工程建设项目损毁土地与环境、自然灾害损毁土地与环境。鉴于矿山开采导致的损毁土地与环境历史欠账多、周期长、要素复杂、可视性强、影响程度严重,是土地复

垦与生态修复监测监管的重点。工程建设项目损毁土地与环境多为临时性，能够在影响结束后及时恢复，相对来说影响程度不会太严重，自然灾害损毁土地与环境除了被滑坡、泥石流等覆盖之外，灾害过去之后部分会自行修复，如涝灾水毁土地。

③ 按照损毁土地与环境发生阶段，土地复垦与生态修复监测监管对象分为历史遗留与自然灾害损毁土地与环境、正在发生的损毁土地与环境、拟损毁土地与环境。2021 年自然资源部办公厅印发《自然资源部办公厅关于开展全国历史遗留矿山核查工作的通知》（自然资办函〔2021〕1283 号），全面查清历史遗留矿山分布、损毁土地面积和权属、存在的主要生态问题、拟修复方向等基本情况，后续对其土地复垦与生态修复进度、效果进行专项监测监管。根据《土地复垦条例》第二十一条：县级以上人民政府国土资源主管部门应当对历史遗留损毁土地和自然灾害损毁土地进行调查评价。第二十四条：国家对历史遗留损毁土地和自然灾害损毁土地的复垦按项目实施管理。县级以上人民政府国土资源主管部门应当根据土地复垦专项规划和年度土地复垦资金安排情况确定年度复垦项目。正在发生的损毁土地与环境指的是正在生产矿山、正在建设的工程项目损毁土地与环境，根据矿山生产与建设工程的特点，已发生了土地与环境损毁，但目前不能开展土地复垦与生态修复工作，例如采场正在生产、排土场未排弃到位、临时用地仍在使用等。需要监测监管其面积变化、是否能开展土地复垦与生态修复等。拟损毁土地与环境是按照矿山地质环境保护与土地复垦方案、建设项目临时用地土地复垦方案等预测的拟损毁土地面积、程度与环境影响等，监测监管其未来损毁与方案是否相符。

11.2.2 监测监管内容

根据损毁土地与环境的特征及土地复垦与生态修复监测监管的需求，监测监管单元分为单个图斑、单个生产建设单位或个人、单个县级及以上自然资源管理部门等。例如，县级自然资源管理部分监测监管土地与环境损毁及修复情况时，可以某矿山企业为监测监管对象，对其资源开采导致的采场、排土场、矿山道路等一系列图斑为监测监管单元，一个排土场是一个监测监管单元，多个排土场就是多个监测监管单元。当县级自然资源管理部分监测监管土地复垦义务人资金保障、修复任务完成情况时，可以生产建设单位或个人为监测监管单元；当县级以上自然资源管理部分监测监管下级自然资源管理部分的土地与环境损毁及修复情况时，可以下级自然资源管理部门为监测监管单元。

监测监管的周期为年度。根据《土地复垦条例》第十七条，土地复垦义务人应当于每年12 月 31 日前向县级以上地方人民政府国土资源主管部门报告当年的土地损毁情况、土地复垦费用使用情况以及土地复垦工程实施情况。周期性数据如 5 年、10 年可通过年度数据汇总。初步拟定的土地复垦与生态修复监测监管内容如表 11-1 所示。

① 年度新增损毁土地与环境情况。包括土地面积、地类、类型、程度、土壤生产力变化、植被生产力变化等指标。其中地质灾害可通过土地与环境损毁前后地质灾害评估等级变化确定；土壤生产力、植被生产力可选择适当的评估指标进行评估，例如土地生产力通过典型理化性质、养分等指标评估，植被生产力通过植被覆盖度、生物量等指标评估；将评估结果与损毁前或周边未受影响区域对比，获得土地与环境损毁前后的变化。以目前的监测手段，该指标需要配合实地采样数据，可根据情况选择。

② 年度完成土地复垦与生态修复情况。包括土地面积、地类、土地等级、植被生产力、

验收情况等指标。其中土地等级可采用土地分等定级方法;若当年完成验收,可检查验收意见,若不是当年验收,可先记录拟验收时间;等到拟验收时间的年度,监管时再查验验收意见。

③ 其他。包括修复基金预存、使用规范性,修复任务完成情况、公众投诉情况、双随机一公开检查情况、修复工程验收率、管理规范性等指标。其中修复基金预存、使用规范性可通过档案查询获得;修复任务完成情况需将本年度完成的土地复垦与生态修复工作与相关规划,或年度计划中确定的本年度应该完成的土地复垦与生态修复任务对比确定,包括数量完成情况和质量达成情况两方面含义。该指标可以每年度监管,也可以分阶段监管,以免单个年度因为某种原因导致任务没有完成而受到影响。修复工程验收率、管理规范性是针对自然资源管理部门的指标,尤其是修复工程验收率一度是我国土地复垦率偏低的因素之一。由于自然资源管理部门与义务人在立项、验收等方面存在的不一致,例如自然资源管理部门仅对立项的土地复垦项目开展验收,但矿山企业自行开展的土地复垦工作并不能在自然资源管理部门立项,完成后不能申请验收,致使土地复垦责任仍然存在。我国石油天然气行业因为大量的临时用地复垦后不能被验收而把复垦责任背负几十年。因此,有效的修复工程验收率对于推进我国土地复垦与生态修复工作进展、保障修复效果非常重要。

表 11-1　年度监测监管内容

序号	一级指标	二级指标	监测监管单元	备注
一	年度新增损毁土地与环境情况	土地面积	单个损毁图斑	公顷。不同地类分地类记录
		地类	单个损毁图斑	三调地类划分
		类型	单个损毁图斑	挖损、压占、沉陷、污染
		程度	单个损毁图斑	损毁程度、污染程度等
		地质灾害	单个损毁图斑及周边	地质灾害等级变化
		土壤生产力变化	单个损毁图斑	可选
		植被生产力变化	单个损毁图斑	可选
二	年度完成土地复垦与生态修复情况	土地面积	单个修复图斑	公顷。不同地类分地类记录
		地类	单个修复图斑	三调地类划分
		土地等级	单个修复图斑	评估
		植被生产力	单个修复图斑	评估
		验收情况	单个修复图斑	是否验收或拟验收时间
三	其他	修复基金预存	生产建设单位或个人、自然资源部门	是否足额
		修复基金使用规范性		是否规范
		修复任务完成情况		
		公众投诉情况		
		双随机一公开检查情况		
		修复工程验收率	自然资源部门	
		管理规范性	自然资源部门	

11.2.3　监测监管手段

（1）监测手段

① 卫星＋无人机遥感

《四川省在建与生产矿山生态修复管理办法》（川自然资发〔2021〕27号），建立省、市、县三级矿山生态修复动态监测体系，充分利用卫星遥感等技术手段加强监测监管力度，全面系统掌握和监测矿山生态修复情况。可采取室内卫星遥感影像解译的方式，总体掌握区域内土地与环境损毁、土地复垦与生态修复进展与效果等情况。必要时可辅助实地核查。实地核查时建议用无人机遥感获取地形地貌、植被类型、基础设施等信息。

在历史遗留矿山核查工作中，采用的是自然资源部卫星遥感解译图斑下发、县级自然资源管理部分实地核查的方式，其中实地核查时的主要手段即无人机遥感。

② 资料查阅

主要是上报资料的查阅，如国土空间生态修复规划、矿山地质环境保护与土地复垦方案、年报等，确定应完成的土地复垦与生态修复任务情况、损毁土地位置及面积情况等，和遥感数据对照，可初步确定土地复垦与生态修复义务履行情况、生产建设项目责任人用地规范性情况等。

③ 实地调查

对于土地生产力、植被生产力、地质灾害隐患点等无法通过遥感手段获取的信息，可通过实地采样、室内化验分析的手段获取。

（2）监管手段

就土地复垦与生态修复监管而言，有效的方式主要包括行政审批、检查验收、信息报备、资金监管协议、行政处罚等。

① 行政审批

行政审批属于监管强制措施（手段）的一种，是对被监管者违反监管规章、规则，但尚未构成违法的行为所采取的监管措施。监管强制措施还不属于行政处罚或处分，而是具有强制性、比较严厉的监管措施。行政审批作为土地复垦与生态修复监管强制措施的一种，具体体现在建设用地和采矿权审批上。根据《土地复垦条例》和《土地复垦条例实施办法》：土地复垦义务人应当按照规定编制土地复垦方案；未编制或者编制不符合要求的，有关政府不得批准建设用地，有关国土资源主管部门不得批准采矿许可证。对于《土地复垦条例》施行前虽然已经批完用地和采矿许可证，但《土地复垦条例》施行后继续损毁土地的，要补充编制土地复垦方案。土地复垦义务人不依法履行复垦义务的，有关政府和国土资源主管部门不得批准新的建设用地、采矿许可证，也不得批准采矿许可证的延续、变更和注销。

② 检查验收

检查验收属于"监督检查"的监管措施（手段）范畴。监督检查是监管中最常见的方式。可以分为事中的监督检查和事后的监督检查。检查验收作为土地复垦与生态修复监管措施的一种，具体形式包括年度检查、专项核查、例行稽查、在线监管及验收。根据《土地复垦条例》和《土地复垦条例实施办法》，县级以上国土资源主管部门应当采取年度检查、专项核查、例行稽查、在线监管等形式，对本行政区域内的土地复垦活动进行监督检查。

③ 信息报备

信息报备属于"监管报告"的监管措施(手段)范畴。监管机构根据履行监管职责需要,有权要求被监管者报送与监管事项有关的文件资料,包括有权随时要求被监管者报送有关业务和财务状况的报告和资料。向监管机构报告,便于监管当局分析比较、掌握趋势,及时发现和纠正问题,因此,报告制也是非现场监管的基础。根据《土地复垦条例实施办法》(2019 年修正)第二十二条:土地复垦义务人应当按照条例第十七条规定于每年 12 月 31 日前向所在地县级自然资源主管部门报告当年土地复垦义务履行情况。

④ 资金监管协议

"资金监管协议"是生产建设项目土地复垦与生态修复特有的一种监管措施(手段)。从国内外的经验来看,资金监管是土地复垦与生态修复监管的重要环节。只有监督义务人落实并合理使用资金,才能保障土地复垦与生态修复任务的落实与实施的效果。

⑤ 行政处罚

行政处罚是矿山土地复垦不可或缺的监管措施(手段)之一。《土地复垦条例》中,对违反法律规范的不同行为和处罚方式作出了明确规定。具体包括:a. 针对土地复垦义务人在土地复垦活动中可能出现的各种违法行为,包括未按照规定补充编制土地复垦方案、安排土地复垦费用、进行表土剥离、报告年度有关情况、缴纳土地复垦费,将重金属污染物或者其他有毒有害物质用作回填或者充填材料,拒绝、阻碍监督检查或者弄虚作假等七种情形,规定了责令限期改正、责令停止违法行为、限期治理、罚款、吊销采矿许可证等相应的法律责任;规定土地复垦义务人在复垦中对他人土地造成损害的,应当补偿损失。b. 针对土地复垦监管部门及其工作人员在复垦工作中可能出现的徇私舞弊、滥用职权、玩忽职守的行为,包括违法许可,截留、挤占、挪用土地复垦费,在验收中弄虚作假,不依法履行监管职责或者不依法查处违法行为,谋取不正当利益等五种情形,规定了依法处分、追究刑事责任等相应的法律责任。

在上述监管手段中,可适当借助公众信息。如检查验收可邀请公众参与,行政处罚结果向公众公开等。

11.2.4　监测监管流程

土地复垦与生态修复涉及多个部门、多个行业,要实现土地复垦与生态修复全过程的监测监管,需要各方面的协调配合,上下级政府主管部门间实现清晰指令、积极配合,政府主管部门与义务人间要诚信合作,并保障公众的知情权和参与度。

省级土地复垦与生态修复监测监管流程可参照图 11-1,包括以县级自然资源主管部门核查为核心的监测监管方式和部、省级自然资源管理部门室内核查与县级自然资源主管部门实地核查结合的监测监管方式。

11.2.4.1　以县级自然资源主管部门核查为核心的监测监管方式

该方式的大体流程是:生产建设项目责任人(复垦义务人)年度数据上报→县级自然资源管理部门室内核查(遥感解译、资料检查)→异议图斑和确认图斑→异议图斑发回生产建设项目责任人(复垦义务人)核查→生产建设项目责任人(复垦义务人)核查结果再次上报→县级自然资源管理部门室内核查认可变更为确认图斑,否则由县级自然资源管理部门派人实地核查→确认图斑和县级自然资源管理部门负责的历史遗留任务完成情况、自然灾害损毁情况等上报设区市级自然资源管理部门→审核后上报省级自然资源管理部门→审核后上报自然资源部。

最终确认的结果可作为对生产建设项目责任人(复垦义务人)、自然资源管理部门奖惩的依据。

11.2.4.2 部、省级自然资源管理部门室内核查与县级自然资源主管部门实地核查结合的监测监管方式

该方式的大体流程是:部、省级自然资源管理部门室内核查(遥感解译、资料检查)→异议图斑和确认图斑→经设区市级自然资源管理部门向各县级自然资源管理部门下达核查任务→县级自然资源管理部门实地核查→经设区市级自然资源管理部门审核后上报省级自然资源管理部门→省级自然资源管理部门室内核查认可变更为确认图斑,否则由省级自然资源管理部门派人实地核查→最终确认上报自然资源部。具体见图11-1。

该方式需要生产建设项目责任人(复垦义务人)、县级自然资源管理部门实现完成数据上报,作为部、省级自然资源管理部门室内核查的参考。最终确认的结果可作为对生产建设项目责任人(复垦义务人)、自然资源管理部门奖惩的依据。

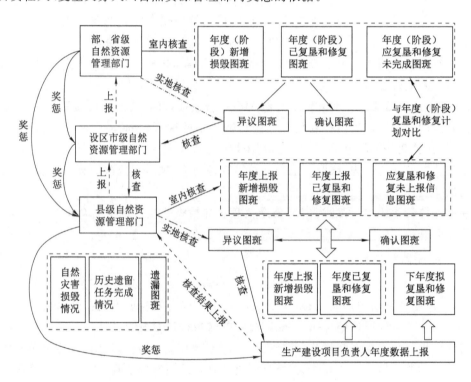

图 11-1　土地复垦与生态修复监测监管流程示意

上述流程中的关键环节解释如下:

(1) 生产建设项目责任人(复垦义务人)年度数据上报

根据《土地复垦条例实施办法》(2019年修正)第二十二条:土地复垦义务人应当按照条例第十七条规定于每年12月31日前向所在地县级自然资源主管部门报告当年土地复垦义务履行情况,包括下列内容:年度土地损毁情况,包括土地损毁方式、地类、位置、权属、面积、程度等;年度土地复垦费用预存、使用和管理等情况;年度土地复垦实施情况,包括复垦

地类、位置、面积、权属、主要复垦措施、工程量等;自然资源主管部门规定的其他年度报告内容。上报时建议以年度报告形式提交,新增损毁、完成修复任务以单个图斑为基本单元,并上报下年度拟完成修复任务图斑,作为下年度监测监管的参考。

年度报告是复垦义务人在一年中土地复垦与生态修复工程所做工作的总结,是自然资源主管部门开展年度验收、进行日常监督的依据,体现了动态监测监管的思想。

以矿山企业为例,年度报告的核心内容如下:

① 本年度土地与生态环境损毁情况

该部分主要需要说明在本年度矿山开采活动中,由于开采活动造成的矿山地质环境破坏、土地资源损毁和生态破坏情况,并附以详实证据和数据说明。

a. 本年度主要开采矿区部分的位置。列出开采范围的中心点坐标和拐点坐标,以及开采造成的损毁土地类型,并有损毁图斑分布位置图。

b. 开采形成的新增损毁图斑细节描述。首先要进行损毁类型分类(挖损、塌陷、压占等),其次详细描述图斑范围、面积、拐点坐标、损毁程度等;此外,需要制定损毁图斑拟修复方向及修复计划,作为矿山企业自身修复和监管部门下年度验收依据。

② 本年度土地复垦与生态修复工程实施情况

该部分主要叙述该年度采矿权人所做的土地复垦与生态修复工作,并附以详实证据和数据说明。

a. 本年度土地复垦与生态修复范围,是否与本年度损毁图斑发生重合,即是否进行边采边复;是否与原复垦与修复规划不同。修复图斑详细信息参照损毁图斑信息表列举,另外需要附上修复图斑分布位置图、修复图斑土地利用图。

b. 土地复垦与生态修复工作完成情况、修复资金使用情况、新增预存资金情况等。可列表说明土地复垦与生态修复工程量、投资统计。

③ 下年度土地复垦与生态修复工程规划

该部分主要叙述下年度采矿权人拟做的土地复垦与生态修复工作,并附以数据说明。

a. 下年度土地复垦与生态修复范围,是否与已损毁图斑发生重合,是否与下年度拟损毁图斑发生重合,即是否进行边采边复;是否符合原复垦与修复规划。拟修复图斑详细信息参照损毁图斑信息表列举,另外需要附上拟修复图斑分布位置图、拟修复方向。

b. 拟使用修复资金情况。可列表说明拟开展土地复垦与生态修复工程的工程量、投资预算等。

(2) 异议图斑认定

根据土地复垦与生态修复监测监管的需求,初步拟定以下三种情况为异议图斑:

① 年度(阶段)上报新增损毁图斑信息中的中心点坐标、范围、损毁类型等与遥感解译信息不符;

② 年度(阶段)上报的已复垦和修复图斑信息中的中心点坐标、范围、复垦地类等与遥感解译信息不符,或质量不达标;

③ 根据土地复垦与生态修复规划、矿山地质环境保护与土地复垦方案、年度报告中的下年度土地复垦与生态修复工程规划等,上年度(阶段)应该进行土地复垦与生态修复图斑但未见信息上报,且遥感解译未发现土地复垦与生态修复工程实施,或质量不达标。

当然,在异议图斑确认时,图斑中心点坐标、范围等数据需要设计偏差阈值,即不能要求完全相同。

再有,对于已完成土地复垦与生态修复工程但仍在管护期内的图斑,由于质量不达标不建议定义为异议图斑,可不在本次或本年度内做确认性核查。若管护期过质量仍然不达标,可定义为异议图斑,若经核查后确认质量不达标,可以认定为未完成土地复垦与生态修复任务,作为惩罚的依据。

(3)奖惩

任何制度的有效运行,都离不开合理的奖惩措施。奖励是为了激励好的做法能够继续保持,惩罚是为了约束坏的行为措施。合理的奖惩可以调动生产建设项目责任人(复垦义务人)和县级以上自然资源管理部门对土地复垦与生态修复义务履行的积极性,保证义务履行的完成质量。在《土地复垦条例》中对于土地复垦义务人和负有土地复垦监督管理的部门都有提出一些奖惩措施,包括第五章土地复垦激励措施和第七章法律责任。土地复垦激励措施部分关于生产建设的规定是土地复垦义务人将损毁土地恢复原状的,可退还已经缴纳的耕地占用税;法律责任部分分条说明土地复垦义务人在土地复垦与生态修复工程各部分未按规定履行义务,或对错误逾期不改正的罚款事项。

奖惩措施的设计要有确切针对内容,才能起到激励和威慑作用,促进土地复垦与生态修复义务高质量完成。在实施奖惩之前,需要先开展评估工作。

土地复垦与生态修复评估是监测监管中非常重要的技术监管手段,评估贯穿土地复垦与生态修复工作进行过程中和完成后的管护阶段,为各级自然资源管理部门的具体监管行为和实施奖惩提供最核心的技术基础。

可分别针对复垦义务人和自然资源管理部门构建评估指标体系,选定科学方法进行评估。对于复垦义务人来说,评估的重点是新增损毁土地的合理性,土地复垦与生态修复任务的完成情况,资金预存的合法合规性,是否获得公众、管理部门认可等。新增损毁土地的合理性体现在应最大限度地采取源头减损措施,尽量减少土地损毁面积,减弱对生态环境的影响,按照计划损毁土地,不能无序损毁,不可控制。土地复垦与生态修复任务的完成情况体现在保质保量两个方面,目前来看保量较容易达到,保质难度较大,尤其是对于条件复杂的矿区,高质量的土地复垦与生态修复需要技术、资金的双重保障。资金预存的合法合规性要体现按时、足额预存以及合规使用。是否获得公众、管理部门认可体现在不能发生公众举报、管理部门检查批评等问题。

对于自然资源管理部门来说,评估的重点是管理是否全面规范,辖区内新增损毁土地的合理性,土地复垦与生态修复任务的完成情况,是否获得公众、上级管理部门认可等。

综合相关文件和调研情况,目前可采用及借鉴的奖惩措施包括:

① 矿山企业对拟损毁土地没有按照规定顺序实施工程,由自然资源主管部门责令其限期整改;整改不到位或逾期不整改的,对不符合规定的损毁面积按公顷罚款,并将矿山企业列入异常名录和严重违法名单。

② 损毁土地面积超过阶段规划拟损毁面积20%,且未在后续规划中,超过部分按公顷罚款。

③ 复垦图斑面积少于阶段规划复垦面积80%的,少出面积按公顷罚款。

④ 复垦图斑质量不符合《土地复垦质量控制标准》(TD/T 1036—2013),自然资源主管部门责令其限期整改;整改不到位或逾期不整改的罚款,并将矿山企业列入异常名录和严

重违法名单;复垦质量符合标准,且质量较好的奖励一定资金。

⑤ 专项用于土地复垦与生态修复的基金,在阶段实施中实际支出超出阶段规划支出 10% 的,处超出部分 50% 的罚款。

⑥ 土地复垦与生态修复基金未按规定程序计提、使用的,按照《基金使用监督协议》处理。

⑦ 预警约谈问责。县级自然资源主管部门定期进行实地核查,在核查中发现问题,及时对企业进行预警约谈,提醒其对问题进行限期整改;若矿企没有完成,则对矿企进行问责,并将此次问题记录到矿山企业档案,影响矿山企业在绿色矿山中的评选。

⑧ 对于未按照生产矿山土地复垦与生态修复方案开展恢复治理工作的矿山企业,列入矿业权人异常名录或严重违法失信名单,责令其限期整改;对于预期不整改或整改不到位的企业,不再批准其申请新的采矿许可证和申请许可证延期、变更、注销,不再批准其申请新的建设用地;对于拒不履行矿山土地复垦与生态修复义务的企业,有关主管部门将对其违法违规信息建立信用记录,纳入全国共享平台并向社会公布,并将根据有关法律法规对其进行处罚并追究其法律责任。

⑨ 在土地复垦与生态修复绩效评价中按照相应等级奖励资金。

⑩ 在自然资源主管部门进行日常监督和验收过程中,未提供真实资料,弄虚作假的,处 5 万元以上,15 万元以下罚款,且列入矿业权人异常名录或严重违法失信名单,责令其限期整改;对于预期不整改或整改不到位的企业,不再批准其申请新的采矿许可证和申请许可证延期、变更、注销,不再批准其申请新的建设用地。

11.3　土地复垦与生态修复大数据平台构思

大数据平台是指以处理海量数据存储、计算及不间断流数据实时计算等场景为主的一套基础设施。大数据平台使得数据的处理速度和处理结果大大加快,在生活各个方面发挥着极大的用处。周妍运用分布式面向服务的 B/S 分层架构设计理念,设计矿山土地复垦监管信息系统。根据监管体系运行机制有关信息指标化的成果,对矿山土地复垦监管信息系统架构、功能、数据库、模型库进行设计,研发形成矿山土地复垦监管信息系统。根据中共中央、国务院《关于建立国土空间规划体系并监督实施的若干意见》(中发〔2019〕18 号),以自然资源调查监测数据为基础,采用国家统一的测绘基准和测绘系统,整合各类空间关联数据,建立全国统一的国土空间基础信息平台。依托该平台,建立健全全国土地空间规划动态监测评估预警和实施监管机制。《自然资源部关于全面开展国土空间规划工作的通知》(自然资发〔2019〕87 号)提出基于国土空间基础信息平台,整合各类空间关联数据,着手搭建从国家到市县级的国土空间规划"一张图"实施监督信息系统,形成覆盖全国、动态更新、权威统一的国土空间规划"一张图"。2020 年 4 月,陕西省自然资源厅与陕西煤业股份有限公司签署了矿山生态修复产业合作框架协议,由陕西煤业化工集团有限责任公司牵头,陕西省煤层气开发利用有限公司组建的陕西生态产业有限公司负责陕西国土空间生态修复大数据平台投资、建设、运营相关工作。该大数据平台是国内首个融合矿山地质环境监测、国土空间生态修复项目管理、遥感影像统筹共享、时空数据云服务、生态环境功能分析评价的大数据平台。平台采用"平台＋门户"的方式,按照"一个系统、一套标准、一个数

据库、一张图"的数据共享分发体系,基于大数据、云计算、5G 网络、人工智能、卫星遥感、北斗卫星导航系统、地理信息及物联网等新一代信息技术,融合空天地立体动态监测网络,实现空间生态修复保护项目数据的实时动态采集,初步实现矿山地质环境治理恢复、土地整治复垦、全域国土综合整治、山水林田湖草沙系统治理等国土空间生态保护修复业务的全生命周期统一门户、统一平台、统一管理。

(1)用户层

土地复垦与生态修复大数据平台应包含自然资源管理部门(分级设置)、土地复垦与生态修复义务人、社会公众,并设置不同权限。其中土地复垦与生态修复义务人仅有数据上传、上传数据查阅、接收消息等权限;社会公众有部分数据查阅、发送消息、接收消息等权限。

(2)端口设置

分为内网端口和外网端口。自然资源管理部门通过内网端口访问平台,土地复垦与生态修复义务人、社会公众通过外网访问平台。也分为 Web 端口和 App 端口。自然资源管理部门和土地复垦与生态修复义务人建议通过 Web 端口访问,社会公众可通过 App 端口访问。此外,实地核查工作也可通过 App 端口完成。

(3)功能设计

土地复垦与生态修复监测监管既要监测又要监管,大数据平台要分别实现监测和监管。监测监管内容已知是土地损毁和生态损毁情况、土地复垦与生态修复工程实施情况和资金使用情况三方面。大数据平台并不能直接获取这些信息,而是通过相应的输入系统获取信息,运用其存储容量大、计算速度快的特点实现信息的监测监管。

① 监测

监测技术手段是实现监管必不可缺的一部分,不利用监测技术实现对义务人的掌握就不能评判义务履行的好坏,进而也就不能实现对义务履行的监管。在生产建设项目土地复垦与生态修复动态监测监管过程中,监测主要分为两个部分,分别是内业监测和外业监测,内业监测是外业监测的基础,外业监测是内业监测的补充,内业监测为外业监测提供目标,两者缺一不可。

内业监测主要指的是利用高分辨率遥感技术通过室内遥感解译影像确认信息,核查义务人土地复垦与生态修复义务履行情况。遥感影像解译工作主要任务就是根据影像特征,结合地物信息对目标地物进行区分,并获取更多地物信息。

遥感影像要素信息解译成果作为高分遥感向地理空间转化和应用的基础信息,是采用微宏观相结合的分层解构思想,按照从定性到定量的生成逻辑,逐级地将影像所刻画的复杂地表空间,映射为以地理图斑为基本单元进行结构重组与图谱表征的共性数据产品,进一步可通过面向专题的信息提炼与模式挖掘,衍生一系列服务于各领域精准应用的定制化知识产品。以大数据粒计算与综合地理分析思想为指导,在地理图斑智能计算理论所构建的三大基础模型(分层感知、时空协同与多粒度决策)支撑下,设计并研制遥感影像要素信息解译生产线及其核心工艺流程,其中的关键是通过对深度学习、迁移学习与强化学习等机器学习技术的有机融合,实现生产线中多源多模态信息的时空聚合与有序转换。

给定任务区域及该区域对应的遥感影像,平台中监测部分功能需识别出区域内的所有地块形成矢量图斑,并按照一定的分类体系为每个地块图斑赋予相应的类别属性。

此外,结合资料查阅确认是否需要开展外业监测,即实地核查。

② 监管

监管功能的实现主要依靠大数据信息管理功能,土地复垦与生态修复信息数据的上报是开展监管工作的基础,通过对已上报土地复垦与生态修复数据的汇总、整理、统计分析来实时监测土地复垦与生态修复工作的进展。

③ 服务

服务类别包括信息检索、数据检查、数据审核、附件上传下载、图形处理、统计分析、监测预警、系统管理等。

④ PC 端功能

包括向公众发布政策信息、数据录入、管理界面等。系统应具备土地复垦与生态修复相关业务流程的审批、备案、信息反馈、提醒、预警等功能。

⑤ 移动端功能

实地核查人员使用手持端采集外业数据,实现实时定位、信息查看、距离面积测量、信息填报、照片拍摄、轨迹记录、调查统计、数据导入导出等功能。社会公众可使用查阅部分数据、发送消息、接收消息反馈等功能。

思　考　题

1. 为什么要开展土地复垦与生态修复的监测监管?
2. 结合本课程所学知识,土地复垦与生态修复监测监管的重点是什么?
3. 结合本课程所学知识,设计单个矿山的土地复垦与生态修复监测监管系统框架。
4. 结合本课程所学知识,设计县级自然资源管理部门土地复垦与生态修复监测监管系统框架。
5. 结合本课程所学知识,设计省级自然资源管理部门的土地复垦与生态修复监测监管系统框架。

参 考 文 献

[1] 白中科. 土地复垦学[M]. 北京：中国农业出版社，2017.

[2] 毕银丽. 丛枝菌根真菌在煤矿区沉陷地生态修复应用研究进展[J]. 菌物学报，2017，36
(7)：800-806.

[3] 常纪文，杜根杰，杜建磊，等. 我国煤矸石综合利用的现状、问题与建议[J]. 中国环保产
业，2022(8)：13-17.

[4] 陈胜华，郭陶明，胡振琪. 自燃煤矸石山覆盖层空气阻隔性的测试装置及其可靠性[J].
煤炭学报，2013，38(11)：2054-2060

[5] 陈晓辉. 黄土区大型露天煤矿地貌演变与重塑研究：以平朔矿区为例[D]. 北京：中国地
质大学(北京)，2015.

[6] 陈晓晶，何敏. 智慧矿山建设架构体系及其关键技术[J]. 煤炭科学技术，2018，46(2)：
208-212.

[7] 成六三，逯娟. 矿山环境修复与土地复垦技术[M]. 徐州：中国矿业大学出版社，2019.

[8] 崔伟，曹利. 有机物污染土壤表面活性剂-微生物联合修复技术研究[J]. 当代化工，
2022，51(2)：362-365.

[9] 多玲花. 采煤沉陷地黄河泥沙交替式多次多层充填复垦关键技术[D]. 北京：中国矿业
大学(北京)，2019.

[10] 范远丽，刘治祥. 凤城市矿业开发过程水土保持监测[J]. 水土保持应用技术，2007(2)：
29-30.

[11] 方星，许权辉，胡映. 矿山生态修复理论与实践[M]. 北京：地质出版社，2019.

[12] 冯嘉兴，郭克超，丑百雄. 矿山地质灾害防治与地质环境利用问题研究[J]. 环境工程，
2022，12(7)：63-65.

[13] 郭索彦. 水土保持监测理论与方法[M]. 北京：中国水利水电出版社，2010.

[14] 郭彦蓉，曾辉，刘阳生，等. 生物质炭修复有机物污染土壤的研究进展[J]. 土壤，2015，
47(1)：8-13.

[15] 郭义强，罗明，王军. 中德典型露天煤矿排土场土地复垦技术对比研究.[J]. 中国矿业，
2016，25(2)：63-68.

[16] 国家安全生产监督管理总局. 煤矿安全规程[M]. 北京：煤炭工业出版社，2022.

[17] 国土资源部土地整治重点实验室. 土地复垦潜力调查评价研究[M]. 北京：中国农业科
学技术出版社，2013.

[18] 胡振琪，卞正富，成枢. 土地复垦与生态重建[M]. 徐州：中国矿业大学出版社，2008.

[19] 胡振琪,龙精华,王新静.论煤矿区生态环境的自修复、自然修复和人工修复[J].煤炭学报,2014,39(8):1751-1757.

[20] 胡振琪,王新静,贺安民.风积沙区采煤沉陷地裂缝分布特征与发生发育规律[J].煤炭学报,2014,39(01):11-18.

[21] 胡振琪,肖武.矿山土地复垦的新理念与新技术:边采边复[J].煤炭科学技术,2013,41(9):178-181.

[22] 胡振琪,肖武,赵艳玲.再论煤矿区生态环境"边采边复"[J].煤炭学报,2020,45(1):351-359.

[23] 胡振琪,赵艳玲.黄河流域矿区生态环境与黄河泥沙协同治理原理与技术方法[J].煤炭学报,2022,47(1):438-448.

[24] 胡振琪,赵艳玲.矿山生态修复面临的主要问题及解决策略[J].中国煤炭,2021,47(9):2-7.

[25] 霍中刚,武先利.互联网+智慧矿山发展方向[J].煤炭科学技术,2016,44(7):28-33.

[26] 贾宝山.煤矸石山自然发火数学模型及防治技术研究[D].阜新:辽宁工程技术大学,2001.

[27] 姜琦,吴凯,施洋,等.矿区污染土壤生物修复技术研究进展[J].环境生态学,2019(2):35-40.

[28] 金灵.机械活化煤矸石基注浆材料性能优化试验研究[D].徐州:中国矿业大学,2022.

[29] 李栋,孙午阳,谷庆宝,等.植物修复及重金属在植物体内形态分析综述[J].环境污染与防治,2017,39(11):1256-1263.

[30] 李恒,雷少刚,黄云鑫,等.基于自然边坡模型的草原煤矿排土场坡形重塑[J].煤炭学报,2019,44(12):3830-3838.

[31] 李红举,梁军,贾文涛,等.土地整治标准化理论与实践[M].北京:中国大地出版社,2019.

[32] 李全生.东部草原区大型煤电基地开发的生态影响与修复技术[J].煤炭学报,2019,44(12):3625-3635.

[33] 李文银.工矿区水土保持[M].北京:科学出版社,1996.

[34] 栗嘉彬.露天矿采-排-复一体化应用技术及效果评价研究[D].徐州:中国矿业大学,2017.

[35] 刘雪冉,胡振琪,许涛,等.露天煤矿表土替代材料研究综述[J].中国矿业,2017,26(3):81-85.

[36] 刘源,王红娟,李斌.石油天然气项目土地复垦方案相关问题探讨[J].油气田环境保护,2019,29(5):59-61.

[37] 罗伟,王飞.基于无人机遥感技术的煤矿地表监测与分析[J].煤炭科学技术,2021,49(增刊):268-273.

[38] 马占强,李娟.土壤重金属污染与植物—微生物联合修复技术研究[M].北京:中国水利水电出版社,2019.

[39] 邱硕涵,谭章禄.煤炭企业智慧矿山建设指标体系研究[J].煤炭科学技术,2019,47(10):259-266.

［40］全国地理信息标准化技术委员会.低空数字航摄与数据处理规范:GB/T 39612—2020［S］.北京:中国标准出版社,2020.

［41］全国自然资源与国土空间规划标准化技术委员会.矿山生态修复技术规范 第2部分:煤炭矿山:TD/T 1070.2—2022［S］.

［42］全国自然资源与国土空间规划标准化技术委员会.矿山生态修复技术规范 第1部分:通则 TD/T 1070.1—2022［S］.2022.

［43］阙建立.智能矿山平台建设与实现［J］.工矿自动化,2018,44(4):90-94.

［44］山西省环境保护标准化技术委员会.煤矸石堆场生态恢复治理技术规范:DB14/T 1755—2018［S］.

［45］施维林,罗王捷.有机物污染土壤修复技术研究与应用进展［J］.苏州科技大学学报(自然科学版),2022,39(2):1-8.

［46］石浩,胡静敏,陈忻,等.矿山土壤镉污染微生物修复技术研究进展［J］.矿产保护与利用,2020,40(4):17-22.

［47］唐世荣,黄昌勇,朱祖祥.利用植物修复污染土壤研究进展［J］.环境科学进展,1996,4(6):10-16.

［48］王百田.林业生态工程学［M］.4版.北京:中国林业出版社,2020.

［49］王靖伟.露天煤矿排土场地层重构试验研究［D］.徐州:中国矿业大学,2019.

［50］王礼先.林业生态工程学［M］.北京:中国林业出版社,2000.

［51］王礼先.水土保持工程［M］.3版.北京:中国林业出版社,2020.

［52］王鹏,赵微.典型喀斯特地区国土空间生态修复分区研究:以贵州猫跳河流域为例［J］.自然资源学报,2022,37(9):2403-2417.

［53］吴次芳,叶艳妹,吴宇哲.国土空间规划［M］.北京:地质出版社,2019.

［54］肖武.井工煤矿区边采边复的复垦时机优选研究［D］.北京:中国矿业大学(北京),2012.

［55］徐静,谭章禄.智慧矿山系统工程与关键技术探讨［J］.煤炭科学技术,2014,42(4):79-82.

［56］徐良骥,黄璨,章如芹,等.煤矸石充填复垦地理化特性与重金属分布特征［J］.农业工程学报,2014,30(5):9.

［57］杨翠霞.露天开采矿区废弃地近自然地形重塑研究［D］.北京:北京林业大学,2014.

［58］杨琳琳,季秀玲,吴潇,等.微生物在成矿及矿区环境修复中的应用研究现状［J］.生命科学,2011,23(3):306-310.

［59］杨卓.露天煤矿剥离物制备表土替代材料技术体系研究［J］.露天采矿技术,2021,36(3):15-18.

［60］姚高扬.热解析-低温等离子体处理含汞土壤实验研究［D］.抚州:东华理工大学,2017.

［61］余新晓,毕华兴.水土保持学［M］.4版.北京:中国林业出版社,2020.

［62］曾远,罗立强.土壤中特异性微生物与重金属相互作用机制与应用研究进展［J］.岩矿测试,2017,36(3):209-221.

［63］张金波,黄新琦,黄涛.土壤学概论［M］.北京:科学出版社,2022.

［64］张立钦,吴甘霖.农业生态环境污染防治与生物修复［M］.北京:中国环境科学出版

社,2005.

[65] 张世文,聂超甲,罗明,等.中国油气项目土地复垦工程类型区划与关键技术[J].中国矿业,2019,28(8):79-83.

[66] 张益硕,周仲魁,杨顺景,等.重金属污染土壤修复原理与技术[J].有色金属(冶炼部分),2022(10):124-134.

[67] 张永庭,徐友宁,梁伟,等.基于无人机载 LiDAR 的采煤沉陷监测技术方法:以宁东煤矿基地马连台煤矿为例[J].地质通报,2018,37(12):2270-2277.

[68] 张致林,郑永红,张治国,等.矿山重金属污染土壤化学淋洗技术研究进展[J].淮南职业技术学院学报,2021,21(6):150-152.

[69] 赵红宇.矿山地质灾害防治与地质环境保护治理分析[J].科技风,2019(34):121.

[70] 赵鹏,肖保华.电动修复技术去除土壤重金属污染研究进展[J].地球与环境,2022,50(5):776-786.

[71] 中国煤炭学会.煤矿区土地复垦与生态修复学科发展报告:2016-2017[M].北京:中国科学技术出版社,2018.

[72] 中国自然资源航空物探遥感中心等.矿山环境遥感监测技术规范:DZ/T 0392—2022[S].北京:中国标准出版社,2022.

[73] 周国驰.露天矿表土替代材料研究进展[J].露天采矿技术,2021,36(1):26-29.

[74] 周妍.矿山土地复垦全生命周期监管体系及信息化研究[D].北京:中国地质大学(北京),2014.

[75] 朱清禾,曾军,吴宇澄,等.多环芳烃共代谢对苯并[a]蒽微生物降解的影响及机制[J].中国环境科学,2022,42(2):808-814.

[76] 朱世勇.矿山地质环境动态监管方案研究:以福建省为例[D].北京:中国地质大学(北京),2016.

[77] 住房和城乡建设部.生产建设项目水土保持监测与评价标准:GB/T 51240—2018[S].北京:中国计划出版社,2018.